彩图1-1 武夷山世界遗产地区位图及组成示意（橙色实线为遗产地范围）

注：2017年第41届联合国教科文组织世界遗产委员会会议上审议通过了武夷山边界调整项目，江西铅山境内的武夷山成功列入世界文化与自然遗产地

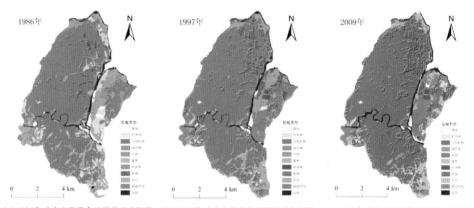

(a) 1986年武夷山风景名胜区景观类型图　　(b) 1997年武夷山风景名胜区景观类型图　　(c) 2009年武夷山风景名胜区景观类型图

彩图3-1 武夷山风景名胜区景观类型图

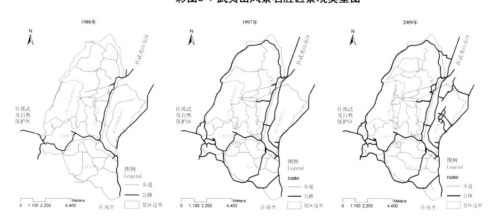

彩图4-3 武夷山风景名胜区风景廊道格局分布

2

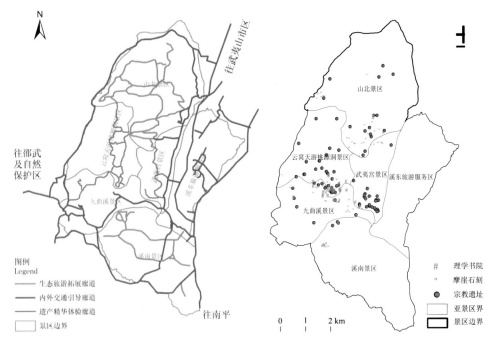

彩图4-4 武夷山风景名胜区风景廊道功能分区　　彩图4-6 武夷山理学书院与宗教遗址分布图

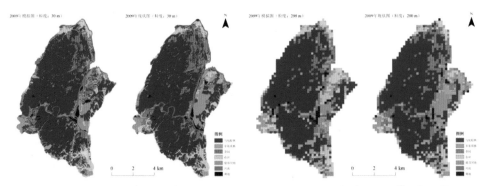

彩图4-10 30m粒度下景观模拟与现状图　　彩图4-11 200m粒度下景观模拟与现状图

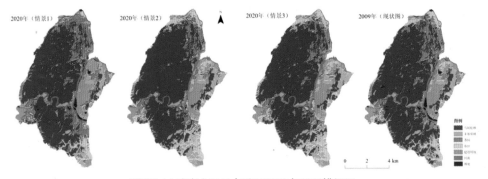

彩图4-14 武夷山风景名胜区2020年景观模拟图

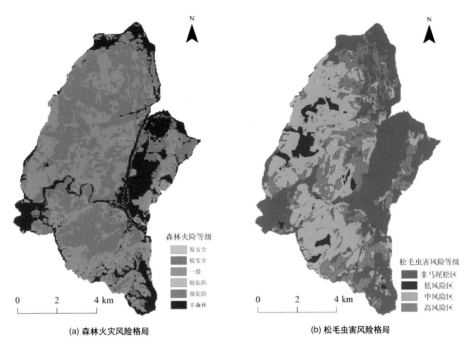

(a) 森林火灾风险格局　　　　　　　　　　(b) 松毛虫害风险格局

彩图6-2 武夷山风景名胜区主要自然干扰源风险格局

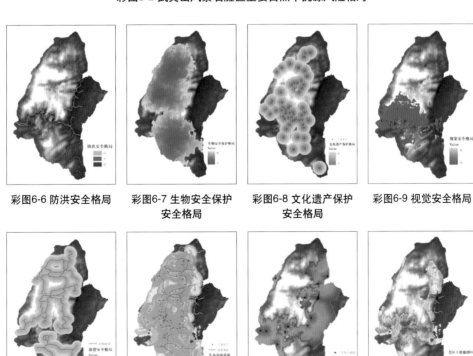

彩图6-6 防洪安全格局	彩图6-7 生物安全保护安全格局	彩图6-8 文化遗产保护安全格局	彩图6-9 视觉安全格局

彩图6-10 游憩廊道安全格局	彩图6-11 生态基础设施	彩图6-12 游客干扰强度格局	彩图6-13 景观旅游干扰敏感区格局

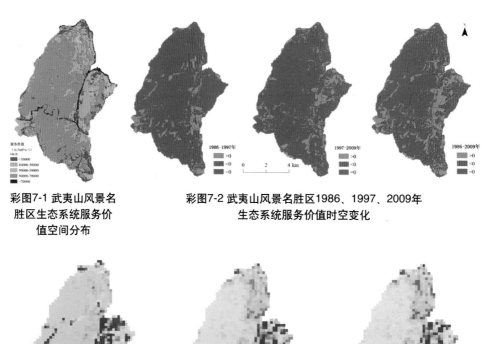

彩图7-1 武夷山风景名
胜区生态系统服务价
值空间分布

彩图7-2 武夷山风景名胜区1986、1997、2009年
生态系统服务价值时空变化

彩图10-1 武夷山风景名胜区3个时期生态安全度空间分布

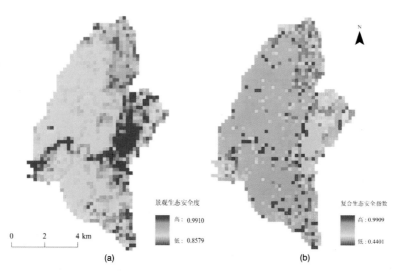

彩图10-6 武夷山风景名胜区景观生态安全度 (a) 与复合生态安全指数 (b) 比较

世界双遗产地武夷山风景名胜区保护生态学

何东进　游巍斌　洪伟　著

中国林业出版社

内容简介

本书以我国仅有的 4 个世界文化与自然双重遗产地之一的武夷山中受自然和人类综合生态过程作用最强烈和最频繁的区域——武夷山风景名胜区为研究对象，运用群落生态学、景观生态学、生态旅游学、生态经济学、环境科学、社会科学等相关理论与方法，对其群落生态特征、景观生态分类、景观格局演变、干扰与尺度效应、生态系统服务价值、生态旅游资源与旅游环境评价、遗产地保护与发展的博弈关系、生态安全评价与预警等进行多方面、多尺度系统且深入的研究，旨在为武夷山世界文化与自然双遗产地的保护与可持续发展提供理论依据与技术支撑，也为我国乃至国际上具有相似特征的世界遗产地保护提供参考。

本书可供生态学、地理学、环境科学、农林科学、旅游学、生态经济学、自然保护区学、世界遗产保护等领域的研究人员和高校师生阅读参考。

图书在版编目（CIP）数据

世界双遗产地武夷山风景名胜区保护生态学／何东进，游巍斌，洪伟著. —北京：中国林业出版社，2018.11
　ISBN 978-7-5038-9667-5

Ⅰ. ①世… Ⅱ. ①何… ②游… ③洪… Ⅲ. ①武夷山 – 风景名胜区 – 景观保护 – 研究 Ⅳ. ①K928.3②X32

中国版本图书馆 CIP 数据核字（2018）第 166106 号

中国林业出版社·教育出版分社

策划编辑：肖基浒　吴　卉　　　　　　　责任编辑：肖基浒　丰　帆
电　　话：(010)83143558　(010)83143555　　　传　真：01083143561

出　　版：中国林业出版社(100009　北京西城区德内大街刘海胡同 7 号)
E-mail：jiaocaipublic@163.com　　电　话：(010)83143500
网　　址：http://lycb.forestry.gov.cn
经　　销：新华书店
印　　刷：三河市祥达印刷包装有限公司
版　　次：2018 年 11 月第 1 版
印　　次：2018 年 11 月第 1 次
开　　本：787mm×1092mm　1/16
印　　张：27.25　插　页：4
字　　数：585 千字
定　　价：128.00 元

序

　　世界遗产是具有突出价值的文化与自然遗产。保护我国世界遗产不仅是弘扬中华民族的伟大文化和自然生态景观，也是为全人类保存着值得敬仰、传承、利用的优秀中华文化。我国是一个世界遗产丰富的国家，世界遗产总量位居世界第二(52项)，仅次于意大利(53项)。尽管世界遗产总量丰厚，但兼具文化与自然双重遗产保护价值的遗产地却极少(迄今为止仅有4个)，而武夷山的特色与优势恰在其中，更彰显出保护与利用她的价值与意义重大。

　　武夷山是我国继泰山、黄山、峨眉山—乐山大佛之后第4个被列入世界双重遗产名录。它是我国同类地貌中山体最秀、类型最多、景观最集中、山水结合最好、视域景观最佳的自然景观区，在我国名山中享有特殊地位；也是世界同纬度带现存最典型、面积最大、保存最完整的中亚热带原生性森林生态系统；还是世界生物多样性保护的关键地区，因此，保护好武夷山的自然风光和文化遗迹不仅是我国政府的神圣职责所在，也是每一位从事遗产地保护的研究人员追求的目标。而武夷山风景名胜区又是武夷山双遗产地中受自然和人类等生态过程作用最为强烈和频繁的区域，该区域的生态安全与保护是武夷山双遗产地保护的关键所在。《世界双遗产地武夷山风景名胜区保护生态学》一书正是福建农林大学何东进教授等人及其所在的团队在多项国家自然科学基金项目资助下，近20年来持之以恒地对武夷山风景名胜区开展遗产地保护研究工作的梳理与总结，如今该书即将付梓，令人欣喜、值得庆贺。

　　国内外有关世界遗产的专著或论文中，多为历史、人文或自然资源资料的汇集整理，但用现代生态学思想开展研究，揭示该遗产独特生态学规律的创新理论不多。而本书作者开展了多项科学研究探索，用大量样地的第一手实测数据，利用生物物理化学等现代生态学研究方法对森林系统复杂结构下的水、土、气、生等进行定量分析；利用"3S"技术和生态模型手段进行文化和自然景观时空格局演变与尺度效应研究；利用干扰生态学与生态经济学方法开展多源干扰生态后果与生态服务功能及价值评估；利用生态安全理论开展生态安全评价与预警研究，因此，这是一本具有独创性和学术影响力的专著。

　　全书系统调查并整理获得了武夷山风景名胜区的许多珍贵研究资料，内容十分丰富，主要涉及：景观生态分类、自然和文化景观格局演变、尺度效应与干扰分析、生态服务功能评估、生态旅游资源评价、遗产地保护与发展的博弈关系、生态安全评价与预警等。该书研究综合运用了自然科学和社会科学领域的诸多理论与方法，通过从样地尺度到景观尺度、从生态实验到生态模型、从自然属性特征分析到人类社会系统探究等多角度为武夷山遗产地的保护与利用提供了重要参考资料。

《世界双遗产地武夷山风景名胜区保护生态学》的出版，对从事生态学、地理学、环境科学、旅游学、自然保护区学和世界遗产保护等领域的研究人员和硕、博士研究生是一本很有价值的参考书，我祝愿它的出版能为中国乃至世界遗产保护和利用的运动大潮引领新的方向。

中国工程院院士

2017 年 12 月于北京林业大学

前　言

　　世界遗产是人类罕见的、目前无法替代的财富，是全人类公认的具有突出意义和普遍价值的文物古迹及自然景观。世界遗产保护目前已经成为一种世界性的运动和潮流。我国是一个世界遗产丰富的国家（仅次于意大利），保护我国世界遗产不仅是弘扬中华民族的伟大文化和自然生态景观，也是为世界保存着值得全人类敬仰的中华文化和供各国人民共同享受的生态环境，因此，意义重大而又深远。

　　武夷山遗产地（117°24′12″~118°02′50″E，27°32′36″~27°55′15″N）位于福建省与江西省的交界处，总面积999.75km²，分为东部自然与文化景观保护区（即风景名胜区）、中部九曲溪生态保护区、西部生物多样性保护区以及城村闽越王城遗址保护区。1979年和1982年分别被国家批准列为"国家级自然保护区"和"国家重点风景名胜区"。1987年加入联合国教科文组织《人与生物圈计划》，1999年12月被列入《世界文化与自然遗产名录》，是我国继泰山、黄山、峨眉山—乐山大佛之后第4个被列入世界双重遗产名录。武夷山风景名胜区是武夷山世界文化和自然遗产地中受自然和人类等生态过程作用最为强烈和频繁的区域，是武夷山遗产地生态系统保护中最为关键的区域。其自然景观以秀、拔、奇、伟为特色，自古被誉为"人间仙境"。在景区中巧布着"三三秀水"和"六六奇峰"，还有99险岩、60怪石、72奇洞、18幽洞，这些山水花木、云雨岚雾、飞鸟鸣虫相互结合，构成风景区一幅绝妙的自然风光图画。然而，伴随着全球气候变化加剧、自然与人为干扰日渐频繁、旅游需求不断增加等一系列生态环境问题的出现，导致人类干扰活动与遗产地保护之间的矛盾日益突出，不断增加的生态环境压力（包括旅游与开发）对遗产地的可持续发展与生态安全提出了新的挑战与威胁，这些问题如不能及时得到科学、有效地解决，很可能会对该世界遗产地造成无法挽回的损失。

　　基于上述问题，作者在国家自然科学基金面上项目《世界文化与自然遗产地武夷山风景名胜区景观干扰计算机模拟与生态安全预警机制研究（30870435）》、国家自然科学基金青年基金项目《基于交互式干扰条件下的世界双遗产地武夷山风景名胜区景观"格局—过程"非线性耦合与生态空间优化研究（41301203）》以及

2

教育部博士学科点专项基金项目《基于交互干扰系统条件下的武夷山风景名胜区生态安全优化与调控机制研究(20133515120007)》的资助下，运用群落生态学、景观生态学、生态旅游学、环境科学、社会科学等相关理论与方法，对武夷山风景名胜区的生态旅游资源、森林群落特征、景观生态分类、景观格局演变、干扰与尺度效应、生态系统服务价值、生态安全评价与预警等进行多方面、多尺度系统而又深入的研究。本书是在以上研究取得的成果基础上撰写而成，也是作者近20年来持之以恒在武夷山风景名胜区开展遗产地保护研究工作的总结，希望能为武夷山世界文化与自然双遗产地的保护与可持续发展起到积极的推动作用，也期盼能为我国乃至国际上具有相似特征的世界遗产地保护提供理论依据与技术支撑。

本书共分11章。各章节撰写分工为：第1章绪论(何东进)，第2章武夷山世界文化与自然遗产保护的理论基础(何东进、游巍斌)，第3章武夷山风景名胜区景观生态分类与群落学特征(何东进)，第4章武夷山风景名胜区景观格局及其演变(游巍斌、何东进)，第5章武夷山风景名胜区景观特征的尺度效应(何东进、游巍斌)，第6章武夷山风景名胜区干扰生态影响分析(何东进、游巍斌)，第7章武夷山风景名胜区生态系统服务功能评估(何东进、游巍斌)，第8章武夷山风景名胜区生态旅游资源与环境评价(何东进、洪伟)，第9章武夷山风景名胜区与周边社区的博弈关系(何东进)，第10章武夷山风景名胜区生态安全评价(洪伟、何东进、游巍斌)，第11章世界双遗产地生态安全预警体系构建及其应用(游巍斌)。全书由何东进制订撰写大纲，并负责全书统稿、定稿和前言的撰写。

本书是作者近20年对武夷山风景名胜区研究成果的总结，包括研究生在内的许多人员参与了项目的专题研究和外业调查工作。参与专题研究的人员有：洪滔、王英姿、范圣锋、刘勇生、刘翠、王洪翠、胡静、陈晓芳、严思晓等；参与外业调查工作的人员有：覃德华、朱学平、游惠明、张中瑞、肖石红、陈笑玲、卞莉莉、苏炳霖、何小娟、杨俊、王彦涛、罗素梅、王其炳、郑开基、罗建、赵敬东、林巧香、侯栋梁、张林娟、简立燕等。另外，刘万、周梦遥、林雪儿、尤丽萍、刘君成、林美娇等研究生参加了部分资料的收集整理与校对工作。

在项目研究过程中，东北林业大学胡海清教授、福建农林大学吴承祯教授对本研究提出了建设性参考意见。在外业调查过程中，得到了武夷山风景名胜区管委会陈先珍主任、陈炳容局长、王国礼高级工程师、世界遗产监测中心俞建安主任、朱建琴高级工程师、周艳高级工程师等部门领导和人员的大力协助，没有他们的配合和无私的帮助，野外调查与监测工作则难以顺利开展。感谢武夷山市林业局杨立忠局长、范云建工程师、林庆水工程师、防火办倪伟星主任和侯识军副主任、武夷山气象局吴华琴女士在相关数据的收集过程中给予热情帮助。尹伟伦院士在百忙之中为本书作序，使作者备受鼓舞与鞭策。中国林业出版社对本书的出版给予大力支持与帮助，感谢出版社编辑及其他人员为拙作付梓不辞辛苦。此外，本书的出版还得到福建农林大学林学院高水平大学学科内涵建设项目经费（612014008）的资助，值此专著出版之际，衷心感谢所有为本书出版付出辛勤劳动的单位与人们！

由于作者水平有限，错误或不足之处在所难免，敬请同行专家、学者和广大读者不吝赐教。

著　者
2017 年 12 月

目　录

序

前言

第 1 章　绪论

1.1　世界遗产

1.1.1　世界遗产的产生、发展及现状

　　20 世纪初，人们在埃及阿斯旺建起大坝时，努比亚遗址就一直面临被淹没的危险。20 世纪 50 年代，埃及政府决定重建阿斯旺高坝（Aswan High Dam），为了控制尼罗河洪水，为国家提供水利发电。按照这个计划，阿布·辛拜勒神庙（Abu Simbel temples）面临着被淹没的威胁。阿布·辛拜勒神庙是古埃及文明的宝贵财富，如不采取相关保护措施，努比亚遗址将永远长埋于尼罗河水面下。1959年，应埃及和苏丹两国政府的要求，联合国教科文组织（The United Nations Educational, Scientific and Cultural Organization, UNESCO）发起了一个国际保护行动，争取到 50 个国家的支持，筹集了 8 000 万美元，最终将阿布·辛拜勒和菲莱神庙（Abu Simbel and Philae temples）完整切割迁至安全地带并重新组合，这表明国际合作共同保护杰出的文化遗产的重要性。这次成功的国际合作最终导致了《保护世界文化和自然遗产公约》（Convention Concerning the Protection of the World Cultural and Natural Heritage）（以下简称《公约》）在 1972 年的诞生。该《公约》的宗旨在于促进各国和各民族之间的合作，为保护遗产做出积极的贡献。

　　人类创造了辉煌的物质文明和精神文明，但随着世界范围工业化进程的加速，文化遗产和自然遗产受到了严重的威胁。为了保护人类共同的宝贵财富，1972 年 11 月，联合国教科文组织在巴黎通过了《公约》，对文化和自然遗产的标准作了明确规定，同时还确定了实施《公约》的指导方针。这个《公约》是联合国教科文组织在全球范围内制定和实施的一项具有广泛和深远影响的国际准则和文件。《公约》的主要任务之一是确定世界范围内的文化与自然遗产，以便国际社会将其作为人类共同遗产加以保护。

　　自 1972 年 11 月联合国教科文组织在巴黎通过了《公约》以来，截至 2017 年第 41 届世界遗产大会结束时，《世界遗产名录》（World Heritage List）收录的全球世界遗产总数已增至 1073 处，其中文化遗产 832 处，自然遗产 206 处，世界文化遗产与自然双重遗产 35 处，分布在 167 个国家。世界遗产具有明确的定义和供会员国（缔约国）提名及遗产委员会审批遵循的标准。关于文化遗产和自然遗产的定义和标准，在联合国教科文组织世界遗产文件《公约》和《执行世界遗产公约的操作指南》(Operational Guidelines for the Implementation of the World Heritage Convention)中都作了详细的阐述。

1.1.2 世界遗产的定义

世界遗产是指具有突出价值的文化与自然遗产，是大自然和人类留下的最珍贵的遗产，需要作为整个人类遗产的一部分加以保护。世界遗产是人类历史、文化与文明的结晶，代表着最有价值的人文景观和自然景观，是人类共同的宝贵财富。世界遗产分为世界文化遗产、世界自然遗产、混合遗产和文化景观遗产。此外，为了保护不是以物质形态存在的人类遗产，联合国教科文组织还公布了"人类口头与非物质遗产"。

1.1.2.1 文化遗产

文化遗产是指具有突出的历史学、考古学、美学、科学、人类学、艺术价值的文物、建筑物、遗址等。

《公约》对世界文化遗产的定义如下：

（1）文物

从历史、艺术或科学角度看，具有突出、普遍价值的建筑物、雕刻和绘画，具有考古意义的成分或结构，铭文、洞穴、住区及各类文物的综合体。

（2）建筑群

从历史、艺术或科学角度看，因其建筑的形式、同一性及其在景观中的地位，具有突出、普遍价值的单独或相互联系的建筑群。

（3）遗址

从历史、美学、人种学或人类学角度看，具有突出、普遍价值的人造工程或自然与人结合的工程以及考古遗址地区。

1.1.2.2 自然遗产

自然遗产是指具有科学、保护或美学价值的地质、物质、生物结构、濒危动植物栖息地和自然资源保护区等。

《公约》对自然遗产的定义如下：

第一，从美学或科学角度看，具有突出的、普遍价值的由地质和生物结构或这类结构群组成的自然面貌。

第二，从科学或保护角度看，具有突出的、普遍价值的地质和自然地理结构以及明确划定的濒危动物和植物物种的生境区。

第三，从科学、保护或自然美角度看，具有突出的普遍价值的天然名胜或明确划定的自然区域。

4

1.1.2.3 自然遗产与文化遗产混合体(即双重遗产)

双重遗产指的是因为该景区自然景观与人文景观价值都很高,获得联合国教科文组织认可,并颁发"世界文化与自然双重遗产"称号。

1.1.2.4 文化景观遗产

文化景观这一概念是1992年12月在美国圣菲召开的联合国教科文组织世界遗产委员会第16届会议时提出并纳入《世界遗产名录》中的。

文化景观代表"自然与人类的共同作品"。文化景观的选择基于它们自身的突出、普遍的价值,其明确划定的地理—文化区的代表性及其体现此类区域的基本而具有独特文化因素的能力。通常体现持久的土地使用的现代化技术及保持或提高景观的自然价值,保护文化景观有助于保护生物多样性。

文化景观主要分为3类:

第一类,由人类有意设计和建筑的景观。包括出于美学原因建造的园林和公园景观,它们经常(但并不总是)与宗教或其他纪念性建筑物或建筑群有联系。

第二类,有机进化的景观。它产生于最初始的一种社会、经济、行政以及宗教需要,并通过与周围自然环境的相联系或相适应而发展到目前的形式。它又包括两种类别:一是残遗物(或化石)景观,代表一种过去某段时间已经完结的进化过程,不管是突发的或是渐进的。它们之所以具有突出、普遍价值,还在于显著特点依然体现在实物上。二是持续性景观,它在当今与传统生活方式相联系的社会中,保持一种积极的社会作用,而且其自身演变过程仍在进行之中,同时又展示了历史上其演变发展的物证。

第三类,关联性文化景观。这类景观列入《世界遗产名录》,以与自然因素、强烈的宗教、艺术或文化相联系为特征,而不是以文化物证为特征。

1.1.2.5 口头与非物质遗产

尽管《公约》对人类的整体有特殊意义的文物古迹、风景名胜及自然风光、文化及自然景观列入世界遗产名录,但是,其不适用于非物质遗产。于是,在1972年《公约》获得通过之后,一部分会员国提出在联合国教科文组织内制定有关民间传统文化非物质遗产各个方面的国际标准文件,并在1989年11月联合国教科文组织第25届大会上通过了关于民间传统文化保护的建议。

联合国教科文组织执委会第154次会议指出:由于"口头遗产"和"非物质遗产"是不可分的,因此在以后的鉴别中,在"口头遗产"的后面加上"非物质"的限定。执委会在155次会议上制定了关于由联合国教科文组织宣布为人类口头及非物质遗产杰出作品的评审规则,规则中关于国际鉴别的目的和"口头及非物质遗产"的定义叙述如下:

(1)定义

传统的民间文化是指来自某一文化社区的全部创作,这些创作以传统为依据、由某一群体或一些个体所表达并被认为是符合社区期望的，作为其文化和社会特性的表达形式、准则和价值通过模仿或其他方式口头相传。它的形式包括：语言、文学、音乐、舞蹈、游戏、神话、礼仪、习俗、手工艺、建筑艺术及其他艺术。除此之外，还包括传统形式的联络和信息。

（2）目的

号召各国政府、非政府组织和地方社区采取行动对那些被认为是民间集体的保管和记忆的口头及非物质遗产进行鉴别、保护和利用。只有这样，才能保证这些文化特异性永存不灭。

1.1.3　世界遗产的意义

世界遗产是文化与自然的产物，是人类历史、文化与文明的象征，代表着最有价值的人文景观和自然景观，为人类共同的宝贵财富。世界遗产具有科学价值、美学价值、历史文化价值和旅游价值。世界遗产所具有的丰富内涵是社会科学和自然科学取之不尽、用之不竭的知识源泉。

世界遗产具有无可替代的独特价值，作为文化遗产的世界遗产反映出文化多样性的重要性，包括艺术创新、科学发现和技术发明。它们反映出的文化多元性，体现在风格各异的历史名城、建筑群、文物、名胜古迹、考古遗址等。这些优秀的世界文化遗产具有艺术创新、科学发现和技术发明等特点，是人类智慧的结晶。例如，作为文化遗产的罗马历史中心，这座"永恒之城"，时至今日已有2700多年的悠久历史，留下了许许多多的名胜古迹。每一座矗立的千年建筑和废墟遗址都记录着深远浩大的历史，都是艺术巨匠的大手笔，宛如一座露天博物馆。佛罗伦萨遍布着许许多多博物馆、美术馆、宫殿、教堂等古建筑，在向世人展示这座艺术之都的永恒的魅力，为世人留下了丰厚的文化遗产；巴西的首都巴西利亚，作为最年轻的世界遗产城市，以充满现代理念的城市格局、构思新颖别致的建筑和寓意丰富的艺术雕塑，体现了人类的创新精神和丰富的想象力，堪称现代城市建设的典范和城市规划史上的里程碑，是现代城市规划的楷模；奥斯维辛集中营（Auschwitz Concentration Camp）作为警示遗产，见证了第二次世界大战期间纳粹分子种族灭绝、惨绝人寰的战争罪行；中国周口店北京人遗址是目前世界上发现的古人类化石最丰富的遗址之一，它的发现为人类进化理论提供了有利的证据。意大利的庞贝古城遗址是世界上最负盛名的考古遗址发掘地之一，它是古罗马时期的文化、经济和生活的缩影。

自然遗产反映出的动植物种群的多样性，对于动植物的生存发展，特别是对于保护濒危动植物种群的栖息地，具有重要意义和价值。自然遗产对于研究生命起源、地球科学、生态系统、生物多样性以及人类与自然和谐、可持续发展具有重要的意义。例如，我国的云南三江并流保护区以其独特的地质构造、生物多样

性、神奇的自然景观、丰富的自然资源而载入世界自然遗产史册，其重要的意义在于它集地球演化、生态、生物多样性等为一体，具有极高的科学研究价值；九寨沟的自然资源极为丰富，植物多达2576种、脊椎动物170种、鸟类约140种，还有17种珍稀动物，其中大熊猫、金丝猴、牛羚等都是国家一级保护动物，具有极高的科学研究价值。武陵源具有完整的生态系统和众多的野生珍稀动植物物种资源，对研究野生动植物与生态系统关系具有重要的科学价值。

世界文化与自然双重遗产，同时具备自然遗产与文化遗产两种条件者，成为兼具自然与文化之美的代表，其存在意义也更显特殊和重要。例如，厄瓜多尔的加拉帕戈斯群岛上的生物因具有的独特生物进化而闻名于世，该岛被称作生物进化的天然博物馆。著名生物学家达尔文于1835年曾到这里考察，岛上的生物多样性激发了他撰写《物种起源》这一经典巨著。一个多世纪来，加拉帕戈斯群岛生物多样性和生物进化方面的研究一直为国际生物学界所关注。加拿大的格罗斯莫讷国家公园展现了一个大陆漂移演变的罕见助证，包括深部的洋壳和裸露地表的地慢岩石。格罗斯莫讷国家公园不仅有奇特而绚丽的自然风光，而且拥有许许多多特殊的地质现象。这些地质现象为大陆漂移学说和板块构造学说提供了宝贵的证据。澳大利亚的麦夸里岛现在的位置是印度—澳大利亚构造板块与方洋板块汇聚上升的地方。在这里可以看见世界上独一无二的地慢岩石上升暴露出海平面的情景。这些岩石包括枕状玄武岩和其他咳岩，这处世界自然遗产是大洋型地壳上升至海平面的极好例证，为海底扩张提供了地质学证据。中国泰山，不但具有地质学、生物学和生态学方面的研究价值，而且历史、文化和美学方面也具有重要的研究价值。

保护世界文化与自然遗产的最终目的是为了人类的发展，是现在和未来社会、科学、经济和文化生活的一部分。开发世界遗产教育资源应利用保护和展示文化与自然遗产所涉及的各个研究领域所取得的科学和技术进步的成果。世界遗产不仅仅可以带动地区的旅游、经济、社会和环境效益的发展，更是科研和教育的基地，是探究人类智慧文明轨迹和自然奥秘的知识源泉。

1.1.4　世界遗产组织与公约

联合国教科文组织的全称为：联合国教育、科学和文化组织。1945年11月在英国伦敦会议上通过了教科文组织的组织法，总部设在巴黎。教科文组织宗旨是：通过教育、科学及文化来促进各国之间的合作，以增进对正义、法治及联合国宪章所确认的世界人民不分种族、性别、语言、宗教，均享有人权与自由的普遍尊重，对世界和平与安全做出贡献。

1.1.4.1　联合国教科文组织世界遗产委员会

为了落实《公约》的各项规定，在联合国教科文组织内，需要建立一个保护具有突出的普遍价值的文化和自然遗产政府间委员会，称为"世界遗产委员会"。1976 年 11 月，联合国教科文组织世界遗产委员会在内罗毕举行的第一届《公约》成员国大会上正式成立。教科文组织世界遗产委员会是政府间组织，由 21 个成员组成，负责《公约》的实施。委员会内由 7 名成员构成世界遗产委员会主席团，主席团每年举行两次会议，筹备委员会的工作。委员会每年在不同的国家举行一次世界遗产大会，主要决定哪些遗产可以录入《世界遗产名录》，对已列入名录的世界遗产的保护工作进行监督指导。

世界遗产委员会承担 4 项主要任务：

第一，在挑选录入《世界遗产名录》的文化和自然遗产地时，负责对世界遗产的定义进行解释。在完成这项任务时，该委员会将得到国际古迹遗址理事会和国际自然资源保护联盟的帮助。这两个组织将仔细审查各缔约国对世界遗产的提名，并针对每一项提名写出评估报告。国际文物保护与修复研究中心也对该委员会提出建议，例如，文化遗产方面的培训和文物保护技术的建议。

第二，审查世界遗产保护状况报告。当遗产得不到恰当的处理和保护时，该委员会让缔约国采取特别保护措施。

第三，经过与有关缔约国协商，该委员会作出决定把濒危遗产列入《濒危世界遗产名录》。

第四，管理世界遗产基金。对为保护遗产而申请援助的国家给予技术和财力援助。

联合国教科文组织世界遗产委员会为了提高保护、评审、监测、技术援助等工作的水平，还特别约请了 3 个国际上有权威的专业机构，作为其专业咨询机构，凡遗产的考察、评审、监测、技术培训、财政与技术援助等均由这几个机构派出专家予以帮助。

（1）世界自然保护联盟（IUCN）

世界自然保护联盟（International Union for Conservation of Nature and Natural Resources，IUCN），主要负责自然遗产方面的工作。该组织成立于 1948 年，总部设在瑞士日内瓦，主要任务是促进和鼓励人类对自然资源的保护与永续利用。

（2）国际古迹遗址理事会（ICOMOS）

国际古迹遗址理事会（The International Council on Monuments and Sites，ICOMOS），主要负责文化遗产方面的工作。该组织成立于 1965 年，总部设立在法国巴黎，是国际上唯一从事文化遗产保护理论、方法、科学技巧的运用和推广的非政府国际机构。

（3）国际文物保护与修复研究中心（ICCROM）

国际文物保护与修复研究中心（The International Centre for the Study of the Preservation and Restoration of Cultural Property，ICCROM），主要负责文化遗产方

面的技术培训、研究、宣传和为专家服务的工作。该组织成立于1959年，总部设在意大利罗马，是国际上文化遗产领域从事培训、专家服务、文献资料与研究的专门机构。

1.1.4.2 《世界遗产公约》

今天的人们拥有两份宝贵遗产：一份是祖先在千百年的历史中创造的文化；另一份是天然造化的神奇自然。然而，随着近现代工业化过程以及其他人为和自然灾害对这两类遗产所造成的破坏，对于这些遗产的保护越来越引起了人们的高度重视。如果不对它们加以保护，任其毁灭，将是人类无法挽回的重大损失。为此，世界各国的一些专家学者、有识之士发起了联合起来保护人类共同遗产的呼吁。在保护文化遗产方面，先后通过了《雅典宪章》《威尼斯宪章》《华盛顿宪章》《洛桑宪章》《欧洲公约》《美洲公约》以及联合国教科文组织《关于保护景观和遗址风貌与特性的建议》等。在保护自然遗产方面，先后通过了《拉姆萨尔湿地公约》《野生动物迁徙保护公约》《国际植物保护公约》《国际鸟类保护公约》等。为了进一步加强保护与管理的力度，取得各个国家政府的重视与支持，1972年11月，联合国教科文组织在巴黎总部举行的第17届大会上专门通过了一项《保护世界文化和自然遗产公约》(Convention Concerning the Protection of the World Cultural and Natural Heritage)（即《世界遗产公约》），对世界文化和自然遗产的定义作了明确的规定，并随之确定了实施公约的一系列指导方针。制定这一公约的唯一前提是，这些自然和文化遗产地是具有"突出的普遍价值"(Outstanding Universal Value)的人类共同财富。这些共同遗产的保护不仅与个别国家有关，而且与全体人类相关。公约的另一个独特之处，是要求对文化和自然两种遗产都予以保护。鉴于文化与自然之间的诸多联系，这种统筹兼顾的态度为遗产保护确立了新的标准。

《世界遗产公约》是联合国教科文组织在全球范围内制定和实施的一项具有深远影响的国际准则性文件，它的宗旨在于促进世界各国人民之间的合作与相互支持，为保护人类共同的遗产做出积极的贡献。主要任务就是确定和保护世界范围内的自然和文化遗产，并将那些具有突出意义和普遍价值的文物古迹和自然景观列入《世界遗产名录》。

1.1.4.3 《世界濒危遗产名录》

目前，军事冲突及战争、地震及各种自然灾害、污染、盗猎、未受限制的旅游发展、城市化及人类建设工程等均对世界遗产构成重大威胁。当《世界遗产名录》上的某项遗产受到了严重的特殊的威胁，委员会应该考虑将该遗产列入《濒危世界遗产名录》(List of the World Heritage in Danger)。当具有突出的普遍价值且已经列入《世界遗产名录》的遗产受到破坏，委员会应该考虑将该遗产从《世界遗产名录》上删除。《濒危世界遗产名录》的确立既对各缔约国政府和公众的警示、督促和约束，更是对濒危遗产的保护和重视，以此唤起社会各界对遗产予以援助。截至 2017 年 7 月，《濒危世界遗产名录》中共有 32 个国家的 54 项世界遗产（包括文化遗产 38 项和自然遗产 16 项），其中濒危遗产数最多的国家是叙利亚，现有 6 处文化遗产进入濒危名录；刚果民主共和国有 5 处自然遗产和利比亚有 5 处文化遗产进入濒危名录。美国大沼泽地国家公园第二次进入名录，中国没有世界遗产位列"濒危名录"。

1.1.4.4　凯恩斯决议

2000 年，世界遗产委员会在澳大利亚凯恩斯召开第 24 届大会，形成了凯恩斯决议，其核心内容是对世界遗产的申报数量进行控制。从 2001 年开始试行拥有世界遗产项目的缔约国每年申报不超过一项新的遗产项目，没有遗产项目的缔约国可申报 2~3 项，每年受理的申报项目不超过 30 项。2004 年 7 月 7 日，第 28 届世界遗产委员会会议通过"苏州决定"，将《保护世界文化和自然遗产公约》缔约国原先每年只能申报一项世界遗产的"凯恩斯决定"修改为：从 2006 年起，一个缔约国每年可至多申报两项世界遗产，其中至少有一项是自然遗产。自 2006 年起，世界遗产委员会每年受理的世界遗产申报数将增加到 45 个，包括往届会议推迟审议的项目、扩展项目、跨国联合申报项目和紧急申报项目。决定指出，这一修订仍然是一个"试验性和过渡性"的措施。

1.2　中国的世界遗产

1.2.1　中国世界遗产现状

截至 2017 年 7 月 12 日，第 41 届世界遗产大会在波兰历史名城克拉科夫闭幕，中国被批准列入《世界遗产名录》的世界遗产项目已达 52 项，其中文化遗产 36 项，自然遗产 12 项，自然和文化混合遗产 4 项（表 1-1），世界遗产总量位居世界第二，仅次于意大利（53 项）。

长期以来，世界范围内现存的世界遗产正在或者已经遭受着严重的自然破坏，如地震、火山、飓风等自然因素对这些珍贵遗存的无情吞噬和毁灭。随着近百年工业化带来的社会经济发展，人为活动已然成为威胁世界遗产安全的主要因素，其影响范围之广而迅速甚至超过了自然灾害对遗产资源的破坏。中国的世界遗产同国际其他遗产一样面临着严峻的安全威胁的同时呈现出自身的特点，主要包括：面临着市场经济的冲击和旅游经济错位开发的严重威胁；文化遗产多，自然遗产少，且文化遗产内涵单薄；文化遗产缺少大的历史文化名城；我国对世界遗产的价值观与世界遗产委员会的价值观在某些方面不尽相同；我国没有保护和管理世界遗产的专门法律，也没有国家级的统一管理机构，且管理经费严重不足；

表1-1　中国世界遗产简况表

自然遗产 （12 项）	文化遗产 （36 项）	文化与自然双遗产 （4 项）
1. 九寨沟风景名胜区 2. 黄龙风景名胜区 3. 武陵源风景名胜区 4. 云南三江并流保护区 5. 四川大熊猫栖息地 6. 中国南方喀斯特 7. 三清山世界地质公园 8. 中国丹霞 9. 云南澄江化石地 10. 新疆天山 11. 湖北神农架 12. 青海可可西里	1. 长城；2. 莫高窟；3. 明清故宫；4. 秦始皇陵及兵马俑坑；5. 周口店北京人遗址；6. 拉萨布达拉宫历史建筑群；7. 承德避暑山庄及其周围寺庙；8. 曲阜孔庙、孔林和孔府；9. 武当山古建筑群；10. 庐山国家地质公园；11. 丽江古城；12. 平遥古城；13. 苏州古典园林；14. 北京皇家祭坛——天坛；15. 北京皇家园林——颐和园；16. 大足石刻；17. 龙门石窟；18. 明清皇家陵寝；19. 青城山—都江堰；20. 皖南古村落——西递、宏村；21. 云冈石窟；22. 高句丽王城、王陵及贵族墓葬；23. 澳门历史城区；24. 安阳殷墟；25. 开平碉楼与村落；26. 福建土楼；27. 五台山；28. 登封"天地之中"历史古迹；29. 杭州西湖文化景观；30. 元大都遗址；31. 红河哈尼梯田文化景观；32. 大运河；33. 丝绸之路：长安—天山廊道的路网；34. 土司遗址；35. 左江花山岩画文化景观；36. 鼓浪屿：历史国际社区	1. 泰山；2. 黄山；3. 峨眉山—乐山大佛；4. 武夷山

受经济利益驱使导致重申报轻管理、重利用轻保护。

1.2.2　中国的世界遗产研究内容及进展

国外对世界遗产产业的研究始于 20 世纪 80 年代，其关于遗产旅游的研究较为成熟，研究内容全面，研究视角多样，定性与定量研究方法相结合，以案例研究为支撑来保障实证研究的可靠性与准确性。我国在 1985 年加入世界遗产组织之后，开始对世界遗产进行研究。与国外相比，我国的世界遗产研究起步较晚，伴随着遗产地旅游业的发展逐步进行，研究紧密追踪实践，研究内容较为集中，冷热不均，实证研究尚且不够准确、深入和科学（刘庆余等，2005）。

1.2.2.1　世界遗产的价值与功能研究

郑易生（2002）认为世界遗产具有存在价值、潜在的经济价值和现实的经济价值 3 种重要价值，并为此预设了 3 种不同的利益群体来说明了自然文化遗产的价值特征不但决定了它与不同利益群体的对应关系，而且不同利益目标对应着对遗产资源的不同关注与投入。谢凝高（2003）在对世界遗产的功能的研究中指出遗产的科学研究、文化教育、游览观赏、启发智慧和创作体验等诸多重要功能，并强调科学研究才是世界遗产最重要的功能。俞孔坚和奚雪松等（2010）提出京杭大运河具有的四大基本价值，强调只有用完全的价值观充分认识运河廊道，同时处理好现实的功能需要与这些价值间的关系，才能保护和利用好运河遗产及其相关资源，使之在当代发挥应有的作用。世界遗产价值和功能是学者们最早介入的遗产研究领域之一，对其的理论研究依旧在不断丰富和完善。陈耀华等(2012)提出中国自然文化遗产价值是由"本底价值、直接应用价值和间接衍生价值"构成的"价值体系"，该体系具有明显的层次性，其中本底价值是所有价值存在的基础，决定了遗产资源必须在保护的前提下才能合理利用；该体系也有空间性，3 种价值主要分别存在于遗产地范围以内、遗产地及相邻区域、遗产地范围以外的更大的区域；并指出保持遗产的完整性和真实性是当代人为子孙后代将来更深层次地探究遗产价值及其利用所能作出的唯一选择。谢宗强等(2017)从动植物多样性及其栖息地、生物群落及其生物生态学过程等方面，分析论证了神农架世界自然遗产地的全球突出普遍价值。世界遗产价值和功能是学者们最早介入的遗产研究领域之一，对其的理论研究依旧在不断丰富和完善。

1.2.2.2 世界遗产保护原则、措施及管理体制研究

世界遗产保护的施行必须遵循一定的保护原则，这些原则为遗产保护及管理提供了规范化的依据。张成渝等(2003)提出"真实性与完整性"原则在中国的实践与发展的过程普遍得到认可；阮仪三(2003)指出遗产保护有的"四性"：原真性、整体性、可读性和可持续性，而遗产地最大特征就是原真性(即历史的真实性)。王伟伟(2005)指出世界自然文化遗产的原真性原则具有相对性、主观性、动态性的特点，即使相对而言，发达国家可能更注重自然与文化遗产的精神层面的作用，发展中国家可能更注重自然与文化遗产的经济层面的作用。陈耀华等(2012)提出对自然文化遗产的保护和利用要坚持 3 个基本原则：严格保护本底价值，适度利用直接应用价值，大力发展间接衍生价值。针对我国世界文化遗产保护所面临的严峻形势，诸如理顺世界文化遗产保护管理机制、加快世界文化遗产保护法规和制度建设、加强世界文化遗产保护和管理水平、加强世界文化遗产保护宣传教育等遗产保护措施被不断提出。健全的中国世界遗产保护的管理体制则是遗产成功保护的关键。结合本国特色，借鉴国外先进经验，中国的管理体制有了较大改善，但遗产管理工作普遍完善任重道远。

1.2.2.3 世界遗产的保护和旅游开发研究

中国世界遗产资源丰富，遗产数目列世界第二，随着旅游业的发展列入《世界遗产名录》的地方也成为世界的名胜。遗产的保护和旅游开发成为每一遗产地不得不面临并需正确对待的问题。颜磊等(2009)引入 4 种指数和小波分析工具定量探讨了九寨沟旅游流的时间特性。陶伟(2000)认为发展遗产地旅游应正确处理开发与保护、经济与文化、数量和质量三大关系，非单纯以赢利为目的。与上述学者不同的是，一些学者则更多地强调遗产保护与利用之间所存在的一致性。如陈耀华和赵星烁(2003)认为遗产保护工作良好发展可以促进遗产地旅游事业的持续发展，旅游业的繁荣也能够促进遗产的保护。陈峰云等(2007)指出遗产保护和遗产开发的矛盾并非不可调和的。张生瑞等(2017)设计了云南红河哈尼梯田世界

遗产区生态旅游监测指标体系；该指标体系包括自然生态环境、社会文化环境、旅游经济效益和游客规模及行为4个方面的30项指标，其中水源林占遗产区面积的比例、损毁梯田占遗产区面积的比例、遗产区水资源承载力、村寨传统民居的数量与木刻分水设施的数量是重要程度较高的5个指标；采用多元线性函数，构建了遗产区生态旅游发展评估模型；并指出现阶段遗产区生态旅游发展中存在的诸如旅游对当地传统社会结构产生冲击、弱化传统风俗礼仪，村民旅游开发参与程度低、从旅游开发中获益较小，村民满意度较低。总之，旅游开发始终应坚持"保护第一"的原则，建立科学合理的保护与管理，遗产地旅游开发是为更好地保护，这也是世界遗产公约的初衷所在。

1.2.2.4　世界遗产环境研究

世界遗产环境可分为自然生态环境和社会经济环境。旅游利用引发的环境问题是学者们较早关注的领域。陈国达（1993）论述了武陵源的地质风景特色及其成因，对峰林开发的历史背景与环境进行了阐述，并探讨了武陵源峰林的合理开发与保护方法；游水生以武夷山风景名胜区为例，开展了竹类资源调查（游水生等，1993）；陈家玉开展的鸟类群落结构分析（陈家玉，2001）；陈世品等对植物群落结构特征的研究（陈世品等，2004）。王嘉学（2005）对三江并流世界自然遗产保护中的旅游地质问题做了深入分析；范弢等（2007）应用美国环保署EPA的地下水脆弱性DRASTIC评价方法并结合GIS技术对云南丽江古城所在的丽江盆地地下水脆弱性从自然和人类影响两个方面进行评价；吕秀枝（2010）对五台山冰缘地貌的植被生态的研究。在社会经济环境方面，赵红红对苏州古典园林的环境容量进行了评估，并提出了旅游环境容量的概念（赵红红，1983）；郭进辉（2008）从社区角度出发对武夷山自然保护区森林生态旅游进行了系统分析；卢松等（2009）以世界文化遗产西递景区为例探讨旅游地居民对旅游影响感知与态度。唐鸿（2016）以湖南张家界为例，从旅游政治法律环境、旅游经济环境、旅游社会环境、旅游科技环境和旅游信用体系5个层面，构建了世界自然遗产地旅游产业生成的宏观评价指标体系，通过专家咨询法并结合层次分析法确立了各评价指标的权重关系：旅游经济环境>旅游信用体系环境>旅游政治法律环境>旅游科技环境>旅游社会环境，最终运用模糊综合评价方法对世界自然遗产地旅游产业宏观机制综合评价结果表明对遗产地环境影响很大。

1.2.2.5　有关世界遗产其他研究

除了以上4个方面外，一些学者们以世界遗产区域为例在其他方面也作了探讨。何东进（2004）首次运用景观生态学理论与方法对武夷山风景名胜区的景观空间格局、动态变化及环境等方面进行研究；汪明林（2005）基于景观生态学理论对峨眉山生态旅游线路规划设计；郭泺等（2006）以3S技术手段结合野外调查研究了人为干扰对泰山景观格局时空变化的影响，进一步分析并评价了泰山的景观生态安全动态；杨亚玲 (2007) 对泰山登天景区风景林资源分类及景观进行评价；俞孔坚等 (2008a) 以福建武夷山为例论述了自然与文化遗产区域保护的生态基础设施途径；田艳 (2010) 以黄山风景区为例开展生态风险分析与评价研究；李晖等 (2011) 基于生态足迹的角度对香格里拉县生态安全趋势预测，指出研究区生态安全恶化有加速的趋势，恢复和保护生态环境刻不容缓。马俊 (2016) 基于积极维护全球生物多样性的价值追求，以世界自然遗产武陵源核心景区为研究对象，结合近年来研究区域旅游产业快速发展的客观现实和对生态环境造成的过度影响，通过测算得出其生态环境阈限与旅游承载力数值以及对生物多样性的现实威胁，在此基础上选取 7 个指标构建武陵源核心景区生物多样性评价指标体系，采取定量和定性相结合的方法对当前核心景区因旅游业造成生物多样性的影响进行评估，提出核心景区今后生物多样性保护的具体策略。针对世界遗产生态安全研究目前刚处于起步阶段，研究较少，缺少系统深入的理论支撑。不难看出，以上相关研究的最终目标即是实现遗产地的保护和科学管理。

1.2.3 中国世界遗产研究的不足

尽管中国关于世界遗产研究的成果已较为丰硕，涉及的范围也比较全面，但在一些方面仍存在不足，需要进一步补充与完善，具体可以概括为以下 3 个方面：第一，从研究对象上看，对于文化遗产的研究较多，其他类型的遗产如世界自然遗产、文化景观等研究相对较少。对于自然和文化双遗产的全面系统的理论研究尚不多见；在遗产研究内容方面，旅游开发相关的研究较多。此外，自然遗产遭到环境污染或过度的旅游开发的情况日趋严重，无疑也加大了其申报世界自然遗产的难度，缩小了未来自然遗产数量增长的空间，并给后续研究带来不便。第二，自然遗产的研究主要集中于遗产价值和遗产资源保护两个层面，遗产资源利用问题涉及较少。研究者大都关注如何对遗产进行有效的保护，而忽略了合理、适度开发的研究。在自然资源面临威胁的背景下，合理、适度、可持续地开发遗产地的研究未得到广泛重视。第三，虽然国内的研究大都提到了遗产资源破坏的现象，但缺少解决这些问题的具体可实施操作的途径，提出的许多解决措施几乎是千篇一律。中国地大物博，遗产类型多样，每种遗产的特征、地理位置、保护措施、开发目标等千差万别，必须具体问题具体分析，才能真正落实对遗产的保护。

1.3 世界文化与自然遗产地武夷山

1.3.1 武夷山列入《世界文化与自然遗产名录》源由

武夷山遗产地处中国福建省的西北部，江西省东部，位于福建与江西的交界

处，地理坐标为：117°24′12″~ 118°02′50″E，27°32′36″~ 27°55′15″N，总面积999.75km²，通用福建赣语、闽北方言和普通话。根据区内资源的不同特征，遗产地划分为东部自然与文化景观保护区（即风景名胜区）、中部九曲溪生态保护区、西部生物多样性保护区以及城村闽越王城遗址保护区4个保护区（图1-1及彩图1-1）。核心面积63 575hm²，核心次面积36 400hm²，同时划定了外围保护地带——缓冲区，面积27 888hm²。1979年和1982年分别被国家批准列为"国家级自然保护区"和"国家重点风景名胜区"。1987年加入联合国教科文组织《人与生物圈计划》，1999年12月被列入《世界文化与自然遗产名录》，是我国继泰山、黄山、峨眉山—乐山大佛之后第4个被列入世界双重遗产名录。随着我国国家公园建设工作的推进，2017年除城村闽越王城遗址保护区之外的其他3个保护区被纳入武夷山国家公园。

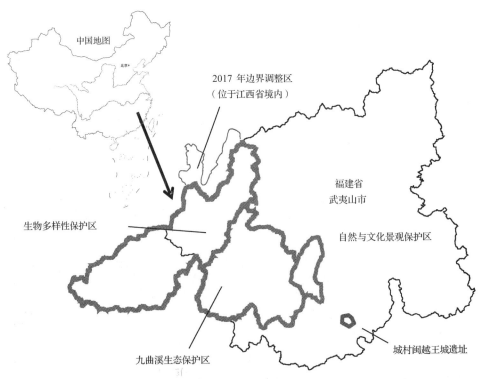

图1-1　武夷山世界遗产地区位图及组成示意

注：2017年第41届联合国教科文组织世界遗产委员会会议上审议通过了武夷山边界调整项目，江西铅山境内的武夷山成功列入世界文化与自然遗产地。

1.3.1.1　武夷山具有独树一帜的自然风光

武夷山地区主要分布了前震旦系和震旦系的变质岩系，中生代的火山岩、花岗岩和碎屑岩，这说明本区经历了漫长的地质演变过程。

在中生代晚期，本区发生了强烈的火山喷发活动，继之为大规模的花岗岩侵入，已发现本区有丰富的火山机构，为典型的亚洲东部环太平洋带的构造特征。其后，武夷山地区发育了一套河湖相沉积，产有丰富的动、植物化石，成为研究我国东部侏罗—白垩纪地层及时代划分的典型剖面。白垩纪晚期的红色砂砾岩是形成丹霞地貌的主体。

中生代的地壳运动奠定了武夷山地貌的基本骨架。第四纪以来，武夷山西部的黄岗山大幅度上升了1 000m，而东部崇安—武夷宫盆地上升幅度缓慢，使武夷山地区在30km的范围内，高度相差1 950m，平均坡降6.5%，发育了从中山到丘陵盆地的系列地貌类型和从西到东的2 100m~2 200m、1 800~1 900m、1 100~1 200m、700~800m、500~550m和400m左右六级夷平面。受地质构造的严格控制，西部发育了长达几十千米岩壁陡峭的深大断裂谷和断块山脊，如黄岗山—大竹岚的断层深谷，EW和NW向断裂谷与NNE、NW断裂构成了典型的格子状构造地貌。东部地区因受NNE，NW断裂构造的控制，发育了曲折多弯的溪流和柱状、锥状、悬崖等丹霞地貌，形成山水相融的九曲溪风光。EW和5N向断裂构造产生了风景如画的章堂涧、倒水坑至牛栏坑、九龙案和流香涧的"王"字形断裂谷系。岩性对武夷山地貌发育的影响也很明显，西部海拔1500m以上的山峰，基本上由坚硬的凝灰熔岩和流纹岩等构成，东部红色砂页岩地区则往往发育有较宽的谷地和盆地。所以武夷山丰富的地貌类型是地质构造、流水侵蚀、风化剥蚀、重力崩塌等综合作用的结果，它是我国同类地貌中山体最秀、类型最多、景观最集中、山水结合最好、视域景观最佳，可入性最强的自然景观区，为此，在中国名山中享有特殊地位。

"三三秀水清如玉"的九曲溪，与"六六奇峰翠插天"的三十六峰、九十九岩的绝妙结合，它异于一般的自然山水，是以奇、秀、深、幽为特征的巧而精的天然山水园林。武夷山东部地貌景观奇特优美，所有峰岩翘首东方，向西倾斜，千姿百态，势如万马奔腾，雄伟壮观。单斜山构造，形成一峰多姿，比水平岩层构成的山峰更富于变化。西部的黄岗山是中国东南大陆的最高峰，山峻坡陡，峰峦层叠，气势磅礴。海拔在1 000m以上的高峰有112座。在山水的结合上，如山之高低、河床宽窄、曲率大小、水流急缓、视域大小、视角仰俯等，均达到绝妙的地步。武夷山九曲溪景观形象丰富多彩，变化无穷。一曲，畅旷豁达；二曲，幽谷丹崖；三曲，虹桥奇观；四曲，秀山媚水；五曲，深幽奇险；六曲，天游览胜；七曲，三仰雄伟；八曲，青山奇石；九曲，锦绣平川。各具特色的景观画面，由一条九曲溪盘绕贯串。游人凭借一张竹筏顺流而下，即可阅尽武夷秀色，此乃武夷山景观的精华，堪称世界一绝。

为保持九曲溪水清澈见底，四季流水不断，在九曲溪上游划定水源涵养林绝对保护区；在九曲溪两岸地带，特别是在峡谷地区，实行封山保护，培育水土保

持林，严禁在上述区域内进行一切违反规定的活动。同时，还禁止在九曲溪内捞沙和捕鱼作业。

武夷山九曲溪景观，从自然美角度看，属具有突出、普遍价值的天然景观地带，早已中外文明，为旅游者所青睐，符合自然遗产提名的第三项条款标准，即"独特、稀少和绝妙的自然现象或具有罕见的自然美地带"。

1990 年 9 月，世界旅游组织执委会主席阿比特丽兹·卡奈尔·德·巴尔科夫人游览武夷山后，欣然题笔："未受污染的武夷山风景区是世界环境保护的典范"。

1.3.1.2　世界生物多样性保护的关键地区

武夷山具有世界同纬度带现存最典型、面积最大、保存最完整的中亚热带原生性森林生态系统。1987 年加入联合国教育、科学及文化组织《人与生物圈计划》（MAB）世界生物圈保护区。由中华人民共和国环境保护局主持，中国科学院等 13 个部门参加编写的《中国生物多样性国情研究报告》中确定武夷山为中国生物多样性保护的关键地区。

（1）植物物种和遗传多样性

据近年来植被调查表明，区内已知低等植物 840 种：其中菌类植物 503 种；地衣植物 98 种；藻类植物 239 种。高等植物 284 科 1 107 属 2 888 种：其中苔藓植物 73 科 192 属 361 种，有 14 种为中国新纪录，27 种为中国大陆新纪录，259 种为福建省新纪录，中国特有种 18 种，东亚特有种 94 种；蕨类植物 40 科 85 属 280 种，占全国蕨类总数的 10.8%，占福建省蕨类总数的 76.9%；裸子植物 7 科 18 属 25 种，占全国裸子植物总数的 8.9%，占福建省裸子植物总数的 40.1%；被子植物 164 科 812 属 2 222 种，占全国被子植物总数的 9%，占福建省被子植物总数的 54.2%；本区种子植物种类数量在中国中亚热带地区位居前列：其中有中国种子植物特有属 27 属（含 31 种，隶属于 23 科，其中单型科 3 个），占中国特有属的 11.1%；列入《中国植物红皮书》的物种 28 种，其中二级重点保护 9 种，三级重点保护的 19 种，稀有种类 13 种，渐危种类 15 种；列入《中国野生植物保护条例》的国家重点保护野生植物 104 种，有模式产地种 47 种（林鹏，1998）。武夷山兰科植物资源丰富，甚具特色，已知有 32 属 78 种，其中，宽距兰属的宽距兰（*Yoania japonica*），多花宽距兰（*Yoania amagiensis*）为我国新纪录种；天麻属的黄赤箭（*Gastrodia javanica*）为中国大陆分布新纪录；盂兰（*Lecanorchis nigricans*）为福建省分布新记录；另外，一些广布种，如软枣猕猴桃（*Actindia arguta*）等，在本区发育过程中常发生变异而形成变种或变型，说明武夷山植物种类的特异性和变异性。

近数十年来，武夷山植物调查中发现高等植物新种 57 种，其中有福建假稠李（*Maddenia fujianensis*）、福建剑蕨（*Loxogrumme fujianensis*）、福建细辛（*Asarum fujianensis*）、福建樱桃（*Prunus fokienensis*）等用福建省作为种加词的 12 种；有武夷山鳞毛蕨（*Drgopteris wtcyishanensis*）、武夷玉山竹（*Yushania wugvistunensis*）、武夷山华千里光（*Sinosenecio wuyiensis*）、武夷山杜鹃（*Rhododendron wuyishanicum*）等用武夷山作为种加词的 12 种；还有黄岗山鳞毛蕨（*Dryopteris huanggangshanensis*）以及崇安鼠尾草（*Sulviu chunganensis*）等用本地地名、山峰名作为种加词。这些新种，除 13 种也见于邻近省份外，其余 44 种为福建和武夷山特有种。

武夷山珍稀、特有植物物种丰富度以原生性常绿阔叶林为最高。仅河谷地带就有香果树（*Emmenopterys henryi*）、鹅掌楸（*Liriodendron chinense*）、钟萼木（*Bretschneidera sinensis*）、毛红椿（*Toonu ciliata* var. *pubeseens*）、南方红豆杉（*Taxus chinensis* var. *mairci*）、银鹊树（*Tapiscia sinensis*）、南方铁杉（*Tsuga chinensis* var. *tehekiangensis*）、黄山木兰（*Magnolia cglindricu*）、沉水樟（*Cinnanromunn micranthum*）、华南桂（*Cinnamomum austrosinense*）、银钟花（*Halesiu muegregorii*）、三尖杉（*Cephalotaxus bortunei*）、羽叶栾树（*Koelreuteria bipinnata*）、华中五味子（*Sxhisandr sphenuntheru*）等珍稀物种分布。其次是原生性针叶林针叶阔叶过渡林，珍稀植物有南方铁杉、黄山木兰（*Magnolia cylindrica*）、凹叶厚朴（*Magnolia offieinalis*）、南方红豆杉、香榧（*Torreya grandis*）、鹅掌楸、香果树等。

武夷山地区还遗留着树龄在百年以上的古树名木 36 种 106 株，它们是极其珍贵的自然遗产，也是人类活动和环境变迁的历史见证，具有极为重要的科研价值。如分布在坑上的一株 900 年的南方红豆杉，树高 34m，树围 4.8m，是我国目前发现的最大的南方红豆杉树王；生长在万年宫的两株 880 年的桂花，被誉名为宋桂。

武夷山丰富多彩的植物种质资源，早已为国内外生物学家所关注，早在 19 世纪就有英国人 R. Fortune（公元 1845）、S. A. Bourne（公元 1883），奥地利人 H. Hond. Mazz 等进入武夷山采集大量植物标本送回本国。我国植物界老前辈秦仁昌教授等于 1945 年以来也多次到达武夷山，为武夷山植物研究做了大量工作，先后发表了 34 个新种及变种。随后，国内外又有许多专家前来武夷山进行实地考察和采集标本，因此，武夷山被称为"世界生物模式标本的产地"。

（2）植物区系成分多样性

武夷山植物区系处于泛北极植物区，接近于古热带植物区的北缘。根据对本区被子植物 737 个属地理分布类型的统计分析，本区被子植物兼有泛北极植物区、古热带植物区、大洋洲植物区和新热带植物区，4 个植物区 12 个亚（地）区成分。其中以泛北极植物区成分占绝对优势，共有 313 属，占参加分析属总数的 47.7%；其次是古热带植物区成分共 300 属，占参加分析属总数的 45.7%，这些植物中，各类热带成分共 343 属，占参加分析属总数的 52.3%；各类温带成分 313 属，占参加分析属总数的 47.7%。

（3）植被类型多样性

武夷山除发育着地带性植被——常绿阔叶林外，还有温性针叶林、暖性针叶

林、温性针阔叶混交林、常绿落叶阔叶混交林、竹林、常绿阔叶灌丛、落叶阔叶林、落叶阔叶灌丛、灌草丛、草甸 11 个植被型，15 个植被亚型，25 个群系组，56 个群系，170 余个群丛组，囊括中国中亚热带地区所有植被类型，表明武夷山生物种群的多样性、典型性和系统性，这在全球同纬度带内也是罕见的。

武夷山地处中亚热带季风气候区，境内峰峦叠嶂，最大高差达 1 700m，形成多样的生态环境，发育着 $2.9 \times 10^4 hm^2$ 未受人为干扰破坏的原生性植被，包含了我国中亚热带所有的植被类型，在全球同纬度带内是绝无仅有的。随海拔递增，植被的垂直带谱分布为（图1-2）（林鹏，1998）：

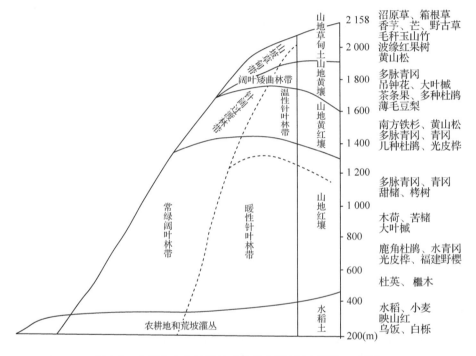

图1-2 黄岗山东南坡植被垂直分布图（引自林鹏，1998）

①常绿阔叶林带 常绿阔叶林是中国中亚热带季风气候区的地带性植被类型，是武夷山最主要的森林生态系统。常绿阔叶林在本区分布面积最广，占全区森林面积的 1/4，垂直分布在海拔 350 ~ 1 400m 之间，主要由甜槠（*Castanopsis eyrei*）、木荷（*Schima superba*）、青冈（*Quercus glacica*）、多脉青冈（*Cyclobalanopsis multinervis*）、丝栗栲（*Castanopsis fargesii*）、罗浮栲（*Castanopsis fabri*）、苦槠（*Castanopsis selerophylla*）、米槠（*Castanopsis carlesii*）等常绿阔叶树种为建群种。

②针叶阔叶过渡林带 针叶阔叶过渡林，在武夷山主要分布在海拔 500 ~ 1 700m 的山地上，介于常绿阔叶林与针叶林之间，与常绿、落叶阔叶混交林互相交错，是常绿阔叶林向中山针叶林、中山苔藓矮曲林或中山草甸的过渡类型。

在海拔 1 100m 以下，多为暖性针叶树种马尾松（*Pinus massoniana*）、杉木（*Cunninghalmia lanceolata*）等与常绿阔叶树种组成的混交类型。海拔 1 100～1 700m 为温性针叶树种黄山松（*Pinus hwangshanensis*）、南方铁杉、柳杉（*Cryptomeria fortunei*）等与常绿、落叶阔叶树种组成的混交类型。针叶树的建群种主要有黄山松、南方铁杉、杉木、马尾松、柳杉、粗榧（*Cephalotaxus sinensis*）等。阔叶树种主要有木荷、甜槠、青冈、多脉青冈、石栎（*Lithocarpus glaber*）、枫香（*Liquidambar formosana*）、浙江樱（*Prunuss chneideriana*）等。

③温性针叶林带　温性针叶林主要分布在海拔 1 100～1 850m 之间，主要以黄山松、南方铁杉和柳杉为建群种组成单优群落。南方铁杉林类型较多，分布也较广泛，是本区针叶林中保存最完好的类型之一。黄山松林在海拔 1 200～1 850m 山地普遍可见，在土层较厚地区生长良好，天然更新容易，是稳定性大的植被类型。

④中山苔藓矮曲林带　中山苔藓矮曲林是亚热带山地阔叶林在特殊生态环境条件下形成的一种特殊的群落类型，其种类组成、外貌和结构独特。在风大、气温低、常年多雨、潮湿的生境条件影响下，林木生长低矮，树干弯曲多分枝，林内阴湿，附生苔藓植物多，故名苔藓矮曲林。矮曲林的林冠致密，盖度达 90% 以上，可分为乔木、灌木、草本 3 个层次，乔木层高度 6～7m，大致可划分两个亚层，第一亚层以落叶树种占优势，第二亚层以常绿树种占优势，灌木与草本层不发达。该群落类型一般为森林分布线的上限，主要分布在黄岗山、香炉峰、诸母岗海拔 1 700～1 970m 处。

⑤中山草甸带　中山草甸带主要分布在黄岗山、诸母岗等海拔 1 700～2 158m 之间的山体顶部或缓坡低洼地段。生境条件极端特殊，气温低、湿度大、风力大、雨量充沛、雾日长，土壤为山地草甸土。主要以禾本科的野青茅（*Deyeuxia arundinacea*）、沼原草（*Moliniopsis hui*）、芒（*Miscanthus sinensis*）、野古草（*Arundinella hirla*）等为建群种，群落中有时出现少量幼龄黄山松（*Pinus taiwanensis*）、薄毛豆梨（*Pyrus callergana* f. *lomenlellu*）、波缘红果树（*Stranvaesia dauidiana* var. *undulata*）、华山矾（*Symplocos chinensis*）等灌木。

武夷山的黄岗山地区以原生性针阔叶过渡林和针叶林为主，诸母岗地区则以原生性常绿阔叶林和针阔叶过渡的植被为主。这些原生性植被，无论是现存面积之大、植被类型之多、群落结构之稳定，在全球同纬度带均具典型和代表性，保护好这片原生性植被，在全球具有突出的普遍价值。

（4）野生动物种质资源

①世界著名的模式标本产地　武夷山由于多样性的生境条件和植被类型，为各种动物提供了丰富的食饵和栖息场所。野生动物种类极其丰富，尤以两栖与爬行动物分布最众多为特色，早已为国内外动物学家所瞩目。自 1873 年以来，国

内外动植物专家先后在武夷山采集到的动植物新种(包括新亚种)的模式标本近1 000种,其中昆虫新种模式标本779种,脊椎动物新种模式标本100多种,植物新种模式标本57种。被中外生物学家誉为"世界生物模式标本产地""世界生物之窗""昆虫世界""绿色翡翠""鸟类天堂"和"蛇的王国"等。

②世界野生动物种类最丰富地区之一 武夷山动物区系属东洋界中印亚界的华中区东部丘陵亚区,区内动物除东洋界成分外,也含有较多的古北界成分及东洋界与古北界共有的广布种。这是由于武夷山良好的生境条件及所处的特殊地理位置,使其成为地理演变过程中的许多动物的"天然避难所",故在动物区系成分的组成上包含有较多的古北界成分,并表现出在动物地理分布上的过渡性。已知动物约5000余种。脊椎动物475种:其中哺乳纲8目23科71种;鸟纲18目47科256种;爬行纲3目13科73种;两栖纲2目10科35种;鱼纲4目12科40种。现已定名的昆虫4635种,占中国昆虫总数的1/5,为中国昆虫33个目中的31个目,其中有700余个新种,20种是中国新纪录,并据中外昆虫学家估算,尚有约2/3的昆虫资源不清,有待研究发现。

③珍稀、特有野生动物的基因库 武夷山野生动物不仅种类繁多,区系成分复杂,而且还栖息有大量珍稀、特有的种类,其中国家一级保护的种类9种,国家二级保护的种类48种。属中国特有野生动物49种,其中华南虎(*Pantgera tigris amogensis*)、金斑啄凤蝶(*Teinopelpits aureus*)、崇安髭蟾(*Vibrissaphora liui*)等属世界罕见的种类。武夷山在已知73种爬行动物中,眼镜王蛇(*Ophiophaqus hannah*)、五步蛇(*Deninag kistrodon*)、眼镜蛇(*Naja naga*)等9种为珍稀种。列入国际《濒危动物国际贸易公约》(CITES)保护的46种:其中一级保护的11种,如云豹(*Neofelis nebulosa*)、金钱豹(*Panthera pardits*)、华南虎(*Panthera tigris amoyensis*)、黑麂(*Muntiacus crinifrons*)、黄腹角雉(*Tragopan caboti*)、白颈长尾雉(*Svrniaticits ewllioti*)、黑熊(*Selenarctos thibetunus*)、水獭(*Lutra lutra*)、苏门羚(*Capricornis sumatraehsis*)、大鲵(*Andrias davidianus*)、游隼(*Faleo pereyrinus*)等;二级保护动物35种。属于中日、中澳候鸟保护协定规定保护的种类有97种。

为了保护好武夷山生物多样性,1979年4月16日,福建省革委会批准成立"武夷山自然保护区"。同年7月3日,中华人民共和国国务院审定"武夷山自然保护区"列为国家重点自然保护区。1987年,由联合国教科文组织为武夷山国家重点自然保护区颁发《人与生物圈计划》证书。1990年,福建省人民政府颁发《福建省武夷山国家级自然保护区管理办法》。1998年2月,制定了由全球环境基金(Glabal Environment Facility,GEF)资助的《中国自然保护区管理项目计划》,严格保护好武夷山的生物多样性、完整性及其自然景观,控制毛竹林纯林化对天然林的蚕食,恢复遭到破坏的野生动植物栖息地。

保护好武夷山生物多样性、完整性及其自然景观,综合发挥国际生物圈保护区功能，不仅有利于中国的环境保护，而且对全球环境保护也有重要意义，完全符合自然遗产提名的第四项《尚存的珍稀或濒危动植物栖息地》和第二项《构成代表生物演化过程，以及人类与自然环境相互关系的例证》条款标准。为此，将武夷山列入《世界遗产名录》，成为全人类共同财富和具有国际水平的保护区，具有突出、普遍的价值。

1.3.1.3　丰富的人文景观和历史文化遗存

考古资料表明，武夷山早在四千多年前就有先民在此劳动生息，逐步形成偏居中国一隅的"古闽族"文化和其后的"闽越族"文化，在国内外是绝无仅有的。反映这一文化特征的是武夷山"架壑船棺""虹桥板"及占地 $48 \times 10^4 \mathrm{m}^2$ 的闽越王所居的汉城遗址，是消逝三千多年的古文明和古文化传统习俗独特的实物见证。在"架壑船棺"的随葬品中，发现中国迄今最早的棉纺织品实物。汉城遗址系中国江南保存最完整的古城遗址之一。"架壑船棺"和"虹桥板"于 1985 年被公布为福建省级文物保护单位。"汉城遗址"1996 年由国务院公布为全国重点文物保护单位，进行严格保护。

武夷山是朱子理学的摇篮。程朱理学，始于"二程"（程颢和程颐），集大成于朱熹，构成中国宋代至清代一直处于统治地位的思想理论，代表具有普遍意义的传统民族精神，影响远及东亚、东南亚、欧美诸国。孔子集前古思想之大成，开创中国文化传统之主干的儒学。朱熹集孔子以下学术思想之大成，使程朱理学达到顶峰，为儒学注入新的生机，形成儒学思想文化的杰出代表——朱子理学，至今仍吸引着世界上几十个国家的专家、学者致力于理学思想的研究。朱熹（公元 1130—1200）是中国文化史上最有地位的人物之一。在中国文化史、传统思想史、教育史和礼教史上影响最大的，前推孔子、后推朱熹。因此，有些学者称朱熹为"三代下的孔子"。朱熹在武夷山生活达 50 余年，著述教学，使武夷山成为理学名山。他从 14 岁到武夷山，到 71 岁逝世，除在外当官 9 年外，都在武夷山度过。朱熹在武夷山从学、著述、传教；朱子理学在武夷山萌芽、发展、传播。朱熹在武夷山先后创办"寒泉精舍""武夷精舍""考亭书院"，成为当时有影响的书院。直接受业于朱熹的有 200 多人，许多成为著名理学家，形成有影响的儒学学派——理学。在朱熹的影响下，宋至元朝在武夷山创办书院，传播理学思想的著名学者达 43 位，使武夷山成为"三朝（宋、元、明）理学驻足之薮"。山间溪畔留下众多的理学文化遗迹，对研究朱子理学和儒教思想的兴衰演变以及中国哲学思想史都是非常珍贵的，是中国传统文化的瑰宝，素有"东周出孔丘，南宋有朱熹。中国古文化，泰山与武夷"之说。1985 年将朱熹创办的武夷精舍遗址、朱熹撰并书的"刘公神道碑"、朱熹及宋至清历代理学家在武夷山的题刻、朱熹墓等列为福建省级文物保护单位，进行严格保护。

因此，武夷山有着悠久的历史文化和丰富的历史文化遗存及理学文物，符合

文化遗产标准的第三项和第五项条款以及文化景观标准的第三项。

1.3.2　武夷山列入《世界文化与自然遗产名录》历程

武夷山有着十分悠久的保护历史。早在公元 748 年，唐玄宗就曾派遣登仕郎颜行之至武夷山颁布保护森林令。公元 1121 年，朝廷在武夷山设第一任提举，至南宋末年，陆游、辛弃疾、朱熹等 145 任提举先后驻节武夷山，掌管武夷山的保护管理。公元 1302 年，朝廷在武夷山设立御茶园，派专场官负责管理武夷山及贡茶之事。中华人民共和国成立以后，我国政府对武夷山采取了更为有效的保护措施。1964 年，福建省成立武夷山管理处，国务院于 1979 年、1982 年分别批准建立武夷山自然保护区和将武夷山审定为第一批国家重点风景名胜区，1989年设立武夷山市，1996 年审定公布武夷山城村汉城遗址为全国重点文物保护单位。

至 1998 年，武夷山已拥有国家级风景名胜区、国家级自然保护区、国家旅游度假区、国家一类航空口岸、国家第四批重点文物保护单位等多项称号，基础设施日臻完善，特别是 1998 年成功地获得了中国优秀旅游城市的桂冠，表明武夷山已跻身于全国名山大川之列，申报世界遗产不仅将填补福建省世界遗产的空白，而且也意味着武夷山走向世界，实现"武夷山属于世界，全人类共有同享"的最高境界。

武夷山于 1993 年开始准备申报世界遗产，历时达 6 年之久。福建省委、省政府高度重视武夷山的申报工作，成立了以副省长朱亚衍为组长，汪毅夫、李庆洲为副组长，省建委、林业厅、财政厅、环保局、旅游局、计委、科委、交通厅、水电厅、司法厅、外事办、人行和南平市、武夷山市等部门领导参加的"福建省武夷山申报世界遗产工作领导小组"，聘请植物学家林源祥教授、地质学家宋林河教授、美学专家唐学山教授、古建筑专家罗哲文教授、国家文物专家黄景略、中国科学院考古专家杨虎等开展对武夷山的考察与评估工作，并得到国家相关部门的支持与帮助。

为申报成功，根据世界遗产申报要求，武夷山市委、市政府在扩大宣传的同时，对申报区域进行了有效的整治，拆迁了申报区域内 23 个公建单位、近 400户农户私有建筑，搬迁群众 2 008 人，拆除建筑面积 $14 \times 10^4 m^2$，将总长 70km 的通信、电力和广电线地缆化，为减少汽车噪音和尾气污染，投资了 1 000 多万元修建了 15km 的高星环景公路，并整修 153km 的公路，绿化面积达 $30 \times 10^4 m^2$ 以上，新建和改造了 7 大展馆，累计投资 1.78 亿元。

1999 年 3 月下旬，世界自然保护联盟专家莱斯利·莫洛伊先生代表联合国教科文组织世界遗产委员会，率专家组对武夷山申报世界自然与文化遗产进行为期 3d 的实地考察与评估，考察后称赞武夷山是"中国的奈良"，并题词赞赏："武夷山是中国人民永续利用自然资源的永久性象征"。1999 年 11 月 29 日至 12 月 4 日，联合国教科文组织世界遗产委员会第 23 届会议在摩洛哥王国马拉喀什市召开，会议于 12 月 1 日当地时间 10 点 15 分（北京时间 18 点 15 分）正式通过中国武夷山列入"世界自然与文化遗产名录"，使武夷山成为我国第 4 个列入世界文化与自然双重遗产的名山。

长期以来，武夷山在开发建设过程中，始终坚持保护管理与开发建设和谐统一的思想，严格执行国家有关的法律法规。武夷山保护的主要政策与措施有：国家颁布的《保护世界文化和自然遗产公约》（1972）、《关于将武夷山自然保护区列为国家重点自然保护区的批复》（1979）、中华人民共和国《宪法》（1982）、《森林法》（1982）、《文物保护法》（1982）、《风景名胜区管理暂行条例》（1985）、《森林和野生动物类型自然保护管理法》（1985）、《关于武夷山风景名胜区的批复》（1986）、《野生动物保护法》（1988）、《环境保护法》（1989）、《自然保护区条例》（1994）；福建省颁布的《关于加强武夷山风景区保护管理的布告》（1982）、《武夷山风景名胜区管理办法》（1988）、《武夷山国家级自然保护区管理办法》（1990）、《福建省森林和野生动物类型自然保护区管理条例》（1995）、《福建省风景名胜区管理规定》（1996）、《福建省武夷山世界文化与自然遗产保护条例》（2002）；以及地方性法规《建阳地区行署关于武夷山风景区林木资源保护的实施意见》（1988）、《武夷山市人民政府关于加强武夷山风景区防火安全的通知》（1991）、《武夷山市人民政府关于武夷山风景名胜区动植物保护的通告》（1991）、《武夷山市旅游行业管理暂行规定》（1994）、《武夷山九曲溪保护管理规定》（1994）等。2003 年 8 月 1 日，建设部批准了《武夷山风景名胜区总体规划（2001—2010 年）》，为武夷山进一步保护管理和开发建设提供了科学性与前瞻性的指导框架。同时，武夷山提出了"保护好武夷山珍贵的自然资源、生态环境和历史文化，提高管理水平和科技含量，促进保护与利用协调发展，把武夷山建设成为具有先进水平的自然与文化遗产保留地"的总目标（陈先珍，2003）。2005 年 6 月 13 日，福建省人民政府第 34 次常务会议通过了《福建省武夷山景区保护管理办法》，自 2005 年 11 月 1 日起施行。

1.3.3 武夷山风景名胜区概况

1.3.3.1 武夷山风景名胜区自然地理概况

武夷山风景名胜区是武夷山世界文化和自然遗产地中受自然和人类等生态过程作用最为强烈和频繁的区域，是武夷山遗产地生态系统保护中最为关键的区域。武夷山风景名胜区面积约 70km^2，地理坐标：117°35′~118°01′E，27°35′~27°43′N。地质地貌属红色砂砾岩分布区，地层构造为中生代白垩纪、是第三纪系沉积的"赤石群碎屑岩"地层。属低山丘陵地域，海拔 100~700m，主景峰海拔

512m，最高峰（三仰峰）海拔717.7m。气候属典型的中亚热带湿润季风气候。年平均气温17.9℃，1月平均气温8.3℃，7月平均气温26.7℃，降水充沛多雾，年均降水量2 000mm以上，年均相对湿度78%，有雾日超过60d。风景区内主要溪流有崇阳溪、黄柏溪和九曲溪，属闽江水系，水质达到国家优良标准。自然景观以秀、拔、奇、伟为特色，自古即被誉为"人间仙境"。在景区中巧布着"三三秀水"和"六六奇峰"，还有99险岩、60怪石、72奇洞、18幽洞，这些山水花木、云雨岚雾、飞鸟鸣虫相互结合，构成景区一幅绝妙的自然风光图画。

1.3.3.2 武夷山风景名胜区社会经济概况

武夷山风景名胜区内现有3个镇街道：武夷镇后更名为武夷街道、星村镇和兴田镇，景区内共有行政村8村庄26个（含溪东旅游服务区6个村庄），人口主要从事农业型经济，兼营旅游。整个景区现分成一线天、武夷宫、虎啸岩、天游、水帘洞、大红袍、九曲溪7个景区，其中天游与九曲溪是2个精华景区。客源以省内为主，省外游客以上海、江苏、浙江游客较多。武夷山现已形成集航空、铁路、高速公路等多渠道的交通基础设施。随着知名度不断提高，景区游客数量不断增加（图1-3）。从1981年对外开放旅游至今，年旅游人次从5.92万人次增加至近330.78万人次，其中，2012年创历史之最，达362.88万人次。日益增长的游客量增加了对酒店、旅店、停车场、公路等旅游基础服务设施及旅游相关服务人员的需求，景区人口不断增加。据统计，1997年，武夷山风景名胜区常住人口11 224人，其中主景区人口9 336人，溪东旅游服务区1 888人。2006年，武夷山风景名胜区常住人口17 596人（其中主景区13 717人）。2014年，风景区常驻人口下降为14 850人。总体上，随着当地人口增长和旅游人数的增加，风景区人地矛盾问题凸显，人为干扰也对景区生态环境造成了一定程度影响，关于景区发展和保护问题备受关注。

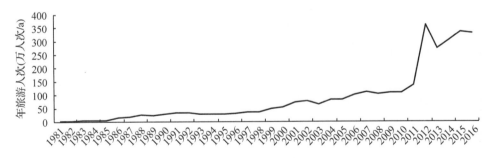

图1-3 武夷山风景名胜区全年旅游人次

第 2 章　武夷山世界文化与自然遗产保护的理论基础

2.1 群落生态学理论与方法

群落生态学(community ecology)是研究生物群落与环境相互关系及其规律的学科，是生态学的一个分支。群落(生物群落，biotic community)系指在一定地段或一定生境里的各生物种群相互联系和相互影响所构成的有规律的组合结构单元。德国生物学家 Mobius(1880)最初提出生物群落的概念，瑞士 Schroter(1902)又提出群落生态学的概念。1910 年，在布鲁赛尔召开的第三届国际植物学会议上，正式采纳了这个名称(苏智先，1993)。生物群落是一个泛指名词，可用来指明各种不同大小及自然特征的有机体集合，从土壤中有机体的组合，一片草地到广大的森林，乃至生态系统中的那一部分有生命的组合，包括一切的动物、植物和微生物。随着生态学的发展，作为其重要分支的群落生态学也得到了迅速的发展。国内外学者对群落生态学的研究一般包括群落的格局与过程、群落的多样性与稳定性及其机制、群落的动态变化与演替、生态位、群落内物种共存等方面。植物群落是由一定种类的植物在一定的生境条件下所构成的有机整体。地球表面的全部植物群落的集合称为植被，植物群落是植被的基本单元，也是生物群落的重要组成部分。植物群落生态学覆盖了群落研究的不同方面，一直是生态学发展过程中的重要组成部分之一。

2.1.1 植物群落分布格局及研究方法

植物群落格局(pattern)是由长期的植物与植物、植物与环境相互作用以及协同进化形成的，同时也是未来群落发展的基础。通过对格局的研究，可理解群落形成、维持和变化的机制和动力。因此，群落的格局一直是生态学家所关心的焦点问题(陈昌笃，1996)。传统的生态学强调同质性，认为生态系统是封闭的、具有内部控制的、可预测的以及确定性的(Legendre and Fortin，1989)。传统的格局分析方法主要是间接梯度分析，如主成分分析、对应分析、除趋势对应分析和除趋势典范对应分析等，聚类的方法主要由系统聚类法、双向指示种分析、图论聚类及模糊聚类等，这些方法大都结合国际通用软件。阳含熙(1981)出版的《植物生态学数量分类方法》和张金屯(1995)的《植被数量生态学方法》将这些方法引入我国生态研究中，大大推动了我国植物群落格局的定量研究。

20 世纪 80 年代以来，等级缀块动态（hierarchical patch dynamics）理论在生态学研究中得到了广泛的应用。现代生态学强调非平衡性，强调随机事件、空间异质性、人为和自然的干扰以及不同时空尺度上空间格局和生态过程的相互作用。尺度（scale）与作为生态学核心问题的格局和过程形成了三位一体的概念。为了克服传统统计学的弊端，许多新的空间统计学方法在我国植物群落生态学中得到广泛应用，这些方法主要包括：

（1）空间自相关的分析

李天生等（1994）介绍了空间自相关的概念和方法；陈小勇等（2000）应用空间自相关分析了我国红树林的分布规律；刘振国等（2005）阐述和比较了描述群落动态的 4 种具有代表性的经验模型，即镶嵌循环模型、随意游走模型、同资源种团比例模型、空间抢先占有模型及其机理。

（2）谱分析法

伍业钢等（1988）利用谱分析对阔叶红树林群落进行了研究；黄敬峰（1993）把谱分析法应用在草地群落研究中；孙荣等（2011）利用谱分析法对三峡水库蓄水后消落带植物群落的特征进行研究。

（3）地统计学变异函数曲线分析

王政权（1999）的《地统计学及在生态学中的应用》详细地介绍了地统计学方法在生态学中的应用；潘文斌等（2000）应用地统计学研究了保安湖—湖湾地区大型水生植物群落格局等；魏乐等（2014）进行了荒漠草原植物群落空间异质性研究；刘丽丹等（2013）利用经典统计学和地统计学方法对宁夏盐池沙地 3 种植物群落土壤表层养分的空间异质性进行了研究。

（4）分形理论

马克明（2000）用分形理论研究了兴安岭落叶松的分布格局；倪红伟等（2000）用分形理论研究了小叶章的种群分布格局；刘霞等（2011）运用土壤分形学和水文学原理与方法研究沂蒙山林区 7 种植物群落下的土壤颗粒组成、分形维数、土壤孔隙度及其相关性；姚晶晶等（2014）运用分形学原理和方法，研究晋西黄土丘陵区 7 种植物群落的土壤分形维数与土壤质地、密度、孔隙度、含水量及饱和导水率的关系。

（5）小波分析

祖元刚等（1999）用墨西哥帽子小波研究了兴安岭落叶松的林窗分布规律；孙丹峰（2003）用小波分析研究了城市经过和农田景观分布格局；张斌等（2009）采用协惯量分析和典范对应分析两种排序方法对北京小龙门林场的黄檗群落进行了分析。这些新的空间统计学分析方法为多尺度生态格局的研究提供了有力的工具。

格局研究是进一步理解群落形成和发展机制的关键，目前格局研究仍面临许

多挑战：如不同尺度上群落格局及其对应生态过程的联结；影响群落格局多个过程的相对重要性；群落缀块之间的相互作用和群落亚系统进一步的组织形式；对自然过程和人为干扰及其相互作用对群落格局影响的深入认识，从而为群落和植被的管理提供理论和方法。

2.1.2　生态位研究方法

Grinnell 在 1917 年首先应用"生态位"（niche）一词来表示对栖息地再划分的空间单位，定义为："恰好被一种或一个亚种所占据的最后单位"。此后，生态位理论在种间关系、生物多样性、群落结构及演替和种群进化等研究方面得到了广泛应用，生态位理论已经成为近 20 年来生态学研究的热点之一。生态位特征的定量指标包括生态位宽度、生态位重叠、生态位相似性比例等。

早期提出生态位宽度计量公式的出发点多是基于多样性的量度方法，用群落内物种多样性的指标，代替任一有机体利用资源的多样性。最常用的是 Levins（1970）提出的几个公式。起初，生态位的研究多集中在物种对资源的利用方面，而且最初主要以动物种群为研究对象（杨小农等，2012），后来在植物群落中也开始得到重视和应用，在植物群落方面生态位常用于濒危植物的研究。辛小娟等（2011）对鼢鼠土丘植物群落演替生态位动态及草地质量指数、优势种生态位研究；徐春燕等（2012）对淀山湖浮游植物优势种生态位研究，目的是揭示优势种对环境资源的利用状况及其相互关系；张少斌等（2016）基于生态位视角系统梳理了农作物间套作模式下，农田生态系统不同作物的资源利用差异；朱丽等（2010）梳理了洲际入侵植物生态位稳定性方面的研究进展，指出利用物种分布模型（SDMs）预测入侵物种潜在分布范围是有效管理和提早预防生物入侵的重要依据，但这些模型的一个关键假定是：入侵物种的生态位在空间和时间上是保守的、稳定的。然而，对于远离原产地种群并能快速适应新生境的洲际入侵植物来说，生态位可能发生显著的变化。生态位是一群个体的特征，生态位重叠是研究资源利用对策、竞争和种间聚集等问题的基础。资源状态的概念从理论上讲，就是生态位超空间中的一个点，而在实际运用中，把它等同于任何一种方便的抽样单位。生态位理论同生物多样性理论及生物保护关系紧密，三者在未来的研究中将互为因果、彼此补充，共同成为生态学研究的一个重要领域。

2.1.3　群落物种多样性测定方法

群落多样性的测度始于 20 世纪初期。1949 年，Simpson 首次提出了多样性方面集中性的概念，即"Simpson 指数"，此后众多的多样性指数应用于生态学研究中。Magurran（1998）对国外的多样性测度指数的应用情况作过总结，认为 Shannon-Wienner 指数是较为适用的一种指数。谢晋阳等（1997）认为，众多的物种多样性指数可以分为 4 种主要类型，即丰富度指数、变化度指数、均匀度指数、优势度指数。物种丰富度指数主要是测定一定空间范围内的物种数目以表达生物的丰富程度。植物群落多样性研究中，采用最多的物种丰富度指数是用一定样地中的物种数表示（马克平等，1995；贺金生等，1998；高贤明等，1998），这是最简单、最古老的物种多样性测度方法。另外应用比较广泛的还有：Margalef 丰富度指数、Gleason 丰富度指数（刘灿然等，1999；温远光等，1998）、Menhinick 丰富度指数（岳明，1998）等，这些指数分别可用物种数目与样方面积大小或个体总数的不同数学关系来测度。不同的植物群落中，丰富度指数的适用情况不同，在暖温带森林群落多样性研究中发现：3 种丰富度指数中，Margalef 丰富度指数和 Gleason 丰富度指数较为稳定，Menhinick 丰富度指数最不稳定（刘灿然等，1999）。多个群落进行比较时，选择较稳定的指数可用较少的样方得出更可靠的结论。运用物种丰富度指数测度的关键是样方大小的控制。由于物种丰富度指数受样地面积的影响较大，而且忽略富集种（common species）和稀疏种（rare species）对群落多样性贡献大小的差异，在应用时必须与均匀度指数等其他指数结合起来，才能更准确地反映群落多样性水平。

物种多样性指数是将物种丰富度与种的多度结合起来的函数。其中最常用的有 Shannon-Wienner 指数（马克平等，1995；王峥峰等，1999），Simpson 指数（贺金生等，1998；高贤明等，1998）以及种间相遇概率（或称种间相遇几率）（PIE）（黄建辉，1995）等。

均匀度指数无论怎样定义，它都是把物种丰富度与均匀度结合起来的一个单一的统计量，因此，均匀度是群落多样性研究中十分重要的概念。由于当群落中种数和总个体数一定、各个种的个体数最均匀时，群落具有最大的多样性，Pielous 把均匀度定义为群落的实测多样性与最大多样性（在给定物种数 S 下的完全均匀群落的多样性）之比率，称为 Pielous 均匀度指数。在实际研究中应用最多的是 Pielous 均匀度指数（丁圣彦等，1999），其次为 Alatalo 均匀度指数（刘灿然等，1999；奚为民，1997）。Pielous 均匀度指数必须以多样性指数为基础，与样本大小有关；Alatalo 均匀度指数是对样本大小不敏感的均匀度指数，Kvalseth 在比较了若干种均匀度指数后，认为 Alatalo 均匀度指数是较好的均匀度指数（马克平等，1995）。

生态优势度、均匀度和物种多样性指数有密切的关系，可从三方面表征群落的组成、结构水平。一些研究中用 $D = \sum \left[n_i(n_i-1) / N(N-1) \right]$ 来计算生态优势度（温远光等，1998）或用 $D = \sum P_i^2$ 来计算生态优势度（陈北光等，1997）。采用生态优势度可对群落的物种多样性结构和动态水平进行更为透彻的说明。

上述多样性指数间的关系有的表现为正相关，有的表现为负相关。物种多样性指数与物种均匀度呈正相关，而与生态优势度呈负相关（岳明，1998）。多样性

指数越高，生态优势度越小，多样性指数越大，均匀度越高。群落均匀度指数与生态优势度是两个相反的概念，当群落有较高的生态优势度时，可以直观地理解为，由于优势种明显，优势种的个体数会明显多出一般种而使群落具有低的均匀度。对于某一群落，物种丰富度(物种数)、物种多样性指数、均匀度指数反映出基本一致的趋势(马克平等，1997)。因此可以认为，在表征群落多样性结构方面，物种均匀度与生态优势度的变化趋势是相反的：群落中种群分布均匀，群落均匀度指数高，则生态优势度较低；反之，种群分布集中，群落均匀度指数低，生态优势度就较高。物种多样性指数、物种丰富度指数和均匀度指数的变化趋势常常一致。

2.1.4 群落物种多样性及稳定性理论

物种多样性是生物多样性在物种水平上的表现形式，包括两方面的含义：一是指一定区域内物种的总和，主要从分类学、系统学和生物地理学角度对一个区域内物种的状况进行研究，也称区域物种多样性；二是指生态学方面物种分布的均匀程度，常常是从群落组织水平上进行研究，也称为生态多样性或群落多样性(贺金生，1997)。

全球的自然生境和生物多样性都面临着生境丧失和片段化的威胁，而人类活动，如开荒、伐木、放牧、交通和水库建设等是造成这一现象的主要原因(Laurance et al.，2014)。鉴于全球生物资源受严重威胁及日益丧失的困境，物种多样性保护已成为当前国际科学组织机构研究环境保护问题所普遍关注的论题。植物群落物种多样性的研究是其他多样性(遗传多样性、生态系统多样性等)的基础，有大量的研究成果相继报道，也有一些综述对植物群落物种多样性某一领域的研究进行总结。Magurran(1998)对生态多样性的研究状况及测度方法作过综合阐述。Tilman 和 Dowing(1994)对生物多样性变化给生态系统带来的生态后果的一般规律作了探讨。戚仁海等(2008)研究表明苏州在 1987—2005 年间生境破碎度指数增加了 16.2%，两栖动物的多样性有所下降，植物种群由于边缘效应的作用而出现人工林群落的物种丰富度大于自然林群落的现象。武建勇等(2015)通过对国内外生物多样性重要区域识别的案例的归纳总结，提出中国未来应全面开展生物多样性本底调查，在充分获取生物多样性分布数据的基础上，依据植被类型和物种多样性以及受威胁因素等，在 32 个陆地生物多样性保护优先区内进一步客观准确地识别生物多样性重要区域(热点中的热点或重要区域中的重要区域)，为中国未来的保护地规划、生物多样性监测、政策制定等提供科学支撑。Su(2011)等对北京 2 种象甲种群的研究中发现昆虫多样性沿郊区—城市呈梯度变化表现为：在距市中心 30 km 范围内，每向市中心靠近 5 km，物种数量就减少 0.9 个，个体数量下降 59.3%，城市中心更为强烈的生境片段化效应可能是主要的因素之一。

　　多样性的时空格局和动态过程的测度与观察的尺度有密切的关系，因此，研究多样性格局和过程必须考虑尺度效应（叶万辉，1994）。多项研究认为，物种多样性结构的取样效应的产生与否，与生态位关系、生境多样性、群体效应、生态学的同等性 4 种生物因素综合作用相关。不同研究对象及内容的取样方法应不同。研究群落物种多样性的组成和结构多采用临时样地法中的典型取样法（马克平，1995；贺金生，1998）；研究群落的功能和动态多样性则采用永久样地法（王峥峰等，1999），也称固定样地法（丁圣彦等，1999）；研究物种多样性的梯度变化特征，采用样带法（马克平等，1997）或样线法（石培礼等，2000）。必须说明一点，取样面积的大小，对群落物种多样性的测度存在着一定的影响（Stohlgren等，1998）。对于不同群落物种多样性比较，一般都选取相同大小的样本。但这样的比较实质上是样地间的比较，除非绝对有把握地认为选取的样地就是所研究群落的真正代表。为此，刘灿然等（1999）探讨了样本大小和物种多样性的关系，提出了临界样方和多样性测定的稳定性等概念，所谓临界样方数量即为多样性测度趋于稳定时的样方数量；多样性测度的稳定性即多样性的测度值随样本大小变化而变化的程度，变化程度越小，多样性测度就越稳定。根据多个样方计算的多样性测度指数达到稳定后的平均值可作为整个群落物种多样性的测度值。这样就可使不同群落或不同层次之间的物种多样性比较得以顺利进行，这种研究方法较之相同大小的样地比较更科学。

　　1959 年，Hutchison 提出了一个重要的生态学概念问题：大量的物种如何在同一生境内持续生存？这个想法推动了多样性维持机制大量的理论与试验研究。黄建辉（1994）对有关群落物种多样性发生机制的十几种假说做了总结，将这些假说分为两大类——环境因子类和生物因子类。环境因子类主要有空间异质性假说、能量—稳定性—面积（ESA）学说等；生物因子类则有生产力学说、竞争学说、稀疏作用学说等。张大勇等（1997）认为占有相同生态位的物种可以稳定共存，从而提出了一个新的群落多样性维持和发生机制，认为群落内物种多样性受4 个因子的影响：生态位的数量、种库的大小、物种迁入和物种灭绝速率。

　　稳定性包括了两方面的含义：一方面是系统保持现行状态的能力，即抗干扰的能力；另一方面是系统受干扰后回归该状态的倾向，即受扰后的恢复能力。在自然资源遭受严重威胁及破坏日益严重的 21 世纪，这个问题备受关注。物种多样性的改变又会给群落带来什么样的生态影响呢？对此提出了多种假说。其中影响较大的是多样性稳定性假说。该学说由 Elton（1958）提出，主要观点为群落（动物或植物）物种多样性越丰富，群落越稳定。Tilman（1994）对美国明尼苏达州草地群落的长期定点研究给该学说提供实践上的支持。

　　在这一学说基础上，进一步引申了多样性生产力假说、多样性持续性假说以

及多样性侵入性假说(黄建辉等，1995)。这些假说预测：物种多样性增加，群落的初级生产力增加；物种多样性越大，资源的可持续性越大，群落对资源的利用更加充分和高效；群落物种多样性高，群落对外来种的侵入的敏感性降低，即稳定性增强(Magurran，1998；Tilman 等，1994)。1970 年，Gardner(1987)将控制论的稳定性分析方法应用于生态系统，研究所得出的数学模型表明：增加种的数目，增加它们的接触和相互作用强调，会减少其稳定性。虽然该理论最大的缺陷是没有考虑真正生态系统的调节机制，但是该理论却表明：多样性与稳定性之间很可能并不存在某种简单关系，而关于稳定性与生态系统某个单一属性之间的一般关系研究可能是毫无意义的。物种多样性对群落功能的影响假说还有铆钉假说和冗余假说等(Ehrlich *et al.*，1981)，从不同侧面解释了物种多样性与群落功能稳定性的关系。

对稳定性的量化处理是解决群落多样性与稳定性关系的关键所在。近来有研究将优势度用来衡量群落的稳定性，优势度大，稳定性高(李振基等，2000)。有人则认为，物种多样性作为群落稳定性的指标，具有良好的效果。物种多样性和群落稳定性之间的关系如何、又应当如何去衡量，有待进一步深入细致的研究。

2.1.5　群落动态变化与演替研究

群落的动态包括群落的波动、更新、演替与进化等。

植物群落的波动是指可恢复的在相对较小的时间尺度下的群落变化现象。彭少麟(1993)认为：植物群落的波动性是由于植物群落中复合生态因子逐年逐季的特殊性，引起群落在固有的季节性变化和逐年的变化上的波动。引起波动的原因主要是气象状况、水文状况、人类活动和植物遗传原因逐年逐季的变化引起的。植物群落波动性的研究尚不多见，我国主要有鼎湖山森林群落波动的研究(王伯荪等，1987)；森林群落波动性的探讨(彭少麟，1996)；长期气温波动对鼎湖山马尾松种群生产力的影响(滕菱等，2001)；东北草原羊草种群种子生产与气候波动的关系(杨允菲等，2001)。

植物群落的更新虽然有大量的研究，但尚无公认的定义。王伯荪(1987)认为：更新是当群落中某种群的个体死亡后，能由同一种群的新个体替代的过程。彭少麟(1996)则认为：更新的基本点是不改变群落性质的新老个体的更替，由植物个体衰老、枯倒或自然的和人为的因素造成的林隙中，由原种群或相同性质的种群的新个体所更替的动态变化过程。研究森林群落更新的方法有很多，一类是通过研究种子雨、种子库的动态、种子的萌发、幼树生长的时空动态来研究群落的更新；另一类更为常用是通过研究林窗的形成、特征及其在森林动态中的作用来研究森林更新：四川卧龙地区珙桐群落的更新策略(沈泽昊，1999)；神农架地区米新水青冈林和锐齿槲栎林群落干扰及群落内不同种群的更新策略(贺金生等，

1999）；埋藏和环境因子对辽东栎种子更新的影响（张知彬，2001）。

早在 20 世纪 20 年代，Clements 就开始了系统的演替研究并提出了演替经典模式。我国学者开展了大量研究并得出诸多结论：任海等（1999）研究了鼎湖山森林生态系统演替过程中的能量特征；郭柯（2000）通过毛乌素沙地油蒿群落循环演替的研究表明：沙化的主要原因是过度放牧所致的逆行演替；辛晓平等（2001）通过碱化草地群落恢复演替空间格局的研究表明：群落中不同物种的斑块空间格局不同，在恢复演替中作用也不相同；陈芳清等（2001）对樟村坪磷矿废弃地植物群落的形成与演替研究表明：演替植物群落的形成是先锋植物种类入侵、定居、群聚和竞争的结果；张志勇等（2003）对五针白皮松在群落演替过程中的种间联结性的分析表明：五针白皮松的濒危状况可能是在长期的植被演化过程中被阔叶树种排挤所致；丁圣彦等（1999）对浙江天童常绿阔叶林演替系列优势种光合生理生态的比较研究表明：优势种成年树在常绿阔叶林演替系列中地位的变迁及相互间的更替主要与其物质的合成能力有关；王峥峰等（2000）对南亚热带森林优势种群木荷和锥栗在演替系列群落中的分子生态研究表明：不同群落微环境对种群分化有显著影响，也与森林群落的演替关联。

2.1.6　物种共存机制研究

群落中物种如何共存是群落生态学研究的重要问题之一，国外学者提出多种理论从不同的角度探讨了物种共存的可能机制。在国内，物种共存的问题也备受关注，李博等（1998）对物种的竞争共存进行了精辟地论述，关于群落物种共存的假设理论有：生态位分化概念、竞争平衡理论、种库假设、再生生态位概念、干扰理论和生态漂变学说等（陈磊等，2003）；从进化、生态位的分化、干扰等多方面探讨了物种共存的机理（侯继华等，2002）。杜国桢等（1995）对甘南亚高山草甸群落的物候谱研究中发现，植物种间由于在生长发育时间上的错位，减缓了种间对资源的竞争，使得群落中的物种得以共存。鲍雅静等（1997）研究火因子对羊草群落物种多样性影响的研究发现：连年重复火烧的群落具有较高的物种多样性和均匀性，表明干扰是导致物种共存的一个重要因子。杨利民等（2002）对松嫩平原草地群落物种多样性与生产力关系的研究表明：物种共存依赖于进化上稳固的物种之间利用资源能力的交换。

植物群落中的物种共存是与时空尺度相关的现象，在不同的尺度上起作用的机制不同，且对于同一个群落也可能是多个机制共同起作用，因此需要进行长期、大范围及多层次的研究。现代科学技术的发展为这些问题的解决提供了有效的手段。在宏观方面，遥感、地理信息系统等先进技术可以准确测定景观水平上的生态过程；在微观方面，分子生物学技术的应用可以方便而准确地研究物种的繁殖、扩散和种间关系，有助于加深人们对生态系统结构和功能的理解（侯继华，

2002）。因此，今后的研究重点之一是在宏观和中观尺度上应用 GIS 等技术，进行长期、大范围的监测，对比研究热带和温带物种组成和分布的差异，分析产生差异的原因；在微观尺度上，应用分子生物学技术探求共存的物种的进化和亲缘关系，为共存理论的研究提供基础。

2.2　生态系统评价理论与方法

生态系统评价是当前生态学研究中的一个热点和难点，它能够为区域生态系统健康检测、优良生态系统类型筛选、土地利用格局合理配置以及生态服务功能优化提供宝贵的参考和决策依据。目前，关于生态系统评价的研究和探讨已经引起了越来越多学者的关注。而事实上，生态系统评价并不是一个全新的研究课题。生态系统评价发端于美国森林生态系统管理评价，随后与加拿大生态系统区划理论相结合，从而在北美得到了较快发展。1993 年 4 月，美国为了解决西北部国有森林经营管理的问题，特意召开"总统森林会议"，组成了由 100 多位官员、科学家及管理者参与的森林生态系统管理评价组（FE - MAT），从而奠定了美国林业 21 世纪的发展脉络。在全球生态评价发展史上树立起里程碑的则是联合国于 2001 年 6 月 5 日在世界环境日上启动的"新千年生态系统评价"（Millenium Ecosystem Assessment，MEA），极大地推动了生态系统评价研究在全球范围的跨越式发展。

2.2.1　生态系统评价的主要内容

关于生态系统评价的内容，不少学者相继发表了自己的观点和看法。傅伯杰等将生态系统服务功能评价、生态系统健康评价、生态系统管理及其影响的评价等全部纳入生态系统综合评价的范畴，认为生态系统综合评价应该是一项系统工程（傅伯杰，2011）。在"新千年生态系统评价"中，中心任务和主要内容有 4 个：评估生态系统现有状态（condition）、预测未来变化（scenario）、提出改善生态系统的对策（countermeasure）、开展重点生态脆弱区的生态系统评估。综合而言，生态系统评价主要包括两部分：一个是生态系统整体的（健康）状态问题；另一个是生态系统的这种状态对周围造成的影响问题（包括所能提供的服务及负面影响等），后者是前者发展的必然趋势和更高层次。总体来看，目前生态系统评价的研究还不够深入，绝大部分仍是评价生态系统所处的状态，如环境质量评价、脆弱性评价、安全评价、风险评估、持续性评价、多样性评价、退化评估、工程影响评价、预警评价以及健康评价等方面的研究工作。生态系统服务功能评价早在 20 世纪 70 年代就被提出，但到 20 世纪末发展依旧缓慢。一个很重要的原因是由于生态系统服务功能的价值未完全进入市场，生态系统服务功能本身的价值难以量化。

2.2.1.1　生态系统健康

生态系统(ecosystem)即指由生物群落与无机环境构成的统一整体,具有健康的生态系统是生态安全的重要标志(Rapport *et al.*, 1998; Rapport and Whitford, 1989)。健康的生态系统一般被视为环境管理的终极目标,进行生态系统健康研究对探索区域与生态系统可持续发展具有重要意义。Schaeffer 等(1998)首次提出生态系统健康的概念,认为生态系统健康是指一个生态系统所具有的稳定性、完整性和可持续性,包括生态系统维持其组织结构完整、自我调节和对胁迫的恢复能力、系统功能和组分多样性的可持续能力等。一些学者认为生态系统健康,可以从活力(vigor)、组织结构(organization)和恢复力(resilience)这 3 个主要特征来定义并予以考量(Costanza *et al.*, 1998)。Costanza 等(1992)提出了表征生态系统健康程度的指数(HI),HI 等于系统活力、组织结构水平、系统恢复力三者的乘积,明确表达了生态系统健康的构成要素。Karr(1993)认为人类的过度干扰造成了生态系统的退化,生态系统健康就是生态完整性,并率先在河流的评价中使用了生态完整性指标;Peterson(1992)采用对环境形成压力的社会指标,如人口增长、资源消费和技术发展导致人类对环境的影响强度增加;Bertollo 等(2001)把受人类高度管理的区域或景观尺度上的生态系统健康认为是一种状态,在此状态下,人类的管理可以维持区域生态或景观结构在较长时期内相对稳定,能充分满足传统土地利用,促进区域内自然与人类系统组分间的平衡,并能维持系统提供稳定的生物物理资源。系统具有的完整与稳定,以及发展过程的可持续性被认为是生态健康的共同属性;肖风劲等(2003)研究了森林生态系统健康评价指标及其在中国的应用;Rinnan 等(2008)研究了因气候变暖和垃圾排放对亚北极地区的健康生态系统土壤碳、营养元素及微生物群落的影响;王树功等(2010)评价了珠江口淇澳岛红树林湿地生态系统健康;裴雪姣等(2010)应用鱼类完整性评价体系评价辽河流域健康;李淑娟等(2011)对森林生态系统健康评估模式、计算方法和指标体系做了阐述。近年来,一些研究选择在指示物种采样结果的基础上建立指标体系,有效弥补了指标单一化造成的结果误差,其中多为水生态系统健康评价的案例。例如,Wike 等(2010)将蚂蚁群落作为森林生态系统健康的快速评价参数;Trainer 等(2012)阐述了伪菱形藻中软骨藻酸对生态系统健康的影响;毕温凯等(2012)采用支持向量机方法处理湖泊监测数据进行健康分级;袁菲等(2013)区分有害干扰和生态系统内部增益,将层次分析法与变异系数相结合分析林区生态系统健康。

2.2.1.2　生态系统服务

生态系统服务(ecosystem services)是指生态系统与生态过程所形成及所维持的人类生存的自然环境条件与效用(欧阳志云等, 1999; Bastian *et al.*, 2015)。

生态系统为人类社会和自然界提供广泛的生态服务，肖笃宁等（2002）认为将生态系统的各种功能及其环境效益价值化，需要精确测量各种生态功能流的输入和输出量值及其时空变化，按照一定科学方法对其各项功能和效益进行定量的货币折算，从而为生态资产的耗损，生态环境建设成绩的评定等提供客观的科学依据。Costanza 等（1997）关于《全球生态服务和自然资本的价值》的研究报告引起了全球学术界、经济界和政界的极大关注，随后引发了各国开展生态服务价值评估研究的热潮和争论。Costanza 等（1997）在将生态系统服务功能划分为水分调节、气候调节、养分循环、基因资源、生物控制、食物生产、娱乐及文化价值等 17 种类型，并以此为基础对全球生态系统服务价值进行了估算；欧阳志云（1999，2002）、李文华（2002）等在中国较早对生态系统服务功能及其生态经济价值进行了系统评价；谢高地等（2003）对青藏高原生态资产的价值做了系统评估。湿地、森林等依然是生态系统服务研究的重点地区（Paoletti *et al.*，2010；何池全等，2001；王兵，2009）。随着人们对生态服务功能价值问题的认识和深入了解，研究方法也在不断向深度和广度方向扩展。因采用的评估方法不同，评估结果可能相差较大。国际上目前尚未形成统一、规范、完善的评估标准，现在使用的评估方法都源于生态经济学、环境经济学和资源经济学。目前，市场价值法、机会成本法、影子工程法、防护支出法、旅行费用法、替代费用法、碳税法和造林成本法、支付意愿法、专家评估法等方法成为生态服务价值估算的常用方法。

虽然不同时空尺度上生态系统服务的类型和价值评估已得到普遍的认识和研究，但生态系统服务之间此消彼长的权衡关系或相互增益的协同关系却没有得到足够的重视和分析（Bennett *et al.*，2009；Rodriguez *et al.*，2006）。生态系统管理不能仅仅追逐单一生态系统服务效益，而必须权衡和兼顾多种生态系统服务，使其综合效益最大（郑华等，2013；李双成等，2013）。因此，生态系统服务之间存在的此消彼长的权衡关系或彼此增益的协同关系成为研究热点（戴尔阜等，2015，2016；曹祺文等，2016），科学理解和权衡这些作用关系有利于指导生态系统管理实践，也对实现社会经济发展和生态保护的"双赢"目标具有重要意义。

2.2.2　生态系统评价的尺度

(1)生态系统评价的空间尺度

从生态系统评价的对象和尺度来分析，目前已经从空间尺度较小的农田生态系统、森林生态系统向区域、国家甚至全球的多层次研究。尺度的扩展十分必要。对于特定的生态系统，在其上和其下有复合生态系统和亚生态系统，生态系统评价必须考虑它们之间的相互关系。一般而言，生态系统评价的空间尺度主要包括：斑块尺度、景观尺度、区域尺度、大陆尺度和全球尺度。当前国际上研究最多的是农业、森林、城市、湿地、流域、湖泊、山区、干旱区、森林公园、自然保护区、行政区等生态系统的评价。我国目前研究较多的是自然保护区、国家森林公园、流域、城市、某些大型工程项目的相关评价。"新千年生态系统评价"的一个核心工作就是要在一些重要地区(包括中国黄土高原在内的西部地区)启动若干个区域性生态系统评价计划,为该地区的生态建设与管理提供服务。

(2)生态系统评价的时间尺度

时间尺度是生态系统评价的一个重要组成部分,划分为过去、现在和未来3个层面。目前研究主要集中在对生态系统现状的评估,其次是对未来趋势及影响的评价,而对生态系统过去及其历史过程的评价则应成为今后研究中进一步加强的重点。因为生态系统是一个动态变化的过程,对于过去的研究有利于认识影响生态系统的各因素以及它们之间的相互作用与联系,从而准确揭示生态系统自身的运动规律。时间尺度的另一层含义是指评价的时间间隔,又称"时间分辨率"。实际上,目前研究的时间间隔一般都很短,大多是几年、十几年到几十年不等。在加强和深化现有研究的基础上,进一步加大对生态系统过去动态过程的研究与评价,以便准确地把握其生态过程与演替规律,揭示各影响因子的作用与内部联系,从而制订科学的管理方案。从这个角度考虑,有必要进一步加大野外观测的长期性和连续性,以获取最基本的原始数据,正确评估生态系统的现状和变化趋势

(3)生态系统评价的功能尺度

由于生态系统的功能很多,一般的评价只是集中在某一种或几种功能评价上。由于生态系统各种功能之间相互影响,一种功能的增强可能是以另一种甚至几种功能的衰退或丧失为代价的。对于生态系统功能尺度的探讨,重点要放在生态系统各种功能间的相互链接关系及其平衡上,要有综合、全局的观念,不单一地评价某一种或几种功能。

2.2.3　生态系统评价的方法

2.2.3.1　生态系统评价的指标体系

在进行生态系统评价之前,最关键的是评价指标的筛选与指标体系的构建和确立。因为指标是进行评价的基本尺度和衡量标准,指标体系是评价的根本条件和理论基础。由于区域社会经济以及自然状况的异质性和复杂性,加上研究者本身的学术兴趣、背景与知识结构各异,要想取得一个统一的评价指标体系决非易事,这在相当程度上制约了生态系统评价研究的发展。有学者认为,确立生态系统评价的指标体系应具备相当的原则,如代表性原则、综合性原则、可比性原则、系统性和易获性原则等,并建议不同时空尺度的各典型生态系统应有不同的指标评价体系。生态系统健康的评价指标:生态系统健康评价是交叉学科的实践,它的评价指标概括起来分为 3 大类,即生态学指标(包括系统综合水平、群

落水平、种群及个体水平等多尺度)、物理化学指标、社会经济指标及人类健康指标。生态学家已经提出了成百上千的旨在评价生态系统现状的定量化指标。有学者用放射本能、结构放射本能、生态缓冲能力作为生态系统健康量度的生态指标;而另外一些学者则建议根据系统生产力、物质生产量或能量来对系统功能进行修正,这方面的研究在国内发展迅速。如有学者利用多样性指数、热带状态指数、放射本能、结构放射本能和光浮游生物缓冲能力对中国的一个富营养化的湖泊——潮湖进行了生态系统健康评价;刘建等在 2003 年选取自然性、多样性、稀有性、代表性、生态脆弱性、面积适宜性、人类威胁 7 项评价指标对雁荡山自然保护区进行了研究;李明阳根据结构性、功能性及稳定性 3 个指标建立了指标体系。还有学者从生态特征、功能整合性、社会政治环境等方面进行了评价,以及从活力、组织结构、恢复力、经济价值、防御力、环境文化、人体健康等方面评价生态系统。概括而言,国内的指标主要为生态指标、经济指标、功能指标和人类干扰指标等。生态系统服务功能的评价指标:关于生态系统服务功能评价指标的筛选和分类,很多学者进行了不同的分析总结,而以 Daily 最具代表性。Daily 在 1997 年对生态系统服务功能进行了分类,认为应该从 5 个大的方面来进行评价研究:①商品产量,食物、药物、耐用材料、能量、工业产品和遗传物质。②再生功能,循环、过滤和迁徙功能。③稳定功能,稳定局部小气候、极端天气的适度调节、水文循环调节、维持海岸和河床的稳定、环境变迁时物种间的补偿与代替、潜在有害物种的控制。④生命支持功能,审美、文化、智力、精神灵感的供给、存在价值以及科学发现等。⑤选择权,维持未来必需的生态组分和系统、有待发现的产品和源源不断的服务供给。但是,如何对这些指标进行定量化的研究,是当前开展服务功能评价的最大制约因素,已经成为限制生态评价的瓶颈。

2.2.3.2 生态系统评价的数学方法

1)生态系统健康的评价方法

目前,针对生态系统所处的健康状态,最为常用的研究方法主要有以下几种:

(1)模型法

多线性加权法(多目标线性加权函数法)模型以及在此基础上产生的模糊多极综合评判模型、模糊多极综合评判——灰色关联优势分析复合模型、模糊综合评判——模糊聚类复合模型;另外还有综合指数法模型、系统动力学模型及欧式距离法模型等。

(2)景观空间格局分析法

对区域景观空间格局进行研究是揭示该区域生态状况的有效手段,通过定量分析反映景观空间格局的多个指数,从宏观角度给出区域生态的状况,这种方法主要是在"3S"技术的支持下，结合景观生态学的基本原理，往往可以取得良好的效果。

（3）生态系统健康指数法

1992 年，Costanza 提出了著名的生态系统健康指数：

$$HI = V \times O \times R \qquad (2\text{-}1)$$

式中，V 为系统功能指数；O 为系统组织指数；R 为恢复力指数。

后来的研究者又在此基础上对该指数进行了改进，提出了

$$HI_i = V_i \times O_i \times R_i \quad (0 \leqslant HI_i \leqslant 1,\ i = 1,\ 2,\ \cdots,\ 8) \qquad (2\text{-}2)$$

式中，HI_i 是子系统 i 的健康指数；V_i 指的是子系统 i 的功能指数；O_i 是子系统 i 的组织指数；R_i 指子系统 i 的恢复力指数，而且 V_i、O_i、$R_i \in [0,\ 1]$。

2）生态系统服务的评价方法

针对生态系统服务功能的评价，根据 Costanza 等人的思路，生态服务评价的技术路线基本应是先用各种适宜方法计算每个生态系统的各种类型服务功能单位面积资本，然后乘以该系统的总面积，再将所有服务和所有生态系统累积，从而得到生态系统总价值。主要的研究方法有市场价值法、替换市场法、假想市场法、权变估值法、生产成本法和实际影响的市场估值法等。目前这方面的研究在国内还较少，主要原因是受到基础研究薄弱和资料不足的影响。比较有代表性的研究是欧阳志云等在 1999 年采用生态系统生态学的理论和生态经济学相结合的方法，初步对中国陆地生态系统的部分生态服务功能价值进行的评估。

2.2.4　生态系统评价研究展望

2.2.4.1　存在问题

生态系统评价在发展的进程中暴露了许多亟待解决的问题，概括起来主要有以下几点：

（1）生态系统评价具体内涵的界定问题

尽管目前多数学者认同生态系统评价主要包括健康评价和服务功能评价，但围绕这一问题的争论从来就没有停止过，且对生态系统健康和服务功能的内涵也各有说法。例如，什么样的生态系统才算是真正健康的，超过一个什么样的具体界限就属于不健康；影响生态系统健康的各种干扰因素的量化和区分问题；生态系统健康和服务功能发挥之间是否存在某种确定的可以量化的关系；是否可以利用数学模型加以预测模拟；针对不同生态系统的病变如何进行有效的管理；生态系统管理的相关措施是否也应该列入生态系统评价的内容之中，倘若列入，又该如何量化等。

（2）生态系统评价的尺度问题

目前从时空两个尺度进行生态系统评价的研究已经很多，但从功能尺度上进

行探讨的还很不够，如何有效地界定不同的功能尺度以及如何选取合适的指标来进行功能评价将是今后需要加强的一个方面。

（3）生态系统的评价方法有待进一步开拓更新

目前这方面的主要问题有3个：一是指标体系的构建问题，不够全面、缺乏代表性、针对性和可操作性、实践指导性差等是在指标选择上存在的几个较严重的通病。二是各评价因子比重的确立。现有的方法陈旧、科学性差，应该给予适时改进和更新。特别是很多研究中所运用的专家打分法，人为因素影响太大，其结论的科学性和可信度遭到普遍质疑。因此，有必要加大计算机语言和程序的设计开发，通过数学方法来进行因子比重的确立，减少人为干预对结果的影响。三是最终的评价方法问题。例如，在进行生态系统服务功能价值评估时，是否可以找到一个通用的定量化模型来减少评估的误差。

（4）目前，很多所谓的生态系统评价没有与实践紧密结合起来

生态系统评价应有更明确的目标，最终为区域评估和环境整治提供相关的理论依据。例如，围绕黄土高原地区如何通过开展生态系统评价，进一步寻找到水土流失治理和植被恢复模式中存在的问题，应该成为该区域当前和今后研究的重点。

2.2.4.2 未来展望

（1）综合评价将会得到更大的发展

目前针对生态系统的评价多是分散孤立的，综合性的生态系统评价研究则相对薄弱。生态系统评价是一个系统工程，它涉及多学科的研究范畴，因此既要有针对某一方面很详细的生态系统评价，又要有更深入的综合性评价，这是未来发展的必然要求。

（2）生态系统评价与区域水土流失治理将进一步紧密结合

水土流失加剧是我国生态系统严重失衡的一个重要反应，生态系统的改善有利于从根本上解决诸如黄土高原、长江上游地区等的水土流失问题。开展生态系统评价，对各种典型生态系统的现状、动态演替以及所能产生的各种环境效益进行监测分析，有利于准确把握导致水土流失形成、发展、恶化的深层次原因和驱动力因子。

（3）生态系统评价与可持续发展思想的进一步融合

进行生态系统评价有利于人类进一步掌握自然资源同人类需求之间的关系，从而制定切实可行的管理措施，减少因人类不合理的干扰导致的资源利用过度性及其他危害子孙后代的行为。

（4）生态系统评价与生态安全格局关系研究将进一步加强

生态安全从广义上可以定义为人类在生产、生活与健康等方面不受生态破坏与环境污染等影响的保障程度，主要包括生态系统健康诊断、区域生态风险分

析、景观安全格局、生态安全监测与预警以及生态系统管理等方面。通过生态系统评价，可以有效地评估当前的生态系统状况、社会经济发展对生态系统的影响及其演变趋势，研究改善生态系统管理的对策及相关措施，为政府相关部门进行生态环境建设与管理提供有力的决策支持信息，优化生态系统管理状况，从而提高生态系统提供产品和服务的能力。有效地进行生态系统评价是确保生态安全的一个极为重要的前提，必须在以后的工作中得到加强。

2.3　景观生态学理论与方法

2.3.1　景观与景观生态学

景观是景观生态学的研究对象。景观（landscape）一词最早出现在希伯来文本的《圣经·旧约全书》（*Book of Psalms*）中，用来描写所罗门皇城（耶路撒冷）的美丽景色（Naveh and Lieberman，1994），但把景观作为科学含义则是近百年的事。由于景观的特征与表象丰富多样，不仅使其成为一个色彩纷呈的名词，而且，不同的学科对景观的理解也存在较大的差异。概括起来，景观有着 3 个方面的涵义：

（1）美学意义上的景观

亦被称作感知的景观（perception landscape）（Zonneveld，1995）。

（2）地理学意义上的景观

最早将"景观"作为科学术语引入地理学的是德国著名的地植物学家和自然地理学家洪堡德（Humboldt），并将其定义为"地球表面一个特定区域的总体特征"，并逐渐被广泛应用于地貌学中，表示形态、大小和成因等方面具有特殊性的一定地段或地域（Naveh *et al.*，1994）。此后，不少学者都对景观学的发展做出了重要贡献，并不断完善作为地理学意义上的景观的涵义。

（3）生态学意义上的景观

从地理学意义上景观的发展可以看出，景观所涵盖内容在不断扩大，甚至到无所不包、无尺度限制的程度。然而，Forman 和 Godron 则认为应该明确景观的定义，因此，他们在合著的 *Landscape Ecology* 中将景观定义为："以类似的方式重复出现的相互作用的若干生态系统簇所组成的异质性土地地域"（Forman and Godron，1986）。我国学者肖笃宁在总结前人对景观理解的基础上，将景观概念表述为："景观是一个由不同土地单元镶嵌组成，具有明显视觉特征的地理实体；它处于生态系统之上，大地理区域之下的中间尺度；兼具经济、生态和美学价值"（肖笃宁等，1997a；肖笃宁，2003）。俞孔坚（1987）将景观概念及其发展进行了归纳（表 2-1）。从景观概念的拓展过程体现了人类对人—自然关系认识的不断深入，进一步巩固了景观生态学的学科思想，并促进了景观生态学的形成与发展。

"景观生态学"(Landscape Ecology)一词首先由 Troll 于 1939 年提出来的,其目的是为了协调统一生态学和地理学这两个领域中科学家的研究工作(Naveh and Lieberman,1994),并将景观生态学定义为研究某一景观中生物群落之间错综复杂的因果反馈关系的学科。之后,不少学者对景观生态学概念展开热烈的讨论。Forman 和 Godron 在给出确切"景观"定义的基础上,认为景观生态学是研究景观结构(structure)、功能(function)和变迁(change)的一门学科(Forman and Godron,1986);Dunning 等则认为景观生态学研究应当以所关心的生态过程和目的为中心,否则任何对景观结构的描述都是人为的,没有太大的科学意义(Dunning et al.,1992);以色列学者 Naveh 则认为,景观生态学是现代生态学的分支,其核心问题是研究人与景观的关系,其研究目标是总体人类生态系统,它是联系植物学、动物学和人类学这些单独学科的研究对象和过程的纽带和桥梁(Naveh and Lieberman,1994)。我国景观生态学工作者普遍倾向于 Forman 和 Godron 对景观生态学的理解,认为景观生态学是研究在一个相当大的区域内,由许多不同生态系统所组成的整体(即景观)的空间结构、相互作用、协调功能以及动态变化的生态学新分支(伍业纲等,1992)。或概括地说,景观生态学是研究景观单元的类型组成、空间配置及其与生态学过程相互作用的综合性学科(邬建国,2007)。如果按照生态学中研究对象的生物组织层次来划分,景观生态学则处于生态系统生态学之上、区域生态学之下的位置。

表 2-1　景观概念及其研究的发展

景观概念	作为美学意义上的概念	作为地理学意义上的概念	作为生态学意义上的概念
以景观为对象的研究	景观作为审美对象,是风景诗、风景画,及园林风景学科的研究对象	作为地学的研究对象,主要从空间结构和历史演化上研究	是景观生态学及人类生态学的研究对象,不但从空间结构及其历史演替上研究,更重要的是从功能上研究

注:引自俞孔坚,1987。

2.3.2　景观生态学的研究内容

一般认为,景观生态学的研究内容可概括为 3 个基本方面:①景观结构(structure),即景观组成单元的类型、多样性及其空间关系;②景观功能(function),即景观结构与生态过程的相互作用,或景观结构单元之间的相互作用;③景观动态(dynamic),即指景观在结构和功能方面随时间推移发生的变化(Forman,1995)。我国林学家徐化成认为景观生态学研究内容除了以上 3 点外,还应包括景观规划与管理,即根据景观结构、功能和动态及其相互制约和影响机制,制定景观恢复、保护、建设和管理的计划和规划,确定相应的目标、措施和对策(徐化成,1996)。陈吉泉(1995)将景观生态学的内容进一步细分为 9 个方面,即：①景观格局与过程关系（pattern – process relationship）；②等级结构与尺度变化（hierarchical structure and scaling）；③景观破碎化和边缘效应（fragmentation and edge effects）；④景观积累效应（accumulative effects）；⑤保护生物学、生物多样性中的应用（conservation biology and biodiversity）；⑥景观基质与景观连接性（matrix and landscape connectivity）；⑦文化、经济、社会、政治等学科的参与（evolvement of cultural，economic，social，and politic sciences）；⑧景观或生态系统经营（landscape/ecosystem management）；⑨景观数量方法（quantitative methods）。邬建国将景观生态学的 3 个基本方面内容（景观结构、功能和动态）用图作了形象的表示（图 2-1）。

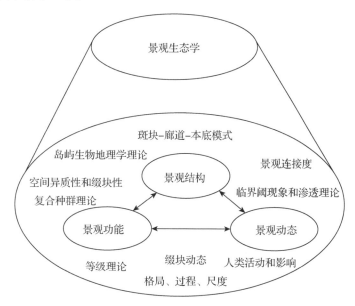

图 2-1　景观结构、功能和动态的相互关系以及景观生态学中的
基本概念和理论（引自邬建国，2000a）

与其他学科相比，景观生态学明确强调了空间异质性（spatial heterogeneity）、等级结构（hierarchical structure）和尺度（scale）在研究生态学格局与过程中的重要性（Risser *et al*.，1984；Wu *et al*.，1995；邬建国，2007），其核心是生态系统的时空异质性（spatial and temporal heterogeneity）。

2.3.3　景观生态学的基本理论

景观生态学的理论基础是整体论（holism）和系统论（system theory）（徐化成，1996），但对景观生态学理论体系的认识却并不完全一致。一般来说，至少包含以下 7 个方面。

2.3.3.1　时空尺度

尺度是生态学中的一个基本概念，也最具复杂性和多样性，它是生态学研究的核心问题之一（吕一河等，2001）。任何生态学研究的对象（如全球变暖和景观动态分析等）都需要从陆地或全球角度，在不同空间尺度上分析或考虑问题。自20世纪80年代以来，尺度效应问题在生态学、地理学和遥感上都有过不少研究（O'Neill *et al.*，1996；Saura *et al.*，2000；Wu *et al.*，2002；常禹和布仁仓，2001），但在几乎所有生态学研究和应用中，尺度问题都没有明确清晰的论述和充分量化。景观生态学尺度是对研究对象在空间上或时间上的测度，分别称为空间尺度和时间尺度。时间和空间尺度包含于任何景观的生态过程之中。空间尺度（spatial scale）一般是指研究对象的空间规模和空间分辨率，研究对象的变化涉及的总体空间范围和该变化能被有效辨识的最小空间范围；而时间尺度（temporal scale）则指某一过程和事件的持续时间长短和考察其过程和变化的时间间隔，即生态过程和现象持续多长时间或在多大的时间间隔上表现出来（郭晋平，2001）。Delcourt 等（1988）曾将景观生态学研究的景观分成4个尺度水平（表 2-2）。

表 2-2　四个尺度的时间和空间范围及相应的动态过程

尺度水平	空间范围 （m^2）	时间范围 （a）	生态学问题或过程
小尺度	$1 \sim 10^6$	$1 \sim 500$	风、火和采伐等干扰，土壤侵蚀和潜移、沙丘移动、崩塌、滑坡、河流运移和沉积等地貌过程，动物种群循环境波动、林冠空隙演替和弃耕地的演替，森林景观破碎化，过渡带或边际带的增加，廊道适宜性的变化等
中尺度	$10^6 \sim 10^{10}$	$500 \sim 10^4$	二级河流的流域、冰期或间冰期发生的过程或事件，包括人类文明进步过程
大尺度	$10^{10} \sim 10^{12}$	$10^4 \sim 10^6$	冰期间冰期循环，物种形成和灭绝
巨尺度	$>10^{12}$	$10^6 \sim 4.6 \times 10^9$	板块构造运动等地质事件与大陆地质过程

注：引自 Delcourt *et al.*，1988。

由于景观生态学中尺度问题的多维性、复杂性和变异性，因此，有必要进行尺度分析。尺度分析主要包括尺度选择和尺度转换或推绎。尺度选择的不同，可能导致对生态学格局和过程及其相互作用规律不同程度的把握，最终会影响到研究成果的科学性和实用性（吕一河等，2001）。尽管存在理论上的最佳尺度（Krummel *et al.*，1987）和实践中确定标准（O'Neill *et al.*，1996），尺度的选择仍受到一系列因素的影响和制约。

2.3.3.2　等级理论

等级理论（hierarchy theory）是由帕蒂和西门（Pattee and Simon）等在20世纪60年代到70年代，在一般系统论的基础上，结合信息论、非平衡热力学、数学和现代哲学等新兴科学成果的基础上，逐步发展起来的一种新的系统观，是关于复杂系统结构、功能和动态的系统理论（Wu *et al.*，1995）。等级理论认为，任何系统皆属于一定的等级，并具有一定的时间和空间尺度。早在 1942 年，Egler 就指出，生态系统具有等级结构的性质。但完整的等级理论是由一些系统理论学家和哲学家创立的。Overton 于 1972 年首次将该理论引入生态学，他认为，生态系统可以分解为不同的等级层次，不同等级层次上的系统具有不同的特征。景观是由生态系统组成的空间镶嵌体，具有明显的等级特征。等级理论是景观总体构架的基础（O'Neill *et al.*，1988）。等级系统理论明确提出在等级结构系统中，不同等级层次上的系统都具有相应的不同结构、功能和过程，需要重点研究解决的问题也不相同。景观作为动态斑块镶嵌体，在空间和时间上都表现出高度的复杂性。对于景观的这种复杂性，等级结构理论提供了一个把握系统不同结构成分在人类可见的尺度上与其他结构成分之间相互联系的新范式（Farina，1998）。等级理论的重要作用是用以简化复杂系统，以便于对其结构、功能和动态进行理解和预测。等级系统理论对景观生态学的兴起和发展起了重大作用，其中最为突出的是极大地增强了生态学家的"尺度感"，为深入认识和解译尺度的重要性，以及为发展多尺度景观研究方法起了显著的促进与指导作用（邬建国，2007）。

2.3.3.3　耗散结构与自组织理论

非可逆过程热力学第一和第二定律不仅是物理学的重要理论基础，也被认为是整个生态学的基本理论或普遍规律。在任何系统中，总熵（系统无序程度的量度）的变化由两个部分组成：

$$dS = dS_i + dS_e \tag{2-3}$$

式中，dS 是总熵变化；dS_i 是系统内部产生的熵变；dS_e 是由于系统与外界环境发生物质和能量交换而产生的熵变化。无论任何系统，dS_i 总是大于或等于零。对于孤立系统而言，dS_e 必然是零；而对于非孤立系统来说，dS_e 可能大于零，也可能小于零。由于系统总熵的变化是上述两部分的代数和，所以系统总熵可能是正值也可能是负值。当系统总熵的变化小于零时，其总熵值呈下降趋势。热力学第二定律认为，系统的熵总是增加的，在平衡状态时达到最大值，此时，熵变化为零，系统具有最大无序性。因此，热力学定律只适合于孤立系统，无法解释生态系统的演替、进化和稳定性等生态过程和现象。

由于 dS_i 总是大于或等于零，当 dS_e 等于零时，系统总熵或无序性只能增加或保持不变而不可能减少。当 dS_e 大于零时，系统的总熵值增加，系统加速达到其热力学平衡态，系统的初始结构被破坏，有序性下降，系统丧失其原有功能。当 dS_e 远小于零时，系统可以通过获得物质和能量从外部环境中不断吸收负熵流，使系统的总熵值减少，有序性增加，信息（负熵）量增加，并可能形成新的组织结构，从而使系统处于热力学平衡态的亚稳态（meta-stable state）。由于系统必须靠耗散系统内部不断增加的熵达到并维持这种新的远离热力学平衡态，故称这种

新的稳定结构为耗散结构（dissipation structure），它是系统与环境相互作用达到某一临界值时出现的有序结构，它的形成是一个由量变到质变、由无序到有序的过程，因而被看作一个自组织过程。耗散结构的形成至少满足3个条件：①系统必须处于远离热力学平衡态的非线性区域；②系统是开放系统；③系统的不同组成单元之间必须存在有非线性作用机制。生态系统是一个耗散结构系统。当生态系统从环境中不断吸取能量和物质时，系统的总熵减小，信息量增加，结构复杂性随之增加。当生态系统达到顶极状态时，负熵和有序性达到最大，生态系统形成远离平衡态的稳定结构——耗散结构，该生态系统在结构和功能方面的有序性和稳定性，都依赖于来自外界环境的连续不断的负熵流（邬建国，2000）。

2.3.3.4　空间异质性与景观格局

空间异质性（spatial heterogeneity）是自然界最普遍的特征，它是景观生态学研究的核心所在（Risser，1984），也是生态学领域应用广泛的名词之一（Kolasa and Pickett，1991）。空间异质性是指某种生态学变量在空间分布上的不均匀性及复杂程度（郭晋平，2001；邬建国，2000）。空间异质性通常包括空间组成和空间构型两个方面，空间组成是指景观组分（生态系统）的类型种类、数量和面积比例；空间构型是指生态系统的空间分布、斑块形状、大小和景观对比度、景观连接度（肖笃宁等，1997）。Li 和 Reynolds（1995）认为，异质性可根据两个组分来定义，即所研究的景观的系统特征及其复杂性和变异性。系统特征可以是具有生态学意义的任何变量（如植物生物量、土壤养分、温度等），异质性就是系统特征在时间和空间上的复杂性和变异性。

空间格局（landscape pattern）是生态系统或系统属性空间变异程度的具体体现，它包括空间异质性、空间相关性和空间规律性等内容。空间相关性指斑块异质性与参数的空间相互作用，以及空间关联程度；空间规律性是指空间梯度和趋势。空间格局决定着资源地理环境的分布形成和组分，制约着各种生态过程，与干扰能力、恢复能力、系统稳定性和生物多样性有着十分密切的关系（肖笃宁等，1997a）。

2.3.3.5　岛屿生物地理学理论

在自然界中存在着各种各样的岛屿，如由海洋四面围隔的岛屿以及具有象征意义的"岛屿"（沙漠中的绿洲、陆地中的水体、开阔地包围的林地、自然保护区等）。这些被生态学家视为天然"生态实验室"的岛屿对于探求生态学中涉及的空间分布、时间过程、系统演替、"时间—空间耦合"的生态系统行为等提供了极好的场所。因此，一直受到生态学家的关注，并逐渐形成"岛屿生物地理学理论"（island biogeography theory）。

"岛屿生物地理学理论"是 MacArthur 和 Wilson 在系统发展前人研究的基础上提出来，其标志是他们于 1967 年在普林斯顿大学提出著名的"均衡理论"（equilibrium theory）。早在 1962 年，Preston 就提出了下面著名的种——面积方程：

$$S = cA^z \tag{2-4}$$

或

$$\log S = z\log A + \log c \tag{2-5}$$

式中，S 是种丰富度；A 是面积；c 和 z 是正常数。z 的理论值为 0.263，通常介于 0.18～0.35 之间。由于上述方程无法对种——面积关系进行机理上的解释，不少生态学家后来发展了多种不同的假说，如生境多样性假说（habitat diversity hypothesis）、被动取样假说（passive sampling hypothesis）和动态平衡理论（dynamic equilibrium theory）（Williams，1964）。而 MacAthur 和 Wilson 提出的"均衡理论"标志了岛屿生物地理学理论进入到一个更新和更为成熟的境界（MacAthur and Wilson，1963，1967）。对于某一岛屿而言，MacAthur 和 Wilson 提出了下面的理论模型（简称 M－W 模型）：

$$\frac{\mathrm{d}S(t)}{\mathrm{d}t} = I(s) - E(s) \tag{2-6}$$

式中，$S(t)$ 表示时刻的物种丰富度；$I(s)$ 是迁入率；$E(s)$ 是绝灭率。

MacAthur 和 Wilson 的岛屿生物地理学理论首次从动态方面阐述了物种丰富度与面积及隔离程度之间的关系，从单纯的经验关系推进到较高层次的解析，从静态表达向动态变化推进，从单一的物种面积研究向以该物种面积为中心并结合邻域特点的空间研究推进。因此，被随后的许多生态学家所引用、验证、补充和完善（Pielou，1977）。但是，现实中的生境要满足"岛屿"的 5 个标准十分困难，这使得岛屿生物地理学理论在实际应用中仍存在不足，甚至被误释或误用（Gillbert，1980）。尽管该理论在定量方面的应用还十分有限，但其在定性方面的合理应用仍具有很强的启发性，如对异质环境中种群动态模型的发展有着明显的促进作用（邬建国，2002）。岛屿生物地理学理论在景观生态学中也有着极为广泛的应用（Forman and Godron，1986），而且必将作为景观生态学的重要理论基础，继续发挥其指导作用。

2.3.3.6　复合种群理论

"metapopulation"一词在国内有多种译法，如复合种群、超种群、集合种群、碎裂种群等，但邬建国（2000）认为 metapopulation 的准确译法应该为复合种群（邬建国，2000b）。复合种群是相对于传统种群理论的研究对象"均质种群"而言的。传统的"均质种群"通常假定种群生境的空间连续性和质量均匀性，且所有个体呈随机或均匀分布，个体之间有同样的相互作用机会。但随着景观破碎化现象的加剧，绝大多数种群生存在充满破碎化的景观中，此时，斑块中的物种要比连续景观中的物种少得多，尤其是一些对生境敏感的内部种的数量就更少。这些被相互分离的种群只能通过个体迁入与迁出来保证种群内个体之间的联系，其定居的可能性还将取决于物种扩散能力等因素，因此，它们一般被看作复合种群的组

分，并构成复合种群动态过程的基础。

1970 年，美国生态学家 Levins 创造了复合种群（metapopulation）一词，用来描述种群的种群（Levins，1970），并将其定义为"由经常局部性绝灭，但又能重新定居而再生的种群所组成的种群"（Levins，1970）。换言之，复合种群由空间上彼此隔离，而在功能上又相互联系的两个或两个以上的亚种群（subpopulation）或局部种群（local population）组成的种群斑块系统。著名的 Levins 模型为

$$\frac{\mathrm{d}p}{\mathrm{d}t} = cp(1 - P) - ep \tag{2-7}$$

式中，p 表示有种群占据的生境斑块的比率（斑块占有率）；c 和 e 分别表示与所研究物种有关的定居系数和绝灭系数。

复合种群理论有两个基本点（郭晋平，2001）：①亚种群频繁地从生境斑块中消失（斑块水平的局部性绝灭）；②亚种群之间有繁殖体或个体的交流，从而使复合种群在景观水平上表现出复合稳定性。因此，复合种群动态常涉及两个空间尺度（邬建国，2007）：①亚种群尺度或斑块尺度（subpopulatin or patch scale）；②复合种群或景观尺度（metapopulation or landscape scale）。复合种群理论是关于种群在景观斑块复合体中运动和消长的理论，也是关于空间格局和种群生态学过程相互作用的理论，对景观生态学和保育生物学有着重要的意义。

2.3.3.7　渗透理论

渗透理论（percolation theory）研究多孔介质中流体的运动规律，在土壤学、物理学、水文学等学科中有着广泛的应用。在景观生态学，渗透理论可以为景观中性模型的构造提供重要的基础（Gardner *et al.*，1987）。

渗透理论最突出的要点是当媒介的密度达到某一临界密度（critical density）时，渗透物突然能够从媒介材料的一端到达另一端。这种临界阈现象（critical threshold characteristic）在生态学中的现象十分普遍，如种群动态、水土流失过程、干扰蔓延、动物的运动和传播等，因而在景观生态学研究中很有应用价值，并受到高度的重视和广泛的研究（Gardner *et al.*，1987；Gardner and O'Neill，1991）。

此外，渗透理论自 20 世纪 80 年代以来，作为建立景观中性模型（neutral models）的理论基础而占据越来越重要的地位。所谓景观中性模型是指"不包含地形变化、空间聚集性、干扰历史和其他生态学过程及其影响的模型"（Caswell，1976）。主要用来研究景观格局与过程的相互作用，检验相关假设。从目前来看，将中性模型的某些参数与景观格局特征相联系，已成为建立基于渗透理论的景观动态变化机理模型的一条重要途径。

2.3.4　景观生态学的研究方法

景观生态学是一门横跨自然和社会科学的综合性学科，其研究领域十分广阔，不但涉及其他生态学和生物学分支学科，还常常涉及土壤学、地质学、地理学、水文学、气象学，以及一系列社会和经济学科，因此，景观生态学的研究方法也相应地具有多学科的特点，尤其是遥感技术（remote sensing，RS）和地理信息系统（geographic information system，GIS）的发展，现代景观生态学在研究宏观尺度上的景观结构、功能和动态的方法已发生了显著的变化（邬建国，2000）。简单归纳起来主要包括以下几个方面。

2.3.4.1　遥感技术（RS）和地理信息系统（GIS）

遥感包括卫星影像（航天遥感）、空间摄影（航空遥感）、雷达以及数字照相机或普通照相机摄制的图像。在景观生态学中，遥感可以提供多种信息，如植被类型及其分布、土地利用类型及其面积、生物量分布、土壤类型及其水分特征、群落蒸腾量、叶面积指数、叶绿素含量等。目前，遥感技术已被广泛的应用在生物量估测、资源调查、植被动态监测、景观结构和功能以及全球变化等研究中（Iverson *et al.*，1989；Johnson，1990；Ripple *et al.*，1991；Coward *et al.*，1991；Mladenoff *et al.*，1993）。尽管在学术上对地理信息系统存在不同的观点（Frank，1988；Goodchild，1995），但勿庸置疑，地理信息系统已成为景观生态学研究中极具潜力又极为有效的工具。

2.3.4.2　景观指数

景观指数是指能够高度浓缩景观格局信息，反映其结构组成和空间配置某些方面特征的简单定量指标（邬建国，2007）。景观指数包括两个部分，即景观要素特征指数及景观异质性指数（landscape heterogeneity index）。景观要素特征指数是指用于描述斑块面积、周长、形状、斑块数等特征的指数。其中由于斑块形状变化大，复杂多样，难以确切直接计测，因此，一般多用各种指数描述，如伸张度（elongation）、圆环度（circularity）、致密度（compactness）、扩展度（development）等（Forman，1995）。景观异质性指数包括多样性指数（diversity index）、镶嵌度指数（patchiness index）、聚集度指数（contagion index）、距离指数（distance index）、破碎化指数（fragmentation index）、分维度（fractal dimension）、间隙度（lacunavity）等（Li *et al.*，1993；O'Neill *et al.*，1988；Milne，1992）。此外，在景观格局指数上目前国际上已有专门的软件包，如 FRAGSTAS、SPANS、SPATIA、LSPA 等。

2.3.4.3　空间统计学方法

传统的统计学方法（如方差分析、回归分析等）往往需要假设在抽取样本过程中满足独立性与随机性。然而，自然界中的各种多姿多彩的景观却普遍存在着空间自相关，正如 Goodchild(1986)所指出的"时间上和空间上的相关性是自然界存在秩序、格局和多样性的根本原因之一"。从而使传统统计学方法受到严峻的挑战。空间统计学正是为了克服传统统计学方法中缺陷而发展起来的一系列空间分析方法。空间统计学方法有多种，如连续样方方差分析(Legendre *et al.*，1989；张金屯，1996)、空间自相关分析(auto-correlation)(Goodchild，1986；Griffith，1988)、变量图(variogram)和相关图(corregram)分析(Legendre *et al.*，1989；Rossi *et al.*，1992；Dale，1999)、空间插值法(kriging)(Rossi *et al.*，1992)、谱分析(spectral analysis)(Turner *et al.*，1991；Dale，1999)、尺度方差分析(scale variance analysis)(Townshend *et al.*，1990；Justice *et al.*，1991)、空隙度分析(lacunarity analysis)(Plotnick *et al.*，1993；Plotnick，1996；Larsen *et al.*，1998；With *et al.*，1999；McIntyre *et al.*，2000)、分形分析(fractal analysis)(Burrough，1981；Nikora *et al.*，1999)、小波分析(wavelet analysis)(Bradshaw *et al.*，1992；Gao *et al.*，1993)、趋势面分析(trend surface analysis)(Haining，1990；Turner and Gardner，1991)、亲和度分析(affinity analysis)(Scheiner，1992)等。

2.3.4.4 景观模拟模型

景观模拟模型是景观生态学研究中重要的方法与手段，它不仅有助于建立景观结构、功能与过程之间的相互关系，而且是预测景观未来变化的一种十分有效的工具，因此，景观模拟模型在景观生态学研究中不仅占有重要的地位，同时也是难度较大的研究方向之一。从总的来说，景观模拟模型可分为两类(Baker，1989)：空间模型(spatial model)和非空间模型(non-spatial model)。非空间模型是指那些完全不考虑所研究地区的空间异质性(或假定空间均质性或随机性)的模型。非空间模型通常来自于其他生态学分支，如 FOREST 模型。而空间模型则明确考虑所研究对象和过程的空间位置及其在空间上的相互关系。在空间模型中，模型中的变量的空间位置也是变量。由于景观生态学的重点是研究空间格局和生态学过程的相互作用，因此，景观空间模型是景观模型中最为典型的代表(邬建国，2002)。常见的景观空间模型有(邬建国，2002；傅伯杰等，2001)：景观中性模型(nurtral model)(Gardner *et al.*，1987；Slobodkin，1987)、空间概率模型(Hobbs，1994；Acevedo *et al.*，1995；Turner，1987；Aaviksoo，1995)、细胞自动机模型(cellular automation model)(Lett *et al.*，1999)、基于个体模型(individual-based model)(Houston *et al.*，1988)、空间生态系统模型(Sklar *et al.*，1985；Costanza *et al.*，1990)、空间斑块模型(Smith *et al.*，1988；Coffin *et al.*，1989，1990；Wu *et al.*，1994，1997)等。

2.3.5 景观生态学的发展概况

作为一门学科，景观生态学是 20 世纪 60 年代在欧洲形成的。到 20 世纪 80

年代初，景观生态学在北美才受到重视，并迅速发展成为一门很有朝气的学科，引起了全世界越来越多学者的重视与参与，并作为一门迅速发展的新学科在现代生态学分类体系中牢固地确立了其科学地位。纵观景观生态学的发展历史，大致可以划分为 3 个阶段。

（1）萌芽阶段（从 19 世纪初到 20 世纪 30 年代末）

这一阶段的一个显著特点是：地理学的景观学思想和生物学的生态学思想各自独立发展，主要表现为洪堡德（A. Humboldt）和帕萨格（S. Passarge）的综合景观概念与思想的形成，以及海克尔（E. Haeckel）的生态学和坦斯利（A. G. Tansley）生态系统概念与思想的形成。早在 19 世纪中期，近代地理学的奠基人洪堡德就提出了景观概念并认为景观是"地球上一个区域的总体"，他认为地理学应该研究地球上自然现象的相互关系。以后，地理学分化出许多独立的学科与分支，加之相关领域的知识积累还不够，他的这种综合思想在当时并未得到认可，景观学思想的发展一度停滞。20 世纪二三十年代，帕萨格的景观思想对德国景观学的发展影响很大，他认为景观是由气候、水、土壤、植被和文化现象组成的地域复合体，并称这种地域复合体为景观空间。俄罗斯地理学家道库恰耶夫也发展了景观的概念，特别是他的学生贝尔格明确提出了景观的概念，认为地理景观是各种对象和现象的一个整体，其中地形、气候、水、土壤、植被和动物的特征，以及一定程度上人类活动的特征汇合为一个统一和谐的整体，典型地重复出现在地球上的一定自然地带范围内，他将景观作为地理综合体的同义语。

1866 年，海克尔首次给生态学下了定义，认为生态学是研究生物与其环境之间相互关系的科学。之后，生态学由起初侧重于生物个体与其环境关系的研究，逐渐发展到对种群和群落与环境的关系研究。1935 年，英国植物学家坦斯利提出了生态系统术语，用来表示任何等级的生物单位中的生物和其环境的综合体，反映了自然界生物和非生物之间密切联系的思想。在 20 世纪 30 年代，地理学与生物学从各自不同的角度和独立发展的道路都得到一个共识——自然现象是综合的，这为景观生态学的诞生奠定了基础。

（2）形成阶段（从 20 世纪 40 年代到 80 年代初）

自从 1939 年 Troll 提出"景观生态学"名词之后，大多数类似的研究就在"景观生态学"旗下进行。第二次世界大战结束，中欧成为景观生态学研究的主要地区，其中德国、荷兰和捷克斯洛伐克成为研究的中心地区。德国在这时建立了多个以研究景观生态学为任务或采用景观生态学观点和方法进行研究的机构，如汉诺威工业大学的景观护理和自然保护研究所、联邦自然保护和景观生态学研究所等。同时，在德国一些主要大学设立景观生态学及有关领域的专门讲座。1968年召开了德国第一次景观生态学国际学术讨论会。荷兰的国际空间调查和地球科学研究所（ITC）及自然管理研究所等从事景观生态研究，荷兰 1972 年成立了荷兰

景观生态协会组织，并在 1981 年 4 月在 Vendhoven 召开了第一届国际景观生态学大会。捷克斯洛伐克也较早地成立了景观生态学协会，并于 1967 年举办了捷克斯洛伐克"第一次景观生态学学术讨论会"，并以后每三年举行一次，讨论的主题也十分广泛，有景观生态学理论与方法、景观平衡、农业景观、景观生态规划等。欧洲国家尤其是中欧以土地生产力评价、保护和土地合理利用为目标，把景观生态学作为土地和景观规划、管理、保护、开发及分类的基础研究，许多学者为建立景观生态学概念和理论构架付出了很大努力，如德国的 W. Haber、荷兰的 I. S. Zonneveld、捷克斯洛伐克的 M. Ruzicka 等。这个阶段主要表现为 Troll 景观生态学概念的正式提出，以及中西欧国家结合自然和环境保护、土地利用及规划等应用实践开展景观生态学的理论与应用研究。

（3）发展阶段（1982 年以后）

这个时期不仅在中欧，而且在北美以及世界许多国家，景观生态学都有了新的发展。1982 年 10 月，在捷克斯洛伐克召开的"第六届景观生态学国际学术讨论会"上正式成立了国际景观生态学协会（International Association for Landscape Ecology，IALE），标志着景观生态学进入到一个新的发展阶段。国际景观生态学协会成立后，景观生态学的发展有明显的 3 个特点：一是研究和教学活动普遍化；二是国际学术交流频繁；三是出版物大量涌现。国际景观生态学协会的成立推动了学术活动的开展，越来越多的国家接受景观生态学思想，开展的研究项目也逐渐增多，内容日益广泛。景观生态学的教学也从中欧扩展到世界许多国家。美国在景观生态学教学与研究工作中后来居上，对景观生态学理论与方法论的发展做出了重要贡献，美国的景观生态学较多地继承了生态学传统，强调景观生态研究的生物学基础，形成了独具特色的美国景观生态学派。不仅如此，在加拿大、澳大利亚、法国、英国、日本、瑞典、中国，也都结合本国实际开展了研究工作，并且取得了突出成绩。我国也是在这个时期接受和介绍景观生态学思想与方法，并在较短的时间内使景观生态学在国内迅速发展，成立了国际景观生态学协会中国分会，并开展了大量的研究工作。1987 年，具有国际影响和水平的景观生态学的专业学术刊物 Landscape Ecology 正式出版，极大地促进了景观生态学的学术交流，也促进了景观生态学的发展（图 2-2）。目前景观生态学作为一个面向实际，立足于解决实际问题的独立的新兴应用生态学科的学科体系正在形成。

进入 90 年代以后，景观生态学研究更是进入了一个蓬勃发展的时期，一方面研究的全球普及化得到了提高；另一方面，该领域的学术专著数量空前发展。其中影响较大的有 Changing Landscapes：An Ecological Perspective（Zoneveld and Forman，1990）、Quantitative Methods in Landscape Ecology（Turner and Gardner，1991）、Land Mosaics：the Ecology of Landscape and Region（Forman，1995）、Principles and Methods in Landscape Ecology（Farina，1998）等。从 20 世纪 90 年代中期以

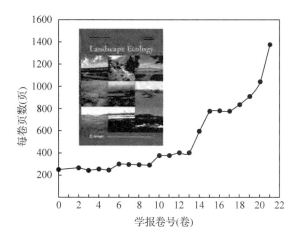

图 2-2　*Landscape Ecology* 从 1987 年创刊以来
每卷印刷页数的增加趋势

来的 10 余年间，以景观生态学为主题的 SCI 论文发表数不断增长。从 1996 年至 2007 年的 12 年共有文章 3 164 篇（图 2-3），来源于以 *Landscape Ecology*、*Landscape and Urban Planning*、*Biological Conservation*、*Ecology*、*Forest Ecology and Management*、*Ecological Applications*、*Ecological Modelling*、*Journal of Biogeography*、*Ekologia*、*Oikos* 为主的 400 余种期刊，这前 10 位源期刊刊发量约占总数的 31%，足以证明景观生态学理论、方法和应用的广泛性和越来越高的认知度。

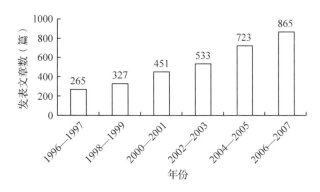

图 2-3　以"景观生态学"为主题的论文发表趋势

冷文芳等（2004）以 *Landscape Ecology* 为研究对象，总结自 1987 年创刊以来到 2003 年所刊载的 572 篇文章的关键词所体现出的景观生态学的学科体系（理论—原理、研究方法、实际应用）、研究内容（景观格局、景观过程、景观变化）和研究对象（景观类型、景观要素）的发展历程（图 2-4）。其中将 1987—2003 年分成了 4 个时段：1987—1989 年（Ⅰ）；1990—1994 年（Ⅱ）；1995—1999 年（Ⅲ）；2000—2003 年（Ⅳ）。

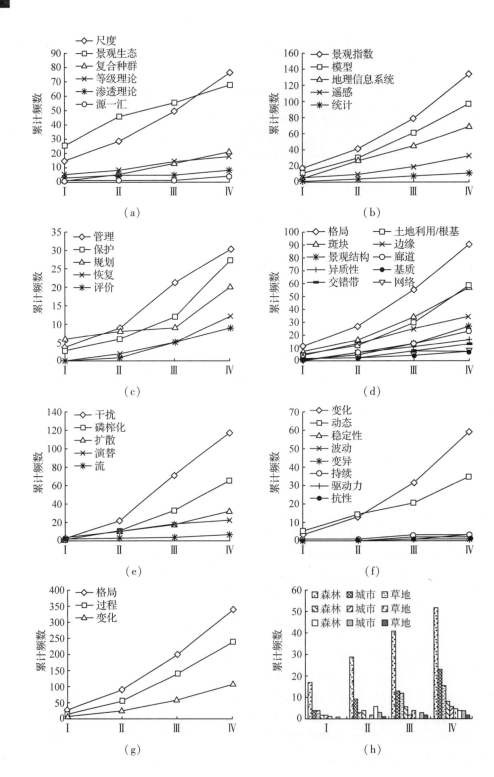

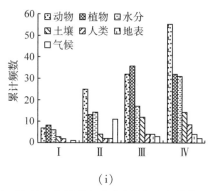

(i)

图 2-4　景观生态学研究动态(引自冷文芳等，2004)

(a)理论/原理累计频数；(b)研究该当累计频数；(c)实际应用累计频
数；(d)景观格局累计频数；(e)景观过程累计频数；(f)景观变化累计
频数；(g)研究内容的发展变化；(h)景观类型频数；(i)景观要素频数

景观生态学在发展过程中，由于形成和接受景观生态学概念，开展景观生态学研究的环境背景差异较大，初期从事景观生态研究的学者的专业背景各异，使各国形成了各自的特色，如捷克的景观生态规划、荷兰和德国的土地生态设计、美国的景观生态系统研究、加拿大的土地生态分类以及中国的生态工程和生态建设等。总的来说，景观生态学分为两个学派：美国的系统学派和欧洲的应用学派。

美国的系统学派从生态学中发展而来，主要进行景观生态学的系统研究，把景观生态研究建立在现代科学和系统生态学基础上，侧重于景观的多样性、异质性、稳定性的研究，形成了从景观空间格局分析、景观功能研究、景观动态预测直到景观控制和管理的一系列方法，形成了以自然景观为主，侧重研究景观生态学过程、功能及变化的研究特色，将系统生态学和景观综合整体思想作为景观生态研究的基础，致力于建立和完善景观生态学的基本理论和概念框架，从而奠定了景观生态系统学的基础，这是当今景观生态学研究的重心和主流。

欧洲的应用学派是从地理学中发展而来，代表着景观生态学的传统观点和应用研究，以捷克、荷兰、德国为代表。主要是应用景观生态学的思想与方法进行土地评价、利用、规划、设计以及自然保护区和国家公园的景观设计与规划等，发展了以人为中心的景观生态规划设计思想，并形成了一整套景观生态规划设计方法。他们强调人是景观的重要组分并在景观中起主导作用，注重宏观生态工程设计和多学科综合研究，从而开拓了景观生态学的应用领域。

美国的系统学派和欧洲的应用学派虽然有一定的差异，但他们之间也存在着一些渊源关系，并呈现出相互补充、相互完善、共同发展的态势。欧美景观生态学研究特点对比见表 2-3。

表 2-3　欧美景观生态学研究特点对比

欧洲（地理学传统）	北美（生态学传统）
多学科交叉研究	单一学科研究
景观管理研究较多，定量研究较少	理论研究和自然保护居多，定量研究较多
以人类为核心	以物种为核心
以人类占主导地位的景观为对象，乡村景观较多	以自然景观类型或要素为对象，森林与湿地景观较多
不以"格局过程关系"为核心	以"格局过程关系"研究为核心

注：引自李秀珍等，2007。

20 世纪 90 年代中期以来，国际景观生态学发展迅速。景观生态学研究最为活跃的地区集中在北美、欧洲、大洋洲（澳大利亚）、东亚（中国）。欧洲和北美的景观生态学研究基本上引领了国际景观生态学的发展方向。从研究内容上看，景观生态评价、规划和模拟一直占据主导地位。其次是景观生态保护与生态恢复、景观生态学的理论探讨。

在"景观生态评价、规划和模拟"方面表现为：①在景观生态评价中越来越多地考虑人类活动和社会经济因素的作用；②景观规划和设计的科学基础日益得到重视，开始倡导有效地构建基础研究与规划设计之间的桥梁，使科学研究的成果能够更多地应用于实践，发挥其社会价值，同时，使景观规划和设计中能够更多地考虑景观格局与生态过程和景观生态功能的关系，增强规划和设计成果的科学性；③景观模拟的研究越来越注重格局与过程的综合。

在"景观格局、生态过程和尺度"方面表现为：①从景观格局的简单量化描述逐渐过渡到以景观格局变化的定量识别为基础并进一步追溯格局变化的复杂驱动机制和综合评价格局发生变化后的生态效应；②对格局分析的主要手段"景观指数"的研究进入新的阶段，其尺度变异行为、生态学意义等已经引起高度关注，对已有指数的选择和新指数的构建更加理性和谨慎；③景观格局与生态过程相互作用关系及其尺度效应的研究得到普遍重视，并在不断发展和深化之中（傅伯杰等，2008）。

2.3.6　我国景观生态学研究存在的问题

我国于 20 世纪 80 年代初开始介绍景观生态学概念、理论与方法。1981 年，黄锡畴和刘安国在《地理科学》上分别发表了《德意志联邦共和国生态环境现状和保护》和《捷克斯洛伐克的景观生态研究》是我国国内正式刊物上首次介绍景观生态学的文献，而 1984 年黄锡畴等在《地理学报》上发表的《长白山高山苔原的景观生态分析》是国内景观生态学方面的第一篇研究报告。景观生态学传入我国后，立即在国内掀起了研究热潮。1989 年 10 月，在沈阳召开的中国首届景观生态学术讨论会是我国景观生态学发展中的一个里程碑。20 世纪 90 年代以后，我国景观生态学研究更加蓬勃发展。1996 年和 1999 年分别在北京、昆明召开了第二、三届全国景观生态学会议，并于 1998 年和 2001 年分别在沈阳、兰州举办了亚洲及太平洋地区景观生态学国际会议。20 年来，我国的景观生态学研究始终方兴未艾、十分引人注目，并逐步走向符合我国国情的景观生态学。

20 多年来，我国的景观生态学研究不仅发展迅速，研究工作也卓有成效，充分展示了景观生态学在我国的发展前景。但是，与国外的景观生态学研究相比较，我国的景观生态学研究还有着较大的差距，主要存在以下几个方面的问题：①研究基础薄弱，技术手段相对落后。群落和生态系统的研究基础不足以及基础资料积累不够使得在阐明景观结构与功能之间关系时力不从心，而 RS 和 GIS 技术普及的滞后则阻碍了景观生态学研究的深入。②研究方法单调、不完善，尚未建立我国的景观生态学理论体系。研究方法基本上停留在各类景观指数的计算和分析上，方法上没有实现质的创新，尚未形成我国的景观生态学理论体系和景观生态学流派。③研究专题过于集中，缺乏尺度的连续性。目前，我国的景观生态学研究多集中在中、小尺度上，尚缺乏在较大尺度、大尺度上以及跨尺度的系统的研究。④研究深度和广度不够。研究过多集中在景观结构和格局的研究，缺乏景观格局与生态过程间相互关系的研究。⑤人才培养力度不够，尚未形成一定规模的景观生态学研究队伍。我国开展景观生态学研究的人员主要集中在少数人和一些研究机构上，尚未在全国范围内建立景观生态学的人才、研究机构的网络。上述的这些问题说明我国的景观生态学还比较年青，许多工作需要共同努力加以解决和逐步完善，这也充分说明我国的景观生态学是一个充满希望与挑战的研究领域。

景观生态建设是指在景观及区域尺度上，即一定地域、跨生态系统、适用于特定景观类型的生态建设（肖笃宁等，1997b）。它是在对景观格局与过程相互制约和控制机制，以及人类活动方式和强度对景观再生产过程的影响进行综合研究的基础上，通过景观规划设计，对景观结构实施积极和科学的调节、控制和建设，从而实现景观功能优化和景观可持续管理的一种生态环境建设途径。其基本手段包括调整原有的景观格局，引进新的景观组分等，以改善受胁迫或受损失生态系统的功能，大幅度提高景观系统的总体生产力和稳定性，将人类活动对于景观演化的影响导入正向的良性循环（肖笃宁等，2001b）。景观生态建设是景观生态学与生态建设思想的有机统一。我国是一个地域辽阔、人口众多、经济基础薄弱的发展中国家，五千年的悠久文明造就了我国辉煌的历史，也创造出许多成功的景观生态建设模式，如珠江三角洲的基塘系统、黄土高原的小流域综合治理、云南哀牢山区的哈尼族梯田景观、北方风沙半干旱的林—草—田镶嵌格局、西北干旱内流区的人工绿洲等，但同时也使我国的自然景观所剩无几，取而代之的是人工景观和人类经营的景观，许多景观由于过度开发和不合理利用而退化甚至消

失。因此，如何在满足我国经济发展的前提下，有效地改善生态环境，加强和建设可持续景观是建立"人与自然和谐共进"机制的具体要求和实现我国可持续发展的关键所在，也是我国景观生态学未来的研究方向。

总之，我国今后景观生态学的研究应立足我国的基本国情，加强各方面的基础理论研究工作，将景观生态学研究与生态建设紧密地结合起来，发展有中国特色的景观生态学——景观生态建设。同时，应加强与自然资源、生态环境等管理部门的沟通，开展产—学—研协作，加强人才培养和技术手段的更新，实现跨跃式的发展战略，迅速接近和赶上本学科的国际前沿水平，并在某些有特色的方面实现跨越和创新(肖笃宁等，1997)。

2.3.7 景观生态学理论在世界遗产保护研究中的应用

2.3.7.1 景观结构功能原理与世界遗产保护

景观是由斑块(patch)、廊道(corridor)、基质(matrix)组成的生态系统镶嵌体。从风景区角度讲，基质可指大片连续的自然景观或以自然景观为主的地域，如森林、草地等。斑块可以指镶嵌于基质中的湖泊、游客的各种消费场所。而廊道主要表现为旅游功能区之间的林带、交通线及其两侧带状的树木、河流等自然要素。可分为斑内廊、区内廊和区间廊。斑块和基质的确定受尺度的限制。

为使景观功能最大程度达到优化，景观结构的合理设计起着关键作用。在遗产地管理和规划中，可以对其结构进行生态化设计。具体地说，斑块要与环境融为一体，真正做到人工建筑斑块与天然斑块相协调，人文景观与天然景观共生。旅游基础设施要充分实现生态化，切忌以城市化、商业化的浓重气息破坏景观的原有文化内涵和特色。

对于廊道，斑内廊的设计要注意合理组合，互相交叉形成网络，强化其在输送功能之外的旅游功能，以便延长游客的观赏时间。区内廊道的设计要避开生态脆弱带，尽量选择生态恢复功能较强的区域，充分利用自然现存的通道，但连接各景区的廊道长短要适宜。区间廊道的设计应尽力使道路所通过的客流量与区内环境相一致。道路施工应尽量利用接近自然的无污染的材质如卵石、沙子、竹木而排斥使用水泥、矿渣等对环境存在影响的材质。关于廊道，"遗产廊道"(heritage corridors)是一种较新的保护方法(Charles and Robert，1993)。它多为中尺度，对遗产的保护采用区域而非局部点的概念，内部可以包括多种不同的遗产，是一种综合保护措施，自然、经济、历史文化三者并举。遗产廊道的保护规划注重整体性，保护其边界内所有的自然和文化资源，并提高娱乐和经济发展的机会。从空间上进行分析，遗产廊道主要有4个主要的构成要素：绿色廊道、游步道、遗产、解说系统。遗产廊道的概念及做法在美国正处于逐渐深化的阶段，中国目前还缺乏对遗产廊道概念严格完整的认识，也缺乏相应的遗产保护的法规和体制。

但应该看到，我国许多地区具有成为独具特色的遗产廊道的实力。例如，北京的长河，由玉泉河至什刹海的一段水系，途经颐和园、紫竹院公园、国家图书馆、万寿寺、北海公园等北京市著名的旅游观光景点，是北京水系治理的历史见证，同时记载着历朝皇宫贵族的生活印迹，其内的建筑和园林极具代表性。但目前长河沿途的景区相互之间连通性和可及性差，缺乏全局性保护规划和系统性研究管理。长河沿线作为北京文化遗迹集中地段完全有能力成为一条中国的水系遗产廊道。中国如能创立一条遗产廊道，文化景观将会表现出更大的多样性和典型性，同时也会带动相应城市和乡村旅游业的繁荣和经济的发展（王志芳等，2001）。

基质的作用在于以基质为背景，进行景观空间格局分析，构建异质性的旅游景观格局，从而对风景区进行景观功能分区，资源区划，并分地段进行主题设计，策划旅游产品形象，以体现多样性决定稳定性的生态原理和主题与环境相互作用的原理（王志芳等，2001；梁留科与曹新向，2003）。

以基质为背景的空间格局是生态系统或系统属性空间变异程度的具体体现，包括空间异质性、空间相关性和空间规律性等内容。生态学意义上最优的景观格局是"集中与分散相结合"格局，在世界遗产地的保护中有很强的应用价值。例如，在一个主要由自然植被区和建筑区组成的景观中，以大型自然植被或建筑区作本底，这有利于景观总体结构的稳定性。保留一些小的自然植被和廊道，设计一些人类活动的斑块，在景点之间设计自然廊道。总之，提高景观的空间异质性，十分有利于保持整个景观的多样性、连通性、稳定性，并能极大地提高景区的科研及美学价值。

风景区规划应根据景观生态整体性和空间异质性进行景观功能分区。有大分区和小分区两种分法，大分区指在风景区内外，解决区内外的不同功能，区内以精神文化和科教功能为主，区外以经济功能为主。C. A. Gunn 于 1988 年提出了国家公园旅游分区模式（Charles and Robert，1993），该分区法对我国世界遗产地分区有很强的指导意义。可分为：①生态保育区，仅对科学工作者开放，面积较大，生态科学价值高。②特殊景区，对游人开放，美学、科学价值高，可建步游道、解释系统、观景点。③文化遗产保存区，可部分对游人开放。④服务社区，须在大风景区建设，又称游憩区。⑤一般控制区，限制影响和破坏景观的产业，发展与景观协调的产业（谢凝高，2003）。对旅游景观进行功能分区，目的是通过对游客的分流，避免旅游活动对保护对象造成破坏，从而使旅游资源得以合理配置和优化利用，同时解决了错位开发的问题。

2.3.7.2　景观格局理论与世界遗产保护

景观格局是指各种生态系统在整个景观上的排列，它是生态系统或系统属性空间变异程度的具体体现。生态交错带（ecotone）是一种重要的景观格局，它是空间异质性的表现，有很强的边缘效应，此处生境等值线密度高，生态位分化程度

高，物种多样性显著，体现出有利于多个生态系统共存的多宜性（肖笃宁等，1997）。生态交错带在生态系统结构、功能方面有独特的作用，研究中应独立对待。

格局与过程的关系一直是景观生态学研究的焦点之一。"格局反衍过程，过程反衍机理，机理揭示规律"（彭建等，2004）。景观格局决定着物种、资源和环境的分布。景观格局和干扰的关系研究是保护区理论的焦点之一，干扰受格局的影响。

在世界遗产保护中，应分别研究不同尺度下的景观格局，近而从整体上把握整个风景区的生态过程和功能。即充分应用生态整体性和空间异质性这一景观生态学的理论核心，构建有利于提高物种多样性和生态系统稳定性的自然景观格局和有利于提高风景区美感度和视觉效果的建筑区以吸引游客。人类对遗产地的干扰最频繁，景观生态学认为中等强度的干扰最有利于增加景观的异质性和提高系统的稳定性（肖笃宁，1991），因此，应杜绝"超载开发"和"三化"问题的进一步恶化。

保障生态安全是任何地区进行资源开发必须遵循的原则，尤其是自然保护区。生态安全具有生态系统的整体性、生态破坏的不可逆性和生态恢复的长期性等（曲格平，2002）。自然保护区旅游开发所带来的生态问题的解决除了采用设计合理的旅游管理容量、进行旅游功能分区、对旅游者和开发经营者进行生态管理等措施外，还要设计合理的旅游景观生态安全格局。景观中存在某种潜在的生态安全格局（security pattern，SP），由景观中的关键性的局部、位置和空间联系所构成，SP 对维护和控制某种过程来说，具有主动、空间联系和高效优势，对生物多样性保护和景观改变有重要意义。特别是在自然生态系统中，斑块的形状、大小、廊道的走向，斑块和廊道的组合格局，对许多生物有重要影响，人为改变景观格局对各种种群发展十分不利，某些关键种的消失可能会使整个生态系统发生退化。SP 符合生态系统规律和生态特征，有利于系统的稳定，并且生态容量大（朱青晓，2004）。在对景区的景观进行具体设计时，构建相应的生态安全格局，开发以水脉（水系）、绿脉（植被系统）、文化（文化特征）为先导的空间布局，使"视觉上美观完善、功能上良性循环"（舒伯阳等，2001）。根据边缘效应原理，遗产地旅游开发要减少人工景观和非绿色用地的空间，对旅游区的空间范围进行适当扩展，并在生态保护的范围外增加一条过渡带（梁留科与曹新向，2003）。并且风景区的外围应有保护地带，其范围大小，视地理环境条件而定，例如，上游上风不准建污染的工业企业，周围要防止破坏植被和对地形的开发，以免造成环境污染和视觉污染。

2.3.7.3 等级尺度理论与遗产地保护

风景区景观是各种景观组分（如生态系统、历史文化建筑等）的空间镶嵌体，具有等级性。某一等级的组分既受其高一级水平上整体的环境约束，又受下一级水平上组分的生物约束（伍业钢和李哈滨，1992）。等级理论是景观总体构架的基础。尺度（标志着对所研究对象细节了解的水平，包括时间尺度、空间尺度及时空耦合尺度）。尺度包含于任何景观的生态过程中，不同等级层次的生态系统有不同的时空尺度。保护区的景观格局、景观异质性、生态过程、约束体系及其他景观特征都因尺度而变化（邱杨等，1997）。

按照等级—尺度理论，遗产地可以视为更大时空尺度系统中的一个组分，并且它由更小的时空尺度系统组成。因此，在对遗产地的保护和管理中，不仅要加强区内景观的研究，而且应注重研究保护区与周围其他生态系统和影响因素（尤其是人为影响因素）的关系。例如，保护区可以采取"景内游，景外住""山上游、山下住"的管理和建设措施；还可以通过廊道（如河流、林带）将遗产地同其他生态系统（如生态农业区、公园）相连，加强生态系统之间物流、能流、信息流的传播，并且可以缓解客流高峰。再如，在景观设计时，考虑生态交错带的相似性可提高保护区的有效性和连续性（邱杨等，1997）。

在遗产保护和管理中，还应注意它随时间而发生的变化。如原始森林的生物演替、不同风景区的功能随时代发展而发生的变化等。自然生态系统在不同的演替阶段需采取不同的保护措施。风景区高品位的生态旅游、科研、科教功能随着时代的发展而发展，并且人类相应地对此要求也越来越高，这也对管理规划者提出了更高的要求。

2.3.7.4　生物多样性原理与世界遗产保护

一般认为，生物多样性是指一定范围内多种多样的生物或有机体（动物、植物、微生物）有规律地结合在一起的总称，包括遗传多样性、物种多样性、生态系统多样性、景观多样性4个层次。笔者认为，后两个层次的保护对遗产地生物多样性保护更为重要，并且还应将生境多样性的保护纳入其中，因为生境多样性是生态系统多样性形成的基本条件，是塑造生物多样性的模板，高品位的生态旅游对生境的要求也越来越高。

景观的整体构架"斑块—廊道—基质"决定了生态系统的功能、过程，最终影响了生物多样性。斑块的大小、边界特征、形状、异质性镶嵌均与生物多样性密切相关。廊道在很大程度上影响着斑块间的连通性，从而影响斑块间生态流的交换。而基质至少在3个方面对生物多样性起关键作用：一作为某些物质提供小尺度的生境。二作为背景，控制、影响着与生境斑块之间的物质、能量交换，强化或缓冲生境斑块的"岛屿化"效应。三作为控制整个景观的连接度（李晓文等，1999）。一般认为景观多样性可导致稳定性。从风景区保护和旅游开发的角度讲，多样性的存在对保护生物多样性、确保景观生态系统的稳定、缓冲旅游活动对环境的干扰、提高观赏性方面有极其重要的作用（沙润等，1997）。

根据景观生态学相关理论和世界遗产保护宗旨，进行保护的尺度应足够大，使得在足够大的基质上，可以包括与自然环境相关的全部或大多要素以及动植物群落变化和时代演变中的大多景点，这样可以提高斑块的多样性。例如，一个原生林地应包括一定数量的海平面以上的植被、地形、土壤类型的变化、斑块系统和自然再生的斑块。对于文化遗产，不仅要包括自身组分和结构的完整部分，而且保护的范围也应扩展到与其他地理位置、生态环境相互关联的尺度上。再者，在规划管理中，要通过整个景区连接度的提高增加其连通性。老挝古都琅勃拉邦城的遗产保护值得我们借鉴（贝波再，2004）。

总之，景观是自然、文化、经济发展的统一体，要通过景观多样性的保护提高生物多样性。将景观结构与功能原理、景观格局理论、等级—尺度理论、生物多样性等景观生态学的理论精髓应用于世界遗产的研究和保护中，有较强的指导意义和现实意义。国际景观生态学会对景观生态学的定义是对于不同尺度上景观空间变化的研究，包括景观异质性的生物、地理和社会的原因与系列，它是一门连接自然科学和相关人类科学的交叉学科。而包括自然遗产、文化遗产和自然文化双重遗产的世界遗产无疑涉及自然地理和人类社会两大领域，包括各种生物和非生物要素。将景观生态学思想应用于世界遗产保护，对于遗产地的可持续发展和提高旅游者的生态旅游品位都有重要的意义。

当然，景观生态学的应用是一复杂的系统，它涉及自然和社会的许多领域，同时也受到了许多因素的影响和制约。而世界遗产的保护与开发是一对矛盾统一体。因此，如何有效地应用于世界遗产保护以及其成效如何值得进行深入的研究与探讨。

2.4　生态安全理论与方法

2.4.1　生态安全释义

2.4.1.1　生态安全的概念与特点

生态安全问题的提出最早始于20世纪80年代，随着日渐凸显的跨越国界的全球性环境问题（如沙尘暴、水污染、大气污染、温室效应、厄尔尼诺等，经济全球化、森林锐减）的不断出现，生态安全问题逐渐受到广泛关注和重视（Miranda *et al.*，1998）。其有广义和狭义两种理解，前者以1989年国际应用系统分析研究所（IASA）的定义为代表：生态安全是指在人的生活、健康、安乐、基本权利、生活保障来源、必要的资源、社会秩序、人类适应环境变化的能力等方面不受威胁的状态，包括自然生态系统、经济生态安全和社会生态安全，组成一个复合人工生态安全系统，这也是首次生态安全的概念的提出。狭义的生态安全则指自然和半自然生态系统的安全，是生态系统完整和健康的整体水平反映。经过多年发展，生态安全尚未有统一的概念。如肖笃宁等从人类对生态安全的能动性角度，把生态安全定义为人类生产、生活和健康等方面不受生态破坏和环境污染等影响的保障程度，包括饮用水与食物安全、空气质量与绿色环境等基本要素，将生态安全置于以人类安全为核心的范畴中（肖笃宁等，2002）。王根绪等（2003）认为生态安全概念可以用生态风险（ecological risk）和生态健康（ecological health）两方面来定义。生态安全与生态风险互为反函数，与生态健康呈正比关系。生态风险与生态健康共同组成生态安全的核心，利用生态风险或者生态健康的任何一方面均可以表征系统的安全性质，二者密切联系又有区别。生态风险强调了生态系统状态的外界影响和潜在的胁迫程度；而生态健康则反映了系统内在的结构、功能的完整程度及所具有的活力与恢复力状态。健康的生态系统并不一定是安全的系统，需要与生态系统所处的风险状态相联系。生态风险的识别包含风险因素的确定和生态系统或环境脆弱性的认识（肖笃宁等，2002）

不同学者对生态安全定义表述不同，但已达成如下共识：①生态安全的相对性，生态安全的度量是相对的，带有主观意识性。②生态安全具有动态性，生态安全会随着其影响要素的变化表现出安全水平。③生态安全是可调控性，人类可以通过整治不安全因素为安全因素，改变不安全的状态。④生态安全是一个复合的安全系统，它是由生物安全、环境安全和生态系统安全构成，其中生态系统安全是核心，是决定生物安全和环境安全的基础。

2.4.1.2　生态安全与可持续发展的关系

"可持续发展"（sustainable development）一词最早源于 1987 年世界环境与发展委员会（World Commission on Environment and Development，WCED）在《我们共同的未来》中表述：可持续发展是"既满足当代人的需要，又不对后代人满足其需要的能力构成危害"的发展（WCED，1987），其基本点包括 3 个方面：①需要，即发展的目标是要满足人类需要；②限制，强调人类的行为要受到自然界的制约；③公平，强调代际之间、当代人之间、人类与其他生物种群之间、不同国家和不同地区之间的公平（李新琪，2008）。可持续发展的核心是发展，这种发展要求在严格控制人口、提高人口素质和保护环境、资源永续利用的前提下发展经济和社会。

生态安全与可持续发展的关系体现在以下两方面：

（1）生态安全与可持续发展内涵和目标的一致性

生态安全不否定经济增长，维护人类生计安全的需要既要满足人类的生存和发展不受危害的需要，又不损害自然生态系统的健康和持续性。持续地满足人类的需求又是可持续发展的基本目标，可持续发展的实现又加强了生态安全保障的能力。只有实现生态安全，才能实现经济增长，才能有利于人的健康状况改善和生活质量提高，避免自然资源枯竭、环境污染与退化对社会生活和生产造成的灾

难和不利影响，最终实现经济社会的可持续发展。可见，生态安全既是可持续发展的目标，又是实现可持续发展的保障，没有生态安全就没有可持续发展（崔胜辉等，2005）。

（2）生态安全是对可持续发展概念的补充和完善

可持续发展不能仅局限在环境与发展上，还应包括文化、伦理、和平与安全等范畴。生态安全突出"安全"是对可持续发展概念的补充。另外，可持续发展更多的是从人类的需求角度出发的，在考虑人类安全与自然生态安全时，优先考虑人类安全。尽管可持续发展也要求保护自然生态系统的健康，但这种保护总显得被动或效果不佳，而生态安全从一开始就把人类安全和自然生态安全放在同等重要的位置上并将他们视为共同体，要求在人类安全和自然生态安全之间找到均衡点，这就从根本上改变了自然保护的被动性或效果不佳的局面（崔胜辉等，2005）。

2.4.2　生态安全主要研究内容及其进展

生态安全研究发源于生态风险分析，它的产生适应了20世纪80年代出现的环境管理目标和环境管理观念的转变。生态安全概念最初是针对区域、国家乃至全球等宏观生态问题而提出的，力求以宏观生态学理论为指导，联系起单个地点或较小区域内的生态问题，进而研究那些在小尺度上生态学不易有效解决的生态问题，其强调综合集成整体观点。生态安全研究具有研究尺度的宏观性、强调格局与过程安全、重视模型作用的特点（Portielje *et al.*，2000；刘洋等，2010）。纵观生态安全研究发展进程，国内外专家学者从可持续发展角度出发，对生态安全问题从理论到方法进行了大量研究和实践，取得了重要进展，生态安全研究内容及其进展概况为以下几个方面。

2.4.2.1　生态安全评价研究

生态安全评价是基于生态安全影响因子与社会经济持续发展之间的相互作用关系，采用一系列安全评价指标对生态安全的程度予以区分和评估，关于生态安全评价的研究，目前主要集中在评价模型、评价指标和评价方法方面（刘洋等，2010）。生态安全评价流程包括评价指标体系的构建、评价标准的确定、生态安全评价模型的构建以及生态安全表征。

（1）生态安全评价模型

联合国经济合作开发署（OECD）建立的"压力—状态—响应（Pressure State Response，P - S - R）"框架模型因其具有的综合性、灵活性及对因果关系良好解释的优势被广泛承认使用。随后以 P - S - R 模型为基础衍生的 P - S - I - R、D - P - S - I - R、D - P - S - E - R 等，其本质还是 P - S - R 框架模型的设计思想（杨俊等，2008）。Lee 等（1999）利用 GIS 技术和土地利用数据进行了区域尺度的景观评价；左伟等（2003）就区域生态安全评价指标体系框架作了探讨，并提出可供参考的具体指标；吴开亚（2003）以主成分投影、BP 神经网络、未确知测度等方法系统探讨比较了区域生态安全的综合分析及评价研究方法；肖杨等（2006）从景观尺度研究了山西省平遥县人类活动和自然胁迫造成的生态风险的空间分布特征；李新琪（2008）对新疆艾比湖流域平原区景观生态安全做了系统分析和探讨；孙翔等（2008）以厦门市为例评价了快速城市化背景下港湾城市的景观生态安全；Hodson 等（2009）对城市生态安全问题作了系统阐述；李文杰等（2010）探讨了 GIS 和遥感技术在生态安全评价与生物多样性保护中的应用；刘洋等（2010）综述了区域生态安全格局的研究进展，提出区域生态安全格局构建模型、标准的量化、公众参与力度和利益相关者的协调是将来努力的方向；Su 等（2011）基于突变理论评价了上海市的土地生态安全状态。总体而言，区域生态安全分析和评价研究在中国尤其受到研究人员重视。

（2）生态安全评价指标

①单因子评价指标　　生态安全评价的单因子指标多数针对以环境污染和毒理危害为内容的风险评价和微观生态系统的质量与健康评价。Karr 曾应用生物完整性指数对鱼类类群的组成与分布、种多样性以及敏感种、耐受种、固有种等多方面变化进行分析，并评价了水体生态系统安全状况（Karr，1993）；张宝红等利用对害虫抗性指标验证了不同的隔离距离转基因棉花花粉污染对作物安全的威胁程度差异（张宝红等，2000）；通过重金属元素来分析系统存在的潜在风险也是众多学者进行安全评价的重要指标（马宝艳等，2001）。

②多因子小综合评价指标　　该指标体系的建立侧重于生态安全的生物的或资源环境方面的含义多数是针对自然或半自然生态系统安全状况而言的。国外较有代表性的如美国环境保护署（USEPA）建立的包括化学环境、物理生境、水文条件及生物学状态在内的河流生态系统综合评价指标体系（Campbell *et al.*，1998）。我国学者在这方面也做了一些探索，如陈浩等在分析荒漠化成因基础上，构建了包括土壤、植被、水分、风力等环境因子在内的指标体系，评价了荒漠化地区的生态安全状况（陈浩等，2003）；林彰平等将土壤类型、风力、农药施用量、植被覆盖率、生物多样性指数、保护区面积率、水域面积率、农田灌溉率等生态指标及环境指标作为镇赉县生态安全评价指标并建立了相应的指标体系（林彰平等，2002）；张雷等从资源安全角度出发，综合选取了耕地资源、矿产资源、能源矿产、森林资源和 CO_2 等 6 个资源环境要素对 10 个人口大国计算安全系数，通过数值和类别比较来说明我国资源环境安全程度（张雷等，2002）。

③多因子大综合评价指标　　此指标体系同时考虑了不同范畴的评价指标，不仅包括生物与资源环境方面，还包括生命支持系统对社会经济及人类健康的作用，而指标体系的展开则是在一系列概念框架下实现的。目前被广泛应用的是联

合国经济合作开发署(OECD)最初针对环境问题提出的表征人类与环境系统的压力—状态—响应(P-S-R)框架模式,在此基础上,联合国可持续发展委员会(UNCSD)又提出了驱动力—状态—响应(D-S-R)概念模型,而欧洲环境署则在P-S-R基础上添加了"驱动力"(driving force)和"影响"(impact)两类指标构成了D-P-S-I-R框架。我国学者在上述概念框架下针对不同的评价对象对评价指标做了大量的有益探索。左伟等结合OECD及UNCSD概念框架,制定了区域生态安全评价的D-P-S-E-R生态环境系统服务的概念框架,扩展了原模型中压力模块的含义,指出既有来自人文社会方面的压力,也有来自自然界方面的压力,并构建了满足人类需求的生态环境状态指标、人文社会压力指标及环境污染压力指标体系作为区域生态安全评价指标体系(左伟等,2003);刘勇等以区域土地资源可持续发展为目标,构建了包括土地自然生态安全、土地经济生态安全、土地社会生态安全指标体系,选取20多项指标因子对嘉兴市1991年及1997年的土地资源安全状况进行综合评估(刘勇等,2004);另一种具有代表性的生态安全评价指标体系是环境、生物与生态分类系统,该系统将生态安全评价的指标划分为环境安全指标、生物安全指标、生态系统安全指标,并建立各自的评价指标(杨京平,2002)。

(3)生态安全评价方法

生态安全的评价方法也有多种,如综合指数法、层次分析法、灰色关联度法、物元评判法、主成分投影法、生态足迹法、景观生态模型景观生态安全格局法、景观空间邻接法、数字地面模型数字生态安全法等。

①综合指数法 该法体现生态安全评价的综合性、整体性和层次性,但易将问题简单化,难以反映系统本质(肖荣波等,2004)。

②层次分析法 该法评价指标优化归类,需要定量化数据较少,但随意性较大,难以准确反映生态环境及生态安全评价领域实际情况(刘勇等,2004)。

③灰色关联度法 该法对系统参数要求不高,特别适应尚未统一的生态安全系统,但分辨系数的确定带有一定主观性,从而影响评价结果的精确性(陈浩等,2003)。

④物元评判法 该法有助于从变化的角度识别变化中的因子,直观性好,但关联函数形式确定不规范,难以通用(谢花林等,2004)。

⑤主成分投影法 该法克服指标间信息重叠,客观确定评价对象的相对位置及安全等级,但未考虑指标实际含义,易出现确定的权重与实际重要程度相悖情况。

⑥生态足迹法 该法表达简明,易于理解,但过于强调社会经济对环境的影响面忽略其他环境影响因素的作用(方一平等,2004)。总之,随着生态安全评价研究的不断深入,评价手段与方法也将日趋完善。

2.4.2.2 生态安全预警研究

预警(early-warning)研究最早由法国经济学家(Alfred Founille)在 1888 年的巴黎统计学会上提出的，预警即是对危险状态和危机的一种预前信息警告或警报(Scheffer *et al.*，2009)。随着预警理论的发展和深入，开始涉及多个领域，包括经济领域、地震发生、饥荒预警、环境监测、生态环境气候气象的预测、粮食生态供给、医疗等(Alcik *et al.*，2011；Son *et al.*，2009)。生态安全预警(ecological security early warning)，广义上理解涵盖了在减少危机和维护生态安全的发展过程中，从明确警义、寻找警源、分析警兆、预报警度及采取正确的预警方法排除警情的全过程(丁晓静，2011)。狭义的生态安全预警是在生态系统和环境质量变化预测的基础上，对其严重恶化的可能性提出警告(丁晓静，2011)。生态安全预警强调人的积级主导作用，从分析研究区域的系统要素和功能或过程出发，探索维护系统生态安全的关键性要素和过程。通过对安全诊断指标的对比分析，划分生态安全等级，制定不同安全等级的预警标准，进而为相关决策提供参考和依据。其中对生态安全的监测是生态安全预警研究的基础，生态安全监测主要利用已建立监测网点和现代数字技术进行动态观测、分析。

到 20 世纪 70 年代，伴随偶发性和事故性的环境污染事件的增加，预警系统开始被应用于环境领域。国外的生态安全预警研究主要是建立在生态风险评价和生态预报的基础上而展开。1975 年联合国环境开发署建立的全球环境监测系统(GEMS)对全球环境质量进行监测、实施比较、排序和预警开始，在生态安全预警的理论和方法取得了长足的发展(文传浩，2008)。Borcherding 等(1997)建立生物预警系统，该系统有毒物质进入水体 30min 后发生预警。美国为了防治西南部大草原的沙化，把植物间的牧草盖度、裸露区指数、营养性繁殖体盖度等作为沙漠化的早期预警指标，结合应用卫星监测与地面观测的方法确定了草原沙化的临界值(葛京凤等，2011)。中国在生态安全预警研究方面发展迅速，积累了大量研究案例。傅伯杰(1993)等较早地对区域生态环境预警原理和方法予以了探讨；刘兴元等(2008)利用 RS、GIS 和地面监测资料，从草地抗灾力、家畜承灾体和积雪致灾力 3 个子系统中筛选预警因子，构建了一个在完全放牧状态下的牧区雪灾预警与风险评估体系和模式；王耕等(2008)认为生态安全预警指数应由安全和隐患两方面构成，以辽河流域为例展开案例研究；李华(2011)基于系统仿真和情景模拟的崇明生态安全评估；吴冠岑等(2010)以淮安市为研究区探讨了土地生态安全预警的惩罚型变权评价模型及应用；周健等(2011)基于灰色系统 GM(1，1)模型预警兰州市生态安全并提出相应的调控机制。郭永奇等(2014)在变权理论的基础上，结合熵值法得到静态权重和预警指标值的动态发展趋势，基于惩罚变权模型对农地生态安全进行了预警评价实证研究。赵宏波等(2014)基于 P－S－R 模型等构建生态安全预警指标体系，综合运用变权—物元分析法对吉林省老工业

基地1991—2011年的生态安全预警等级进行了测度。对于生态安全预警的研究目前还处于初步阶段，理论和方法依然在不断发展，其中，生态承载力理论、生态系统服务理论、可持续发展理论、突变理论是生态安全预警理论应用较多的理论(Jiang et al.，2011)。当前在农业、土壤、土地、水文等方面的预警探讨相对较多(Tan et al.，2010；吴冠岑等，2010；郭永奇等，2014)。总体上看，生态安全预警研究还处于探索阶段，理论系统尚不完善。

2.4.2.3　生态安全维护与管理研究

生态安全的维护和管理包括资源资产管理、生态健康状态管理、生态服务功能管理、生态代谢过程管理以及复合生态系统的综合管理。确保生态安全的政策和法律法规、管理措施以及机构、制度建设等内容应以减少风险为目标，按照预防和回避风险的目的建立社会公众对于公共安全监控和评估的体制；安全管理则应设定风险规避的优先顺序，制定应急响应和恢复措施。杨金龙等(2005)对新疆绿洲生态安全及其维护进行了探讨；崔胜辉等(2006)论述了海岸带生态安全管理的内涵，提出战略环境评价作为一种海岸带生态安全管理的方法；刘引鸽等(2011)采用耕地动态度、相对变化率、转移率、新增耕地率、线性回归分析以及洛伦兹曲线等方法，以宝鸡地区为例分析了土地动态变化以及与区域经济发展关系、耕地与粮食匹配关系。生态安全设计是指在生态安全预警结果安全等级较低的研究区域内，应用景观生态建设的原理和方法，通过对原有系统要素的优化组合或引入新的要素，调整或构建新的安全格局，从而使关键性生态过程不受阻碍，把系统所受胁迫控制在安全等级允许的范围内。徐海根等(2003)针对原有丹顶鹤保护区规划缺乏系统设计思想，提出了丹顶鹤自然保护区网络的设计方案；陈利顶等(2007)就重大工程建设中生态安全格局构建基本原则和方法进行了探讨；王耕等(2007)应用GIS方法在进行辽河流域水安全预警系统设计；刘吉平等(2009)以三江平原东北部为研究区域，采用"3S"技术和数学模型，根据景观尺度上生物多样性保护规划的景观生态安全格局方法，对三江平原湿地生物多样性保护进行规划设计、系统研究。总之，目前生态安全设计的研究主要集中在生物保护领域(Chang et al.，2011)，而其他方面，如针对流域水文过程、旅游地、遗产地等生态安全设计等较为少见。

至于生态安全概念的辨析、理念的研究多渗透于生态安全研究内容的各个方面，不同学者们结合自身的专业背景和研究需要有不同的理解。生态安全研究在目前处于初级探索阶段，理论体系和科学问题有待完善。中国生态安全研究起步晚于国外，却特点鲜明，在区域生态安全分析、生态安全预警以及生态安全设计方面尤为突出。研究主要集中于区域水平上，如西部地区、流域、区域农业及自然保护区上。但生态安全的理论与实践的研究还不够深入，较为成熟系统的生态安全理论、方法和实践还没有形成。

2.4.3　生态安全研究展望

2.4.3.1　关注重点研究领域与区域

鉴于生态安全的尺度性使其在不同尺度上内涵各异，选取有代表性的研究区域进行案例研究，进而总结出适合的生态安全保障体系，将是学者们应该关注和重视的方面。尤其要重视对重点流域、生态脆弱带以及敏感区域的研究，如海岸带、农牧交错带、绿洲—荒漠交界带、严重水土流失区、自然保护区及遗产地区等（傅伯杰等，2011）。区域生态安全监控系统、生态安全阈值、生态安全预警等又是应该重点关注的研究领域。

2.4.3.2　构建生态安全监测、评价、预警和决策支持模型

定量评价方法、评价准则和指标刻度缺少突破性进展是目前生态安全评价的最大问题。生态安全评价中如何减少评判中的人为因素影响仍需要受普遍认可的权威证据。生态安全预测与预警的困难不仅在于生态安全研究体系涉及的因素极其复杂，还在于众多因素的量度与研究尺度密切相关。尺度问题制约着不同尺度上关联要素的度量和评价的准确性（陈星等，2005），建立经过实践检验的生态安全系统模型，以微观样本数据与宏观监测信息支持的、相互反馈修正的预警决策支持模型，探索区域生态安全底线预警指标，实现通用性、模型化与动态性的生态安全评价，进而为人类行为决策提供科学依据将成为研究新热点及重难点。

2.4.3.3　生态安全维护和环境管理调控

生态安全研究要解决的重大问题的目标就应该充分利用生态学和管理学理论知识，从自然、社会、经济等不同层面对现有安全保障系统进行全面整合，减少风险和改善脆弱性，进而实现科学的管理和维护生态安全。由于针对不同国家或地区所采取的生态安全维护与管理的战略或行动的内容不尽相同，因而，如何设计出适合不同尺度的人类活动调控方式也是未来生态安全研究要解决的重要问题。

2.5　生态旅游理论

生态旅游（eco-tourism）源于"生态性旅游"（ecological tourism）一词，是加拿大旅游学者劳德·莫林（Claude Moulin）于 1980 年首次提出的（桂华等，2000）。1983 年，国际自然保护联盟（IUCN）特别顾问、墨西哥专家谢贝洛斯·拉斯喀瑞在其使用文献中首次运用"生态旅游"一词（Hector，1987），它不仅被用来表征所有的观光自然景物的旅游，而且强调旅游方式是不对其自然生态环境造成破坏，是在持续管理的思想指导下开展的旅游活动。换句话说，生态旅游是以吸收自然

和文化知识为取向，尽量减少对生态旅游环境的不利影响，确保旅游资源的可持续利用。生态旅游是顺应旅游业的发展趋势衍生出来的新概念。由于生态旅游兼具环境友好、责任感、生态教育、低碳化影响、社区居民参与受益、可持续性发展等内涵和特质，是世界各地在发展三产经济的同时而又能较好保护自然生态的方面一个吸引人和值得实践的路径选择，迅速引起了专家学者及相关研究人员的广泛关注。

2.5.1　生态旅游国外研究进展

在生态旅游理论研究方面。国外研究生态旅游起步很早，学术界比较认可的即是 1983 年由国际自然保护联盟（IUCN）特别顾问谢贝洛斯·拉斯喀瑞提出"生态旅游"概念。Kutay（1989）提出生态旅游是生物资源与游憩场所之间、自然生态与经济社会之间联系明显的一种旅游发展模式；王朋薇（2013）从生态旅游的教育功能出发，强调生态旅游是以自然资源为依托，重视自然环境的体验、教育和管理的一种可持续旅游形式。Frank G. Muller（2000）认为生态旅游虽然能够应对现实存在的或者设想的传统旅游形式对自然环境造成的威胁，但也不应该把生态旅游当成解决生态系统保护及消除当地贫困人口的"万能钥匙"（王萌，2013）。

在生态旅游开发研究方面。Lindberg（1993）等著的《生态旅游：规划者、管理者指导》中提出生态旅游需进行科学规划和系统管理等理念，是对政府管理部门、开发经营企业发展生态旅游有指导意义的一本必备用书。Shery Ross 和 Geoffrey Wall（1999）认为生态旅游开发必须加强科学管理，在协调好当地社区、生物多样性与旅游三者关系的基础上，提出了一系列针对生态保护的管理机制、鼓励引导社区参与的计划、加强旅游者生态教育等生态旅游管理策略；B. A. Masberg 和 N. Morales（1999）提出生态旅游开发取得成功的 5 个要素分别是综合方法与规划、缓慢的开始、教育与培训、利益最大化、评估与反馈，并通过规范各个要素来达到旅游与生态的和谐发展。一些专家学者还对政府的政策规划及扶持举措对生态旅游发展的影响进行了研究，如 Uddhammar（2006）基于政府制定政策层面的分析，认为政府及其管理机构的治理措施有助于旅游业的可持续发展。

在生态旅游案例实证研究方面。已有研究普遍认为，生态旅游发展能给一个地区和社区的生态保护、经济建设、社会发展、文化传承等方面带来积极好处的同时，也不可避免地会产生一些消极作用。Gurung（2008）等以不丹旅游为例，认为生态旅游推动了当地农村地区发展并使群众受益，国民幸福指数大大提高，也使不丹成为吸引更多旅游企业及旅游者的优秀旅游目的地；Reimer 等（2013）人对柬埔寨豆蔻山脉的 Chiphat 社区生态旅游进行研究，认为首先要让社区居民充分认识和理解生态旅游的本质属性、重要意义和环境影响，逐步形成保护生态、回归自然的环境意识和保护共识，在注重社区传统文化保护与传承、最大限度控制旅游开发对环境的影响的前提下，负责任地推动生态旅游发展，以达到增加政府财政收入和社区居民收益再反哺支持生态环境保护的预期目标。Rungrawee（2012）等采用参与性评价法和结构性问卷法，分析了泰国小长岛的生态旅游发展所造成的正、反两方面的影响，从正面影响看，就是社区群众在参与旅游过程中获得了就业、增加了收入，但从反面影响看，却造成了因旅游的招商引资而引发的土地掠夺性开发、外部文化侵入的不和谐以及自然资源退化的压力，从而给当地社会带来不小的冲击，需要采取得力措施保护自然资源、生态环境及居民权益，确保小长岛生态旅游走上持续、和谐发展之路；Bednar-Friedl（2012）等通过最优控制模型研究了国家公园旅游，认为在公园动态管理过程中，须达到环境保护和游客管理的最优化水平，才有可能实现环保效益与旅游收入的最大化目标，并以此来尝试解决游客赏玩自然风光的良好体验与自然界濒危物种保护的严峻挑战之间的矛盾和问题。

2.5.2　生态旅游国内研究进展

虽然国内对于生态旅游的研究起步晚于国外，但是目前国内研究生态旅游发展的文献也非常丰富。国内学者对生态旅游的概念、特征、开发管理等内容的研究日渐深刻、系统和全面；同时也形成了中国特色的生态旅游研究思路，特别是基于生态文明的视角去审视、指导、促进生态旅游发展的探索研究刚刚起步（上官龙辉，2015），对生态文明与生态旅游融合发展作出了一些具有战略性、预见性的有益探索和研究也陆续出现。

关于生态文明旅游的研究。刘薇（2013）提出生态文明是人类共同的价值取向和最终的发展归宿，可以促进生态产业包括生态旅游的发展。杨喜鹏（2014）认为生态旅游应以保护自然环境、节约利用自然资源为前提，但目前各地发展生态旅游过分追求低投入和高产出，缺乏有效管理；他提出生态旅游开发要秉承与自然一道共生共长、相互依赖、和谐发展的原则，强化生态文明意识，加强生态文明教育，搞好长远规划，突出品牌效应，实现生态旅游的可持续发展。关于生态文明旅游模式研究。赵立民（2013）基于旅游利益相关者的博弈分析模式，提出构建由政府部门监督引导，旅游企业、旅游消费者配合的三位一体的生态旅游发展模式。舒小林、黄明刚（2013）以贵州省为例，在分析生态文明与生态旅游关系的基础上，提出了贵州省循环型生态旅游发展模式和政府引导、市场主导的驱动运行机制，为欠发达地区发展生态旅游提供了有益借鉴。

关于生态文明旅游的实证案例研究。刘国斌、党美丽（2011）阐述生态旅游发展要坚持绿色化、创新性、人性化、品牌化、一体化、信息化、可持续发展的七个原则，并提出了发展低碳生态旅游、引入创意产业理论、培育生态旅游人力资源、加大品牌塑造、实施区域联动、加强基础设施建设、落实国家主体功能区划

分7个方面的提升途径。岳毅平（2013）在考察安徽省生态旅游现状后，提出了理顺管理体制、强化生态文明意识、重视生态旅游规划、合理确定环境容量、吸引社区居民参与等方面建议。洪玉松（2013）认为需要重新定位丽江旅游业发展，以生态旅游理念为指导，走一条兼顾自然环境保护以及适度控制开发和游客规模、社区居民充分参与、发扬民族文化传统的持续发展之路。张菲菲（2013）在对福建省发展生态旅游的优势、劣势、机遇和威胁进行分析的基础上，运用SWOT矩阵模型，提出了需要采取政府主导推进、构建生态旅游规划与控制体系、拓展客源目标市场、加强生态环保宣传教育等一系列生态旅游发展对策。闫广华（2013）在研究长白山生态旅游发展路径时，认为生态文明要求具有较高的生态意识和可持续的经济发展模式，而生态旅游是生态文明理论所体现的重要发展模式，代表了现代旅游发展新方向。他基于生态文明的视角，提出长白山生态旅游发展要准确定位，完善周边配套设施，制定和健全生态旅游的相关规划和法律法规。

旅游业也经历了原始自然观光直至掠夺式开发给生态环境造成的破坏，复又回归自然生态、强调人与自然和谐相处，在此情境下，生态旅游也就应运而生，并普遍受到全球各个国家和地区可持续发展旅游的认可。中国自改革开放以来经历了近40年的高速增长阶段，一些地方已经意识到必须从一味追求GDP的功利性发展和破坏性开发模式的发展模式向发展环境友好型的中国式的"生态旅游"模式转变；然而，中国的生态旅游方面还有许多探索之路要走，需要诸多的理论成果和成功实践提供理论参考与技术支撑。

第 3 章 武夷山风景名胜区景观生态分类与群落学特征

　　景观生态分类是景观生态研究的重要组成部分，它不仅是进行景观格局分析、景观评价、规划与设计的基础和前提，也是景观生态学理论与实践相结合的重要环节，因此，景观生态分类理论与方法论的发展，在很大程度上反映了整个学科的发展水平。其分类实质便是根据景观系统内部水热状况的分布和物质能量交换形式的差异以及人类活动对景观的影响统一考虑景观的自然属性、生态功能和空间形态特征，按照一定的原则用系列指标反映这些差异，从而可以将各种景观生态类型进行划分和归并，并构筑景观生态分类体系。

3.1　武夷山风景名胜区景观生态分类

　　景观生态分类(landscape classification)是根据景观的空间结构与生态功能特性来划分景观生态系统的类型(郭晋平等，2007)。景观生态分类既是景观结构和功能研究的基础，又是景观生态规划设计、评价及其管理等应用研究的前提，是景观生态学理论研究与应用研究的连接纽带。由于研究人员从自身专业角度与研究目的出发，对研究对象的景观内涵理解和认识的不同，形成了不同的景观生态分类理念、方法和体系(Carranza *et al.*，2009；Coops *et al.*，2009；韩荡，2003；靳瑰丽等，2004；邱彭华等，2004)。如依据土地利用方式、不同自然度、人类影响程度、生态功能、植物类型或地貌特征等来进行景观生态分类等(Styers *et al.*，2010；郭泺等，2008；杨久春等，2009)。然而，目前作为景观重要构成部分的文化景观的研究与自然景观的研究是基本分离的。地理学者和生态学家主要侧重自然景观研究，对文化景观的研究有所忽略(Stenseke，2009)；相反，人文地理学家则主要侧重研究文化景观(李振鹏等，2004)。武夷山作为世界双遗产地，不但拥有鬼斧神工的自然景观，而且还具有丰富多彩的人文景观。武夷山风景名胜区的景观是一个集自然景观和文化景观于一体的复杂且多样的景观生态复合系统，如何客观确定景观类型，反映景观结构内在本质和景观生态过程相互作用的规律，并将该分类应用于景观格局、干扰模拟、生态安全分析等领域，是武夷山风景名胜区景观生态分类必需思考与探索的问题。

3.1.1　景观生态分类原则和方法

　　景观生态分类时必须遵循以下若干基本原则：

①综合性原则　景观是区域综合体，因而对其分类应体现综合体特征。

②主导因子原则　景观分类要反映出控制景观形成过程的主导因子。

③实用性原则　对景观类型的划分，应因其目的而定。

④等级性原则　景观和其他系统一样存在等级，在每一种类型的景观之下又可以根据实际划分出更细景观。

景观生态分类的方法大致可以划分为发生法、景观法和景观生态法 3 种（郭晋平等，2007）。这 3 种方法分类时客观性和科学性方面不尽相同。因此，本节在采用上述方法对武夷山风景名胜区进行景观生态分类时，还根据分类对象的属性，选择了一些主导因子和辅助指标来协助分类。

3.1.1.1　景观生态分类目的和依据

不管是景观的土地分类、景观的植被分类，还是景观生态分类所建立的各种景观生态分类，都是从不同的研究目的、观察尺度及分类原则和方法的基础上形成和构建的。显然，单因素的景观生态分类无法客观地描述旅游地景观实体。因此，为了开展对武夷山风景名胜区景观格局演变特征、生态安全时空分异规律、景观预测与干扰模拟等后续研究，在进行景观生态分类时，必需从景区的功能着眼、结构入手，首先了解历史上对景区自然变迁、景观结构和社会、经济、文化发展有着重要影响的生态过程，再确定那些分类上的模糊和过渡性单元的范围与边界及单元的层次等级水平，有针对性地予以归并，从而建立多等级的景观生态分类体系。本节在结合前人研究的基础上（何东进，2004c；郭添等，2008；郭晋平等，2007），参考《福建省森林资源规划设计调查和森林经营方案编制技术规定》《土地利用现状分类》（GB/T 21010—2017），最终建立武夷山风景名胜区景观生态分类体系。

3.1.1.2　数据来源与分类处理

基础数据：1986 年景区 1∶2.5 万林业基本图、1997 年景区 1∶1 万林业基本图、《福建省武夷山风景名胜区总体规划》（1982—2000 年）、《福建省武夷山风景名胜区总体规划（修订）》（2001—2010 年）、中国科学院地理信息数据平台获取的 TM / ETM 遥感影像（1986 年、1997 年、2009 年 3 个时期）、2009 年景区 1∶1 万土地利用图。

景观信息提取过程：首先，确定研究区域，建立景观生态分类体系。其次，对于非遥感数据源，采用扫描矢量化方式输入 ArcGIS 平台，经编辑配准、建立拓扑及编码后，使其地理坐标同校正后的遥感影像的地理坐标相一致，以此作为遥感影像解译的辅助资料。再次，对于遥感影像采用 ERDAS IMAGINE 9.1 软件进行监督分类的方法，同时利用地形图、土地利用图等辅助数据，解译 3 期遥感影像。最后，把矢量分类图和监督分类图叠加进一步精分类，形成武夷山风景名胜区 3 个时期的景观类型分类图。

现实中，景观类型边界常常是模糊的并具有过渡性的特征，单纯地依赖影像

特征的分类方法在景区景观生态分类并不理想。因此，本研究分类时还参考地貌形态、地表植被、森林类型、人类活动、土地利用等综合性分类指标，结合遥感图、林相图、土地利用图进行逐级分类。

3.1.2 武夷山风景名胜区景观生态分类体系

武夷山风景名胜区景观类型（表 3-1）分为：①植被与非植被 2 类景观大类；②自然植被、人工植被、非植被 3 类景观亚类；③杉木（*Cunninghamia lanceolata*）林、马尾松（*Pinus massoniana*）林、阔叶林、竹林、灌草层、经济林、茶（*Camellia sinensis*）园、农田、河流、建设用地、裸地 11 类景观类型；④杉木林、马尾松幼龄林、马尾松中龄林、马尾松近成熟林、马尾松成过熟林、软阔叶林、硬阔叶林、竹林、灌木林地、草地、宜林荒山荒地、火烧迹地、经济林、普通茶园、名特优茶园、水田、旱地、河流、住宅用地、交通用地、裸岩、滩涂沙地 22 类景观小类。武夷山风景名胜区 1986 年、1997 年和 2009 年 3 个时期 11 类景观类型分类如图 3-1（彩图 3-1）所示。

表 3-1 武夷山风景名胜区景观生态分类体系

景观大类	景观亚类	景观类型（景观组分）	景观小类
植被	自然植被	杉木林	杉木林
		马尾松林	马尾松幼龄林
			马尾松中龄林
			马尾松近成熟林
			马尾松成过熟林
		阔叶林	软阔叶林
			硬阔叶林
		竹林	竹林
		灌草层	灌木林地
			草地
			宜林荒山荒地
			火烧迹地
	人工植被	经济林	经济林
		茶园	普通茶园
			名特优茶园
		农田	水田
			旱地
非植被	非植被	河流	河流
		建设用地	住宅用地
			交通用地
		裸地	裸岩
			滩涂沙地

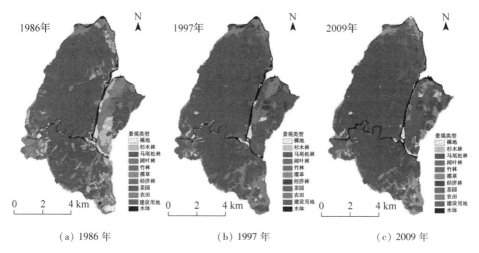

（a）1986 年 （b）1997 年 （c）2009 年

图 3-1 武夷山风景名胜区景观类型图

需要说明的是：①武夷山自古就有种茶、制茶、品茶的历史，以及与茶道有密切联系的茶禅文化，武夷岩茶不仅是中国十大名茶之一，而且是受原产地域产品制度保护的名茶，在国内外享有极高的知名度。武夷岩茶同时还带动地方经济发展、人民致富。因此，茶园在该区域的重要性可见一斑，分类时考虑景观的文化性和多重价值属性，把本属于经济林中的茶园提出单独作为一类景观类型，再将茶园分为普通茶园和名特优茶园，为今后有关茶园规划和整治等研究奠定基础。②从景观"斑块—基质—廊道"结构模型的角度看，马尾松林属于景区的基质景观，其种群结构、年龄组成等都会对景区森林景观生态流和演替过程有重要影响。故分类时把原属针叶林的马尾松林单独作为一类景观类型，并按其龄级分为马尾松幼龄林、马尾松中龄林、马尾松近成熟林和马尾松成过熟林 4 类景观小类。③虽然景区范围灌木林地、草地、宜林荒山荒地、火烧迹地等面积较小，但考虑到它们景观层次感和美感有别于其他森林景观，且在人为促进森林更新时具特殊性，故在分类体系中将它们归并为灌草层单独一类景观类型。④建设用地由住宅用地和交通用地两部分组成。其中，住宅用地包括村落、庭院、旅游设施、茶厂、寺庙等建筑。除溪东旅游服务区（也称度假区）建筑群较为集中分布外，其他建筑物多零星分散于景区中。裸地主要指岩石裸露地和滩涂沙地，九曲溪和崇阳溪汇流处滩涂沙地较多。

3.1.3 小结

根据景观生态分类原则和方法，结合武夷山风景名胜区的特色及景观资源特点，建立景区生态生态分类体系，将景区景观划分为：植被与非植被 2 类景观大类；自然植被、人工植被与非植被 3 类景观亚类；杉木林、马尾松林、阔叶林、

竹林、灌草层、经济林、茶园、农田、河流、建设用地、裸地 11 类景观类型，杉木、马尾松幼龄林、马尾松中龄林、马尾松近成熟林、马尾松过熟林、软阔叶林、硬阔叶林、竹林、灌木林地、草地、宜林荒山荒地、火烧迹地、经济林、普通茶园、名特优茶园、水田、旱地、河流、住宅用地、交通用地、裸岩、滩涂沙地 22 类景观小类。鉴于，茶园在景区景观的特殊性和重要性，基于景观的文化性和多重价值属性，把原属于经济林中的茶园提出作为单独一类景观类型，以突出茶园在景区发展变化过程中的作用。

分类体系中，景观小类的划分，为景区范围内更小尺度上的其他景观研究提供条件，如以交通用地进行公路廊道设计，以河流和农田为基础进行观光农业规划，区分普通、名特优茶园便于茶园的治理等本节所建立的分类体系中，景观类型（景观组分）是本书研究的核心层次；后续章节中景观格局、生态系统服务、生态安全及风险识别等均选择景区景观生态分类体系中的景观类型等级作为研究的基本分类单元。

3.2 武夷山风景名胜区景观生态特征

3.2.1 马尾松林

马尾松林在武夷山风景名胜区分布极为广泛，海拔 800m 以下均有大面积的马尾松林，这主要是因为马尾松林是该地区暖性针叶林的主要群落类型。同时，由于马尾松耐干旱及瘠薄的酸性土壤，种子繁殖较容易，因此，是荒山恢复植被的次生先锋树种，多形成天然更新的次生林(林鹏，1998)。群落外貌整齐单一且生长良好，郁闭度为 0.43，乔木层均以马尾松占优势，混生有少量其他树种，如米槠(*Castanopsis carlessi*)、木荷(*Schima superba*)、山矾(*Symplocaceae sumuntia*)、杜鹃(*Rhododendrom simsii*)、檵木(*Loropetalum chinense*)、杉木、毛竹(*Phyllostachys heterocycla* cv. *pubescens*)等。灌木层主要树种有满山红(*Rhododendrom mariesii*)、石栎(*Lithocarpus glaber*)、檵木、杜鹃、木荷、细齿叶柃木(*Eurya nitida*)、老鼠矢(*Symplocaceae stellaris*)、小叶六道木(*Abellia parvifolia*)、短尾越橘(*Vaccinium bracteatum*)、黄背越橘(*Vaccinium iteophyllum*)等。灌木层平均高约 1.60m。草本层主要有芒萁(*Dicranopteris dichotoma*)、五节芒(*Miscanthus floridulus*)、狗脊(*Woodwardia japonica*)等，草本层平均高约 40~100cm，盖度接近100%。其中，马尾松中、幼龄林主要生长在中低海拔、坡度 <30°、土壤较厚的山坡上，在高海拔、陡坡及土壤比较稀薄的地方则主要分布着马尾松近成熟林与马尾松成过熟林。

3.2.2　杉木林

杉木林主要分布在海拔 400m 以下且面积较小。乔木层除杉木外，主要有檵木、老鼠矢、毛冬青（*Ilex pubescens*）、乌冈栎（*Quercus phillyraeoides*）等树种。以中、幼龄林分占多数，年龄结构幼龄林:中龄林:近熟林:成熟林为 5:13:8:1，平均年龄约 21a，郁闭度 0.47，灌木层以檵木、杜鹃、短尾越橘、黄背越橘、苦竹（*Pleioblastus amarus*）、毛冬青、老鼠矢、矩形叶鼠刺（*Itea chinensis* var. *oblonga*）等树种为主，灌木层平均高约 1.20m。草本层亦以芒萁等为主，平均高约 40 ~ 60cm，盖度约 40%。林下腐殖层厚度约 5cm。

3.2.3　阔叶林

阔叶林在武夷山风景名胜区中主要分布在海拔 180 ~ 450m 之间，所占的面积也较小且多为天然次生林，但其树种组成比较复杂。乔木层主要树种有丝栗栲（*Castanopsis fargesii*）、苦槠（*Castanopsis sclerophylla*）、木荷、青冈（*Cyclobalanopsis glauca*）、石栎、檵木、虎皮楠（*Daphniphyllum oldhamii*）、绒楠（*Machilus velutina*）、红楠（*Machilus thunbergii*）、山黄皮（*Randia cochinchinensis*）、少叶黄杞（*Engelhardtia fenzelii*）、山苍子（*Litsea cubeba*）等。林分多为中、幼龄林，没有成熟林分，年龄结构幼龄林:中龄林:近熟林约为 4:5:2，郁闭度为 0.49，林下灌木数量较多，盖度高达 48.6%，主要有木荷、少叶黄杞、乌药（*Lindera aggregata*）、密花树（*Rapanea neriifolia*）、石栎、细齿叶柃木、沿海紫金牛（*Ardisia punctata*）、毛冬青、杨梅叶蚊母树（*Diatylium myricoides*）、小叶赤楠（*Photinia parvifolia*）、黄杨（*Buxaceae sinica*）、花榈木（*Ormosia henryi*）、油茶（*Camellia oleifera*）等，灌木层平均高度约 2.30m。草本层较稀疏，以狗脊、黑莎草（*Gahnia tristis*）、菝葜（*Smilax china*）等为主。另外，阔叶林林下腐殖层厚度与其他类型相比要来得低，这与阔叶林的凋落物比马尾松、杉木等针叶林凋落物容易分解有关。

3.2.4　竹林

竹林主要由毛竹（*Phyllostachys heterocycla* cv. *pubescens*）、毛环竹（*Phyllostachys meyeri*）、长毛木筛竹（*Bambusa pachinensis* var. *hirsutissima*）和其他杂竹构成，其中毛竹林面积约占整个竹林面积的 1/3，分布在海拔较低处，而在高海拔处多为杂竹林。毛竹林林分中乔木层基本上为毛竹，其他树种很少，只有零星混生木荷、栲树（*Castanopsis fargesii*）、樟树（*Cinnamomum camphora*）、黄杨等树种。多为四度以上的成竹与老龄竹，平均年龄为 10a，最大的毛竹年龄达 15a，平均胸径、树高分别为 6.2cm、11.0m。灌木层主要树种有盐肤木（*Rhus chinensis*）、野漆（*Toxicodendron succedaneum*）、水杨梅（*Adina pilulifera*）、全缘榕（*Ficus pandura-*

ta）、木荷、油茶、短柱茶（*Camellia brevistyla*）、美人蕉（*Canna indica*）等，灌木层平均高度约 2.30m，平均盖度约 12%。毛竹林的草本层物种较为丰富，主要由五节芒、积雪草（*Centella asiatica*）、黑莎草、五月艾（*Artemisia indica*）、车前草（*Plantago asiatica*）、淡竹叶（*Lophatherum sinense*）、一年蓬（*Erigeron annuus*）和天南星科（*Araceae*）等草本植物构成。由其他竹种组成的杂竹面积虽然较大，但长势较差，平均胸径与树高分别为 4.0cm 和 2.3m。

3.2.5 经济林

经济林基本上生长在低海拔且比较平缓的山坡上，武夷山风景名胜区主要栽植的经济林品种有柑橘（*Citrus reticulata*）、桃（*Prunus persica*）、李（*Prunus salicina*）、麻梨（*Pyrus serrulata*）、豆梨（*Pyrus calleryana*）、锥栗（*Castanea henryi*）等，其他小量栽培的有杨梅（*Myrica rubra*）、枇杷（*Eriobotrya japonica*）、葡萄（*Vitis vinifera*）、柿子（*Diospyros kaki*）、橙（*Citrus grandis*）等。经济林受到林农经常性抚育的影响，林内无论灌木还是草本数量都很低，其灌木层盖度与草本层盖度分别为 3.6% 和 4.7%。

3.2.6 茶园

在构成武夷山风景名胜区的各景观类型中，茶园景观面积位居第三，占景区面积的 11.68%，是武夷山风景区较具地方特色的一类景观。武夷山市茶园主产地为马头岩、天心岩、慧苑、竹窠、碧石、九龙窠、燕子窠、御茶园、水帘洞、玉花洞、桃花洞、佛国、桂林、三仰峰，主要品种有武夷肉桂、水仙、梅占、毛蟹、大红袍、铁罗汉、奇种、奇兰、黄旦等。茶园在景区的分布也极为广泛，从山顶到山脚、山坑、岩壑间均有种茶，其中纯茶园主要分布在远离村落或海拔较高的地段，其他套种农作物的茶园则一般分布在村落附近。茶园在景区不仅分布广泛，而且大小不一。茶园成为景区一个特色景观源于武夷山渊源流长的茶历史和丰厚的茶文化，武夷山孕育的武夷岩茶品质优异、驰名中外，是世界四大茶类中的中小叶种茶树之代表，又是乌龙茶之始祖，位居中国十大名茶之前茅（吴邦才，2000），如在武夷山出现的"大红袍""铁罗汉""白鸡冠""水金龟"四大名丛，不仅脍炙人口，而且还流传了不少神奇传说。此外，武夷岩茶是我国数量极少的原产地域保护品种之一。

3.2.7 河流

河流是武夷山风景区景观构成中另一个极具特色的景观。古人将武夷山誉为"碧水丹山"，可见水在武夷山有着至关重要的地位，这也是笔者将河流作为单独一类景观组分的缘由。在武夷山风景区内共有 3 条溪流：东面崇阳溪、北面黄柏溪和中部的九曲溪。沿河边分布着大大小小共 31 个沙滩，最大的沙滩面积为 4.22hm²，最小的仅为 0.09 hm²。在武夷山众多溪流中，最富灵性同时也是最受青睐的是九曲溪。九曲溪全长 62.8km，流经景区段的有 9.5km，是典型的幼年期河流，河床谷底横剖面呈"V"字形，谷地底部海拔 400～800m。由于受峰岩控制，溪流发育成曲折多弯形状，5km 长的直距弯曲成九曲十八弯，弯曲距离 9.5km，弯曲系数达 1.9，河床坡降为 16.2%，平均河流宽度约 7m（吴邦才，2000），它与两岸奇峰异石构成了九曲溪"十里溪流通宛转，千寻列岫尽嶙峋"的无限风光。

3.2.8　农田

武夷山风景名胜区内的农田主要种植的粮食作物有水稻、小麦、玉米、甘薯、马铃薯和高粱 6 类。武夷山市农民（不包括茶农）的经济收入主要来自粮食作物，在 1989 年之前，粮食收入占总收入的 70% 以上，最高的 1986 年达 89.15%，其中水稻是武夷山市的主要粮食作物，每年种植面积占粮食作物播种面积的 95% 以上，市民主食大米占口粮的 98% 以上。

3.2.9　建设用地

建设用地包括景区内的居民住宅地，包括村落、庭院、旅游设施、茶厂、寺庙等建筑。除度假区呈较为集中的建筑群外，其他建筑物多零星散于风景区中以及景区内的道路旁。

3.2.10　裸地

裸地主要指岩石裸露地和居民住宅地周围的空旷地。裸地在所有景观类型中所占面积最小。

3.2.11　灌草层

灌草层主要包括风景区内的灌木林地、草地草坪、宜林荒山荒地、火烧迹地。

3.3　武夷山风景名胜区天然林主要种群生态位

自 Grinnell（1971）首次将生态位（niche）一词引入生态学领域以来，生态位理论、方法得到广泛的应用与发展，并已成为生态学研究的热点问题之一。尽管目前有关生态位概念的界定尚存争议，但把生态位理论应用在竞争系数估计、极限相似性、资源划分、土地评价、群落稳定性讨论、城市生态学、人类生态学等领

域内已取得很好的成效（张光明等，1997；王刚等，1984）。国内在20世纪80年代才比较全面介绍和开展生态位研究工作（王刚，1984），其中对中、南亚热带常绿阔叶林优势种群生态位的研究尤其引人注目（余世孝，1995；余世孝等，1994）。对武夷山风景名胜区天然林中的主要种群的生态位问题进行研究，探讨天然林群落中主要种群的功能地位，旨在进一步深入了解各主要种群的地位和作用，为世界遗产地天然林资源的管理、保护和开发利用提供科学依据。

3.3.1 研究方法

3.3.1.1 样地设置

在武夷山风景名胜区天然林中具有代表性的地段，以不同海拔高度以及不同群落类型作为资源位，在每一个资源位各设置1～2个20m×30m样地，测定每一块样地的海拔、坡向、坡位、坡度和群落类型等因子，采用相邻格子法进行调查，将每个样地分别布置6个10m×10m的样方，对样方内出现的植物种类进行每木检尺，记录其种名、胸径、树高、冠幅及枝下高（起测径阶≥2cm）。另外，在每一个乔木样方中各设置1个5m×5m和1m×1m的样方调查灌木和草本，记录种类、数量、高度、盖度等指标（表3-2）。将调查的每块样地的每种树种的胸高断面积、个数及出现的频度换算成相对值，并计算每一树种的重要值。

表 3-2　各样地植被类型

样地号	景区	海拔（m）	坡度（°）	植被类型	样地面积（m²）	样方数
1	大王峰	435	NE19	②	600	6
2	大王峰	432	NE15	①	600	6
3	天游峰	415	SW25	③	600	6
4	水帘洞	245	NW27	⑤	600	6
5	一线天	174	SW31	④	600	6

注：①米槠—紫金牛—黑莎草（*Castanopsis carlesii – Ardisia japonica – Gahnia tristis*）；②鼠刺叶石栎—山黄皮—黑莎草（*Lithocarpus iteaphyllus – Randia cochinchinensis – Gahnia tristis*）；③马尾松—竹子＋檵木—芒萁（*Pinus masoniana – Phyllostachys edulis + Loropetalum chinense – Dicranopteria dichtoma*）；④杉木—黄瑞木＋檵木—芒萁（*Cunninghmia lanceolata – Adinandra mellettii – Dicranopteria dichtoma*）；⑤毛竹—茶树＋淡竹—芒萁（*Phyllostachys edulis – Camellia sinensis + Phyllostachys glauca – Dicranopteria dichtoma*）。

3.3.1.2 研究方法

（1）重要值（IV）

采用 IV＝RA（相对多度）＋RF（相对频度）＋RP（相对优势度）计算各物种的重要值，其中乔木树种以胸高断面积表示相对优势度。

（2）生态位宽度

$$B\ (sw)_i = -\frac{1}{\ln S}\sum_{j=1}^{r}P_{ij}\ln P_{ij};\quad P_{ij} = n_{ij}/N_{ij};\quad N_i = \sum_{i=1}^{s}n_i \qquad (3\text{-}1)$$

式中，$B(sw)_i$ 是物种 i 的生态位宽度，具有域值 $[0, 1]$，若物种利用一个资源位，$B(sw)_i$ 为 0，利用全部资源位 $B(sw)_i$ 则为 1；S 是种群数；P_{ij} 是物种 i 对资源位 j 的利用占该种对全部资源位利用的比例，$i = 1, 2, \cdots, 15$，$j = 1, 2, \cdots, 5$；n_i 是物种 i 在资源位 j 上的相对优势度（本节为物种胸高断面积）；N_i 是物种 i 在 r 个资源位上的相对优势度之和。

（3）生态位重叠

生态位重叠是指一定资源序列上，两个物种利用同等级资源而相互重叠的情况，其计算公式为

$$L_{ih} = B_{(L)i} \sum_{j=1}^{r} P_{ij}P_{hj}; \quad L_{hi} = B_{(L)i} \sum_{j=1}^{r} P_{ij}P_{hj}; \quad B_{(L)I} = \frac{1}{r} \sum P_{ij}^2 \quad (3\text{-}2)$$

式中，L_{ih} 为物种 i 重叠物种 j 的生态位重叠指数；L_{hi} 为物种 j 重叠物种 i 的生态位重叠指数；$B_{(L)}$ 为 Levins（1968）生态位重叠指数，具有域值 $[1/r, 1]$；L_{ih}、L_{hi} 具有域值 $[0, 1]$。

（4）生态位相似比例

以生态位相似指标计测各种群 105 个不重复种对利用资源的相似程度，公式如下：

$$C_{ih} = 1 - \frac{1}{2} \sum_{j=1}^{r} |P_{ij} - P_{hj}| = \sum_{j=1}^{r} \min(P_{ij}, P_{hj}) \quad (3\text{-}3)$$

式中，C_{ih} 表示物种 i 与物种 j 的相似程度，且有 $C_{ih} = C_{hj}$。

3.3.2　重要值

重要值是描述种群在群落中重要性的常用指标（林伟强等，2006）。根据武夷山风景名胜区天然林调查资料计算结果，重要值位列前 15 位的种群重要值之和为 2.047，占总重要值的 69.2%（表 3-3）。因此，本节主要针对这 15 个种群的生态位特征进行研究，分别测定它们的生态位宽度、生态位重叠以及生态位相似比例等指标。另外，从表 3-3 还可以看出：马尾松、杉木、毛竹、米槠、木荷以及黄瑞木这 6 个种群在群落中占有明显的优势，其重要值之和为 1.407 9，占总重要值的 47.56%。

表 3-3　武夷山风景名胜区主要种群的重要值

种　名	个体数 No.	相对多度（RA）	相对频度（RF）	相对优势度（RD）	重要值（IV）
马尾松 Pinus massoniana	126	0.174 0	0.092 7	0.252 6	0.522 9
杉木 Cunninghmia lanceolata	61	0.084 3	0.034 1	0.147 6	0.265 9
毛竹 Phyllostachys heterocycla cv. pubescens	108	0.149 2	0.029 3	0.054 3	0.232 7
米槠 Castanopsis carlesii	23	0.031 8	0.039 0	0.131 1	0.201 9
木荷 Schima superba	58	0.080 1	0.043 9	0.060 5	0.184 5

（续）

种　名	个体数 No.	相对多度（RA）	相对频度（RF）	相对优势度（RD）	重要值（IV）
黄瑞木 *Adinandra mellettii*	26	0.035 9	0.043 9	0.021 4	0.101 2
鼠刺叶石栎 *Lithocarpus iteaphyllus*	18	0.024 9	0.034 1	0.037 2	0.096 2
檵木 *Loropetalum chinense*	19	0.026 2	0.043 9	0.002 4	0.072 5
卷斗青冈 *Cyclobalanopsis pachyloma*	19	0.026 2	0.029 3	0.008 2	0.063 7
甜槠 *Castanopsis eyrei*	15	0.020 7	0.019 5	0.0187	0.059 0
杨梅叶蚊母树 *Distylium myricoides*	20	0.027 6	0.024 4	0.006 7	0.058 8
青冈 *Cyclobalanopsis glauca*	17	0.023 5	0.014 6	0.017 0	0.055 1
黄毛润楠 *Machilus chrysotricha*	12	0.016 6	0.029 3	0.002 1	0.048 0
少叶黄杞 *Engelhardtia fenzelii*	15	0.020 7	0.019 5	0.003 7	0.043 9
山杜英 *Elaeocarpus sylvestris*	9	0.012 4	0.014 6	0.013 4	0.040 4

3.3.3　生态位宽度

生态位宽度是指物种对资源开发利用的程度，仅能利用一小部分资源的物种被称为狭生态位，而能利用其大部分资源的物种被称为广生态位（李意德，1994）。从表3-4中可知，除极个别种群的生态位宽度 B_L 大于0.54外（如马尾松、黄毛润楠），大多数种群的生态位宽度 B_L 小于0.4，即绝大多数种群是狭生态位。这与同属武夷山脉的万木林常绿阔叶林的研究结果相一致。与中亚热带的格氏栲常绿阔叶林相比，其生态位宽度要小得多。同时，也比南亚热带的鼎湖山常绿阔叶林以及广州帽峰山次生林小。例如，广东鼎湖山亚热带常绿阔叶林8个优势种群的生态位宽度最大的达0.962，最小的为0.440。在武夷山风景区天然林的15个主要乔木种群中，马尾松生态位宽度值最大，样方调查统计资料也表明马尾松种群的个体数量和样方频度要明显大于其他种群（表3-4）。马尾松几乎在每个资源位都有出现，说明马尾松在该调查区内分布较广、数量较多、利用资源较充分。然而在群落调查中发现，马尾松在乔木层占有巨大的优势，却未发现马尾松的幼苗，这主要是由于马尾松不是典型中亚热带地带性植被组成成分，是次生演替中的先锋树种，在森林演替至一定程度后，它们幼苗不耐阴，无法在林冠下更新。从表3-3、表3-4可以看出：杉木和毛竹的重要值比马尾松种群以外的其他12个种群大，但其生态位宽度值却较其余种群小，这主要是因为杉木和毛竹种群的个体数较多，同时说明了杉木和毛竹的生态幅较狭窄。根据生态位宽度值指数 $B_{(sw)i}$ 的计算结果，该15个主要种群的生态位宽度按从大到小排列顺序为：马尾松、黄毛润楠、米槠、檵木、黄瑞木、杨梅叶蚊母树、甜槠、卷斗青冈、木荷、鼠刺叶石栎、少叶黄杞、杉木、毛竹、青冈、山杜英。生态位宽度指数 $B_{(L)i}$ 的计算结果与 $B_{(sw)i}$ 的稍有差异，但基本上是一致的（表3-4），即：马尾松、黄毛润楠、檵木、米槠、黄瑞木、杨梅叶蚊母树、卷斗青冈、甜槠、木荷、鼠刺叶石栎、少叶黄杞、杉木、毛竹、青冈、山杜英。各个种群的生态位宽度值表明了它们在群落中的地位和作用。

表 3-4　武夷山风景名胜区主要种群的生态位宽度值

序号	种　名	P_{11}	P_{12}	P_{13}	P_{14}	P_{15}	$B_{(sw)}$	$B_{(L)}$
1	马尾松 *Pinus massoniana*	0.302 8	0.080 7	0	0.479 9	0.136 5	0.439 1	0.576 1
2	杉木 *Cunninghmia lanceolata*	0.021 2	0	0	0	0.978 8	0.037 9	0.208 7
3	毛竹 *Phyllostachys heterocycla* cv. *pubescens*	0	0	1	0	0	0	0.200 0
4	米槠 *Castanopsis carlesii*	0.738 8	0.113 5	0.147 7	0	0	0.278 1	0.344 5
5	木荷 *Schima superba*	0.842 9	0.157 1	0	0	0	0.160 6	0.272 0
6	黄瑞木 *Adinandra mellettii*	0	0.751 4	0	0.248 6	0.207 1	0.319 3	
7	鼠刺叶石栎 *Lithocarpus iteaphyllus*	0.109 5	0.890 5	0	0	0	0.127 6	0.248 5
8	檵木 *Loropetalum chinense*	0	0	0	0.494 0	0.506 0	0.255 9	0.399 9
9	卷斗青冈 *Cyclobalanopsis pachyloma*	0.809 2	0.190 8	0	0	0	0.178 0	0.289 3
10	甜槠 *Castanopsis eyrei*	0.190 4	0.809 6	0	0	0	0.179 8	0.289 1
11	杨梅叶蚊母树 *Distylium myricoides*	0.766 6	0.233 4	0	0	0	0.200 6	0.311 5
12	青冈 *Cyclobalanopsis glauca*	0	0	1	0	0	0	0.200 0
13	黄毛润楠 *Machilus chrysotricha*	0.482 4	0	0.270 7	0.246 9	0	0.388 0	0.545 0
14	少叶黄杞 *Engelhardtia fenzelii*	0.893 1	0.106 9	0	0	0	0.125 5	0.247 2
15	山杜英 *Elaeocarpus sylvestris*	1	0	0	0	0	0	0.200 0

3.3.4　生态位重叠

武夷山风景名胜区调查样地中的 15 个主要种群生态位重叠分布格局表 3-5 及图 3-2 所示。从表 3-5 及图 3-2 可以看出，该 15 个主要种群 105 个不重复种对的生态位重叠值都集中在 0～0.28（L_{ih}）和 0～0.24（L_{hi}）之间，大于 0.06 所占的比例为 43.81% 和 38.1%，比福建格氏栲中亚热带常绿阔叶林主要种群生态位重叠值稍大，比广州帽峰山次生林的大多数种对的生态位重叠值小。生态位重叠值介于 0.1～0.28 之间的有 35 对，小于 0.1 的种对有 65 对，占总种群数的 61.9%，这表明各种群对资源的共享趋势较为明显，也说明了研究区调查群落相对稳定。L_{ih} 大于 0.22 的有 10 对，最大的种对是黄毛润楠与山杜英；L_{hi} 大于 0.22 的仅有 1 对，即木荷与黄毛润楠。虽然这几个种对的前一个种对后一个种的重叠值较高，但后种对前种的值不一定高，例如，黄毛润楠与山杜英的重叠值为 0.262 9，山杜英与黄毛润楠的重叠值仅为 0.096 5，说明生态位宽的种群对窄的种群可能有较高的重叠值，反之则低。

表 3-5　15 个主要种群的生态位重叠分配格局

范围	0	0.00~0.02	0.02~0.04	0.04~0.06	0.06~0.08	0.08~0.10	0.1~0.12	0.12~0.14
L_{ih}	30.48	9.52	5.71	10.48	6.67	3.81	2.86	3.81
L_{hi}	30.48	8.57	9.52	8.57	7.62	4.76	1.90	0.95

范围	0.14~0.16	0.16~0.18	0.18~0.2	0.2~0.22	0.22~0.24	0.24~0.26	0.26~0.28
L_{ih}	3.81	2.86	4.76	5.71	7.62	0.95	0.95
L_{hi}	4.76	8.57	3.81	7.62	0.95	0	0

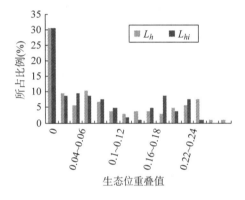

图 3-2　15 个主要种群生态位重叠值

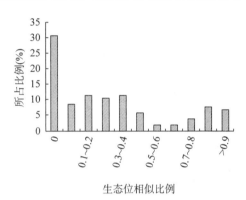

图 3-3　生态位相似比例分配格局

3.3.5　生态位相似比例

　　表 3-6 列出了 105 个不重复种对生态位相似性的一部分，有 7 对种群的生态位相似性比例大于 0.9(分别是毛竹—青冈、木荷—卷斗青冈、木荷—杨梅叶蚊母树、木荷—小叶黄杞、鼠刺叶石栎—甜槠、卷斗青冈—杨梅叶蚊母树、卷斗青冈—小叶黄杞)，有 15 对生态位相似性比例大于 0.8，有 41 种对的生态位相似性比例大于 0.3，这与亚热带常绿阔叶林的生态位相似性比例较高相符合。由于只能利用一个资源位和两个资源位的种群分别占 20% 和 60% 左右，相似性比例最高的种对也就是这些种对，例如，木荷与卷斗青冈、鼠刺叶石栎与甜槠等。在中亚热带森林群落中，生态位宽度较高的两个种类，其相似性比例值一般也较高。但生态位宽度值低的种对(如毛竹与青冈)有时会比生态位宽度值高的种对(如米槠与檵木)相似性比例还要高，也就是说两者都有可能高也有可能低，关键是种间对资源位的利用相似程度，而且生态位相似性比例与种群的生物生态学特性有关(图 3-3)。从表 3-7 可以看出，生态位相似比例大的，生态位重叠值也较大，反之亦然。由此，生态位重叠的计测便是种间相似性的计测。相似性比例分配格局列于表 3-7 中，可以看出，大多数种对的 C 值小于 0.4，共占 72.39%，其中 C 值为 0 的占了 30.48%。根据 Gause 原理或竞争排斥原理，群落内生态位相似的

生物单元将部分死亡或分化，这样才能得以生存。可见，生态位相似的个体能在同一个群落中共存是由于它们产生了生态位分化，这样才不会发生竞争，因而也不会发生排斥现象。

表 3-6　生态位相似比例与重叠值特征表

种对号 No.	C_{ih}	L_{ih}	L_{hi}	种对号 No.	C_{ih}	L_{ih}	L_{hi}
1－2	0.157 7	0.080 7	0.029 2	5－7	0.266 6	0.063 2	0.057 7
1－4	0.383 5	0.134 2	0.080 2	5－9	0.966 3	0.192 3	0.204 5
1－5	0.383 5	0.154 4	0.072 9	5－10	0.347 5	0.078 3	0.083 2
1－6	0.217 2	0.054 5	0.030 2	5－11	0.923 7	0.185 8	0.212 7
1－7	0.190 2	0.060 5	0.026 1	5－13	0.482 4	0.110 6	0.221 6
1－8	0.616 4	0.176 4	0.122 4	5－14	0.949 8	0.209 4	0.190 2
1－9	0.383 5	0.150 0	0.075 4	5－15	0.842 9	0.229 3	0.168 9
1－10	0.351 8	0.070 9	0.035 6	6－7	0.751 4	0.213 6	0.166 2
1－11	0.383 5	0.144 6	0.078 2	6－8	0.248 6	0.040 2	0.050 3
1－13	0.549 7	0.152 4	0.144 2	6－9	0.190 8	0.045 8	0.041 5
1－14	0.383 5	0.160 8	0.069 0	6－10	0.751 4	0.213 6	0.166 2
1－15	0.302 8	0.174 4	0.060 6	6－11	0.233 4	0.056 0	0.054 6
2－4	0.021 2	0.003 3	0.005 4	6－14	0.106 9	0.025 6	0.019 9
2－5	0.021 2	0.003 7	0.004 9	7－9	0.300 3	0.064 2	0.074 8
2－6	0.248 6	0.050 8	0.077 7	7－10	0.919 1	0.184 3	0.214 5
2－7	0.021 2	0.000 5	0.000 6	7－11	0.342 9	0.072 5	0.090 9
2－8	0.506 0	0.208 7	0.198 1	7－13	0.109 5	0.013 1	0.028 8
2－9	0.021 2	0.003 6	0.005 0	7－14	0.216 4	0.047 9	0.047 7
2－10	0.021 2	0.000 8	0.001 2	7－15	0.109 5	0.027 2	0.021 9
2－11	0.021 2	0.003 4	0.005 1	8－13	0.246 9	0.048 8	0.065 5
2－13	0.021 2	0.002 1	0.005 6	9－10	0.381 2	0.089 3	0.089 2
2－14	0.021 2	0.004 0	0.004 7	9－11	0.957 4	0.192 4	0.207 1
2－15	0.021 2	0.004 4	0.004 2	9－13	0.482 4	0.112 9	0.212 8
3－4	0.147 7	0.029 5	0.050 9	9－14	0.916 1	0.215 0	0.183 7
3－12	1.000 0	0.200 0	0.200 0	9－15	0.809 2	0.234 1	0.161 8
3－13	0.270 7	0.054 1	0.147 5	10－11	0.423 8	0.096 8	0.104 3
4－5	0.852 3	0.220 7	0.174 3	10－13	0.190 4	0.026 6	0.050 1
4－6	0.113 5	0.029 4	0.027 2	10－14	0.297 3	0.074 2	0.063 4
4－7	0.223 0	0.062 7	0.045 2	10－15	0.190 4	0.055 1	0.038 1
4－9	0.852 3	0.213 4	0.179 2	11－13	0.482 4	0.115 2	0.201 6
4－10	0.303 9	0.080 1	0.067 2	11－14	0.873 5	0.221 0	0.175 4
4－11	0.852 3	0.204 2	0.184 6	11－15	0.766 6	0.238 8	0.153 3
4－12	0.147 7	0.050 9	0.029 5	12－13	0.270 7	0.054 1	0.147 5
4－13	0.630 1	0.136 6	0.216 0	13－14	0.482 4	0.234 8	0.106 5
4－14	0.845 7	0.231 5	0.166 1	13－15	0.482 4	0.262 9	0.096 5
4－15	0.738 8	0.254 5	0.147 8	14－15	0.893 1	0.220 8	0.178 6
5－6	0.157 1	0.032 1	0.037 7				

表3-7　生态位相似比例分配

范围	0	0~0.1	0.1~0.2	0.2~0.3	0.3~0.4	0.4~0.5	0.5~0.6	0.6~0.7	0.7~0.8	0.8~0.9	>0.9
比例(%)	30.48	8.57	11.43	10.48	11.43	5.71	1.90	1.9	3.81	7.62	6.67

3.3.6　小结

武夷山风景名胜区所调查的乔木层种群中绝大多数生态幅度为狭生态位型，广生态位型的仅有少数种群。马尾松生态位宽度值最大，B_{sw} 为 0.439 1，B_L 为 0.576 1，其重要值也最大，为 0.522 9，是乔木层的最优势种，但由于马尾松为喜光树种，其幼苗无法在林冠下更新，因此，该保护区在保护和营林中应注意马尾松的幼苗抚育。在武夷山风景区天然林的 15 个主要乔木种群中，利用两个资源位的种群为多数，占 60%，各个种群的生态位宽度的值说明了它们在群落中的地位和作用。

种群的生态相似性比例和生态位重叠均较高，该 15 个主要种群 105 个不重复种对中有 15 对生态位相似性比例大于 0.8，有 41 种对的生态位相似性比例大于 0.3，而生态位重叠值都集中在 0~0.28（L_{ih}）和 0~0.24（L_{hi}）之间，大于 0.06 所占的比例为 43.81% 和 38.1%。此外，生态位相似比例大的，生态位重叠值也较大，反之亦然。由此，生态位重叠的计测便是种间相似性的计测。虽然不同树种通过对环境适应的相似性共同生存和构成同一个群落，但同一群落中各树种由于各资源位上分布不一致，其生态位宽度值存在差异，因此产生了不同程度的相似性比例和生态位重叠，值得注意的是生态位宽度值较大，其生态位相似性比例与生态位重叠值并不一定高。

生态位研究已成为评价种间和种内关系及种群在群落中所处地位的重要手段，从而使其在森林资源保护与利用、生物多样性及其形成机制、群落演替与动态等方面有着广泛的应用前景。重要值常被用来表征种的重要性或生态位空间，但其结果往往受取样范围和方法影响，本节采用胸高断面积作为种群表现特征来判定乔木层树种在群落中的地位，该方法在生态位研究中颇为常用。另外，生态位研究在混交林营造、树种配置、建立混农林业系统等实践中有着十分广泛的应用前景，因此，具有重要的理论与实践价值。

3.4　武夷山风景名胜区天然林物种多度分布格局

物种多度分布是生物多样性研究的重要内容，对物种多度分布进行测定可以反映群落及其环境的现状。在生物多样性研究中，除了采用物种多样性指数的定量方法外，还可以通过"物种多度分布格局模型"的分布状况进行估值。目前已提出了许多不同的模型来度量物种—多度的关系，在众多的模型中有 4 类分布模型效果较好，且最常用，这 4 类分布模型是：几何分布模型、断棒分布模型、对数分布模型和正态对数分布模型。此外，吴承祯等曾提出应用 Weibull 分布研究物种多度分布，也取得理想效果（吴承祯等，2004），并指出：对于乔木层物种，其相对多度分布可用对数级数分布、对数正态分布、Weibull 分布、几何级数分布和断棒分布模型来拟合，而对于灌木层物种相对多度分布则可用对数级数分布、对数正态分布和 Weibull 分布加以拟合。

由于对数分布模型可以反映物种以无规则的时间间隔侵入生境，并可反映出一个或几个物种在群落中占优势，表明随着演替的进行，环境条件逐渐改善。因此，生态学者认为，成熟的的自然群落物种多度分布多呈对数分布，故本节采用对数分布模型来反映武夷山风景名胜区天然林的物种多度分布规律，为武夷山风景名胜区天然林群落的生物多样性的保护、森林资源的管理提供理论依据。

3.4.1　物种多度分布的对数模型的计算

对数模型是由物种在每一多度级上的物种数量即物种频率（S_n）给出：

$$S_n = \frac{aX^n}{n} \tag{3-4}$$

式中，S_n 为多度为 n 的物种数；a、X 为参数。

为了得到群落的对数分布模型，就必须得到参数 a 和 X 的值。参数 a 和 X 的值可分别由下列两个公式求得

$$S = a\ln\left(1 + \frac{N}{a}\right) \tag{3-5}$$

$$\frac{S}{N} = \left[\frac{(1-X)}{X}\right]\left[-\ln(1-X)\right] \tag{3-6}$$

式中，S 为群落中的物种总数；N 为群落中个体的总数。X 的值大于 0 小于 1，若 $\frac{S}{N} < 0.05$，则 $X > 0.99$。

根据上述式（3-4）、式（3-5）即可求得参数 a 和 X 的值，从而得到物种多度分布的对数模型。

3.4.2　物种多度分布的预测与检验

按 Thomas 和 Shattock（1986）的方法，对多度的观察值进行分级，并选择以 2 为底的对数（即种群多度的加倍），作为各个多度级的上限值，然后各上限值再加上 0.5 以使各级之间的界限更明了。对数级数以下式预测具有一定个体数的物种数目：

$$aX, \frac{aX^2}{2}, \frac{aX^3}{3}, \cdots, \frac{aX^n}{n} \tag{3-7}$$

式中，a，X 为参数；aX 为具有 1 个个体的物种数目；$\dfrac{aX^2}{2}$ 为具有 2 个个体的物种数目；$\dfrac{aX^3}{3}$ 为具有 3 个个体的物种数目；$\dfrac{aX^n}{n}$ 为具有 n 个个体的物种数目。

然后，将上述推算得到的参数 a 和 X 的值代入式(3-4)即可计算出各个个体数的物种数预测值，再根据下式求得 χ^2 和 $\sum\chi^2$ 的值：

$$\sum\chi^2 = \frac{\sum (观察值 - 预测值)^2}{预测值} \tag{3-8}$$

若 $\sum\chi^2 < \chi^2_{0.05}$ (多度级 -1)，说明观察值与预测值之间的差异不显著，即物种多度服从对数级数分布；反之，则物种多度不服从对数级数分布。

3.4.3　物种多样性

对数级数可以反映物种以无规则的时间间隔侵入生境，并可以反映出一个或几个物种在群落中占优势。在对数级数分布中，参数 a 是不受样本大小影响的，它与群落中物种数目成正比，反映了群落的内在性质，是一个很好的物种多样性(species diversity，SD)指标，即使对数级数模型不是最佳的理论分布时，也是如此。a 值越大，多样性越高；反之，多样性则越低。因此，结合 a 值对 5 个群落进行分析(表 3-8)。

表 3-8　武夷山风景名胜区天然林木本植物种群多度分布参数

样地号	乔木树种				灌木树种			
	物种数 S	个体数 N	X 值	a 值	物种数 S	个体数 N	X 值	a 值
1	21	169	0.964 0	6.319 7	26	79	0.853 9	13.517 8
2	34	130	0.896 7	14.978	31	64	0.729 9	23.682 4
3	10	222	0.990 4	2.152 5	18	45	0.801 9	11.119 4
4	21	169	0.964 0	6.319 7	34	80	0.782 1	22.340 4
5	14	118	0.966 2	4.135 1	13	24	0.674 4	11.583 1

注：1 为鼠刺叶石栎群落；2 为杉木群落；3 为马尾松群落；4 为米槠群落；5 为毛竹群落。

如表 3-8 所示，米槠、鼠刺叶石栎、马尾松、杉木和毛竹这 5 个群落中，乔木层和灌木层的 a 值大小顺序为：鼠刺叶石栎群落 > 杉木群落 ≥ 米槠群落 > 毛竹群落 > 马尾松群落，可见，阔叶林的物种多样性比针叶林的丰富。该趋势与各群落的物种数目(S)的变化趋势相同，然而与个体总数不成正比。这与各个群落受到的干扰程度不同有关。鼠刺叶石栎群落的乔木层、灌木层的物种多样性均居于 5 个群落之首，分别为 14.978 和 23.682 4。综合考虑乔木层和灌木层的物种数目、个体数以及物种多样性指数等指标，鼠刺叶石栎群落是 5 个群落中最稳定的。

3.4.4　物种多度分布

3.4.4.1　乔木层物种多度分布

由表 3-9 可得，5 个样地的 χ^2 值和 $\sum \chi^2$ 均小于 $\chi^2_{0.05}$（多度级 -1）临界值，即其观察值和预测值之间无显著差异，说明了物种多度分布不均匀，物种间个体数的差异较明显，尤其是马尾松群落。乔木层群落中，其多度级范围为 4~8，其中马尾松群落为 8，米槠和毛竹群落的多度级均为 6，鼠刺叶石栎群落为 4，杉木群落为 7。各个群落的物种组成是以少数种如马尾松、杉木和毛竹等为主，多数种的个体数较少，说明各群落的物种均匀度相对较小。可见，武夷山风景名胜区天然林乔木层群落的物种多度适合于对数级数分布，反映出一个或个别物种占优势的状态。

表 3-9　武夷山风景名胜区天然林乔木树种种群的多度分布检验

多度级	上下限值	样地 1			样地 2			样地 3		
		观察值	预测值	χ^2 值	观察值	预测值	χ^2 值	观察值	预测值	χ^2 值
1	1~2.5	7	9.028 0	0.455 6	19	19.452 0	0.011	5	3.187 5	1.030 6
2	2.5~4.5	4	7.024 7	1.302 4	4	6.020 7	0.678	1	1.214 8	0.038 0
3	4.5~8.5	3	3.184 1	0.010 6	7	4.814 4	0.992	0	1.285 3	1.285 3
4	8.5~16.5	4	2.699 0	0.627 1	4	2.744 7	0.574	3	1.270 3	2.355 2
5	16.5~32.5	2	1.825 7	0.016 6				0	1.162 9	1.162 9
6	32.5~64.5	1	0.824 2	0.037 5				0	0.944 0	0.944 0
7	64.5~128.5							0	0.615 2	0.615 2
8	128.5~256.5							1	0.271 8	1.951 1
$\sum$		21		2.449 8	34		2.255	10		9.382 3
χ^2 值			11.07			7.815			14.067 0	

多度级	上下限值	样地 4			样地 5		
		观察值	预测值	χ^2 值	观察值	预测值	χ^2 值
1	1~2.5	11	9.028 0	0.430 7	10	5.925 5	2.801 7
2	2.5~4.5	6	7.024 7	0.149 5	0	2.144 2	2.144 2
3	4.5~8.5	1	3.184 1	1.498 2	0	2.114 0	2.114 0
4	8.5~16.5	1	2.699 0	1.069 5	2	1.816 4	0.018 6
5	16.5~32.5	1	1.825 7	0.373 4	1	1.26	0.053 7
6	32.5~64.5	0	0.824 2	0.824 2	1	0.597 3	0.271 4
7	64.5~128.5	1	0.178 1	3.792 6			
8	128.5~256.5						
$\sum$		21		8.138 1	14		7.403 6
χ^2 值			12.592 0			11.07	

3.4.4.2　灌木层物种多度分布

由表3-10可得：灌木层群落中，物种多度分布的不均匀性和物种间个体数的差异亦较明显，其多度级由2级至4级，其中米槠和杉木群落的多度级均为4，鼠刺叶石栎和马尾松群落为3，毛竹群落为2。5个群落的χ^2，$\sum \chi^2 < \chi^2_{0.05}$（多度级$-1$），且其灌木层树种组成亦由少数种如黄瑞木和紫金等为主，多数种的个体数较少，表明物种多度分布不均匀，少数几个物种占优势。可见，武夷山风景名胜区天然林灌木层群落的物种多度亦适合于对数级数分布。综合表3-9、表3-10可得：乔木层物种多度级比相应的灌木层的物种多度级大，但它们的稀疏种（只有1或2个个体的种）都远多于富集种。

表3-10　武夷山风景名胜区天然林灌木树种种群的多度分布检验

多度级	上下限值	样地1			样地2			样地3		
		观察值	预测值	χ^2值	观察值	预测值	χ^2值	观察值	预测值	χ^2值
1	1~2.5	17	16.4711 0	0.017 0	24	23.594 2	0.007 0	11	12.4918	0.178 1
2	2.5~4.5	6	4.602 2	0.424 5	5	4.750 1	0.118 5	4	3.060 7	0.288 2
3	4.5~8.5	1	3.217 6	1.528 3	2	2.189 9	0.016 5	3	1.806 6	0.788 8
4	8.5~16.5	2	1.417 7	0.239 2						
$\sum$		26			31			18		
χ^2值			2.209			0.142			1.255 1	

多度级	上下限值	样地4			样地5		
		观察值	预测值	χ^2值	观察值	预测值	χ^2值
1	1~2.5	23	24.305 0	0.070 1	10	10.444 8	0.0189 0
2	2.5~4.5	8	5.652 2	0.975 2	3	1.783 3	0.830 1
3	4.5~8.5	2	3.121 8	0.403 1			
4	8.5~16.5	1	0.882 8	0.015 6			
$\sum$		34			13		
χ^2值			1.464 0			0.849 0	

3.4.4.3　图解分析

"多度/频度"图解是由Preston（1948）提出的，是用物种的数量做y轴（频度），而以每一个种的多度级为x轴。Preston（1948）提出了对x轴进行以2为底的对数转换。为了直观地反映武夷山风景名胜区天然林物种多度分布格局符合对数级数分布，本节直接采用"多度分布/累积概率"图解。由于篇幅有限，这里只列出米槠群落的"多度分布/累积概率"图解，如图3-4所示。

3.4.5　小结

从林业可持续发展和生物多样性保护角度出发，物种多样性是计量武夷山风

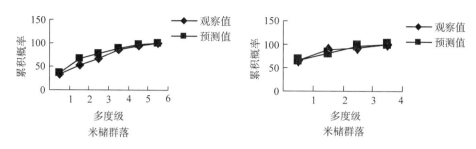

图 3-4　乔木层、灌木层米槠群落物种—多度观察曲线和对数级数分布曲线的比较

景名胜区天然林综合效益的重要指标之一。通过应用对数模型对武夷山风景名胜区天然林的物种多度分布进行预测与检验，结果表明：武夷山风景名胜区天然林中，乔木层和灌木层群落的物种多度分布均遵从对数级数分布，反映出一个或个别几个物种占优势的状态。物种多样性是物种丰富度和分布均匀性的综合反映。武夷山天然林群落的物种组成以少数种为主，多数种个体数较少，表明群落的物种分布均匀性相对较小。武夷山天然林的乔木层、灌木层的物种多样性均呈鼠刺叶石栎群落＞杉木群落≥米槠群落＞毛竹群落＞马尾松群落的趋势，表明阔叶林的物种多样性大于针叶林的。此外，乔木层物种多度级比相应的灌木层的物种多度级大，但它们的稀疏种（只有 1 或 2 个个体的种）都远多于富集种。对物种多度格局的深入研究将为揭示武夷山风景名胜区天然林生物多样性的保护管理提供帮助。

3.5　武夷山风景名胜区天然林乔木层主要种群种间联结性

种间联结是指不同物种在空间分布上的相互关联性，通常是由于群落生境的差异影响了物种的分布而引起的，这种联结性就是对各个物种在不同生境中相互影响相互作用所形成的有机联系的反映。不同种的个体在空间联结程度的客观测定对研究两个种的相互作用和群落的组成及动态是有意义的，对于认识生物群落中物种多样性的维持机制也有一定帮助，同时，种间联结测定还提供了一个客观认识自然种群的方法。因而无论在理论上还是实践上都具有其重要意义。本节以福建省武夷山风景名胜区的调查资料为研究对象，分析天然林乔木层主要种群的种间关联性，探讨武夷山风景名胜区天然林群落结构特征及种间关系，为保护武夷山风景名胜区天然林资源提供理论依据。

3.5.1　研究方法

3.5.1.1　材料收集

在武夷山风景名胜区天然林中具有代表性的地段，设置了 5 个 20m×30m 样

地，测定每一块样地的海拔、坡向、坡位、坡度和群落类型等因子，采用相邻格子法进行调查，在每个样地分别布置6个10m×10m的样方，对样方内出现的植物种类进行每木检尺，记录其种名、胸径、树高、冠幅及枝下高（起测径阶≥2cm）。根据各个物种重要值的大小排序，选择15个优势树种进行种间联结性的研究（表3-11）。

表3-11　武夷山风景名胜区主要种群的重要值

物种	种名	个体数 No.	重要值（IV）
1	马尾松 Pinus massoniana	126	0.522 9
2	杉木 Cunninghmia lanceolata	61	0.265 9
3	毛竹 Phyllostachys heterocycla cv. pubescens	108	0.232 7
4	米槠 Castanopsis carlesii	23	0.201 9
5	木荷 Schima superba	58	0.184 5
6	黄瑞木 Adinandra mellettii	26	0.101 2
7	鼠刺叶石栎 Lithocarpus iteaphyllus	18	0.096 2
8	檵木 Loropetalum chinese	19	0.072 5
9	卷斗青冈 Cyclobalanopsis pachyloma	19	0.063 7
10	甜槠 Castanopsis eyrei	15	0.059 0
11	杨梅叶蚊母树 Distylium myricoides	20	0.058 8
12	青冈 Cyclobalanopsis glauca	17	0.055 1
13	黄毛润楠 Machilus chrysotricha	12	0.048 0
14	少叶黄杞 Engelhardtia fenzelii	15	0.043 9
15	山杜英 Elaeocarpus sylvestris	9	0.040 4

3.5.1.2　数据处理

根据样方调查资料，统计各乔木层树种间相互存在与否的样方数。记录30个样方15个树种的多度数据，组成30×15多度数据矩阵，按照当第 i 树种在第 j 样方出现时记为1，否则记为0的原则，将多度数据矩阵转化为二元数据（0，1）矩阵，以此为种间联结性分析的原始数据。

3.5.1.3　测定方法

首先检验15个优势种群间的总体联结性，然后构建2×2列联表，求得各种对的 a，b，c 和 d 值，进行各种对之间的联结性测定。2×2列联表格式见表3-12。

表 3-12　2 树种的 2×2 联列表

		物种 B		
		有	无	
物种 A	有	a	b	$a+d$
	无	c	d	$c+d$
		$a+c$	$b+d$	$a+b+c+d=N$

表中，N 为取样总数，a 为 2 物种均出现的样方数；b，c 分别为仅有物种 A 或物种 B 出现的样方数；d 为 2 个物种均未出现的样方数。

（1）总体联结性检验

采用方差比率法（VA）来检验 15 个主要种群的种间总体联结程度的显著性。首先，作零假设——15 个主要种群之间无显著联结，按下列公式计算检验统计量。

$$VA = \frac{S^2 T}{\delta^2 T} = \frac{\dfrac{1}{N}\sum\limits_{j=1}^{N}(T_j - t)^2}{\sum\limits_{i=1}^{S} P_i(1 - P_i)} \tag{3-9}$$

式中，$P_i = n_i/N$；S 为总的物种数；N 为总样方数；T_j 为样方 j 内出现的物种种数；t 为样方中种的平均值；n_i 为物种 i 出现的样方数，VA 为全部主要种群的联结指数。在独立性零假设条件下期望值为 1；$VA > 1$ 表示物种间存在净的正联结；$VA < 1$ 表示物种间存在净的负联结。采用统计量 $W = N \times (VA)$ 来检验 VA 值偏离零假设的显著程度，若物种间无显著联结，则 W 落入由下面 χ^2 分布给出的界限内的概率为 90%：$\chi^2_{0.95}(N) \leqslant W \leqslant \chi^2_{0.05}(N)$。

（2）种对间联结性检验

①χ^2 检验　由于取样为非连续取样，因此，非连续性数据的 χ^2 值用 Yates 的连续校正公式计算：

$$\chi^2 = \frac{N(|ad-bc| - N/2)^2}{(a+b)(c+d)(b+d)(a+c)} \tag{3-10}$$

式中，N 为取样总数。若 $(ad-bc) > 0$ 则为正联结；若 $(ad-bc) < 0$ 则为负联结。由于 $\chi^2_{0.05}(1) = 3.841$，而 $\chi^2_{0.01}(1) = 6.635$，因此，当 $\chi^2 < 3.841$ 时种对间联结性不显著，当 $3.841 \leqslant \chi^2 \leqslant 6.635$ 时种对间联结性显著，当 $\chi^2 > 6.635$ 时种对间联结性极显著。

②联结系数 AC

当 $ad \geqslant bc$ 时，$AC = (ad-bc)/[(a+b)(b+d)]$ \hfill (3-11)

当 $bc > ad$ 且 $d \geqslant a$，则 $AC = (ad-bc)/[(a+b)(a+c)]$ \hfill (3-12)

当 $bc > ad$ 且 $a > d$ 时,则 $AC = (ad - bc)/[(b + d)(d + c)]$　　(3-13)

联结系数 AC 的值域为 $[-1,1]$,系一有中心指数。AC 值越趋近于 1。表明种对间的正联结性越强;相反,AC 值越趋近于 -1,表明种对间的负联结性越强;AC 值为 0,表示种间完全独立。

③共同出现百分率(JI)

$$JI = a/(a + b + c)$$　　(3-14)

④Ochiai 指数(OI)

$$OI = a/\sqrt{(a + b)(a + c)}$$　　(3-15)

⑤Dice 指数(DI)

$$DI = 2a/(2a + b + c)$$　　(3-16)

共同出现百分率 JI、Ochiai 指数、Dice 指数用来测定种对间的正联结程度,系一列无中心指数,其值域为 $[0,1]$。JI、OI、DI 值越趋近于 1,表明该种对的正联结越紧密。JI、OI、DI 值越趋近于 0,表明该种对的负联结越紧密。

3.5.2　优势种群间的总体联结性

由式(3-16)计算可得,武夷山风景名胜区天然林 15 个优势种群间的总体联结性的方差比率 $VA = 26.699 > > 1$,表现为极显著的相关。统计量 $W = N \times (VA) = 800.97 > > \chi_{0.05}^2(30) = 43.773$,同样可以得出极显著相关、各优势种群间联结十分紧密的结论。说明了武夷山风景名胜区天然林一些种的存在对另一些种的存在是有利的。

3.5.3　种间联结关系

运用式(3-10)~式(3-16),分别检验测定 15 个优势种群各种对的联结关系。计算结果如下(表3-13):

(1)χ^2 检验分析

由表3-13 可以看出,除了种对 1 - 2(马尾松—杉木)、2 - 12(杉木—青冈)、3 - 5(毛竹—木荷)、4 - 6(米槠—黄瑞木)、4 - 9(米槠—卷斗青冈)、4 - 10(米槠—甜槠)、6 - 9(黄瑞木—卷斗青冈)、6 - 10(黄瑞木—甜槠)、6 - 14(黄瑞木—少叶黄杞)、9 - 11(卷斗青冈—杨梅叶蚊母树)、11 - 14(杨梅叶蚊母树—少叶黄杞)表现出显著性的联结外,其余种对间的联结显著性都很低,基本上趋于独立出现。说明大部分种对在资源利用上相互排斥,群落中各种群趋于独立出现。可见,武夷山风景名胜区天然林中有互利共生作用或在小尺度上对生境条件有相同需求的种很少。

表 3-13　武夷山风景名胜区天然林 15 个优势种群 χ^2 检验和种间联结指数

种对	χ^2	AC	JI	OI	DI	种对	χ^2	AC	JI	OI	DI
1-2	5.653	-1.000	0.000	0.000	0.000	5-9	0.150	-0.444	0.071	0.136	0.133
1-3	0.696	0.108	0.300	0.520	0.462	5-10	0.002	-0.167	0.083	0.167	0.154
1-4	0.001	0.023	0.273	0.459	0.429	5-11	0.010	-0.048	0.143	0.252	0.250
1-5	0.377	0.098	0.333	0.535	0.500	5-12	0.373	-1.000	0.000	0.000	0.000
1-6	1.295	0.116	0.263	0.513	0.417	5-13	1.192	-1.000	0.000	0.000	0.000
1-7	0.012	-0.013	0.227	0.406	0.370	5-14	0.002	-0.167	0.083	0.167	0.154
1-8	0.377	0.098	0.333	0.535	0.500	5-15	0.036	0.067	0.167	0.298	0.286
1-9	0.001	0.013	0.190	0.375	0.320	6-7	1.232	0.455	0.300	0.474	0.462
1-10	0.029	0.028	0.150	0.344	0.261	6-8	0.893	0.429	0.272	0.447	0.429
1-11	0.040	0.039	0.238	0.433	0.385	6-9	5.672	0.750	0.571	0.730	0.727
1-12	2.171	-1.000	0.000	0.000	0.000	6-10	4.507	0.538	0.500	0.671	0.667
1-13	0.001	0.013	0.190	0.375	0.320	6-11	1.682	0.478	0.333	0.507	0.500
1-14	0.919	0.089	0.210	0.459	0.348	6-12	0.083	-1.000	0.000	0.000	0.000
1-15	0.004	-0.053	0.142	0.308	0.250	6-13	2.297	0.500	0.375	0.548	0.545
2-3	0.770	-1.000	0.000	0.000	0.000	6-14	4.507	0.538	0.500	0.671	0.667
2-4	1.192	-1.000	0.000	0.000	0.000	6-15	0.006	0.04	0.111	0.200	0.200
2-5	1.192	-1.000	0.000	0.000	0.000	7-8	0.009	-0.167	0.133	0.236	0.235
2-6	0.422	-1.000	0.000	0.000	0.000	7-9	0.704	0.219	0.272	0.433	0.428
2-7	0.065	-0.375	0.077	0.144	0.143	7-10	0.025	-0.063	0.091	0.177	0.167
2-8	1.192	-1.000	0.000	0.000	0.000	7-11	1.690	0.348	0.364	0.535	0.533
2-9	0.588	-1.000	0.000	0.000	0.000	7-12	0.002	0.028	0.100	0.204	0.182
2-10	0.273	-1.000	0.000	0.000	0.000	7-13	0.012	0.063	0.167	0.289	0.286
2-11	0.770	-1.000	0.000	0.000	0.000	7-14	2.090	0.279	0.333	0.530	0.500
2-12	5.350	0.444	0.500	0.707	0.667	7-15	3.584	0.400	0.444	0.632	0.615
2-13	0.002	-0.167	0.091	0.167	0.167	8-9	0.448	0.167	0.250	0.408	0.400
2-14	0.273	-1.000	0.000	0.000	0.000	8-10	0.002	-0.167	0.083	0.167	0.154
2-15	0.422	-1.000	0.000	0.000	0.000	8-11	0.187	0.130	0.231	0.378	0.375
3-4	0.321	-0.524	0.067	0.126	0.125	8-12	0.373	-1.000	0.000	0.000	0.000
3-5	5.911	0.796	0.600	0.756	0.750	8-13	1.886	0.305	0.364	0.544	0.533
3-6	0.005	-0.143	0.091	0.169	0.167	8-14	1.650	0.231	0.300	0.500	0.462
3-7	1.245	-1.000	0.000	0.000	0.000	8-15	0.036	0.067	0.167	0.298	0.286
3-8	1.208	0.388	0.333	0.504	0.500	9-10	3.428	0.423	0.429	0.612	0.600
3-9	0.013	-0.286	0.083	0.154	0.154	9-11	6.535	0.783	0.625	0.772	0.769
3-10	0.027	0.011	0.100	0.189	0.182	9-12	0.142	-1.000	0.000	0.000	0.000
3-11	0.077	-0.388	0.077	0.143	0.143	9-13	1.564	0.375	0.333	0.500	0.500
3-12	0.210	-1.000	0.000	0.000	0.000	9-14	3.428	0.423	0.429	0.612	0.600
3-13	0.013	-0.286	0.083	0.154	0.154	9-15	0.422	0.200	0.222	0.365	0.364
3-14	0.027	0.011	0.100	0.189	0.182	10-11	0.538	0.348	0.222	0.378	0.364
3-15	0.564	-1.000	0.000	0.000	0.000	10-12	0.036	-1.000	0.000	0.000	0.000
4-5	0.795	-0.630	0.059	0.111	0.111	10-13	0.002	0.063	0.111	0.204	0.200
4-6	6.036	0.467	0.556	0.745	0.714	10-14	0.059	0.125	0.142	0.250	0.250
4-7	2.241	0.394	0.417	0.589	0.588	10-15	0.180	-1.000	0.000	0.000	0.000
4-8	0.417	0.206	0.286	0.444	0.444	11-12	0.210	-1.000	0.000	0.000	0.000
4-9	4.317	0.444	0.500	0.680	0.667	11-13	1.061	0.286	0.300	0.463	0.462
4-10	4.466	0.359	0.444	0.667	0.615	11-14	6.397	0.505	0.571	0.756	0.727
4-11	1.207	0.275	0.333	0.504	0.500	11-15	1.682	0.314	0.333	0.507	0.500
4-12	0.373	-1.000	0.000	0.000	0.000	12-13	0.142	-1.000	0.000	0.000	0.000
4-13	1.866	0.305	0.363	0.544	0.533	12-14	0.036	-1.000	0.000	0.000	0.000
4-14	1.650	0.231	0.300	0.500	0.461	12-15	0.083	-1.000	0.000	0.000	0.000
4-15	0.893	0.200	0.272	0.447	0.428	13-14	3.428	0.423	0.429	0.612	0.600
5-6	0.036	-0.333	0.077	0.149	0.143	13-15	0.422	0.200	0.222	0.365	0.364
5-7	0.050	0.091	0.214	0.353	0.353	14-15	1.219	0.400	0.286	0.447	0.444
5-8	0.001	0.048	0.200	0.333	0.333						

（2）联结系数 AC 分析

由图 3-5 可知，仅有种对 3－5（毛竹—木荷）、6－9（黄瑞木—卷斗青冈）、9－11（卷斗青冈—杨梅叶蚊母树）的联结程度较高，$0.7 < AC < 1.0$，表明了这些种对间的正联结性很强，它们共同出现或共同不出现的可能性很大；种对 1－2（马尾松—杉木）、1－12（马尾松—青冈）、2－3（杉木—毛竹）、2－4（杉木—米槠）、2－5（杉木—木荷）、2－6（杉木—黄瑞木）等共 27 对的 AC 值处于 $-1.0 \sim -0.7$ 之间，比例为 25.47%。可以看出，这些种对间的负联结性很强，表明两个物种单独出现的可能性很大。其他种对的联结系数 AC 值都比较小，说明了这些种对间的联结程度比较低，但是没有出现种对间完全独立的现象，即 AC 值为 0。

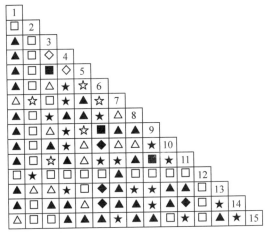

图 3-5　以联结系数 AC 为依据的武夷山风景名胜区主要种群两两间关联程度半矩阵图^{*}

* 图中正联结时 ▲ 表示 AC 为 $0 \sim 0.3$；★ 表示 AC 为 $0.3 \sim 0.5$；◆ 表示 AC 为 $0.5 \sim 0.7$；■ 表示 AC 为 $0.7 \sim 1.0$。负联结时 △ 表示 AC 为 $-0.3 \sim 0$；☆ 表示 AC 为 $-0.5 \sim -0.3$；◇ 表示 AC 为 $-0.7 \sim -0.5$；□ 表示 AC 为 $-1.0 \sim -0.7$。

（3）共同出现百分率 JI 分析

OI、DI、JI 实质是等效的，所以这里只对共同出现百分率 JI 进行分析。由图 3-6 可以看出，种对 1－13（马尾松—黄毛润楠）、2－12（杉木—青冈）、3－15（毛竹—米槠）、4－6（米槠—黄瑞木）、4－7（米槠—鼠刺叶石栎）、4－9（米槠—卷斗青冈）、4－10（米槠—甜槠）等共 16 对的 JI 值在 0.4 以上，表明了这些种对间的种间联结性较强；种对 1－2（马尾松—杉木）、1－12（马尾松—青冈）、2－3（杉木—毛竹）、2－4（杉木—米槠）、2－5（杉木—木荷）、2－6（杉木—黄瑞木）等共 27 对的 JI 值为 0，表明种对之间无关联。其余种对的 JI 值在 $0 \sim 0.4$ 之间，比例为 64.83%，说明这些种对之间的联结程度不显著。可以看出，武夷山风景名胜区主要种群种对间的联结关系绝大多数未达到显著程度，种对间的独立性相对较强。

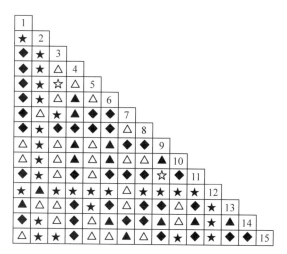

图 3-6　武夷山风景名胜区主要种群种间联结 *JI* 值半矩阵图*

　*图中★表示 *JI* 为 0；☆表示 *JI* 为 0.6~1；◆表示 *JI* 为 0.2~0.4；▲表示 *JI* 为 0.4~0.6；△表示 *JI* 为 0~0.2。

3.5.4　小结

　　武夷山风景名胜区天然林 15 个主要种群间的总体联结性表现为极显著的相关，说明了武夷山风景名胜区天然林一些种的存在对另一些种的存在是有利的。

　　武夷山风景名胜区主要种群种对间的联结关系绝大多数未达到显著程度，种对间的独立性相对较强，这种种间联结的松散性可能与目前群落的发展阶段及种本身的生态学特性有关。一方面，在长期的演替过程中，由于种内种间的竞争，群落的组成成分基本稳定，在进一步分化了的生态位中，各个物种都占据有利于自己的位置，和谐共处，相互依赖和相互竞争大为降低和减弱，所以多数种对联结程度不强，关系松散，独立性较强；另一方面，在长期演替过程中，为了与不利的环境作斗争，有一些种群相互依赖性增强，所以武夷山风景名胜区天然林群落的又一特征是有些种对正联结程度较强，达到显著水平。例如：3－5（毛竹—木荷）、6－9（黄瑞木—卷斗青冈）、9－11（卷斗青冈—杨梅叶蚊母树），这是由于它们对综合环境条件具有相同或相似的需求与适应，生态习性相似，在一定程度上体现了生态位的重叠性。

　　此外，由于种内竞争和种间竞争时刻存在，当竞争的两个种群共同利用的资源不足时，必然产生排斥作用，但是这种情况不会固定在某一种对上，通过排斥作用，个体数量由于自然稀疏而逐渐减少，竞争减弱。此时这一种对联结程度减弱，关系松散，独立性增强，随即又有别的种群个体数量过剩，与其他的种群共享资源不足，再产生竞争作用，重复上述过程，所以武夷山风景名胜区天然林群落种群间联结关系的另一个特征是部分种对的负联结程度很强，达到显著的水

平。例如：种对 1-2（马尾松—杉木）、1-12（马尾松—青冈）、2-3（杉木—毛竹）、2-4（杉木—米槠）、2-5（杉木—木荷）、2-6（杉木—黄瑞木）等共 27 对。这是因为为了长期适应不同的微环境，利用不同资源空间的结果，也是生态位分离的体现。

3.6 武夷山风景名胜区天然马尾松种群优势度增长规律

马尾松为喜光、喜温植物，适生于年平均气温 13~22℃，绝对最低气温不到 -10℃，垂直分布在 200~500m 的山地、丘陵，多分布于山地及丘陵坡地的下部、坡麓及沟谷、高亢台地，忌积水及排水不畅地形。马尾松生长快，适应性强，造林更新容易，对土壤的要求不严，能耐干燥瘠薄的土壤，喜酸性至微酸性土壤，是福建省重要的先锋造林树种和主要用材林树种、造纸和人造纤维的主要原料，也是产脂树种和薪材树种。武夷山风景名胜区马尾松的面积为 4 197.13hm^2，占武夷山风景名胜区森林总面积的 75.77%，可见，马尾松种群是其优势种群和基质景观，对马尾松种群的保护显得尤为重要。目前，有关武夷山风景名胜区马尾松种群优势度增长规律研究鲜见报道。本研究通过对武夷山风景名胜区马尾松种群不同状态下林分胸径进行调查，分析其优势度的增长规律，旨在为武夷山风景名胜区马尾松种群的生长条件、群落演替和保护提供科学依据。

3.6.1 研究方法

3.6.1.1 调查方法

在全面清查的基础上，以不同海拔高度及不同年龄分布作为选择样地的标准，在武夷山风景名胜区不同景区的天然马尾松林中分别设置了 2~3 个 20m×30m 的样地，测定每一块样地的海拔、坡向、坡位、坡度和群落类型等因子，采用相邻格子法进行调查，在每个样地分别布置 6 个 10m×10m 的样方，对样方内出现的植物种类进行每木检尺，记录其种名、胸径、树高、冠幅及枝下高（起测径阶 ≥2cm）。通过树干解析发现，随着马尾松年轮的增加，胸径也随之增长，可见马尾松胸径生长与年龄之间存在一定的对应关系，因而本节采用空间序列法代替时间序列法以建立新的时间顺序关系（曹广侠等，1991），将马尾松种群按照胸径大小分级，每级间隔为 4cm，即第一径级对应 $T=1$ 时的时间；第二径级对应 $T=2$ 时的时间，依此类推。令时间为径级年，计算各调查样地里各径级马尾松的基面积（各龄级底面积）之和，此为各龄级基面积的初值，累加第 1 龄级到第 i 龄级的单位面积初值，则为种群在第 i 龄级的基面积 $\hat{s}_i$，即 $\hat{s}_i = \sum \hat{s}_k (k=1, 2, \cdots, i)$ 为种群到第 i 龄级的马尾松基面积总量，据此研究其优势度增长规律。

3.6.1.2 建模方法

运用吴承祯等（2004）推导的一个追踪种群生物量未达到饱和时的植物种群优

势度在生长过程中的变化规律模型来研究武夷山风景名胜区马尾松的种群优势度的增长规律。

$$S = \exp\left[\alpha \ln^2(1 + ce^{-rt}) + \beta \ln(1 + ce^{-rt}) + \gamma\right] \tag{3-17}$$

式中，S 为植物种群优势度；α、β 为环境制约参数；r 为内禀增长率；e^r 为环境容纳量；c 为常数；α、β、r、c、γ 均为待定参数且与植物本身生态学与生物学特性有关。

运用改进单纯形法进行各个参数的最优拟合。所谓改进单纯形是由 m 维空间的 $m+1$ 个点 P_1、P_2、$\cdots$、P_{m+1} 构成的几何图形且 $P_1 - P_2$、$\cdots$、$P_1 - P_{m+1}$ 线性无关。在二维空间，单纯形是一个三角形，在多维空间，单纯形是一个多面体。这些几何图形的每个顶点相当各个实验点，其坐标值就是每个实验点相应的各个实验变量（参数）的取值。基本单纯形法是通过单纯形中的最坏响应点的"反射"来实现其运动的，改进单纯形法是在基本单纯形法的基础上增加了"扩张"和"压缩"两个功能。这两个功能既能加速单纯形的前进，又能按预定的精度充分地接近最优点。具体实施方法是，首先根据一个无量纲变量构成矩阵 X：

$$X_j = \sqrt{1/\left[2j(j+1)\right]} \tag{3-18}$$

由此构成一个 K 维正单纯形，它由 $K+1$ 行列构成，并且以无量纲的形式表示 K 个因子的实验设计（或参数设计）。根据初步实验结果确定初始单纯形，根据初始单纯形进行实验，比较实验结果，进行单纯形的不断推移，直到获得满意的结果。具体结果运用 DPS 数据处理系统进行计算，详见表 3-14。

表 3-14　武夷山风景名胜区马尾松种群基面积表　　　　　　　（m^2/hm^2）

序号	S_i 基面积实际初值	s_i 基面积实际值	$\hat{s}_i$ 基面积理论值	$\hat{s}_i$ 基面积理论初值
1	0.177 1	0.177 1	0.191 9	0.191 9
2	0.420 2	0.597 3	0.657 8	0.465 9
3	0.925 4	1.522 7	1.843 1	1.185 3
4	2.655 4	4.178 1	4.206 8	2.363 7
5	3.730 8	7.908 9	7.837 1	3.630 3
6	4.449 4	12.358 3	12.080 1	4.243 0
7	3.703 8	16.062 1	15.884 6	3.804 5
8	2.491 5	18.553 6	18.607 4	2.722 8
9	1.169 6	19.723 2	20.268 1	1.660 7
10	0.697 1	20.420 3	21.191 4	0.923 3
11	1.431 0	21.851 3	21.682 0	0.490 6
12	0.318 1	22.169 4	21.937 6	0.255 6
13	0	22.169 4	22.069 7	0.132 1
14	0.485 8	22.655 2	22.137 7	0.068 0

3.6.2　马尾松种群优势度增长模型

由表 3-14 的数据运用改进单纯形法对式(3-18)进行各个参数的最优拟合。首先给定初值 $\alpha = 0$，$\beta = -1$，这样将其转化为种群增长的 Logistic 模型 $s = k/(1 + ce^{-rt})$。依据表 3-14 中以空间单位为径级的时间序列关系所对应的马尾松种群的基面积数值，采用改进单纯形法建立武夷山风景名胜区天然马尾松种群基面积增长的 Logistic 模型：

$$s = 22.020\ 6/(1 + 100.312\ 8e^{-0.795\ 7t}) \tag{3-19}$$

即环境容纳量为 22.020 6m²/hm²，内禀增长率为 0.795 7。因此，利用模型(3-18)的参数解，可得方程(3-17)参数的初值：$\gamma = \ln k = \ln(22.020\ 6) = 3.091\ 98$、$c = 100.312\ 8$、$\alpha = 0$、$r = 0.795\ 7$、$\beta = -1$。利用改进单纯形法进行参数优化，得到马尾松幼龄林种群优势度的残差平方和为 0.404 95(表 3-15)，优化后模型为

$$s = \exp[-0.210\ 29\ln^2(1 + 98.979\ 53e^{-0.667\ 47t}) -$$
$$0.373\ 63\ln(1 + 98.979\ 53e^{-0.667\ 47t}) + 3.100\ 52] \tag{3-20}$$

该方程的相关系数是 0.999 3，可见模型的回归效果较理想。通过对武夷山风景名胜区天然马尾松种群增长各径级基面积理论值以及理论初值模拟计算，可以看出武夷山风景名胜区天然马尾松种群优势度增长的实际最大增长速率在第 6 径级附近，胸径介于 20～24cm 范围之内。因此，当胸径低于 20～24cm 范围时，马尾松种群基面积随时间增加而增加，其增长速度的加速度为正；当胸径处于 20～24cm 范围时，武夷山风景名胜区天然马尾松种群的增长速度达到最大，加速度为零，这是基面积"S"形曲线的拐点；当胸径超过 20～24cm 范围时，马尾松种群基面积增长速度减慢，加速度为负值。根据拟合结果，$\gamma = 3.100\ 52$，所以可以计算武夷山风景名胜区马尾松种群的环境容纳量为 22.209 5m²/hm²，可见其优势度最大增长速率(12.080 1m²/hm²)在环境容纳量的一半之后。因而，模型(3-18)克服了模型(3-17)所具有的曲线特征，即模型(3-19)只能描述种群最大增

表 3-15　武夷山风景名胜区马尾松种群增长的模型拟合结果

模型名称	模型参数	残差平方和
逻辑斯谛模型	$c = 100.312\ 8$	
	$r = 0.795\ 7$	$Q = 0.504\ 6$
	$k = 22.020\ 6$	
吴承祯新模型	$\alpha = -0.210\ 29$	
	$c = 98.979\ 50$	
	$r = 0.664\ 74$	$Q = 0.404\ 95$
	$\beta = -0.373\ 63$	
	$\gamma = 3.100\ 52$	

长速率在环境容纳量达到一半的事实，而模型(3-18)则能描述实际最大增长速率在环境容纳量一半前、一半处以及一半后出现的现象。

在种群优势度增长规律模型中，内禀增长率 r 是一个与树种生长特性有关的参数，r 越大，表示种群增长越迅速，其受树种生物学、生态学特性影响。模型(3-20)表明了武夷山风景名胜区天然马尾松种群优势度增长的内禀增长率 $r = 0.667\ 47$，比长苞铁杉种群内禀增长率 $0.594\ 42$ 大，这是由马尾松种群的生物学、生态学特性所决定：马尾松种群生长快，适应性强，对土壤的要求不严，能耐干燥瘠薄的土壤，喜酸性至微酸性土壤，是重要的先锋造林树种。而对于环境制约参数 $\alpha = -0.210\ 29$，$\beta = -0.373\ 63$，都相对较小，表明了马尾松种群的生长受环境制约较小，这是因为马尾松种群为喜光、喜温植物、耐干燥瘠薄的针叶植物。

3.6.3 小结

通过树干解析发现，马尾松胸径生长与年龄之间存在一定对于关系，随着年轮的增加胸径也随之增长。因而，可以认为马尾松种群结构满足生态学中的"空间代时间"的基本条件，所以这里以马尾松种群基面积作为种群优势度的数量指标，采用空间序列法代替时间序列法以建立新的时间顺序关系来研究武夷山风景名胜区马尾松种群优势度增长规律。

运用吴承祯等提出的植物种群优势度在生长过程中的变化规律模型，应用改进单纯形法对各个参数进行拟合后，残差平方和 $Q = 0.404\ 95$，比 Logistic 模型的残差平方和的小，模拟精度更高，可运用于马尾松种群优势度增长规律的研究，研究结果也具有一定的理论价值，可为武夷山风景名胜区马尾松种群的保护和管理提供科学依据，促进武夷山风景名胜区的可持续发展。

根据马尾松种群优势度增长规律模型，计算武夷山风景名胜区天然马尾松种群的环境容纳量为 $22.209\ 5m^2/hm^2$，优势度增长的实际最大增长速率在第 6 径级附近，胸径介于 $20 \sim 24cm$ 范围之内。因此，应该加大对武夷山名胜区的马尾松森林资源的保护力度，不仅要禁止任何形式的砍伐和破坏，而且要遵循马尾松种群优势度的实际增长规律，并采用人工干预措施，对武夷山风景名胜区马尾松林的幼苗幼树进行保护，以确保种质资源。

3.7 武夷山风景名胜区不同天然林凋落物分解特征

森林凋落物是森林植物在其生长发育过程中新陈代谢的产物，是森林生态系统中养分循环的重要组成成分之一。森林凋落物是森林营养的"仓库"，它在维持土壤肥力方面起着重要的作用。因此，森林凋落物历来是森林生态学、生物地

球化学和森林土壤学等学科的重要研究内容。凋落物分解是森林生态系统中内养分循环的关键过程之一（Swift et al. , 1979），是森林生态系统生物地球化学循环的重要组成部分，凋落物分解的快慢及其养分释放的多少，决定了生态系统养分过程的特征，也决定了土壤中有效养分的供应状况，进而影响植物的养分吸收（李志安等，2004），因此，对凋落物分解作用的研究是森林生态系统结构和功能研究中不可忽视的方面（郭剑芬，2006）。

在国外，德国学者 Ebermayer 早在 1876 年在其经典著作《森林凋落物产量及其化学组成》中便阐述了森林凋落物在养分循环中的重要性。我国自 20 世纪 60 年代开始进行这方面研究，80 年代有较大发展，王凤友（1989）曾对世界范围内森林凋落量作了综述性研究，对凋落物的研究具有一定的指导作用。因此，本研究以该武夷山风景名胜区的马尾松林、杉木林、毛竹林、阔叶林 4 种天然林为研究对象，研究其凋落物分解特性及其影响因素，旨在了解这 4 种亚热带天然林的生态系统功能、养分分解规律、土壤肥力状况等，以期为武夷山风景名胜区天然林的保护和管理提供科学依据和理论基础。

3.7.1 研究方法

3.7.1.1 凋落物收集

试验采用网袋法。分别将 4 种天然林样地内收集的新鲜凋落物，带回实验室，除去杂物及泥沙，一并置于 60℃ 的烘干箱烘干至恒重。分别称取干重约为 20g 的凋落物（枝:叶 = 3:1），装入尼龙网袋（20cm × 20cm 规格，孔径 0.5cm，每种样地 40 袋）。按不同林分区分，置于干燥器内保存。

3.7.1.2 分解样袋收集

于 2005 年 12 月分别将网袋沿同一等高线放置，紧贴土表，覆少量枯枝落叶。隔月，分别随机回收每种分解样品各 3 袋。清除样品中的附着杂物后 80℃ 烘干至恒重称重，求干物质重，再把样品磨细，过 0.5mm 筛孔，进行养分分析。实验时间从 2005 年 12 月起至 2006 年 12 月止。

3.7.1.3 凋落物样品营养元素的测定

全氮采用 $H_2SO_4 - H_2O_2$ 消煮后，半微量开氏法测定；全磷采用 $H_2SO_4 - H_2O_2$ 消煮后，钼锑抗比色法测定；全钾的采用 $H_2SO_4 - H_2O_2$ 消煮后，火焰光度计法测定；碳的测定用重铬酸钾容量法—外加热（油浴加热）法测定。

3.7.1.4 失重率、分解速率计算

①凋落物失重率

$$D_{wi} = (\Delta W/W_0) \times 100\% \qquad (3-21)$$

式中，D_{wi} 为失重率；ΔW 为各月所取样品的失重量（g）；W_0 为投放时分解袋

内样品重量(g)。

②凋落物分解速率　采用 Olson(Olson，1963)的指数模型预估：

$$X/X_o = e^{-kt} \tag{3-22}$$

式中，X 为凋落物残留量；X_o 为凋落物初始生物量；t 为时间(a)；k 为参数(a^{-1})。

3.7.2　天然林凋落物的干重变化比较

森林凋落物的分解是森林土壤有机质的主要来源，又是土壤营养元素的主要补给者，在维持土壤肥力、促进森林生态系统正常的物质生物循环和养分平衡等方面起着重要的作用(肖慈英等，2002)。

由表 3-16 和表 3-17 可知，4 种天然林凋落物的枝叶分解随时间进程失重率增大，但失重率不与时间呈线性相关，不同林分不同季节失重率增加的快慢有较大差异。运用 Duncan 新复极差法对各组分的月失重率进行多重比较(表 3-16)可知，阔叶林叶的月平均失重率与毛竹枝、杉木枝、马尾松叶以及马尾松枝的月平均失重率均有显著差异；马尾松枝的月平均失重率与毛竹叶、杉木叶的月平均失重率也具显著差异。初始阶段各林分失重率大小顺序为：毛竹叶 > 阔叶林枝 > 阔叶林叶 > 马尾松叶 > 杉木叶 > 毛竹枝 > 杉木枝 > 马尾松枝；各林分总的失重率大小顺序为：阔叶林叶 > 毛竹叶 > 杉木叶 > 阔叶枝 > 杉木枝 > 毛竹枝 > 马尾松叶 > 马尾松枝；其中，阔叶林叶最易分解，马尾松枝最难分解，这说明凋落物的分解过程不仅受光照强度、日照长短、土壤类型和营养条件等环境因素影响，而且由

表 3-16　4 种天然林凋落物的月失重率　　　　　　　　(％)

分解时间	阔叶枝	阔叶林叶	马尾松枝	马尾松叶	毛竹枝	毛竹叶	杉木枝	杉木叶
1 月	8.32 ±0.12	8.13 ±0.06	1.39 ±0.05	6.63 ±0.03	2.61 ±0.12	10.60 ±0.08	2.13 ±0.15	2.64 ±0.04
2 月	1.78 ±0.05	7.97 ±0.06	2.93 ±0.10	5.47 ±0.13	1.58 ±0.13	3.70 ±0.07	1.16 ±0.11	2.01 ±0.05
3 月	5.10 ±0.14	3.70 ±0.05	3.41 ±0.11	2.50 ±0.10	1.13 ±0.11	8.60 ±0.10	1.42 ±0.02	2.71 ±0.14
4 月	3.90 ±0.13	2.50 ±0.10	2.96 ±0.13	0.30 ±0.11	5.28 ±0.14	5.70 ±0.13	1.96 ±0.01	4.18 ±0.08
5 月	1.80 ±0.10	5.90 ±0.02	0.20 ±0.08	0.90 ±0.08	0.90 ±0.10	5.60 ±0.10	5.63 ±0.01	4.98 ±0.03
6 月	2.50 ±0.12	5.60 ±0.07	0.80 ±0.06	0.60 ±0.01	2.10 ±0.09	2.10 ±0.01	5.30 ±0.07	1.08 ±0.06
7 月	2.70 ±0.06	4.01 ±0.13	0.63 ±0.05	1.20 ±0.08	2.10 ±0.05	2.50 ±0.01	1.70 ±0.02	0.30 ±0.03
8 月	6.10 ±0.03	4.60 ±0.06	0.70 ±0.06	1.50 ±0.10	1.70 ±0.13	2.60 ±0.01	3.50 ±0.05	3.90 ±0.14
9 月	3.40 ±0.07	1.70 ±0.07	2.78 ±0.12	5.40 ±0.09	2.30 ±0.12	3.40 ±0.04	1.90 ±0.03	5.70 ±0.07
10 月	5.20 ±0.13	2.90 ±0.14	3.30 ±0.10	6.60 ±0.09	6.70 ±0.02	5.60 ±0.04	3.10 ±0.03	11.1 ±0.07
11 月	2.00 ±0.13	5.40 ±0.06	4.50 ±0.14	3.40 ±0.01	8.30 ±0.14	3.80 ±0.11	6.30 ±0.06	4.20 ±0.05
12 月	2.80 ±0.13	10.7 ±0.10	1.70 ±0.01	3.50 ±0.09	2.70 ±0.02	6.30 ±0.10	5.30 ±0.04	8.80 ±0.10

表3-17　各分解组分月平均失重率的差异性

分解组分	均值±标准误	分解组分	均值±标准误
阔叶林叶	5.26±0.76 a	毛竹枝	3.28±0.67 bc
毛竹叶	5.02±0.75 ab	杉木枝	3.27±0.54 bc
杉木叶	4.3±0.9 ab	马尾松叶	3.06±0.64 bc
阔叶枝	3.8±0.58 abc	马尾松枝	2.11±0.4 c

注：同列数据后附不同字母表示各分解组分间差异显著（$P < 0.05$），下同。

于不同林分林木的遗传特性具有不同生长发育节律和对环境的同化能力，林木本身生物生态学特征不同，反映在分解速率上也有差异。

从表3-16的不同月份间凋落物月失重率的变化看出，各凋落物分解趋势都表现出快—慢—快的节奏，这可能由于分解开始时可溶性有机物的淋洗和易分解碳水化合物的分解，但到一定时期，难分解的纤维素和单宁等物质的积累，导致分解速度变慢（McClaugherty，1985），随着时间推移，组织结构崩溃，分解速度又加快。

3.7.3　天然林凋落物分解速率比较

分解速度的大小取决于分解基质的类型、环境因子及分解者的数量和活动等。在凋落物分解过程中，由于降水淋溶、自然破碎及代谢作用，使得干物质不断减少（程煜，2006）。凋落物分解速度可以用半分解期（$t_{0.5}$）和分解95%所需要的时间两个指标来描述。

由表3-18可知，除了毛竹枝和杉木枝之间的年损失率之间差异不显著外，其他各分解组分间的年损失率均存在显著差异，第一年干重损失率阔叶林叶最高，马尾松枝最低。4种林分的凋落物分解系数大小为：阔叶林叶（0.996 a^{-1}）>毛竹叶（0.921 a^{-1}）>杉木叶（0.725 a^{-1}）>阔叶枝（0.608 a^{-1}）>毛竹枝（0.499 a^{-1}）>杉木枝（0.497 a^{-1}）>马尾松叶（0.457 a^{-1}）>马尾松枝（0.305 a^{-1}）。半分解和分解95%所需要的时间均以马尾松枝最长，阔叶林叶最短。

表3-18　4种天然林凋落物的失重率

组分	分解系数 k（a^{-1}）	第1年干重损失率（%）	分解50%所需时间（a）	分解95%所需时间（a）
阔叶林叶	0.996	63.1±0.07a	0.70	3.01
毛竹叶	0.921	60.2±0.09b	0.75	3.25
杉木叶	0.725	51.6±0.04c	0.96	3.13
阔叶枝	0.608	45.6±0.11d	1.14	4.92
毛竹枝	0.499	39.3±0.08e	1.38	6.00
杉木枝	0.497	39.2±0.09e	1.39	6.02
马尾松叶	0.457	36.7±0.09f	1.51	6.55
马尾松枝	0.305	25.3±0.02g	2.27	9.82

3.7.4　天然林凋落物分解过程中营养元素的释放比较

将 4 种天然林凋落物在凋落后 12 个月分解过程中各个时期 4 种大量元素的含量变化如图 3-7 所示。

从图 3-7 可以看到：①4 种林分的凋落物中，有机碳的含量初期以马尾松叶的含量最高，为 554.69g/kg，而杉木枝的 C 含量最少，为 473.69g/kg。各林分 C 含量大小顺序为：马尾松叶 > 杉木叶 > 阔叶林叶 > 马尾松枝 > 阔叶枝 > 毛竹枝 >

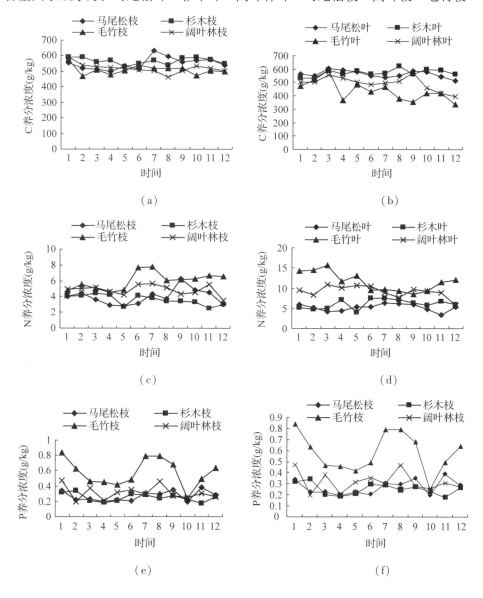

（a）　　　　　　　　　　　　　　　（b）

（c）　　　　　　　　　　　　　　　（d）

（e）　　　　　　　　　　　　　　　（f）

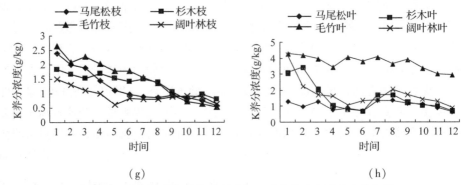

图3-7　4种天然林凋落物分解过程4种大量元素浓度变化趋势

毛竹叶＞杉木枝。随着分解时间的推进，8种凋落物的C含量总体上呈逐渐减少趋势，但平缓中有波动，以毛竹叶的年变化曲线波动幅度最大。在分解过程中有机C相对含量的最低值均未出现在分解时间最久的时段，落枝中C含量最少是发生在分解的第8个月（阔叶枝：462.25g/kg），而落叶的则是出现在分解的第9个月（毛竹叶：265.33g/kg）。②8种凋落物的N浓度在分解过程中的变化趋势差异比较大。阔叶林叶表现的趋势最为平缓，月份间的养分浓度变化幅度最小。马尾松枝N的变化呈现出升—降—升的多次反复。其他凋落物均大致表现趋势为升—降—升。

在分解过程中，叶凋落物中的N含量大小的排序为毛竹叶＞阔叶林叶＞马尾松叶＞杉木叶；枝凋落物中N含量大小为：毛竹枝＞杉木枝＞马尾松枝＞阔叶林枝。③8种凋落物中，杉木叶和阔叶林叶的P浓度在分解过程中的变化趋势基本一致，即含量时间曲线总体上呈升—平稳—降变化；马尾松枝与马尾松叶皆为升—降—升。毛竹枝和阔叶林枝的变化波动幅度最大，毛竹枝呈降—升—降—升；阔叶林枝的趋势图则呈双峰状，P含量最低与最高浓度相差近2.1倍。毛竹叶在分解中的3月P含量最高。④除阔叶枝有波动变化外，其他凋落物的K含量变化较一致，随着分解时间的增加单调递减。毛竹枝、毛竹叶、杉木叶和阔叶林叶的曲线起伏变化也基本相同，分解初期起伏较大，随后时间内增减起伏不大，变化较平缓，枝跟叶的变化曲线差异不大。在分解前期8凋落物K含量表现为，分解12个月后顺序为：毛竹叶＞阔叶林叶＞杉木叶＞毛竹枝＞阔叶林枝＞杉木枝＞马尾松叶＞马尾松枝。

3.7.5　小结

通过对武夷山风景名胜区的4种天然林凋落物分解过程中干物质变化、分解速率、养分变化等分解特性进行研究表明：武夷山风景名胜区4种天然林中，阔叶林叶最易分解，总失重率为63.1%±0.07%，马尾松枝最难分解，总失重率为

25.3% ±0.02%；分解 50% 和分解 95% 所需要的时间均以马尾松枝最长 (2.27a、9.82a)，阔叶林叶最短 (0.696a、3.00a)。分解系数 K 的生态学意义即反应分解速度的快慢，K 值越大，分解越快。总体来说，武夷山风景名胜区 4 种天然林中阔叶林的分解速度较针叶林的快，叶的分解数度较枝的分解速度快。这表明凋落物的分解过程不仅受光照强度、日照长短、土壤类型和营养条件等环境因素影响，而且由于不同林分林木的遗传特性具有不同生长发育节律和对环境的同化能力，林木本身生物生态学特征不同，反映在分解速率上也有差异。

4 种林分凋落物养分分解过程中，有机 C 的含量变化幅度不大，有机 C 的含量初期以马尾松叶的含量最高，而杉木枝的 C 含量最少，一年后阔叶林和毛竹林的有机 C 损失比重高于马尾松林和杉木林，一般枝的 C 含量大于相同时期的叶。在分解过程中有机 C 相对含量的最低值均未出现在分解时间最久的时段，落枝中 C 含量最少是发生在分解的第 8 个月，而落叶的则是出现在分解的第 9 个月。这可能是由于 8、9 月温度增加，C 元素的分解速率随着温度的增加而增加，低温降低与凋落物 C 分解有关的微生物活性，从而导致较低的凋落物分解速率。

N 含量在各凋落物变化趋势差异比较大，其中阔叶林叶的分解最多，绝大多数组分分解后期出现富集现象。P 处于波动的富集状态，不同林分各组分间，N 和 P 分解规律并不明显。且富集阶段持续时间的长短因凋落物的种类和养分元素的不同而异。P 分解结束时毛竹叶和枝中的含量是最高的，说明毛竹林的 P 归还量较其他天然林低；在温度和湿度都比较大的 7、8、9 月，分解速率相对也比较快，而且往往出现较大的起伏。可见，凋落物的 P 分解与气候因子密切相关，尤其是温度和湿度。

K 除阔叶枝分解后期 (7 ~ 12 月) 有波动，其他凋落物的 K 含量变化较为一致，随着分解时间的增加单调递减趋势，属淋溶—释放模式。该模式养分残量呈现持续下降的变化趋势，这种动态模式包括快速淋溶的分解初期和缓慢释放的分解后期 2 个阶段，如 K、Na 等非结构性组分在凋落物分解过程中的动态变化就属典型的淋溶—释放模式 (刘颖等，2009)。

综上所述，武夷山风景名胜区内的阔叶林内的养分更新最迅速，它在维持名胜区内天然林自我培肥地力能力上起主要作用，对生态系统结构和功能的维持作用较其他 3 种天然林型巨大。凋落物分解受到生物因素和非生物因素的综合调控。目前对于森林凋落物养分的研究大都注重非生物环境因子对凋落物分解有不同阶段的影响，而忽略了生物因子对凋落物不同分解阶段分解速率的影响。本研究结果主要也是反应非生物的环境因子和生物学特性对凋落物养分分解规律的影响，而土壤微生物数量的多少、酶活性的强弱、土壤动物等对营养元素含量变化规律的作用机理，有待进一步研究。

3.8　武夷山风景名胜区森林景观异质性特征

景观异质性是景观尺度上景观要素组成和空间结构上的变异性和复杂性。由于景观生态学特别强调空间异质性在景观结构、功能及其动态变化过程中的作用，许多人甚至认为景观生态学的实质就是对景观异质性的产生、变化、维持和调控进行研究和实践的科学。景观异质性不仅是景观结构的重要特征和决定因素，而且对景观的功能及其动态过程有重要影响和控制作用。它决定着景观的整体生产力、承载力、抗干扰能力、恢复能力，也决定着景观的生物多样性。景观异质性的来源主要是环境资源的异质性、生态演替和干扰。其中，生态演替和干扰与景观异质性之间的关系，建立以太阳能为主要能源的耗散结构，提高景观自组织水平，是指导人类积极进行景观生态建设和调整生产、生活方式的理论基础。

3.8.1　不同森林景观物种多样性特征

在一定的景观或区域内，景观首先表现为异质性，而景观的异质性格局是由群落的多样性决定的(马克平等，1995)，因此，群落多样性研究不仅是群落生态学研究的重要内容，也是景观生态学研究的基础。物种多样性是物种丰富度和分布均匀性的综合反映，体现了群落结构类型、组织水平、发展阶段、稳定程度和生境差异(贺金生等，1998；兰思仁等，2003)，它是揭示植被组织水平的生态基础，可以反映生物群落在组成、结构、功能和动态方面表现出的异质性。前人对群落物种多样性做了大量的研究工作，但主要集中在群落水平或同一森林群落类型，而在景观层次上开展群落多样性的研究报道甚少，有鉴于此，笔者对构成武夷山风景名胜区森林景观的 6 类森林类型(马尾松林、杉木林、经济林、竹林、阔叶林、茶园)开展物种多样性研究，为阐明武夷山风景名胜区的景观异质性提供理论基础。

3.8.1.1　物种多样性测定方法

(1)样地调查

采用典型取样技术，在 6 类森林类型代表性地段设置样地，除阔叶林设置 4 个 20m×30m 样地外，其余 5 类森林类型均设置 2 个 20m×30m 的样地(其中对基质景观马尾松林按幼龄林、中龄林、近成熟林和成过熟林分别取样，以分析马尾松林演替过程物种多样性的变化特征)，每一样地划分为 6 个 10m×10m 的样方，在样方内调查林分生境条件(海拔、坡向、坡位、坡度、土壤因子等)和乔木层(胸径≥2cm)林木的种名、胸径、树高、冠幅、株数、郁闭度；在每个样方内各设置 1 块 5m×5m 和 1m×1m 的小样方，分别记录灌木层和草本层的物种、多度、高度、盖度等信息。另外，由于经济林与茶园是典型的人工林，草本层植物受抚育措施(除草、施肥、垦复等)的影响大，因此，在本项工作中这两种森林类型的草本层不予以研究。

(2)物种多样性测定方法

群落多样性的测定选用丰富度、物种多样性指数和均匀度指数 3 类测定指标：

丰富度指数：

$$R = (s - 1)/\ln(N) \tag{3-23}$$

Shannon-Wiener 指数：

$$H = - \sum_{i=1}^{s} P_i \ln P_i \tag{3-24}$$

Simpson 多样性指数：

$$D = 1 - \sum_{i=1}^{s} N_i (N_i - 1)/[N(N - 1)] \tag{3-25}$$

Shannon 均匀度指数(Pielou，1975)：

$$J = - \sum_{i=1}^{s} P_i \ln P_i/\ln s \tag{3-26}$$

Simpson 均匀度指数(Pielou，1975)：

$$E = N(N/s - 1)/[\sum_{i=1}^{s} N_i (N_i - 1)] \tag{3-27}$$

式中，R 为物种丰富度指数；H 为 Shannon-Wiener 指数；D 为 Simpson 多样性指数；J 为 Shannon 均匀度指数；E 为 Simpson 均匀度指数；s 为样地中观察到的物种数；P_i 是第 i 种的个体数 N_i 占总个体数 N 的比例，即 $P_i = N_i/N$；N_i 为第 i 种的个体数；N 为所有种的总个体数。

3.8.1.2　不同植物生长型植物多样性的垂直结构

植物生长型(growth form)是表征群落外貌特征和垂直结构的重要指标(马克平等，1995)。按照 Whittaker 等(1975)的分类系统，选择最主要的 3 个类型即乔木、灌木和草本作为研究对象。从空间结构意义上，此 3 类生长型也是植物群落的 3 个最主要的层次(马克平等，1995)。因此，分别乔木层、灌木层和草本层统计物种数目(表 3-19、图 3-11)，结果表明在所有森林类型中，不同植物生长型的物种数目均存在明显差异。各森林类型均以灌木层的物种最为丰富，其次为乔木层，而草本层的物种数目最少。不同植物生长型物种丰富度的垂直结构表现为：灌木层 > 乔木层 > 草本层。比较 6 类森林类型可以发现，不同生长型物种数的顺序依次为：乔木层为阔叶林 > 杉木林 > 马尾松林 > 竹林 > 经济林 > 茶园，灌木层为阔叶林 > 马尾松林 > 杉木林 > 竹林 > 茶园 > 经济林，而草本层为竹林 > 阔叶林 > 马尾松林 > 杉木林(经济林与茶园除外)。在 6 类森林类型中，阔叶林、马

尾松林与杉木林为天然林,受到较为有效的保护,因此,乔木层与灌木层的物种丰富度均较高,经济林与茶园为人工林,其物种组成简单,甚至为纯林,故乔木层与灌木层的物种丰富度均很低。竹林早期为人工栽培,但在生长过程中亦受到较好的保护,接近于半人工林或半天然林,故其乔木层与灌木层的物种丰富度介于天然与人工林之间。除经济林与茶园草本层不作研究外,其余4种森林类型的草本层的物种丰富度与乔、灌层存在较大的差异,以竹林(14种)最高,这主要与各森林类型所处的地形特征以及林分结构有关。例如,马尾松林和杉木林等天然林由于多分布于较高海拔且土壤较为贫瘠且呈酸性的地方,草本层中芒萁盖度基本上接近100%、平均高度约70~80cm,因此,制约了其他草本植物的生存与发展而呈现种类稀少。竹林则处较低海拔且土壤较为肥沃,林分的郁闭度较低,因此,有利于林下草本层植物的生存。

表 3-19　武夷山风景名胜区不同森林景观植物多样性特征

森林类型	层次	s	R	H	D	J	E
马尾松幼龄林 A_1	乔木层	15	0.764 7	0.317 5	0.132 4	0.197 3	0.225 6
	灌木层	10	1.937 8	1.912 9	0.826 2	0.830 8	0.525 0
	草本层	2	0.133 3	0.058 3	0.020 8	0.084 1	0.510 3
马尾松中龄林 A_2	乔木层	9	1.594 5	0.688 2	0.268 2	0.313 2	0.143 7
	灌木层	16	3.101 6	2.198 1	0.851 3	0.792 8	0.369 9
	草本层	6	0.615 5	0.062 5	0.019 5	0.034 9	0.169 7
马尾松近成熟林 A_3	乔木层	12	2.076 1	1.197 7	0.494 3	0.482 0	0.155 7
	灌木层	22	4.274 7	2.570 4	0.903 9	0.831 6	0.399 5
	草本层	6	0.649 5	0.053 8	0.014 4	0.030 0	0.168 7
马尾松成过熟林 A_4	乔木层	14	2.390 6	1.822 7	0.772 0	0.690 7	0.295 5
	灌木层	28	5.888 8	2.992 1	0.944 2	0.897 9	0.462 3
	草本层	5	0.534 9	0.048 8	0.013 5	0.030 3	0.202 3
马尾松林 A^*	乔木层	10	1.706 5	1.006 5	0.416 7	0.420 8	0.205 1
	灌木层	19	3.800 7	2.418 4	0.881 4	0.838 3	0.439 2
	草本层	5	0.482 3	0.055 9	0.017 1	0.044 8	0.262 8
杉木林 B	乔木层	15	2.387 6	1.569 9	0.631 5	0.579 7	0.173 7
	灌木层	17	3.297 6	2.305 8	0.872 4	0.813 8	0.403 0
	草本层	2	0.122 8	0.007 0	0.000 2	0.010 1	0.500 7
经济林 C	乔木层	3	0.358 2	0.794 4	0.518 2	0.723 1	0.686 6
	灌木层	0	0	0	0	0	0
	草本层	—	—	—	—	—	—

（续）

森林类型	层次	s	R	H	D	J	E
竹林 D	乔木层	6	0.764 7	0.753 7	0.505 3	0.420 7	0.334 5
	灌木层	15	3.159 7	2.400 1	0.900 7	0.886 3	0.558 4
	草本层	14	2.679 3	2.290 8	0.885 1	0.868 0	0.558 0
阔叶林 E_1	乔木层	31	5.373 0	2.711 8	0.898 9	0.789 7	0.282 9
	灌木层	45	8.137 3	3.453 6	0.963 2	0.907 2	0.484 1
	草本层	7	1.336 7	1.467 7	0.684 9	0.754 2	0.422 4
阔叶林 E_2	乔木层	32	5.582 6	2.926 2	0.920 9	0.844 3	0.347 2
	灌木层	34	6.440 3	2.954 6	0.911 9	0.837 8	0.267 8
	草本层	8	1.507 2	1.635 7	0.763 8	0.786 6	0.493 3
茶园 F	乔木层	0	0	0	0	0	0
	灌木层	2	0.151 6	0.660 5	0.468 4	0.952 9	0.939 2
	草本层	—	—	—	—	—	—

注：A 为马尾松林；B 为杉木林；C 为经济林；D 为竹林；E 为阔叶林；F 为茶园。A_1 为马尾松幼龄林；A_2 为马尾松中龄林；A_3 为马尾松近成熟林；A_4 为马尾松成过熟林。马尾松林 A 中各层次的数据为 A_1、A_2、A_3、A_4 各指数的平均值下同。

3.8.1.3　不同森林类型物种多样性指数的比较

不同森林类型分别按乔木层、灌木层和草本层 3 种生长型计算 Simpson 多样性指数和 Shannon-Wiener 多样性指数（表 3-19、图 3-8 ~ 图 3-11）。乔木层与灌木

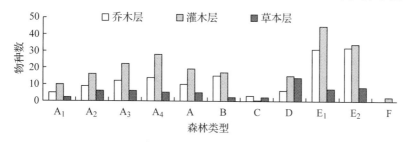

图 3-8　不同森林类型物种数的比较

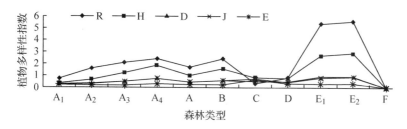

图 3-9　不同森林类型乔木层植物多样性比较

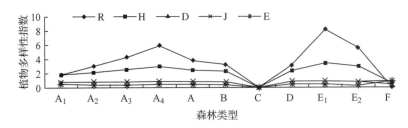

图 3-10　不同森林类型灌木层植物多样性比较

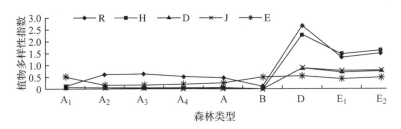

图 3-11　不同森林类型草本层植物多样性比较

层的两种多样性指数计算结果大小顺序基本上一致，乔木层多样性指数以阔叶林最大（$H \approx 3.0$；$D \approx 0.9$），其次分别为杉木林和马尾松，说明阔叶林的林分结构、树种组成较针叶林复杂，故物种多样性要比针叶林大，同时，也说明尽管阔叶林早期受到较大的破坏，但受保护后物种能够得到较快的恢复，因此，保护天然林尤其是保护天然阔叶林能够有效保护和提高区域的物种多样性。茶园面积在武夷山风景名胜区中占相当比例，茶叶品种也比较多样，但均为灌木（注：在茶叶品种分类中，根据茶树相对高矮有小乔木（如水仙）、灌木（如肉桂）之分，在这里均以胸径 $\geq$ 2cm 视为乔木，< 2cm 视为灌木为标准），未有乔木层，因此，其乔木层物种多样性指数为 0。竹林的物种多样性指数低与其生物学特性有关，如毛竹是通过无性繁殖实现种群增长的，其数量在乔木层虽占绝对优势，但多样性却极低。6 类森林类型乔木层的多样性指数顺序为：阔叶林 > 杉木林 > 马尾松林 > 经济林 > 竹林 > 茶园。灌木层的物种多样性指数仍以阔叶林最高，以马尾松林和竹林居其次，经济林灌木层的物种为 0，故其多样性指数最低。综合 6 类森林类型乔木层、灌木层物种多样性指数的结果可以得到多样性的一般性特征，即天然林 > 半人工林 > 人工林，因此，保护天然林是提高群落生物多样性重要途径。草本层的物种多样性指数与乔木层、灌木层比较差异较大，以竹林最高，这也是与群落所处的地理位置与群落特征有关。

3.8.1.4　不同森林类型物种均匀度指数的比较

同样按乔木层、灌木层和草本层 3 种生长型分别计算 Simpson 均匀度指数和 Shannon 均匀度指数（表 3-19、图 3-8 ~ 图 3-11）。从乔木层的结果来看，以阔叶林的均匀度指数最高，表明阔叶林群落乔木层优势种不突出、分布较为均匀。马尾松林与杉木林乔木层分别以马尾松、杉木占绝对优势，因此，其均匀度指数较低。除茶园未有乔木树种外，以竹林的均匀度指数最低，说明竹林群落的乔木层基本上是毛竹，其他树种极少，这与前面的分析结果相一致。灌木层的均匀度指数以茶园最高，其原因是在本次调查的茶园样地中，主要分布着两种茶叶品种（武夷肉桂、水仙），它们在数量上相当，导致均匀度最大。阔叶林与竹林灌木层的均匀度指数位居其次，表明这两种森林类型在演替层未有占明显优势的树种，马尾松林与杉木林灌木层的物种均匀度指数最低（除经济林外），是因为在马尾松、杉木林群落林下存在一定数量的马尾松、杉木幼苗所致。草本层均匀度指数以杉木林和马尾松林最低，皆以芒萁占绝对优势，而其他 3 种类型草本层的均匀度指数相差不大。

3.8.1.5　马尾松林不同演替阶段植物多样性的比较

马尾松林是武夷山风景名胜区的基质景观，面积约占整个风景区的 60%，对不同演替阶段的马尾松林植物多样性进行比较可以发现（表 3-18、图 3-8 ~ 图 3-11），随着马尾松林从幼龄林发展到成过熟林，不同层次植物多样性的变化存在明显的差异，马尾松林草本层各指标值在不同演替阶段没有发生显著性的变化，均以芒萁占绝对优势，但乔木层与灌木层植物多样性却发生显著的变化，这两种植物生长型物种丰富度均得到明显的提高，马尾松幼龄林乔木层、灌木层的物种数分别为 5 种、10 种，而马尾松成过熟林乔木层、灌木层的物种数分别达到 14 种、28 种，均提高了 1.8 倍。比较马尾松林不同时期的物种多样性指数，乔木层与灌木层的物种多样性指数均逐步提高，到成过熟林阶段几乎达到阔叶林多样性指数值水平。马尾松林乔木层、灌木层不同演替阶段的均匀度指数亦有所增大，但乔木层增大的幅度要比灌木层来得大。上述分析表明马尾松林在早期在乔木层和灌木层物种种类均比较单一，但随着演替的不断发展，群落结构越来越复杂，群落生境得到进一步的改善，从而适合更多的树种生存繁衍，直至后期不少耐阴树种长大成林，形成与马尾松共占优势的针阔混交林。

3.8.1.6　不同地区阔叶林乔木层物种多样性的比较

为了说明武夷山风景名胜区植物物种多样性现状，以阔叶林样地 2 乔木层为例与其他地区阔叶林乔木层进行比较，结果列于表 3-20。

表 3-20 表明，武夷山风景名胜区阔叶林植物物种多样性比长白山顶极群落阔叶红松（*Pinus koraiensis*）林（郝占庆等，1994）和暖温带地带性植被落叶阔叶林（谢晋阳等，1994）乔木层物种来得丰富，但低于南岭国家级自然保护区丝栗栲（*Castanopsis fargesii*）阔叶林（谢正生等，1998）乔木层多样性 Shannon-Wiener 指数值，从而进一步证实了群落物种多样性随纬度降低而增大的趋势（黄建辉等，1994）。从 Shannon-Wiener 指数值来看，武夷山风景名胜区阔叶林与浙江乌岩岭

表 3-20　不同地区阔叶林乔木层物种多样性比较

群落类型	丝栗栲林（谢正生等，1998）	格氏栲林（樊后保，1996）	阿丁枫林（贺金生等，1998）	鹿角栲林（贺金生等，1998）	阔叶林样地2（本研究）	常绿阔叶林（兰思仁，2003）	木荷—米槠林（贺金生等，1998）	红楠林（贺金生等，1998）
取样地点	广东南岭	福建三明	福建龙栖山	浙江乌岩岭	武夷山风景名胜区	武夷山自然保护区	浙江天童山	上海金山
北纬	24°38′~25°	26°07′~26°10′	26°23′~26°43′	27°30′	27°32′~27°55′	27°44′	29°48′	30°20′
取样面积（m²）	1 000	3 000	400	400	1 200	1 800	400	400
D	0.96	0.936 2	0.866 3	0.947 9	0.920 9	0.841 3	0.774 3	0.579 8
H	5.07	3.035 3	2.52	3.10	2.926 2	3.689 6	2.76	1.26
J	0.88	0.775 9	0.815 2	0.886 6	0.844 3	0.846 9	0.880 2	0.647 5

注：丝栗栲林：*Castanopsis fargesii* forest；格氏栲林：*Castanopsis kawakamii* forest；阿丁枫林：*Altingia chinensis* forest；鹿角栲林：*Castanopsis lamontii* forest；木荷—米槠：*Schima superba-Castonpsis carlesii* forest；红楠林：*Machilus thunbergii* forest。

地带性植被鹿角栲（*Castanopsis lamontii*）群落、福建三明格氏栲（*Castanopsis kawakamii*）群落相当，但比福建龙栖山阿丁枫（*Altingia chinensis*）群落、浙江天童山木荷—米槠林（*Schima superba-Castonpsis carlesii*）群落、上海金山红楠林（*Machilus thunbergii*）群落要来得大，因此，说明了该区的植物物种多样性比较丰富。但也应该看到，武夷山风景区的 Shannon-Wiener 指数值低于武夷山自然保护区，这与实际相吻合。在构成武夷山自然与文化遗产的 4 个保护区中，自然保护区是武夷山的生物多样性保护区，是物种最丰富、受保护最好的地区，风景名胜区虽然也受到良好的保护，但作为国家级旅游胜地，难免（尤其在旅游黄金时间）受到游客旅游观光等方面的影响，因此，在一定程度上威胁着某些物种的生存而使植物物种多样性较自然保护区来得低。另外，从优势度指数来看，武夷山风景区阔叶林乔木层的优势度要大于自然保护区，表明风景区阔叶林由某些树种占优势的程度要高于自然保护区。

3.8.1.7　小结

构成武夷山风景名胜区森林景观的 6 类森林类型的植物物种多样测定结果表明，不同生长型物种的丰富度存在着明显的差异，以灌木层的物种丰富度最高，乔木层次之，而以草本层最低。不同森林类型的植物物种多样性也存在较大的差异，总体趋势为：阔叶林 > 马尾松林 > 杉木林 > 竹林 > 茶园 > 经济林，从而表明了植物物种多样性符合天然林景观 > 半人工林景观 > 人工林景观的一般性规律。

基质景观马尾松林不同演替阶段的植物物种多样性比较结果显示了除草本层没有明显的规律外，乔木层、灌木层均表现为物种的丰富度随演替发展而增加的趋势，最后形成其他阔叶树种与马尾松共优的针阔混交林。因此，通过加强对天然林群落的保护，可以切实有效地提高物种的多样性。

将武夷山风景名胜区阔叶林乔木层的物种多样性与其他地区森林群落进行对比，一方面支持了群落物种多样性随纬度降低而增大趋势的结论；另一方面也有力地说明了武夷山风景名胜区具有较为丰富的植物物种多样性。

3.8.2　森林景观土壤异质性及分形特征

景观异质性是景观的重要属性，是景观生态学的研究核心之一（Forman et al.，1986；Risser et al.，1984）。景观异质性不仅与干扰（自然的和人为的）、生物群落定居等方面有关，亦受景观内空间单元的自然地理特征和地质地貌过程的影响。土壤异质性是景观异质性的具体体现，也是造成景观异质性的重要原因之一。土壤异质性的研究有助于揭示景观形成机制，对于阐明景观功能与过程具有重要的作用（徐化成，1996）。同时，由于土壤资源是景观可持续经营与环境持续发展的重要物质基础，因此，土壤异质性（物理的和化学的）的研究也一直是林学与生态学关注的焦点（梁士楚等，2003），但前人的研究多集中在某一景观类型，而针对不同景观类型土壤异质性开展研究则较少（邱杨等，2002）。本节试图探讨不同森林景观的土壤异质性，并进一步运用分形理论探讨土壤异质性的分形特征，为阐明武夷山风景名胜区景观形成机制和景观功能变化过程提供依据。

3.8.2.1　土壤调查与分析方法

对构成武夷山风景名胜区森林景观的 6 类森林类型（马尾松林、杉木林、经济林、竹林、阔叶林、茶园），根据各类型所占的面积大小分别设置 3~5 块标准地，标准地面积为 $20m \times 30m$，在每个标准地内按对角线随机布点（3 点）挖取土壤剖面，并按 3 个层次（0~20cm、20~40cm 和 40~60cm）分别取土样，混匀，带回室内分析。土壤团粒结构采用机械筛分法；土壤容积质量采用环刀法；土壤有机质采用硫酸重铬酸钾法，全氮采用硒粉、硫酸铜、硫酸消化蒸馏滴定法，全磷采用钼锑抗比色法，水解氮采用碱解扩散法，速效磷采用碳酸氢钠浸提法，速效钾采用火焰光度法，pH 值采用电位法（《土壤理化分析》）。

3.8.2.2　分形几何学

分形几何学是以欧氏几何无能为力的不规则的或者支离破碎的物体为研究对象的几何学，它能够从看似混沌的物体结构中找出规律，这种规律被称作分形体（fractal）的自相似性（self - similarity）特征（Mandelbrot，1982）。所谓自相似性是指物体局部结构放大与整体相似的特征，即无论怎样变换尺度来观察一物体，总是存在更精细的结构并且其结构总是相似的。该特性因与尺度无关而成为分形几何学与经典欧氏几何学的主要区别，被称作分形体的本质特征。对这一特征进行描述的主要工具是分形维数（fractal dimension）。一般说来，不规则物体已不是欧氏几何意义下的0、1、2、3维的整数维的物体，其维数为非整数，故称分数维度(fractal dimension)。分形体的分数维度一般称为分形维数，分形维数才是对这类物体结构的有效表征。求算分形维数通常采用在双对数坐标下进行回归，所得拟合直线的斜率(或其转换结果)为分形维数值。

3.8.2.3　土壤团粒结构分形模型

形状与大小各不相同的土壤颗粒组成的土壤结构，在表现上反映出一个不规则的几何形体，前人研究结果表明，土壤是具有分形特征的系统(Turcotte，1986；Rieu *et al.*，1991；Falconer，1989)。运用分形理论建立土壤团粒结构的分形模型过程如下：

具有自相似结构的多孔介质—土壤，由大于某一粒径 d_i ($d_i > d_{i+1}$，$i = 1$，2，…)的土粒构成的体积 $V(\delta > d_i)$ 可由类似 Katz 的公式表示：

$$V(\delta > d_i) = A \cdot [1 - (d_i/k)^{3-D}] \tag{3-28}$$

式中，δ 为码尺；A、k 为描述形状、尺度的常数；D 为分形维数。

通常粒径分析资料是由一定粒径间隔的颗粒重量分布表示的，以 $\overline{d_i}$ 表示两筛分粒级 d_i 与 d_{i+1} 间粒径的平均值，忽略各粒级间土粒比重 ρ 的差异，即 $\rho_i = \rho (i = 1，2，…)$，则

$$W(\delta > \overline{d_i}) = \rho \cdot V(\delta > \overline{d_i}) = \rho \cdot A \cdot [1 - (\overline{d_i}/k)^{3-D}] \tag{3-29}$$

式中，$W(\delta > \overline{d_i})$ 为大于 d_i 的累积土粒重量。以 W_0 表示土壤各粒级重量的总和，由定义有 $\lim\limits_{i \to \infty} \overline{d_i} = 0$，则由式(3-29)得

$$W_0 = \lim_{i \to \infty} W(\delta > \overline{d_i}) = \rho A \tag{3-30}$$

由式(3-28)、式(3-30)可以导出：

$$\frac{W(\delta > \overline{d_i})}{W_0} = 1 - \left(\frac{\overline{d_i}}{k}\right)^{3-D} \tag{3-31}$$

设 $\overline{d}_{max}$ 为最大粒级土粒的平均直径，$W(\delta > \overline{d}_{max}) = 0$，代入式(3-31)有 $k = \overline{d}_{max}$，由此得出土粒颗粒的重量分布与平均粒径之间的分形关系式：

$$\frac{W(\delta > \overline{d_i})}{W_0} = 1 - \left(\frac{\overline{d_i}}{\overline{d}_{max}}\right)^{3-D} \tag{3-32}$$

或

$$\left(\frac{\overline{d_i}}{\overline{d}_{max}}\right)^{3-D} = \frac{W(\delta < \overline{d_i})}{W_0} \tag{3-33}$$

分别以 $\lg(W_i/W_0)$，$\lg(\overline{d_i}/\overline{d}_{max})$ 为纵、横坐标，则 $3 - D$ 是 $\lg(\overline{d_i}/\overline{d}_{max})$ 和 $\lg(W_i/W_0)$ 的实验直线的斜率，故可用回归分析方法对 D 进行测定。

3.8.2.4　不同森林景观土壤物理性质异质性

不同森林景观土壤物理性质结果表明武夷山风景名胜区不同森林景观类型的

土壤物理性质具有明显的异质性(表 3-21)。土壤容重表征了土壤的疏松程度与通气性，土壤容重小，土壤疏松、通气度大，从而在涵蓄水分以及供应林木生长所需水分的能力则较强，即具有较高的水源涵养和水土保持功能；相反，土壤容重大，土壤紧实、通气度小，土壤涵蓄水分与供应林木所需水分的能力就较差。土壤孔隙状况直接影响土壤通气透水及根系穿插难易程度，对土壤中水、肥、气、热和生物活性等发挥不同的调节功能。土壤非毛管孔隙数量的多少，关系到林地土壤对降水的贮存能力，土壤非毛管孔隙的数量越多，质量越好，贮存降水的能力就越大。从表 3-21 结果可以看出，6 种森林类型的土壤容重大小次序依次为：E＜A＜B＜F＜D＜C，而非毛管孔隙数量的次序为：E＞A＞B＞F＞D＞C，表明在构成武夷山风景名胜区森林景观的 6 种森林类型中，不同森林景观土壤在渗透性、疏松程度、通气度、自动调节能力及抗逆性等物理性质方面存在明显差异，大小顺序为：阔叶林＞马尾松林＞杉木林＞茶园＞竹林＞经济林。6 种森林类型中，阔叶林、马尾松林和杉木林为天然林，而茶园、经济林和竹林为人工林或半人工林，3 种人工林平均土壤容重(1.301 3g/cm³)是天然林(1.118 1g/cm³)的 1.2 倍，而天然林平均非毛管孔隙度(12.97%)是人工林(8.26%)的 1.6 倍，因此，该结果说明天然林的土壤物理性质较人工林理想。这是因为天然林的林分具有多层次结构，林分生物量组成及分布较为合理，林分地上部分持水量大，且土壤腐殖质积累较多，再加上不同种类植物根系在不同土层中穿插、挤压，因此，土壤疏松多孔，非毛管孔隙发达，渗透性好。阔叶林在这些方面的特征尤其明显，因而其土壤性质各方面指标值要优于其他类型的森林。除土壤容重与非毛管孔隙度外，天然林在田间持水量与毛管持水量等指标上也表现出与土壤容重、非毛管孔隙度相类似的结果。

表 3-21　不同森林景观土壤物理性质

森林类型	容重 (g·cm⁻³)	田间持水量 (%)	毛管持水量 (%)	毛管孔隙度 (%)	非毛管孔隙度 (%)	总孔隙度 (%)
A	1.1379	37.47	40.64	43.41	12.99	56.40
B	1.1406	36.07	39.25	41.80	11.96	53.76
C	1.4840	27.93	29.75	38.32	5.83	44.15
D	1.2180	28.11	36.09	41.57	8.34	49.91
E	1.0759	44.95	48.14	40.34	13.95	54.29
F	1.2018	36.23	40.88	45.69	10.62	56.31

注：A 为马尾松林；B 为杉木林；C 为经济林；D 为竹林；E 为阔叶林；F 为茶园(下同)。

3.8.2.5　不同森林景观土壤化学性质异质性

表 3-22 为武夷山风景名胜区不同森林景观类型土壤化学性质指标测定结果以及同一森林景观类型在土壤 0～20cm、20～40cm 和 40～60cm 不同层次上各化

表 3-22　不同森林景观土壤化学性质

森林类型	层次（cm）	pH 值	有机质（g/kg）	全 N（g/kg）	全 P（g/kg）	水解 N（mg/kg）	速效 P（mg/kg）	速效 K（mg/kg）
A		4.30	14.42	0.26	0.17	55.99	1.18	53.17
B		4.15	12.61	0.48	0.12	74.35	1.48	52.10
C	0~20	4.46	25.89	0.64	0.29	103.85	1.75	56.50
D		4.78	20.48	0.79	0.26	109.26	2.88	61.25
E		4.34	16.85	0.35	0.16	88.04	3.17	55.75
F		4.44	19.74	0.81	0.35	93.14	1.88	64.50
A		4.49	6.63	0.28	0.11	41.54	1.06	42.68
B		4.44	9.86	0.39	0.12	44.85	1.27	34.33
C	20~40	4.66	13.15	0.50	0.19	80.65	1.45	35.10
D		5.11	11.64	0.55	0.24	84.88	2.07	34.85
E		4.50	10.63	0.32	0.17	86.91	1.74	34.67
F		4.48	6.36	0.44	0.16	43.34	1.25	40.75
A		4.54	6.29	0.22	0.10	35.67	0.32	41.20
B		4.88	5.29	0.19	0.09	64.11	1.04	20.00
C	40~60	5.51	5.08	0.35	0.16	58.24	1.90	27.25
D		4.86	7.54	0.39	0.20	82.17	1.58	17.50
E		4.66	7.77	0.34	0.15	60.05	1.04	30.38
F		4.60	4.01	0.34	0.14	32.51	1.00	27.00

学性质指标值。

　　从总体水平来看，武夷山风景区的土壤有机质、全氮、全磷和速效性养分含量普遍较低，土壤较为贫瘠且呈酸性（pH 值均介于 4.0~5.5 之间）（表3-22）。从表 3-22 还可发现，不同森林景观土壤化学性质以及同一森林景观土壤不同层次化学性质亦存在明显的异质性，且异质性程度要比物理性质来得复杂，6 种森林类型各指标结果大小顺序不论是同一土壤层次还是不同土壤层次均不完全一致。若将天然林（马尾松林、杉木林、阔叶林）与人工林或半人工林（经济林、竹林、茶园）进行比较，除 pH 值指标外，人工林或半人工林的有机质含量、全 N、全 P、水解 N、速效 P、速效 K 等指标基本上大于天然林，尤其在表土层。以 0~20cm 土壤层次为例，人工林有机质含量、全 N、全 P、水解 N、速效 P、速效 K 等指标的平均值为 22.03（g/kg）、0.75（g/kg）、0.30（g/kg）、102.08（mg/kg）、2.17（mg/kg）、60.75（mg/kg），分别是天然林相应指标值 14.63、0.36、0.15、72.79、1.48、53.67 的 1.5、2.1、2.0、1.4、1.5、1.1 倍，从而表明武夷山风景名胜区人工林土壤养分高于天然林，分析其原因可能与人为经营活动（施肥、抚育、垦复等措施）有关。以经济林为例，据调查武夷山风景名胜区经济林主要有武夷橙、橘、芦柑、李、枇杷、杨梅、柰、柚、山枣等品种，一般分布在低海

拔区，每年施肥 1~2 次，除草 5~6 次。茶园也类似，每年除草 3~4 次，并施过
磷酸钙、碳酸氢氨等肥料。因此，人为施肥抚育措施可能是导致了人工林土壤的
养分含量要高于天然林的原因，这与前人在其他研究区的研究结果存在一定的差
异。对同一森林景观类型来说，不同土壤层次各化学性质亦不尽相同，除个别指
标外，基本上呈现出随土壤深度的增加，各指标值下降的趋势，有些指标如有机
质、水解 N 等变化特别明显。另外，从表 3-22 中可以看出，随着土壤深度的增
加，天然林各指标下降的幅度要比人工林来得慢，尤其是阔叶林在全氮、全磷、
水解氮等指标基本不变，而茶园各指标的变化极大。

3.8.2.6　不同森林景观土壤团粒结构分形维数

　　武夷山风景名胜区不同森林景观土壤团聚体组成见表 3-23。由表 3-23 结果
可知，不同森林景观土壤团粒结构粒径分布存在差异。6 种森林类型 >0.25mm
和 >5mm 的团粒含量大小顺序皆为：B>E>A>F>D>C，而结构体破坏率大小
顺序恰好相反，为 E<B<A<F<D<C，其中人工林的平均结构体破坏率
（44.50%）是天然林（18.85%）的 2.4 倍，而天然林 >0.25mm 和 >5mm 的团粒平
均含量（91.57%、44.48%）分别是人工林（78.14%、29.99%）的 1.2 和 1.5 倍，
从而表明天然林土壤有机胶结水稳定性团聚体及水稳定性大团聚体含量大于人工
林，而结构体破坏率则低于人工林，再加上天然林群落结构复杂，林下有大量灌
木、草本及乔木根系发达、凋落物积累于表层等原因，使天然林土壤结构稳定性
要好于人工林。

　　进一步运用分形理论计算得到不同森林景观土壤团粒结构的分形维数，结果
亦列于表 3-23。6 种森林景观类型土壤团粒结构粒径分布的分形维数在 2.332 1~
2.903 0 之间。其中在湿筛条件下，土壤团粒结构粒径分布的分形维数在
2.645 0~2.903 0 之间；在干筛条件下，土壤团粒结构粒径分布的分形维数在
2.332 1~2.749 0 之间，大小顺序皆为 B<E<A<F<D<C，两者皆表现为 >
0.25mm 的团粒含量越低，其结构的粒径分布的分形维数越高。土壤分形维数是
反映土壤结构几何形状的参数，在维数上表现出黏粒含量越高、质地越细、分形
维数越高。土壤团粒结构粒径分布的分形维数反映了土壤水稳定性团聚体含量对
土壤结构与稳定性的影响趋势，即团粒结构粒径分布的分形维数愈小，则土壤愈
具有良好的结构与稳定性。6 种森林景观土壤粒径 >0.25mm 含量最大的是杉木
林，为 16.21%，其分形维数最小，为 2.233 1；土壤粒径 >0.25mm 含量最小的
是经济林，为 32.42%，其分形维数最大，为 2.903 0。因此，在 6 种森林景观类
型中，以杉木林、阔叶林的土壤结构与稳定性较好，而经济林、竹林则最差，这
与前面土壤物理性质表征结果一致。

表 3-23　不同森林景观土壤团聚体组成

森林景观类型	土壤团聚体直径（mm）							结构体破坏率(%)	分形维数	相关系数
	<0.25	0.25~0.5	0.5~1	1~2	2~5	>5	>0.25			
A	28.97	9.18	15.99	13.99	14.63	17.24	71.03	21.18	2.686 9	0.992 5**
	9.54	6.66	15.74	12.38	21.43	34.25	90.46		2.456 8	0.993 9**
B	23.79	6.25	13.60	14.23	11.19	30.94	76.21	19.20	2.645 0	0.991 9**
	5.68	4.45	8.75	5.36	15.10	60.66	94.32		2.332 1	0.987 6**
C	68.54	10.76	9.19	9.54	1.97	0.00	31.46	60.94	2.903 0	0.944 1**
	19.46	4.67	7.32	4.09	5.63	58.83	80.54		2.647 1	0.952 8**
D	59.46	17.31	12.26	4.82	5.07	1.08	40.54	38.88	2.875 5	0.930 5**
	33.67	26.21	18.88	4.59	10.68	5.97	66.33		2.749 0	0.926 3**
E	24.36	14.16	17.79	12.29	8.64	22.76	75.64	15.88	2.663 1	0.981 9**
	10.08	8.34	15.02	9.33	18.69	38.54	89.92		2.449 1	0.994 4**
F	41.94	12.76	17.44	14.11	10.61	3.14	58.06	33.68	2.775 7	0.969 9**
	12.46	8.32	19.14	14.56	20.36	25.16	87.54		2.477 5	0.988 0**

注：分子、分母分别表示湿筛、干筛；结构体破坏率 = [干筛(>0.25mm 团聚体) – 湿筛(>0.25mm 团聚体)]/ 干筛(>0.25mm 团聚体)×100%。

3.8.2.7　土壤团粒结构分形维数与团聚体含量、结构体破坏率间的关系

土壤团聚体和水稳定团聚体状况是影响土壤肥力的重要因素，在很大程度上影响着土壤通气性，而结构体破坏率亦是反映土壤性质的重要指标之一，为此，分别建立了土壤团粒结构分形维数（D）与 >0.25mm 土壤水稳定性团聚体含量（x_1）、>5mm 土壤水稳定性大团聚体含量（x_2）之间以及不同筛分条件下土壤结构体破坏率（y）与分形维数之间的关系（表 3-24）。

表 3-24 表明土壤团粒结构分形维数与 >0.25mm 水稳定性团聚体含量、>5mm 水稳定性大团聚体含量之间以及结构体破坏率与分形维数之间均存在着显著或极显著回归关系，因此，土壤团粒结构分形维数可以作为表征土壤通透性、抗蚀性、稳定性等土壤物理性状的理想指标。

表 3-24　分形维数与土壤团聚体含量、结构体破坏率之间的回归关系

	回归模型	相关系数	F 检验值	α 值
>0.25mm 水稳性团聚体含量（x_1）	$D = 3.243\,7 - 0.008\,5x_1$	$-0.943\,7**$	81.379 8	<0.01
>5mm 水稳性大团聚体含量（x_2）	$D = 2.805\,6 - 0.006\,9x_2$	$-0.788\,0**$	16.380 8	<0.01
湿筛条件	$y = 2.137\,1D^{0.076\,1}$	$0.958\,2**$	44.880 3	<0.01
干筛条件	$y = 1.829\,9D^{0.094\,2}$	$0.747\,3*$	6.183 6	<0.10

3.8.2.8　小结

土壤异质性是造成景观异质性的根本原因之一，也是景观异质性的重要物理基础。开展武夷山风景名胜区森林景观土壤异质性研究对于分析武夷山风景区景

观形成过程和阐明景观功能,从而有效保护世界自然和文化遗产具有重要的作用。

通过对武夷山风景名胜区森林景观土壤异质性进行研究,结果表明:武夷山风景名胜区不同森林景观土壤存在着明显的异质性。其中不同森林景观土壤物理性质异质性具有明显的规律性,表现为天然林的土壤容重、结构体破坏率小于人工林或半人工林,而 >0.25mm 水稳定性团聚体含量、非毛管孔隙数量、田间持水量等指标却大于人工林或半人工林,因此,天然林的土壤水稳定性能比人工林好,土壤的渗透性、自动调节及抗逆性能也较人工林强。而土壤化学性质异质性较为复杂,由于人为施肥、垦复等经营措施的影响,使人工林的土壤养分要高于天然林。对同一森林类型来说,土层越深土壤养分随之越低。

运用分形理论进一步对武夷山风景名胜区不同森林景观的土壤团粒结构进行分析,结果表明土壤团粒结构的分形维数在表征土壤稳定性、能透性和抗侵蚀能力等方面具有十分理想的效果。林分结构越复杂、层次越多、>0.25mm 水稳定性团聚体含量越大,土壤就越稳定,渗透性能就越强,而其土壤团粒结构的分形维数就越小;相反,林分结构简单、层次单一、>0.25mm 水稳定性团聚体含量越少,而其土壤团粒结构的分形维数就越大。从总的趋势来看,天然林的土壤团粒结构的分形维数要小于人工林,因此,在土壤通透性、稳定性、抗蚀性等方面要优于人工林。

此外,土壤团粒结构的分形维数与土壤结构体破坏率、>0.25mm 水稳定性团聚体含量以及 >5mm 水稳定性大团聚体含量之间均存在显著或极为显著的回归关系,从而说明土壤团粒结构分形维数在揭示土壤物理性状方面是一个理想的、值得信赖的表征指标。

3.9　武夷山风景名胜区景观生态评价

景观生态评价是景观结构与功能研究的基础,又是景观规划、管理与保护等应用的重要前提条件,因此,它是景观生态学理论与应用研究的纽带(傅伯杰等,2010)。我国的景观生态评价工作虽然基础比较薄弱、起步较晚,但已有不少学者致力于这方面的研究,并提出了景观生态评价的理论与方法(王仰麟,1996;肖笃宁等,1998)。目前,我国景观生态评价主要集中在土地持续利用、区域生态环境、生态系统稳定性(脆弱性)、生态系统健康、自然保护区建设等方面(彭建等,2003;龙开元等,2001;李晓秀,2000;阎传海,1998),涉及风景名胜区的景观生态评价则鲜见报道。

风景名胜区作为独特的景观,兼具自然保护区与旅游区的特点,景观保护与旅游开发之间的矛盾尤为激烈,因此,前人在风景名胜区研究领域开展了大量的

研究工作，包括旅游地的客流特征（季节分布、空间结构）、生物多样性、环境容量、环境质量、环境演变、景区功能、旅游开发等（全华等，2003；陆林等，2002；张捷等，1999）。随着景观生态学的发展，不少学者将景观生态学的理论与方法应用于风景名胜区的生态规划、旅游价值评价等方面，并取得了较为理想的效果（唐礼俊，1998）。有鉴于此，本节试图以武夷山风景名胜区为对象，开展武夷山风景名胜区景观生态评价，以期为武夷山生态环境质量的改善、更为有效地保护世界双重遗产提供科学依据，同时也为其他风景名胜区开展景观生态评价提供参考。

3.9.1 评价指标的选择及其赋值标准

景观生态评价涉及的评价指标复杂多样，不同的学者针对不同的研究问题提出了相应的评价指标体系（彭建等，2003；龙开元等，2001；李晓秀，2000；阎传海，1998）。武夷山风景名胜区的景观生态评价具有特殊性，首先，它作为世界文化与自然遗产，具有自然保护区的性质，保证生态安全、实现生态环境质量的不断改善是其首要的工作；其次，作为国家级风景名胜区，发展生态旅游、合理开发旅游资源亦十分重要。因此，在过去研究工作的基础上，全面考虑自然保护区评价与风景区特征，综合提出了符合武夷山风景名胜区景观生态评价指标体系（表3-25），其中首次提出协调性、奇特性、社会性、梯度性等指标以及各指标涵义的界定。各指标的取值一般介于0~5之间，且通常为3个等级：0、3、5。另外，考虑到武夷山风景名胜区作为世界文化与自然遗产、国家级风景名胜区，景观的奇特程度尤其重要，景观质量的破坏所引起的负面影响特别大，因此，奇特性指标的最高分为6分，社会性的最低分为−2分。根据该评价指标体系分别对武夷山风景名胜区10种景观类型进行数量评价，其中各景观类型在代表性指标上的分值由表3-25结果获得，其余6个指标的分值则通过聘请25位专家（涉及生态学、林学、园林学、旅游学、城乡规划等）在全面踏查的基础上分别评价，然后综合专家的意见确定各景观类型各个指标的最后得分。

3.9.2 评价模型的建立及指标权重的确定

武夷山风景名胜区同时兼有自然保护区和旅游观光地的特点，在建立评价模型时不仅要考虑这些因素，而且模型（或评价指标）不易太复杂，以造成实际应用上的不便。在诸多评价方法中，层次分析法（赵焕臣，1988）（analytic hierarchy process，AHP）不仅简便易行，亦是理论较为成熟、应用最为广泛的一种方法（彭建等，2003；阎传海，1998），因此，选择层次分析法来建立武夷山风景名胜区景观生态评价模型。该模型由3个层次构成，目标层（L_1）为景观生态评价；准则层（L_2）由景观生态安全（L_{21}）、生态旅游价值（L_{22}）和教育科研价值（L_{23}）3部分组成；指标层(L_3)为表 3-25 所列的 7 个评价指标，即代表性(L_{31})、稳定性(L_{32})、协调性(L_{33})、奇特性(L_{34})、观赏性(L_{35})、社会性(L_{36})、梯度性(L_{37})。评价模型结构如图 3-12 所示。

评价指标的权重是通过聘请 25 位专家讨论和评价，按照层次结构关系进行判别比较，分别构造出 $L_1 \sim L_2$、$L_2 \sim L_3$ 的判别矩阵，然后计算出矩阵的最大特征根 λ_{max} 及其对应的特征向量 W（W 即为各评价指标的权重），计算结果见表 3-25、表 3-26。

表 3-25　武夷山风景名胜区景观生态评价指标及赋值标准

指　标	评价等级	分值
代表性	景观类型面积在风景区中占绝对优势（面积比例≥50%），具有显著的代表性	5
	景观类型面积在风景区中占一定比例（50%＞面积比例≥10%），具有一定的代表性	3
	景观类型面积在风景区中占很小比例（面积比例<10%），不具有代表性	0
稳定性	景观类型在风景区中有着悠久的历史（存在时间＞50a），在景观生态分类上长期保持类型不变，景观十分稳定	5
	景观类型在风景区中有着较长的历史（50a≥存在时间≥10a），在景观生态分类上存在着一定的变化，景观相对比较稳定	3
	景观类型在风景区中的历史较短（存在时间＜10a），景观类型常发生变化，景观极不稳定	0
协调性	景观类型地形复杂，色彩多样生动，与周围环境和谐统一	5
	景观类型地形存在着相当的变化，色彩上存在一定强度的变化，与周围环境比较和谐统一	3
	景观类型地形平坦，色彩单调乏味，与周围环境极不协调	0
奇特性	景观类型是风景区中极为稀少的风景，是风景区最为引人注目的旅游景观	6
	与其他景观类型有相同之处，但仍具有自身突出特点，是风景区较为引人注目的旅游景观	3
	是当地常见景观类型，但仍能引起少数游客的注目	1
观赏性	景观类型具有很高的美景度，能广泛引起游客的兴趣	5
	景观类型具有一定的美景度，能激发一定数量游客的兴趣	3
	景观类型的美景观不高，但能引起少数游客的兴趣	1
社会性	景观类型极少受到人类的干扰，接近原始状态	5
	景观类型受到人类一定程度的干扰，但尚未破坏风景区的整体面貌	3
	景观类型受到人类严重干扰，较大规模地破坏了风景区的整体面貌	−2
梯度性	与相邻景观类型间具有明显的梯度变化，对提高风景区的质量有着显著的作用	5
	与相邻景观类型间有着一定的梯度变化，对提高风景区的质量有一些作用	3
	与相邻景观类型间无明显的梯度变化，对提高风景区的质量几乎不起作用	0

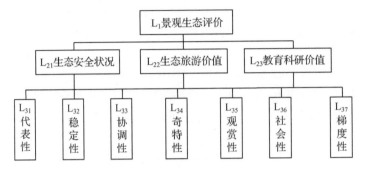

图3-12　武夷山风景名胜景观生态评价层次结构图

表3-26　L_3层对L_1层的权重

L_2	L_{21}	L_{22}	L_{23}	L_3对L_1的权重
L_3	0.648 3	0.229 7	0.122 0	
L_{31}	0.183 8	0.118 0	0.174 8	0.167 6
L_{32}	0.343 8	0.062 3	0.262 1	0.269 2
L_{33}	0.097 6	0.037 8	0.034 1	0.076 1
L_{34}	0.057 6	0.264 9	0.097 6	0.110 1
L_{35}	0.035 6	0.413 0	0.023 5	0.120 8
L_{36}	0.255 4	0.076 8	0.358 7	0.227 0
L_{37}	0.026 2	0.027 2	0.049 2	0.029 2

3.9.3　综合评价指数的计算及分级

　　根据上述所建立的评价指标体系以及各评价指标的权重，利用综合指数评价方法(李晓秀，2000)即可建立武夷山风景名胜区景观生态评价模型：

$$CEI_i = \sum_{j=1}^{n} C_{ij} \cdot W_j \quad (i = 1,2,\cdots,m) \tag{3-34}$$

　　式中，CEI_i为景观类型i的综合评价指数；C_{ij}为景观类型i在第j指标上的得分；W_j为第j指标的权重；m为景观类型数(这里$m=10$)；n为评价指标个数(这里$n=7$)。

　　根据综合评价指数CEI的结果确定武夷山风景名胜区各景观类型生态质量等级。本节将景观生态质量划分为3种等级：理想景观($3 < CEI < 5$)、正常景观($1 \leqslant CEI \leqslant 3$)和危急景观($0 < CEI < 1$)。

3.9.4　武夷山风景名胜区景观生态评价结果

　　利用表3-27的数据，并统计专家对每一景观类型评价指标(除代表性外)的评价情况，得到武夷山风景名胜区不同景观类型的得分表(表3-27)。根据式(3-34)以及表3-27的数据计算出各景观类型的景观生态评价综合指数，结果亦列于表3-27中。

表 3-27　武夷山风景名胜区景观生态评价结果

景观类型	代表性	稳定性	协调性	奇特性	观赏性	社会性	梯度性	综合评价指数	评价等级
马尾松林	5	5	5	3	3	3	3	4.025 8	理想
杉木林	0	3	3	1	1	3	3	2.035 5	正常
经济林	0	0	3	3	3	3	3	1.689 9	正常
竹林	0	3	3	3	3	3	3	2.497 3	正常
阔叶林	0	3	3	1	1	3	5	2.094 0	正常
茶园	3	3	5	3	3	-2	3	2.017 3	正常
农田	3	0	0	1	1	-2	0	0.279 6	危急
河流	0	5	5	6	5	5	5	4.272 3	理想
居住地	0	3	0	1	3	-2	0	0.826 0	危急
裸地	0	0	3	6	5	3	3	2.261 7	正常

由表 3-27 可知，在组成武夷山风景名胜区的 10 种景观类型中，属于理想景观类型的有马尾松林和河流景观；属于正常景观类型的有杉木林、经济林、竹林、阔叶林、茶园和裸地景观；而农田和居住地景观为危急景观，其中正常景观类型(含理想景观)数量占 80%。此外，理想景观、正常景观和危急景观面积分别占风景区总面积的 64.97%、20.34% 和 14.69%，正常景观(含理想景观)面积达到景区总面积的 85% 以上，可见，武夷山风景名胜区的总体景观生态状况良好，这与实际情况相一致，同时也有力地说明了武夷山作为世界文化与自然遗产，受到较为有效的保护。

从各景观类型评价情况来看，最为理想的河流景观($CEI = 4.272\ 3$)。古人将武夷山誉为"碧水丹山"，可见水在武夷山有着至关重要的地位，同时也造就了河流景观成为风景区的极具特色的景观，尤其是九曲溪，它与两岸奇峰异石构成了九曲溪"十里溪流通宛转，千寻列岫尽嶙峋"的无限风光。游人凭借一张竹筏顺流而下，即可阅尽武夷山景观之精华，堪称世界一绝，是武夷山风景区中最吸引游客的自然景观。因此，河流景观在奇特性、观赏性、协调性及梯度性等指标上的得分值均很高。另外，九曲溪作为武夷山风景名胜区自然景观的精华之所在，一直受到严格的保护，特别是 1993 年武夷山申报世界遗产以后，市政府专门出台了《武夷山九曲溪保护管理规定》，对九曲溪沿岸的易造成环境污染的建筑(包括宾馆、旅社、村庄等)进行全面拆除或搬迁，设立了水质监测站，对九曲溪的水质定点定期观察，而且游览九曲溪使用古老的竹筏，使九曲溪的环境质量与水质均达到国家优良的标准。1999 年，世界自然保护联盟专家莱斯利·莫洛伊先生考察九曲溪时，曾赞扬道："武夷山九曲溪的游览没有使用机动船，而用古朴的竹筏，既无噪音，又无污染，这种永续利用旅游资源的方式，在中国是典范"。

除河流景观外，马尾松林景观的综合评价指标 $CEI = 4.025\ 8$，也达到理想景

观的水平。马尾松林在武夷山风景区海拔 800m 以下均有广泛分布，其面积在所有景观类型中占绝对优势，是武夷山风景名胜区的基质景观，其他类型景观多镶嵌其中，该景观类型不仅面积大、代表性强，而且稳定性、协调性等方面也十分突出。此外，由于马尾松林多生长在高海拔、山体陡峭处，少数马尾松年龄大（如幔亭峰、虎啸岩、一线天等景点有少数马尾松年龄达 150～200a），树形挺拔秀美，成为游客旅游摄影的重要景点，因此，其奇特性得分比杉木林、阔叶林高。低海拔的竹林林相整齐、林下灌草层盖度低，而且具有较高的观赏价值。俗话说"无肉使人瘦，无竹使人俗"，竹子一向是文人雅士所喜爱。另外，武夷山风景区近年来引种的名贵竹种——四方竹（因竹杆成四方形而得名）受到许多竹类专家和游客的青睐，因此，竹林往往是游客休闲游憩的良好去处之一。经济林在开花或果实成熟时期景色秀丽，如桃源洞的桃树林在桃花盛开的时候，虎啸岩的柑橘林、枇杷林等结满果实时，都会吸引大量的游客。因此，这两种景观的奇特性得分与马尾松相当。在 10 种景观类型中，农田与居住地景观是最为危急的 2 类景观。农田面积在风景区中具有一定的代表性，但农田景观极不稳定，常受干扰而变为其他景观类型，尤其是近几年来，随着武夷山茶叶与度假区的发展，不少的农田改作建筑用地，而农民也多弃田种茶，因此，农田景观在各指标上的得分均很低，是 10 类景观中最为危急的类型（$CEI = 0.2796$）。居住地是典型的人工景观，受人类干扰最为强烈、最为明显。在武夷山风景名胜区中，除寺院、庙宇、观景台等景观基本保持原有面貌，少数星级宾馆如武夷山庄（建成时间 1984 年）、幔亭山房（建成时间 1992 年）等对建设过程中充分考虑与环境的和谐统一外，不少居住地为近年来新建的宾馆、旅社、售票处等服务设施，尤其是私人经营的宾馆、旅社，在建筑结构、风格等方面与整个风景区环境极不和谐，在一定程度上破坏了整个风景区的面貌，因此，其综合评价指数位居倒数第二，CEI 仅为 0.8260，为危急景观。另外，值得一提的是裸地景观。武夷山风景区裸地景观绝大多数由高山岩石裸露地组成，这些裸露的岩石不仅形状奇特，而且多居陡壁险峰处，成为武夷山风景区引人注目的奇山怪石，所以，裸地景观在观赏性与奇特性 2 个指标上分值高，而其他指标则分低。除以上 5 类景观类型外，其余景观类型的综合评价指数均在 1～3 之间，为正常景观类型。

3.9.5 小结

通过运用景观生态学理论与方法，结合武夷山风景名胜区的特殊性，提出了武夷山风景名胜区景观生态评价的指标体系与方法，评价结果显示：武夷山风景名胜区 10 种景观类型中有 80% 的景观为正常景观或理想景观，其面积达到整个景区面积的 85% 以上，从而有力地证明了武夷山风景名胜区目前景观生态状况良好，不愧为世界文化与自然遗产地。但也要看到，仍有占景区面积 15% 的景观(尤其是农田和居住地)处在危急状态,这些景观不仅稳定性差,而且在一定程度上对整个风景区的质量造成了破坏,因此,在今后的保护与发展中应引起足够的重视。

本研究所提出的评价方法是基于景观类型评价基础上的景观生态评价,这种评价思路不仅能从宏观上(景区水平)评价景观生态现状,还可适用于更小尺度(景观类型)的景观生态评价。研究结果表明了所建立的景观生态评价方法与指标体系能够准确、客观地评价武夷山风景名胜区现有的景观生态状况,其结果与现实甚为吻合。因此,它不仅科学可行,而且简单方便、易于操作。

第 4 章　武夷山风景名胜区景观格局及其演变

景观格局，一般是指其空间格局，即大小和形状各异的景观要素在空间上的排列和组合，包括景观组成单元的类型、数目及空间分布与配置，比如不同类型的斑块可在空间上呈随机型、均匀型或聚集型分布。它是景观异质性的具体体现，又是各种生态过程在不同尺度上作用的结果。景观格局反映景观的基本属性，与景观生态过程和功能有密切关系。探讨格局与过程之间的关系是景观生态学的核心内容。由于景观格局的形成是在一定地域内各种自然环境条件与社会因素共同作用的产物，研究其特征可了解它的形成原因与作用机制，为人类定向影响生态环境并使之向良性方向演化提供依据。景观变化的动力既来自景观内部各种要素相互作用形成的多种过程，也来自景观外部的干扰。不同的景观变化驱动力使景观表现出多种多样的动态变化特征，不断改变着景观的结构和功能。研究和掌握景观动态变化规律，是合理利用、科学保护和持续管理景观的基础。

4.1　武夷山风景名胜区景观格局与演变特征分析

景观格局研究一直以来都是景观生态学研究的重要领域之一（Saura *et al.*，2000；Herold *et al.*，2005；傅伯杰等，2008）。景观空间格局既是景观异质性的具体体现，又是多种生态过程在不同尺度上作用的最终结果。景观格局变化决定着景观功能变化，同时景观功能的改变反过来又对景观格局的形成产生影响。景观要素极其空间格局与斑块内部或斑块间的物质和能量交换、生物多样性、斑块稳定性与周转率等均有密切联系（Schrder *et al.*，2006；Abdullah *et al.*，2006；王继夏等，2008）。景观空间格局的研究对于了解各景观要素的复杂性、稳定性和破碎化程度及其受自然和人为干扰作用等具有重要现实意义。

不同阶段景区发展规划建设、游客旅游活动、区内居民生产生活方式存在差异，从而形成了景区各阶段特有的生态学过程和景观格局特征。因此，通过对武夷山风景名胜区 1986 年、1997 年、2009 年 3 个关键时期的景观要素特征及其空间格局演变规律进行分析，对于探究景区景观形成机制，特别是理解景区内人类活动与景观结构之间的关系，揭示景观格局变迁的驱动机制具有重要的理论价值和指导意义。

4.1.1　研究方法

景观指数是能够高度浓缩景观格局信息、反映其结构组成和空间分布特征的定量指标。现有这些指数往往只能反映景观异质性的某一个侧面特征，联合使用多种指数和分析方法有助于取长补短，更准确地反映景观异质性规律（陈文波等，2002）。根据研究区特点，选择斑块密度（patch density，PD）、平均斑块形状指数（mean patch shape index，MSI）、分维数（fractal dimension，FRAC）、破碎度指数（fragmentation index，FN）、分离度指数（separation index，SI）、香农多样性指标（shannon's diversity index，SHDI）、香农均匀度指标（shannon's evenness index，SHEI）、景观优势度（dominance index，DI）、蔓延度指数（contagion Index，CONTAG）等景观格局指数，借助 Fragstats 3.3 景观格局指数计算软件和 Excel 数据处理软件完成计算，具体公式如下：

（1）斑块密度（肖笃宁，1991）

$$PD_i = \frac{n_i}{A_i} \tag{4-1}$$

式中，PD_i 为景观类型 i 的斑块密度；A_i 为景观类型 i 的面积；n_i 为景观类型 i 的斑块数。该指标反映景观的破碎化程度以及景观空间的异质性程度。PD 值越大，景观破碎化程度越大，空间异质性也越大。

（2）平均斑块形状指数（Forman and Godron，1986）

$$MSI_i = \frac{1}{n_i} \sum_{j=1}^{n_i} \frac{P_{ij}}{2 \sqrt{\pi A_{ij}}} \tag{4-2}$$

式中，MSI_i 为景观类型 i 的平均斑块形状指数；P_{ij} 与 A_{ij} 分别为景观类型 i 中第 j 斑块的周长和面积；A_i 和 n_i 含义同式（4-1）。平均斑块形状指数是斑块周长与等面积的圆周长之比，代表斑块形状与圆形差异程度。该指数最小值为 1，其值越接近 1，表示斑块形状与圆形越相近；其值越大，则斑块形状与圆形相差越大，形状越不规则（Forman and Godron，1986）。

（3）分维数（傅伯杰，1995）

$$FRAC_i = 2 \frac{\sum_{j=1}^{n_i} \log A_{ij} \cdot \log P_{ij} - \frac{1}{n_i} \sum_{j=1}^{n_i} \log A_{ij} \cdot \sum_{j=1}^{n_i} \log P_{ij}}{\sum_{j=1}^{n_i} (\log A_{ij})^2 - \frac{1}{n_i} \left(\sum_{j=1}^{n_i} \log A_{ij} \right)^2} \tag{4-3}$$

式中，$FRAC_i$ 为景观类型 i 斑块的边界分维数；其他符号同式（4-1）和式（4-2）。FD 值的理论范围为 1.0～2.0，1.0 代表最简单的正方形斑块，2.0 表示等面积下边缘最复杂的斑块。

（4）破碎度指数（何念鹏等，2001）

$$FN_i = \frac{n_i - 1}{NC_i} \tag{4-4}$$

式中，FN_i 为景观类型 i 的破碎度；$NC_i = \frac{A_i}{A_{\min}}$ 是景观类型 i 面积除以最小斑块

面积 $A_{\min}$，以此减少由于网格尺度不同所造成的数据变化。FN_i 值范围为 $0 \sim 1$ 之间，0 表示景观未受破坏，1 表示景观完全被破坏。

（5）分离度指数（陈利顶和傅伯杰，1996）

$$SI_i = \frac{D_i}{S_i} \tag{4-5}$$

式中，SI_i 为景观类型 i 的分离度；D_i 为景观类型 i 的距离指数（$D_i = \frac{1}{2}\sqrt{\frac{n_i}{A}}$）；$S_i$ 为景观类型 i 的面积指数（$S_i = \frac{A_i}{A}$）；A 为景观总面积；其余符号含义同式（4-1）。景观分离度表示某一景观中不同斑块个体空间分布的离散程度，其值越大，斑块则越离散，斑块之间的距离越大。

（6）多样性指数（傅伯杰，1995；陈利顶等，1996）

$$H = -\sum_{i=1}^{m} S_i \cdot \log S_i \tag{4-6}$$

式中，H 为景观多样性指数；S_i 为景观类型 i 所占面积比例；m 为景观类型的数目。多样性指数是指生态系统或景观要素在结构、功能及其随时间变化的多样性，是景观复杂性的表征。H 值越大，表示景观的多样性程度越高（陈利顶等，1996）。

（7）优势度指数（傅伯杰，1995；陈利顶等，1996）

$$D = H_{\max} + \sum_{i=1}^{m} S_i \cdot \log S_i \tag{4-7}$$

式中，D 为景观优势度指数；$H_{\max}$ 为最大多样性指数，$H_{\max} = \log m$；S_i、m 符号同式（4-6）。优势度指数是用于测度景观结构中一种或几种景观类型对景观的支配程度，它与多样性指数成反比，即多样性指数越大，其优势度越小（陈利顶等，1996）。

（8）均匀度指数（Romme，1982；陈利顶等，1996）

$$E = \frac{H}{H_{\max}} \times 100\% \tag{4-8}$$

式中，E 为景观均匀度指数；H 为修正的 Simpson 指数，$H = -\log\left[\sum_{i=1}^{m} S_i^2\right]$；$H_{\max} = \log m$；$S_i$、$m$ 符号同式（4-7）。均匀度是描述景观中各景观类型的分配均匀程度，该指示含义与优势度相反，两个指标可彼此验证（唐礼俊，1998）。

（9）蔓延度指数（Romme，1982；Graham et al.，2004）

蔓延度指数等于景观中各斑块类型所占景观面积乘以各斑块类型之间相邻的网格单元数目占总相邻的格网单元数目的比例，乘以该值的自然对数之后的各斑块类型之和，除以 2 倍的斑块类型总数的自然对数，其值加 1 后再转化为百分比的形式。其范围：$0 < CONTAG \leqslant 100$，该值较小时表明景观中存在许多小斑块，趋于 100 时表明景观中有连通度极高的优势斑块类型存在。蔓延度指数描述的是景观里不同斑块类型的团聚程度或延展趋势。一般来说，高蔓延度值说明景观中的某种优势斑块类型形成了良好的连接性；反之，则表明景观是具有多种要素的密集格局，景观的破碎化程度较高。蔓延度指数在 FRAGSTATS 软件的栅格版本中运行获得。

4.1.2 景观类型斑块结构动态

4.1.2.1 景观类型斑块基本特征变化

为方便论述，将 1986—1997 年作为景区发展的第一阶段，称 1997 年前；1997—2009 年为景区发展的第二阶段，称 1997 年后。武夷山风景名胜区景观类型斑块特征及变化见表 4-1 和图 4-1。1986 年时景观面积比率居前五位的景观类型依次为马尾松林、农田、杉木林、河流、裸地；1997 年时景观面积比率居前五位的景观类型为马尾松林、农田、茶园、建设用地、河流；2009 年时则为马尾松林、茶园、建设用地、农田、河流。这 23 年来，茶园、建设用地面积持续增加，农田、裸地面积不断减少，作为基质景观的马尾松林面积不断减少。茶园、建设用地 1997 年后面积增加量小于 1997 年前；农田 1997 年后面积减少量小于 1997 年前面积减少量；1997 年前杉木林大量减少，损失近 92%。斑块面积变异系数反映某类型景观斑块间的面积差异程度。1986 年时斑块面积变异系数居前四位的景观为马尾松林、农田、杉木林、裸地；1997 年时为马尾松林、农田、茶园、灌草层；2009 年时为马尾松林、农田、建设用地、茶园。比较 3 时期分别居前 4 位的斑块面积变异系数发现：3 个时期马尾松林景观斑块间面积变异系数最大，河流景观仅一个斑块变异系数因而最小，其他景观类型斑块面积变异系数规律较不明显。

1986 年时斑块数量居前 3 位的景观类型为农田（120 块）、茶园（75 块）、杉木林（68 块），1997 年和 2009 年时居前 3 位的景观类型均为茶园、农田、马尾松林。茶园斑块数增加最多，1986 年时茶园仅 75 块，1997 年时增加到 180 块，而2009 年时又增加了 92 块；1997 年后建设用地斑块增加数量小于 1997 年前，1997 年后马尾松林、灌草层、经济林增加斑块数大于 1997 年前。从斑块总体变化程度来看，1997 年后裸地、杉木林、马尾松林、灌草层、茶园、农田、建设用地的变化程度比 1997 年前小，结合面积变化情况说明 1986—1997 年期间是景区景观格局变化较大的时期。1997 年前，杉木林斑块数量和斑块面积减少最多，分别减少了 47 块、431.87 hm^2，茶园斑块数和面积增加的最多，分别增加了 105块、577.94 hm^2；1997 年后，农田面积减少的最多（减少了 318.87 hm^2）；茶园面积增加的最多（增加了 360.81 hm^2），斑块数也随之增加。从斑块周长来看，

3个时期均为基质景观马尾松林总周长最长，农田景观次之。各年中景观类型周长居于前3位的分别为1986年的马尾松林、农田、杉木林，1997年的马尾松林、农田、茶园，2009年的马尾松林、茶园、农田。除基质景观马尾松外，其他景观类型斑块总周长与斑块数量密切相关，变化方向一致，即斑块数量越多，总周长越长；反之亦然。各时期周长变异系数居于前3位的均为马尾松林、建设用地、农田。

表4-1　武夷山风景名胜区景观类型斑块特征及格局指数

类型	年份	NP	TA	PL	MA	MCV	AP	TP	PCV	PD	MSI	SI	FN	FRAC
裸地	1986	37	208.78	2.96	5.64	1.41	1.11	40.89	0.71	17.721 7	8.761 7	0.012 2	0.015 5	1.100 6
	1997	24	102.88	1.46	4.29	1.18	1.06	25.36	0.41	23.329 1	7.569 0	0.020 0	0.020 1	1.108 8
	2009	29	95.65	1.36	3.30	1.32	0.97	28.14	0.84	30.319 5	8.882 7	0.023 6	0.026 3	1.115 9
杉木林	1986	68	483.16	6.86	7.11	1.52	1.50	102.17	0.94	14.073 9	14.533	0.007 2	0.012 5	1.112 2
	1997	21	51.30	0.73	2.44	0.96	0.72	15.03	0.63	40.939 4	6.637 6	0.037 5	0.035 1	1.095 3
	2009	24	76.36	1.08	3.18	1.05	0.83	19.85	0.74	31.428 5	7.082 9	0.026 9	0.027 1	1.085 2
马尾松林	1986	55	4353.24	61.77	79.15	4.83	5.59	307.66	3.39	1.263 4	14.483 7	0.000 7	0.001 1	1.126 8
	1997	45	4238.61	60.14	94.19	4.26	6.63	298.52	3.36	1.061 7	14.362	0.000 7	0.000 9	1.126 2
	2009	68	4001.78	56.82	58.85	5.34	4.72	320.69	4.34	1.699 2	15.818 6	0.000 9	0.001 5	1.135 2
阔叶林	1986	7	34.49	0.49	4.93	0.80	1.43	10.01	0.51	20.293 2	5.285 1	0.032 2	0.015 7	1.149 7
	1997	5	48.46	0.69	9.69	0.65	1.62	8.11	0.28	10.318 2	3.720 4	0.019 4	0.007 4	1.131 0
	2009	10	37.25	0.53	3.73	1.30	0.91	9.14	0.83	26.843 5	4.706 1	0.035 6	0.021 7	1.119 2
竹林	1986	7	62.78	0.89	8.97	0.86	1.60	11.18	0.73	11.150 8	4.369 1	0.017 7	0.008 6	1.086 1
	1997	10	59.11	0.84	5.91	1.20	1.36	13.59	0.77	16.916 4	5.454 5	0.022 5	0.013 7	1.142 4
	2009	16	75.96	1.08	4.75	1.21	1.20	19.21	0.81	21.064 7	6.888 3	0.022 1	0.017 8	1.108 4
灌草层	1986	46	198.76	2.82	4.32	1.40	1.13	51.85	1.07	23.143 5	11.512 4	0.014 3	0.020 4	1.107 2
	1997	35	174.20	2.47	4.98	1.80	1.16	40.43	1.26	20.091 7	9.668 6	0.014 3	0.017 6	1.099 9
	2009	67	154.42	2.19	2.30	1.65	0.74	49.51	0.92	43.387 0	12.351 4	0.022 2	0.038 5	1.135 8
经济林	1986	23	124.44	1.77	5.41	1.04	1.10	25.20	0.70	18.482 9	7.042 5	0.016 2	0.015 9	1.097 2
	1997	23	102.11	1.45	4.44	1.23	0.95	21.76	0.75	22.525 2	6.775 3	0.019 7	0.019 4	1.106 6
	2009	42	101.90	1.45	2.43	1.83	0.66	27.52	0.89	41.217 8	8.505 0	0.026 7	0.036 2	1.105 0
茶园	1986	75	143.44	2.04	1.91	1.34	0.82	61.36	0.64	52.286 3	15.991 6	0.025 3	0.046 4	1.147 0
	1997	180	721.37	10.24	4.01	2.02	1.08	195.05	1.31	24.952 4	22.625 1	0.007 8	0.022 3	1.132 3
	2009	272	1082.18	15.37	3.98	2.37	1.07	290.18	1.52	25.134 4	26.889 8	0.006 4	0.022 5	1.127 9
农田	1986	120	1147.32	16.28	9.56	3.05	2.25	270.56	1.87	10.459 1	24.541 4	0.004 0	0.009 3	1.156 3
	1997	124	899.23	12.76	7.25	3.25	1.95	241.57	2.24	13.789 6	25.132 8	0.005 2	0.012 3	1.156 5
	2009	131	580.36	8.24	4.43	2.82	1.28	168.30	1.87	22.572 1	21.846 5	0.008 3	0.020 2	1.140 7

（续）

类型	年份	NP	TA	PL	MA	MCV	AP	TP	PCV	PD	MSI	SI	FN	FRAC
建设用地	1986	6	76.74	1.09	12.79	1.17	9.96	59.75	1.88	7.818 7	21.426 5	0.013 4	0.005 9	1.218 4
	1997	43	435.47	6.18	10.13	1.77	2.74	117.88	3.12	9.874 3	15.762 1	0.006 3	0.008 7	1.140 8
	2009	66	590.61	8.39	8.95	2.45	2.37	156.33	3.54	11.174 8	16.893 8	0.005 8	0.009 9	1.128 5
河流	1986	1	214.18	3.04	214.18	0	74.54	74.54	0	0.466 9	15.974 1	0.002 0	0	1.237 4
	1997	1	215.35	3.06	215.35	0	76.77	76.77	0	0.464 4	16.354 0	0.001 9	0	1.237 3
	2009	1	245.89	3.49	245.89	0	80.36	80.36	0	0.406 7	15.913 9	0.001 7	0	1.237 3

注：NP 为斑块个数（个）；TA 为斑块类型总面积（hm²）；PL 为斑块类型面积百分比（%）；MA 为平均斑块面积（hm²）；MCV 为斑块面积变异系数；PCV 为斑块周长变异系数；AP 为×××；TP 为斑块类型面积总周长（km）；PD 为斑块密度（个/km²）；MSI 为平均斑块形状指数；FRAC 为平均分维数；FN 为破碎度；SI 为分离度。（下同）

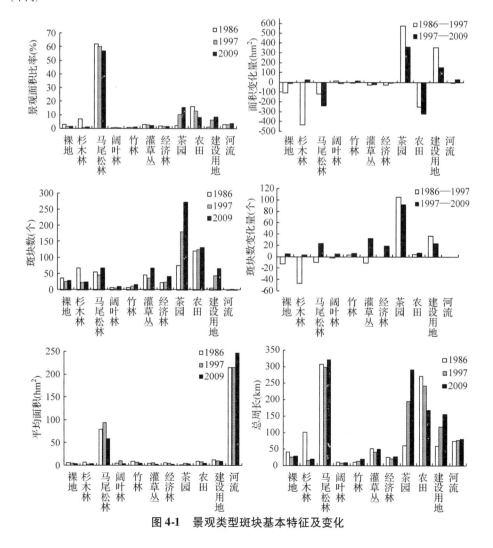

图4-1 景观类型斑块基本特征及变化

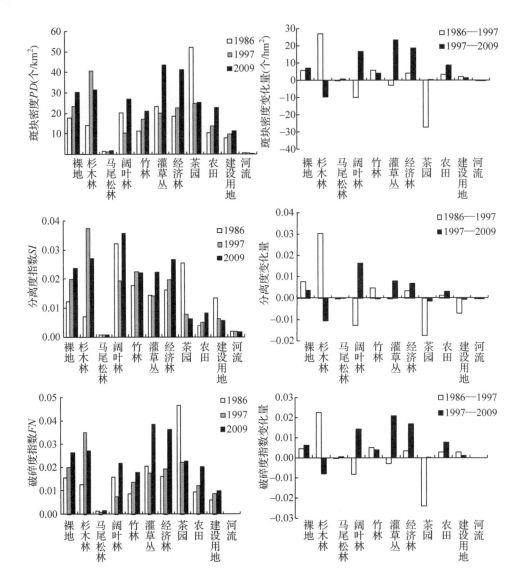

图 4-2　景观类型斑块结构指数及变化

4.1.2.2　景观类型斑块结构变化

斑块密度表征斑块的破碎程度，斑块密度越大，景观类型越破碎。1986—2009年，除茶园外，各景观类型斑块密度均有增加（表 4-1、图 4-2）。1997 年前斑块密度变化程度居前 3 位的景观类型是茶园（-27.333 8 hm²）（括弧中的"+""-"表示变化量的增加与减少）、杉木林（+26.865 5 hm²）、阔叶林（-9.975 0 hm²）。1997年后斑块密度变化程度列前 3 位的景观类型是灌草层（+23.295 3 hm²）、经济林（+18.692 6 hm²）、阔叶林（+16.525 3 hm²）。马尾松林作为基质景观斑块密度在 3 个时期中均保持最小。

破碎度指数为 0 表示某一类型或景观总体未受破坏，为 1 表示完全受破坏。1986—2009 年来，马尾松林、裸地、竹林、经济林、农田、建设用地破碎度指数均呈上升趋势。1986 年时茶园多呈自然状态零星分布于景区内，破碎度指数为 3 个时期最大（0.046 4），随茶园斑块数量增加的同时，茶园面积与 1986 年相比，增加了近 3.5 倍，1986—1997 年茶园破碎度指数变化程度最大，可判断此时期茶园格局受到干扰明显。23 年来建设用地破碎度不断增加，这与景区这期间为发展旅游而不断建设旅游服务基础设施密切相关；河流景观形状复杂，分维数均为各时期最大，干扰程度小，受到较好保护。分离度指数表明某一景观中不同斑块个体空间分布的离散程度。分离度指数值越大，表示斑块离散，斑块之间的距离越大。1997 年前分离度指数变化程度居前 3 位的景观类型是杉木林（+0.030 3）、茶园（−0.017 5）、阔叶林（−0.012 8）。2007 年后分离度指数变化程度居前 3 位的景观类型是阔叶林（+0.016 2）、杉木林（−0.010 6）、灌草层（+0.008 0）。3 个时期茶园和建设用地的变化趋势呈反"J"形，即表现为 1997 年增加程度迅速减小，1997 年后变为缓慢减小。农田则为"J"形变化趋势，即 1997 年前增加程度较小，1997 年后增加程度迅速增大。河流景观的分离度指数、破碎度指数、斑块密度变化程度均为 3 个时期中最小。

景观类型结构指数变化各异，这与景观类型受到的干扰关系密切，特别是人为干扰。1986—1997 年因景区快速发展旅游及茶叶经济的利益驱动，景区用地矛盾凸显，马尾松林、杉木林、裸地等被大面积占用于修建房屋、公路、种植茶叶，景观破碎度增加。1997—2009 年管理部门意识到景区快速发展带来的生态环境问题危害性，因而更加科学合理规划景区旅游开发建设，加大保护宣传力度，对景区人类活动进行引导、监督，并取得显著成效。此阶段景区内茶园扩张有所减缓，景区整体破碎度程度下降。

4.1.3　景观总体结构动态

4.1.3.1　景观总体异质性变化

如表 4-2 所示，23 年来武夷山风景名胜区景观总体斑块数不断增加，1986—1997 年景区斑块增加了 215 块，1997—2009 年间又增加了 66 块。景区分维数、多样性指数、均匀度指数均呈增加趋势，表明这 23 年来景区景观类型组成日趋复杂化，多样性程度提高；景观类型空间分配呈均匀化趋势，优势度指数的不断下降也可以说明这一点。CONTAG 指标描述不同景观斑块类型的团聚程度或延展趋势。一般来说，高蔓延度值说明景观中的某种优势斑块类型形成了良好的连接性；反之，则表明景观是具有多种要素的密集格局，景观的破碎化程度较高（王兮之等，2002）。武夷山风景名胜区蔓延度指标不断减小，可见景区的连续性有

表 4-2　景观总体异质性指数

年份	NTP	FRAC	CONTAG	SHDI	SHEI	DI
1986	445	1.211 0	69.844 4	1.416 6	0.570 1	1.068 3
1997	511	1.217 6	69.262	1.442 3	0.580 4	1.042 6
2009	726	1.236 5	68.480 8	1.478 6	0.595	1.006 3

注：NTP 为斑块总数；FRAC 为分维；CONTAG 为蔓延度；SHDI 为 Shannon-Wiener 多样性指标；SHEI 为 Shannon-Wiener 均匀度指标；DI 为景观优势度。

所降低，景观破碎化程度增加，这与景区斑块数和优势度指标反映的结果一致。

4.1.3.2　景观类型动态演化

应用 ARCGIS 中 Spatial Analyst Tools 工具下的 Zonal – tebulate area 模块，计算获得转移概率矩阵（表 4-3、表 4-4）。1986—2009 年，马尾松林向茶园转化面积 536.51 hm²，农田向建设用地转化面积 323.47 hm²，杉木林向茶园转化面积 165.94 hm²，转化面积总体趋势增加。1997 年前各景观类型的转化的面积均大于 1997 年后转化的面积，也一定程度表明 1997 年前景区景观变化较 1997 年后剧烈，这与前文斑块特征及其结构变化研究结果一致。

表 4-3　1986—1997 年间景区转移概率矩阵

景观类型	裸地	杉木林	马尾松林	阔叶林	竹林	灌草层	经济林	茶园	农田	建设用地	河流
裸地	47.7	–	1.3	–	–	–	–	8.3	9.4	32.7	0.6
杉木林	–	8.0	28.1	–	–	1.2	1.2	31.7	6.7	23.1	–
马尾松林	–	0.1	91.2	0.7	–	0.6	–	6.8	0.4	0.3	–
阔叶林	–	–	54.3	15.2	29.8	–	–	–	0.7	–	–
竹林	–	–	28.3	–	70.1	–	–	0.7	0.8	–	–
灌草层	–	–	13.2	5.9	–	66.9	0.2	7.8	2.0	4.0	–
经济林	–	–	–	–	–	–	77.0	23.0	–	–	–
茶园	–	–	–	–	–	–	–	100	–	–	–
农田	0.1	0.9	4.3	–	0.4	0.6	–	5.9	71.8	15.5	0.5
建设用地	2.8	–	20.5	–	0.2	–	–	1.9	1.1	71.0	2.5
河流	–	–	1.3	–	–	1.4	–	–	0.3	0.6	96.4

注："–"表示景观类型间没有转移或转移极少。

1986—1997 年，各景观类型间面积转化居前 3 位的为：马尾松林向茶园转化面积 294.80 hm²，农田向建设用地转化面积 176.73 hm²，杉木林向茶园转化面积 152.68 hm²。杉木林主要向茶园、马尾松林、建设用地转化自身面积的 31.7%、28.1%、23.1%；马尾松林主要向茶园、灌草层、农田转化自身面积的 6.8%、0.6%、0.4%；经济林只向茶园转化了 23.0% 的面积；茶园只有输入转化，没有向外输出转化，1997 年茶园中有 71.4% 的面积来自马尾松林、杉木林和农田；农田主要向建设用地、茶园转化自身面积的 15.5%、5.9%；而建设用地主要向

表 4-4　1997—2009 年间景区转移概率矩阵

景观类型	裸地	杉木林	马尾松林	阔叶林	竹林	灌草层	经济林	茶园	农田	建设用地	河流
裸地	39.9	–	2.4	–	–	3.1	–	4.2	1.9	21.1	27.4
杉木林	–	90.7	0.5	–	–	–	–	8.4	–	0.2	0.2
马尾松林	–	0.6	89.8	–	0.2	1.3	0.4	6.6	0.4	0.4	0.3
阔叶林	–	–	95.1	–	–	–	–	3.4	–	–	1.5
竹林	1.0	–	4.2	–	86.0	–	–	3.4	–	–	5.4
灌草层	–	0.3	43.7	21.1	–	28.7	–	3.5	0.2	1.2	1.2
经济林	–	–	4.2	–	10.1	3.3	60.7	18.1	–	2.3	1.2
茶园	–	–	7.2	–	0.1	1.7	0.6	88.3	0.8	0.7	0.7
农田	1.8	0.4	0.7	–	0.4	1.2	0.8	10.8	59.4	22.6	1.9
建设用地	4.5	–	1.3	–	0.1	3.8	2.5	5.4	4.8	76.0	1.6
河流	8.6	–	0.4	–	0.5	1.5	–	3.2	1.8	3.4	80.5

注：" – "表示景观类型间没有转移或转移极少。

马尾松林转化自身面积的 20.5%，1997 年建设用地中分别有 41.4%、26.0%、16.0%、11.9% 的面积由农田、杉木林、裸地和建设用地转化而来；河流景观基本没有转移。此阶段马尾松林、农田、杉木林、裸地为主要输出景观，茶园、建设用地、农田、马尾松林为主要输入景观，其中茶园只有输入，没有输出，农田、马尾松林即为输入景观，又是输出景观，农田在输出成为建设用地、茶园的同时，又有主要来自马尾松林、裸地的输入。杉木和茶园、建设用地、农田毗邻，故它们之间转化较多；马尾松林作为基质景观与周围各景观类型发生频繁密切的作用，马尾松林与人工景观间的转化是由于人类利用方式的转变所致，如马尾松林与茶园、农田间的转化，而与森林景观间的转化则与演替过程有关，如阔叶林、竹林、灌草层间的转化。

1997—2009 年，杉木林向茶园转化面积 280.82 hm²、农田向茶园转化面积 96.65 hm²、灌草层向马尾松林转化面积 76.15 hm²。裸地主要向河流、建设用地、茶园转化自身面积的 27.4%、21.1%、4.2%；马尾松林主要向茶园转化了 6.6%，向其他各类型共转化了 3.6% 的面积；茶园向外输出自身面积的 11.7%，主要输出对象为马尾松林和灌草层；农田主要向建设用地、灌草层转化了自身面积的 22.6%、10.8%；建设用地除了维持自身面积的 76% 外，主要向茶园、裸地转化了自身面积的 5.4% 和 4.5%；河流有 8.6% 的面积向裸地转化。此阶段主要是表现为杉木林、农田向茶园的输入，茶园不再只是输入景观，而且作为输出景观开始向马尾松林、灌草层输入。此外，虽然马尾松林向外输出的面积较 1997 年前增加 122.2 hm²，但此时有更多的景观类型向马尾松林有输入。

4.1.4　小结

本节研究结果表明：①近 23 年来，景区茶园、建设用地大面积持续增加，

马尾松林、农田、裸地大面积减少。②1986—1997 年，马尾松向茶园、农田向建设用地、杉木林向茶园转移面积居前 3 位，分别为 294.80 hm²、176.73 hm²、152.68 hm²；茶园面积增加量最大（增加了 577.93 hm²），建设用地次之（增加了 358.73 hm²），杉木林面积减少量最多（减少了 431.87 hm²），农田次之（减少了 248.01 hm²）；此阶段茶园只为输入景观，景区景观变幅大，受人为干扰特别显著。1997—2009 年，杉木林向茶园、农田向茶园、灌草层向马尾松林转移面积居前 3 位，分别为 280.82 hm²、96.65 hm²、76.15 hm²；此期间茶园和建设用地增加面积最多，分别增加了 360.81 hm² 和 155.14 hm²，农田面积减少最多，减少了 318.87 hm²；该阶段景观变化幅度较 1986—1997 年减小，人为干扰有所减弱。③23 年来不同景观类型特征及其变化各异，主要表现为农田破碎度增加，建设用地趋于规则化，茶园受到干扰显著，河流景观形状最为复杂且受干扰小；景观多样性程度提高，景观类型空间分布呈均匀化趋势。

自 1986 年《武夷山风景名胜区总体规划》获批后，景区规划建设逐渐开展。在旅游开发需要和经济利益驱使下，1986—1997 年间茶园和建设用地面积大量增加，裸地、竹林、阔叶林、杉木等景观类型受到人为干扰显著增加，各景观指数变幅较大。特别是 20 世纪 90 年代初，有关部门盲目制定发展茶园的政策，给乡镇村庄群众下达开茶园的指标，鼓励农民开茶山，短短几年内景区茶园面积急剧增加，森林遭受砍伐，造成一定程度的水土流失。此期间土地建设和政策导向下的茶园开发是导致景区景观较不稳定的主要原因。1999 年武夷山入选世界文化和自然双遗产。政府和相关管理部门对武夷山世界文化和自然遗产地的发展规划有了重新的思考和定位，高度重视对遗产地的保护和可持续发展。各种有针对性的法律、法规、规划得以有效落实，并取得成效。景观指数变化程度普遍较 1986—1997 年间降低，过度毁林种茶受到一定抑制。此期间景区旅游发展方式向生态旅游转变，努力寻求新的旅游资源增长点。2001 年上游生态景区正式运营，分流了部分主景区的游客；2009 年环保型观光旅游车也投入使用。可见管理部门已对遗产地旅游开发模式进行新的尝试，生态环境保护越来越受到重视。今后应该更加重视协调好遗产地保护、旅游发展及其农业发展模式（特别是茶叶经济）三者之间的关系，努力探索三者最佳的平衡点。

当斑块数量和面积都增加时，面积的变化程度会影响破碎度指数。如 1986 年茶园破碎度指数为 0.046 4，而随着斑块数量的不断增加，1997 年 FN 为 0.022 3，2009 年 FN 为 0.022 5，破碎度反而呈下降态势。可见，通过格局指数揭示景观变化规律，不能只从单一的几个指标来判断，要结合多个指标进行判断。另外，从景观尺度上看，23 年来河流变幅最小，破碎度程度低，最为稳定。然而，要准确评价作为武夷山风景名胜区精华景区的九曲溪所受人为干扰状况，仅通过景观格局方面的研究并不全面，还必须结合水质、水量、水生生物等内容进行监测分析，才能更为全面科学地获得可信结论。

4.2　武夷山风景名胜区风景廊道时空特征及其生态响应

不同于两侧基质的狭长地带被称为廊道（Forman and Godron，1986），它是景观格局结构（基质—斑块—廊道）的重要组成之一，其基本功能包括传输通道、屏障和过滤、生境、物种源和汇等（Forman，2000；张仕超等，2010）。有关廊道的界定与分类不尽相同（蔡婵静等，2006；李正玲等，2009）：根据组成内容或生态系统类型可分为森林廊道、河流廊道、道路廊道等；根据景观视觉表现分可为灰色廊道、绿色廊道和蓝色廊道；从功能角度出发又有诸如生物廊道、遗产廊道等。廊道作为特殊景观基本要素，其结构上既分割景观格局又连通景观单元，体现通道—阻隔的双重性作用；在功能上廊道对于保护生物多样性、自然保护区的设立、城市及道路规划设计、防止水土流失及过滤污染物、资源管理和全球变化等方面具有重要的现实意义（Joanna *et al.*，2005；Vergara，2011；马明国等，2002；李月辉等，2006；俞孔坚等，2010；陈利顶等，2010）。特别在当前人类对环境影响日益加重的大背景下，对廊道结构和功能、保护、设计、建设等领域的研究为解决人类面临的诸多环境问题提供了科学途径。

国外规划设计者基于对旅游地内交通、景观、遗产保护和游憩等多功能有机结合的需要，提出了风景道（Scenic byway）的概念（Federal Highway Administration，1991）。目前风景道这一特殊景观道路的概念仍未统一，其研究内容主要集中于概念界定、景观评价、规划设计、营销及管理制度等方面（余青等，2007）。笔者认为旅游地内能为游客体验自然景观和人文魅力并起交通游览作用的道路形式都可以成为风景廊道（Scenic corridor）。风景廊道的结构强烈影响和制约旅游地的景观生态过程，影响着信息、能量、物质、生物及人类在景观中的运动（邬建国，2007），是景区保护和利用的关键。风景廊道建设及其运营过程为旅游地发展带来利益的同时，又对景区景观格局造成分割与改变，甚至成为本底景观的旅游污染源，带来诸如环境污染、旅游资源破坏、生态系统破碎、干扰、退化等生态学问题（Liu *et al.*，2008；李玉凤等，2011），进而威胁到景区生态环境及旅游发展的可持续性。可见，旅游地风景廊道景观格局研究显得尤为重要。有鉴于此，本节对武夷山风景名胜区风景廊道（包括游览步道与行车公路）的时空特征及演变规律进行分析；从不同功能景区着眼探讨廊道特征及网络结构对景区动物、植物及景观环境的影响，进而揭示武夷山风景名胜区风景廊道格局与生态过程的作用机理，以期为世界文化和自然双遗产地的发展与廊道规划提供理论参考。

4.2.1　研究方法

4.2.1.1　数据基础

运用地理信息系统软件 ArcGIS 在经地图配准、拓扑编辑后的基础图件上，对景区风景廊道（游览步道与行车公路）进行矢量化，获得 1986 年、1997 年、2009 年 3 个时期风景廊道分布图。

4.2.1.2　廊道格局指数

廊道本身的结构特征影响其生态功能的发挥，对廊道结构的研究应从廊道构成和网络结构两方面进行。选择廊道的长度、密度、曲度和公路建设率等指标进行统计比较来描述廊道构成情况；选用线点率、环度和连通性等指标描述廊道网络的结构特征（蔡婵静等，2006；马明国等，2003）。

（1）廊道构成指标

$$D = L/A \tag{4-9}$$

$$D_0 = L/Q \tag{4-10}$$

$$C = L_2/(L_1 + L_2) \tag{4-11}$$

式中，D 为廊道密度（$km \cdot km^{-2}$）；D_0 为曲度；C 为公路廊道建设率；L 为研究区内廊道总长度（km）；A 为研究区面积（km^2）；Q 为初始位置到特定位置的直线距离；L_1 为步道长度（km）；L_2 为公路长度（km）。D 表征廊道在研究区范围内的疏密程度。D_0 衡量生物在景观中两点的移动速度，$D_0 \in [1, 2]$，其值越大弯曲程度越复杂。C 表征风景廊道中公路廊道建设程度，$C \in [0, 1]$，其值越大表示公路建设越充分。

（2）网络结构指标

$$\beta = M/N \tag{4-12}$$

$$\alpha = H/H_{max} = (M - N - 1)/(2N - 5) \tag{4-13}$$

$$\gamma = M/M_{max} = M/3(N - 2) \tag{4-14}$$

式中，β 为线点率；α 为环通度；γ 为连通度；M 为各类型廊道网络中实际存在的连接数；N 为结点数；H 为风景廊道网络中的实际环路数；H_{max} 为风景廊道网络中最大可能的环路数；M_{max} 为最大可能的连接廊道数。$\beta \in [0, 3]$，$\beta = 0$ 表示无网络存在；β 值增大，网络复杂性增加。$\alpha \in [0, 1]$，$\alpha = 0$ 表示网络中不存在回路，$\alpha = 1$ 表示网络中已达到最大限度的回路数。$\gamma \in [0, 1]$，$\gamma = 0$ 说明网络内无连接，只有孤立点存在；$\gamma = 1$ 表示网络内每一个节点都存在着与其他所有节点相连的连线。

4.2.1.3　干扰（生态环境影响）指数

选择旅游影响系数、动物多样性指数、植物多样性指数及景观重要值等作为景区廊道生态影响干扰指数，并对不同功能景区的干扰指数与廊道格局指数进行相关分析，用以反映生态环境对廊道格局的响应。

①经实地勘察后，根据海拔梯度和旅游植被景观敏感水平的不同，沿景区内廊道周边约 10～20 m 处布设样地，每一功能景区分别布设 6 块样地。因溪东旅游服务区为建设用地，无完整植被群落；九曲溪景区主要廊道沿线地势陡峭，难以到达，均未设样地。每一块样地面积为 600 m²(20 m × 30 m)，测定并记录每一块样地的海拔、坡向、坡位、坡度和群落类型等因子(表 4-5)，采用相邻格子法进行调查，对样方内出现的木本植物进行每木检尺(根据实地踏查选择乔木起测径阶 ≥ 2cm)，记录其种名、胸径、树高、冠幅和枝下高。在每一个乔木样方中设置 1 个 5 m×5 m 和 1 m×1 m 的样方调查灌木和草本，记录种类、数量、高度、盖度等指标。旅游影响系数是一种反映旅游活动对植被景观的干扰程度和景区旅游管理水平的有效指标，旅游影响系数越大，说明其受影响愈大，旅游管理质量越差。记录各样地内枝下高、垃圾量、刀刻量等环境状况指标，以此为旅游影响系数表征指标(详见第 6 章 6.1)。

表 4-5 样地植被类型

样地号	主要景点	平均海拔(m)	坡度(°)	植被类型	样方数
1	大王峰	435	19	阔叶林	6
2	天游峰	415	25	马尾松林	6
3	水帘洞	245	27	竹林	6
4	一线天	174	31	杉木林	6

②物种多样性信息指数表示物种的丰富度和各物种组成的均匀性程度。一般而言，信息指数愈大，表示物种多样性愈大，生态环境质量愈好。选取鸟类 Shannon-Wiener 多样性指数、鸟类均匀度指数、生态优势度指数及鸟类物种数等作为动物多样性指数的表征指标；选择植物 Shannon-Wiener 多样性指数、植物 Simpson 多样性指数及植物均匀度指数等作为表征植物多样性的指标，相应指数计算公式详见文献(何东进等，2007；游巍斌等，2011c)。

③景观重要值(landscape important value，LIV)(程占红等，2003)是以物种多样化、群落结构和美学因素来反映自然地理因素和旅游活动对植物群落生态环境的影响程度。群落景观重要值越大，说明该群落的旅游价值越大，生态环境越好。计算公式为：

$$LIV = X_1 + X_2 + X_3 \qquad (4\text{-}15)$$

式中，LIV 为景观重要值；X_1 为相对物种系数 = 样地物种数/景区总种数；X_2 为相对树高系数 = 样地平均树高/最高树高；X_3 为乔木相对冠幅系数 = 乔木平均冠幅/最大冠幅。

4.2.2 武夷山风景名胜区功能景区分区

风景廊道作为景区基础设施的重要组成部分，其基本功能是连接景区外围区域及连接景区内各个旅游景点，起引导交通、游览的作用。景区道路建设是充分利用区域旅游资源、发展旅游业的重要前提。根据武夷山风景名胜区内风景廊道特点，将其分为游憩步道和车行公路两类。

景区内各功能景区景观特点及旅游体验不尽相同，风景廊道在功能景区内建设和结构存在差异。《武夷山风景名胜区总体规划》根据风景资源的差异性及风景资源地域的完整性，从有利于景区游览、有利内部服务设施安排及景区建设和行政管理上的便利来划分景区。为便于景区廊道格局的比较研究，在景区总体规划的基础上，进一步考虑景区地形特征(山脊和山谷)对功能景区重新分区，新划分的功能景区与原总体规划中划分的景区名称、功能一致，但面积有所扩大。景区可划分为山北景区、溪南景区、云窝·天游·桃源洞景区、溪东旅游服务区、武夷宫景区、九曲溪景区6大功能景区，其周长、面积、景区特色与旅游功能见表4-6。不同时期风景廊道在各功能景区内分布格局如图4-3及彩图4-3所示。

表4-6 武夷山风景名胜区功能景区分区

功能景区	周长（km）	面积（km²）	景区内位置	景区特色及旅游功能
山北景区	20.33	19.36	北部	以天心永乐寺、大红袍、水帘洞、莲花峰等为特色景点；以丹霞地貌峰峦及岩体景观为基础，部分地区突出佛教文化内涵，部分地区突出乡村自然风貌。拟规划增设山地体育活动内容
溪南景区	17.95	15.24	南部	以一线天、虎啸岩为特色景点；具有优美的生态环境条件，拟建动植物专园于此
云窝·天游·桃源洞景区	14.84	9.26	中心部位	以云窝、天游、桃源洞、三仰峰等为特色景点；集武夷山丹霞地貌的山水文化景观精华为一体
溪东旅游服务区	18.97	12.00	东部	景区大型服务功能区；餐饮、酒店、游乐中心，影剧院、运动场所，歌舞厅，茶室等旅游服务集中于此，也称度假区
武夷宫景区	11.93	5.57	主入口处	以武夷宫、大王峰、幔亭峰、宋街等为特色景点；本区是景区的门户，体现武夷山文化景观的内涵及丹霞地貌景观风貌
九曲溪景区	17.03	8.97	中部	以九曲清溪、玉女峰、晒布岩等为特色景点。以竹筏漂流的形式领略九曲溪两岸九曲十八弯、峰峰水抱流的鬼斧神工，是武夷山最具特色的精华景区
总景区	45.10	70.40	—	—

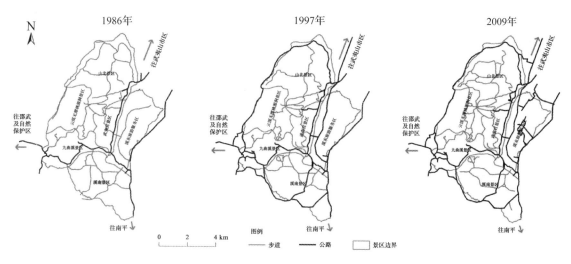

图 4-3 武夷山风景名胜区风景廊道格局分布

4.2.3 廊道构成特征及其变化特点

武夷山风景名胜区不同时期风景廊道构成特征及变化详见表 4-7。风景廊道总长度在 1986 年、1997 年、2009 年分别为 94.218 km、156.715 km、197.574 km。1986 年步道长度为公路长度的 2.2 倍，而 1997 年和 2009 年公路长度分别为步道的 1.5 倍、1.4 倍。1986—1997 年风景廊道增加以公路为主，公路增加 64.659 km，步道减少了 2.162 km；1997—2009 年公路增加较 1986—2009 年放缓，增加了 22.172 km，而这一阶段步道却明显增加，增加了 18.687 km。各功能景区风景廊道在 1986—2009 年近 24 年间均呈增加趋势，山北景区增加最多(增加了 27.384 km)，武夷宫景区增加最少(仅增加 8.339 km)。从步道与公路构成来看，1986 年山北景区、溪南景区、云窝·天游·桃源洞景区的旅游步道长度均大于公路长度，其他景区则呈现步道长度小于公路，此时期景区还未开展旅游建设，区内步道和公路多为满足当地居民生产生活所需的原先存在的道路。1997 年和 2009 年各景区的公路建设都有不同程度增加，溪南景区公路长度均超过了步道长度；1986—1997 年公路增加最多的为山北景区(增加了 16.191 km)，其次为溪东旅游服务区(增加了 13.737 km)，最少的为武夷宫景区(增加了 6.048 km)，而 1997—2009 年溪东旅游服务区公路增加最多，增加了 11.082 km，溪南景区、云窝·天游·桃源洞景区和武夷宫景区没有变化。1986—1997 年云窝、天游、武夷宫等景区开发力度增加，为满足日益渐增的游客需求，在新建风景廊道的同时，也对原先步道进行扩建、改建，部分步道因此变为公路。期间云窝·天游·桃源洞景区步道增加最多(增加了 5.782 km)，而山北、溪南、溪东旅游服务区步道长度均减

少，溪东服务区减少最多(减少了 4.936 km)。1997—2009 年山北景区步道增加最多，增加了 13.094 km，这与此期间景区重点开发建设山北景区密切相关。

公路建设率是指公路在风景廊道中所占的比率，公路相对于步道来说对原始自然环境影响大，干扰、分割作用大大强于游览步道(Federal Highway Administration，1991)。因此，采用公路建设率能反映景区公路建成对自然环境的改变及影响程度大小。1986 年各景区公路建设率普遍偏低，景区公路建设率仅为 0.31，因星村镇区居民生活需要所修建的公路通过九曲溪景区，所以九曲溪景区的公路建设率最高，达 0.72。1997 年景区道路建设率达 0.60，2009 年基本维持在这一比率，但公路绝对长度比 1997 年增加了 22.172 km。另外，1986—1997 年溪东旅游服务区公路增加最为显著(增加了 13.737 km)，是 1997—2009 年该景区公路增加的 1.24 倍。

表 4-7　1986 年、1997 年和 2009 年武夷山风景名胜区风景廊道构成特征

年份	功能景区	L_1	L_2	$L_1 + L_2$	S	D_0	D	C
	山北景区	27.604	3.483	31.087	26.958	1.15	1.61	0.11
	溪南景区	16.076	3.349	19.425	15.061	1.29	1.27	0.17
	云窝·天游·桃源洞景区	6.659	0	6.659	5.989	1.11	0.72	0.00
1986	溪东旅游服务区	7.306	8.008	15.314	13.285	1.15	1.28	0.52
	武夷宫景区	3.221	4.517	7.738	6.919	1.12	1.39	0.58
	九曲溪景区	3.911	10.084	13.995	11.151	1.26	1.56	0.72
	总景区	64.777	29.441	94.218	79.363	1.19	1.34	0.31
	山北景区	23.218	19.674	42.892	27.837	1.54	2.22	0.46
	溪南景区	13.256	14.492	27.748	23.945	1.16	1.82	0.52
	云窝·天游·桃源洞景区	12.441	7.172	19.613	8.112	2.42	2.12	0.37
1997	溪东旅游服务区	2.37	21.745	24.115	15.182	1.59	2.01	0.90
	武夷宫景区	5.512	10.565	16.077	9.566	1.68	2.89	0.66
	九曲溪景区	5.818	20.452	26.27	14.263	1.84	2.93	0.78
	总景区	62.615	94.1	156.715	98.905	1.58	2.23	0.60
	山北景区	36.312	22.159	58.471	36.43	1.61	3.02	0.38
	溪南景区	13.468	14.492	27.96	24.148	1.16	1.83	0.52
	云窝·天游·桃源洞景区	17.839	7.172	25.011	12.811	1.95	2.70	0.29
2009	溪东旅游服务区	4.446	32.827	37.273	24.73	1.51	3.11	0.88
	武夷宫景区	5.512	10.565	16.077	9.38	1.71	2.89	0.66
	九曲溪景区	3.725	29.057	32.782	19.114	1.72	3.65	0.89
	总景区	81.302	116.272	197.574	126.613	1.56	2.81	0.59

注：L_1 为步道长度(km)；L_2 为公路长度(km)；$L_1 + L_2$ 为风景廊道长度(km)；D_0 为曲度；S 为直线长度(km)；D 为廊道密度(km/km^2)；C 为公路建设率。

随着景区旅游发展及相应规划建设的实施，廊道密度不断提高，1986—2009年廊道密度从 1.34 增加到 2.81。1986 年溪南景区风景廊道曲度（1.29）最大，这主要是溪南景区位于武夷镇、兴天镇、星村镇的交界的特殊交通位置，道路复杂；云窝·天游·桃源洞景区此时也未充分开发，因而此景区风景廊道曲度最小（1.11）。1986 年各功能景区间差异不大，标准差仅为 0.07；1997 年云窝·天游·桃源洞景区曲度（2.42）最大，至 2009 年曲度（1.95）虽有所降低，但依然为各景区最大；1997 年和 2009 年溪南景区曲度（1.16）均最小，这两个时期标准差分别为 0.38 和 0.24。廊道密度与廊道长度与景区面积有关，1986 年山北景区廊道密度（1.61）最大，而 1997 年和 2009 年廊道密度最大的景区都是九曲溪景区，分别为 2.93 和 3.65。1999 年武夷山被联合国教科文组织列为世界文化和自然双遗产地，精华景点九曲溪的独特魅力更使游人趋之若鹜，游客量剧增要求对通往竹筏码头的公路进行新建、扩建，同时星村镇区因旅游发展，经济收入提高，镇区建设明显，从而使得九曲溪上游处公路密度明显提高。

4.2.4 廊道网络结构及其变化特点

对风景廊道网络的连线数目、节点数目进行测定，进而计算线点率、连通度和环通度等网络结构指标（表 4-8）。1986—2009 年景区线点率、连通度和环通度均呈现增加的趋势，表明景区近 24 年来网络结构趋于复杂，但各功能景区网络结构变化特点存在差异。1986 年山北景区线点率（1.120）最高，1997 年则为溪南景区（1.286）最高，2009 年山北景区又为最高，达 1.387，说明山北网络结构较复杂，每一节点的平均连线数高，游客游道选择路线多，游览效率高。1986 年云窝·天游·桃源洞景区连通度最高（0.444），这是因为 1986 年时期云窝·天游·桃源洞等景点是景区主要对外开发和重点建设的精华景点，所有来武夷山旅游的游客均会选择游览该景区，1986 年该景区旅游人次（204 038 人次/年），远高于除九曲溪（171 876 人次/年）以外的其他景区；1986—2009 年云窝·天游·桃源洞景区的连通度下降了 0.052，且在 1986—1997 年下降较多。1997—2009年云窝·天游·桃源洞景区增加的旅游人次是 1986—1997 年间该景区增加旅游人次的 5.2 倍，但因该景区面积小，旅游容量有限；溪南景区从 1986 年仅68 861 人次/年增加到 2009 年的 1 296 876 人次/年，超过同期云窝·天游·桃源洞景区（1 030 520 人次/年）的旅游人次。随着功能景区的逐步开发及游客量增加，各景区网络结构也相应发生变化，1997 年溪南景区连通度最高，为 0.474，2009 年山北景区连通度最大，为 0.494。申报世界遗产成功后，管委会对景区旅游规划有了新的认识，也意识到云窝、天游、武夷宫等精华景点旅游承载力有限，意图开发山北景区谋取新的旅游增长点，以实现分流精华景区游客数量、缓解精华景区的旅游压力，对各功能景区内的道路进行了新的规划建设。因此，云

表4-8　1986 年、1997 年和 2009 年武夷山风景名胜区风景廊道网络结构

功能景区	结点(N)			连接线(M)			线点率(β)			连通度(γ)			环通度(α)		
	1986	1997	2009	1986	1997	2009	1986	1997	2009	1986	1997	2009	1986	1997	2009
山北景区	25	20	31	28	22	43	1.120	1.100	1.387	0.406	0.407	0.494	0.089	0.086	0.228
溪南景区	17	21	24	19	27	28	1.118	1.286	1.167	0.422	0.474	0.424	0.103	0.189	0.116
云窝·天游·桃源洞景区	5	13	19	4	13	20	0.800	1.000	1.053	0.444	0.394	0.392	0	0.048	0.061
溪东旅游服务区	6	13	29	5	12	33	0.833	0.923	1.138	0.417	0.364	0.407	0	0	0.094
武夷宫	9	13	13	8	13	13	0.889	1.000	1.000	0.381	0.394	0.394	0	0.048	0.048
九曲溪	11	15	16	10	18	20	0.909	1.200	1.250	0.370	0.462	0.476	0	0.160	0.185
总景区	62	81	116	63	91	141	1.016	1.123	1.216	0.350	0.384	0.412	0.017	0.070	0.115

窝和天游游客增加量放缓，而武夷宫景区 1997—2009 年间游客减少了 105 249 人次/年，是申报世遗后唯一出现游客负增长的功能景区。

环通度体现廊道的回路状况。1986 年时景区环通度仅为 0.017，云窝·天游·桃源洞景区、溪东旅游服务区、武夷宫景区、九曲溪景区环通度均为 0，表明这 4 个功能景区内无回路，这是景区还处在刚开发建设之始，景区道路建设不完善，游客入景区内游玩大都需要通过原路返回，这也表明此时景区内廊道对于发展旅游不尽合理，需要科学规划设计。1997 年是景区环通度增加至 0.07，道路建设逐渐完善，此时溪南景区环通度最高，达 0.189，但仍有从南平到武夷山市、从邵武到武夷山市的过境公路穿越景区，客观上造成景区无法封闭管理，旅游组织不完善，影响旅游质量。2009 年景区环通度继续增加，道路建设更加完善合理，每一个功能景区都有回路存在，给游客游览提供更多的游道选择，此时山北景区的线点率、连通度及环通度(0.228)均为各景区最大，可见景区对山北景区的开发力度的加大。另外，环景公路建设完毕，使邵武至武夷山方向的车辆通过环景公路接南武公路进入市区，使景区避免了过境车辆的影响，并通过专用车辆进行内部交通运输。

4.2.5　廊道格局变化对生态的响应

旅游地廊道为游客感受自然景观、领略人文魅力提供了便利，它在发挥传输通道作用的同时，(特别是关键节点)也成为对景区本底环境的干扰源，廊道建设带来游客可达性提高是否会对景区动植物及生态环境造成影响值得关注。因此，以不同功能景区为样本，选择从动物多样性(以鸟类为例)、植物多样性、人为环境破坏及景观重要值等方面探讨廊道演变格局与生态环境的响应关系(表4-9)。在对风景廊道特征及结构指标进行筛选的基础上，选择步道、曲度、密

表 4-9　武夷山风景名胜各功能景区生态环境指数表

功能景区	鸟类多样性[①]			植物多样性				旅游影响系数			LIV
	S_1	E_1	D_1	S	S_2	P	E_2	H	R	K	
山北景区	1.3	0.51	0.42	18	1.3	0.644	0.747 3	3.013	183	5	0.935 5
溪南景区	3.12	0.82	0.07	10	1.123	0.650 9	0.733 9	3.479	0	0	0.722 1
云窝·天游·桃源洞景区	2.93	0.79	0.09	12	0.697 1	0.346 8	0.490 4	3.152	63	0	0.936 1
溪东旅游服务区	2.33	0.77	0.18	—	—	—	—	—	—	—	—
武夷宫景区	2.98	0.81	0.07	35	2.17	0.877 1	0.911 3	3.227	51	17	0.865 1
九曲溪景区	3.42	0.88	0.05	—	—	—	—	—	—	—	—

注：S_1 为鸟类 Shannon-Wiener 多样性指数；E_1 为鸟类均匀度指数；D_1 为生态优势度指数；S 为物种数；S_2 为植物 Shannon-Wiener 多样性指数；P 为植物 Simpson 多样性指数；E_2 为植物均匀度指数；H 为枝下高（m）；R 为垃圾量；K 为刀刻量；LIV 为景观重要值。①数据来源于福建师范大学生命科学学院与管委会监测中心合作的《武夷山世界自然和文化地风景名胜区及九曲溪生态保护区鸟类资源监测报告（2007—2008年）》（以下简称《报告》），根据《报告》中 6 条调查线路在景区内的地理分布特征，将 6 条线路归并到 6 个功能景区中，从而获取相应功能景区样本数据。

表 4-10　武夷山风景名胜区风景廊道格局与生态环境的相关关系

	L_1	D_0	D	C	β	γ	α
S_1	-0.77	0.04	-0.09	0.34	-0.59	-0.39	-0.45
E_1	-0.89*	0.01	-0.02	0.50	-0.63	-0.45	-0.53
D_1	0.82	-0.04	0.14	-0.34	0.72	0.54	0.6
S	-0.40	0.29	0.57	0.71	-0.36	-0.21	-0.29
S_2	-0.41	-0.06	0.33	0.88*	-0.23	-0.09	-0.16
P	-0.34	-0.37	0.09	0.92*	-0.04	0.07	0.02
E_2	-0.28	-0.38	0.12	0.90*	0.01	0.12	0.08
H	-0.66	-0.71	0.93*	0.47	-0.38	-0.46	-0.40
R	0.86*	0.35	0.76	-0.42	0.72	0.79	0.74
K	-0.4	0.23	0.52	0.75	-0.34	-0.19	-0.27
LIV	0.49	0.88*	0.91*	-0.54	0.13	0.20	0.14

注：* $P < 0.05$；** $P < 0.01$。

度、公路建设率、线点率、连接度、环度 7 个指标与景观重要值等 11 个生态环境指标进行相关分析（表 4-10）。景观重要值与曲度和密度的相关系数分别为 0.88 和 0.91，表明景区廊道越弯曲或密集之处的景观重要值也越高，这与景区为满足游客游览观光的需要，通常选择突出或优美的自然景观周边建设游览步道，并通过适当增加曲度延长游客感知的实际情况相符；步道长度与垃圾量相关系数达 0.86，这主要是因为步道越长游客滞留实际越多，增加了游客丢弃垃圾的机会。密度与枝下高正相关（0.93），这可能是因为廊道密度越大的功能景区内，游客较密集，步道周边的乔木受到游客折枝的几率也大。公路建设率与植物

Shannon-Wiener 多样性指数(S_2)、植物 Simpson 多样性指数(P_2)及植物均匀度指数(E_2)相关系数分别为 0.88、0.92 和 0.90。线点率、连通度、环度均与 11 个生态环境指标均呈不相关，这表明风景廊道网络结构指标对景区旅游生态环境影响均不显著，但也不足以说明生态环境功能对廊道网络无响应，为此需要探索更为可行的研究方法对廊道网络指标与生态过程间可能存在的作用机理加以验证。鸟类多样性指数与廊道指标呈不相关。可能原因有：一是影响鸟类群落多样性因素很多，特别明显的季节差异影响取样结果；二是鸟类不同于爬行类动物需要通过地面迁移，景区廊道对鸟类迁徙的阻碍作用有限。因此，今后若能结合长期监测资料则更有利于揭示廊道格局对鸟类可能存在的生态影响规律。

4.2.6 风景廊道功能分区

风景廊道是旅游地内重要的基础设施。布局合理、建设良好、符合审美的游览步道会提升旅游地的文化品位，提高旅游感官质量，对具有自然、历史文化的特性遗产地来说更是如此。根据前文研究结果并结合景区廊道设计理论，从空间组合、道路布局、景观风貌、人文特色等着眼，将武夷山风景名胜区风景廊道按功能特性分为生态旅游拓展廊道、遗产精华体验廊道、内外交通引导廊道 3 个功能廊道区，并就各区提出规划设计要点与建议(图 4-4、彩图 4-4)。

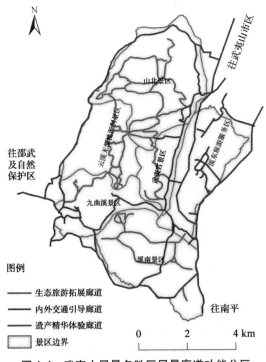

图 4-4 武夷山风景名胜区风景廊道功能分区

（1）生态旅游拓展廊道

以探索自然、亲近自然、沐浴山林为主并以提高景区旅游潜力为目标的风景廊道。规划设计应因势而为，形式上要有曲直变化以求贴近自然，同时考虑游道长度与坡度，恰当间距设休憩点，以免游人易产生疲乏感而降低继续旅游的意愿。生态旅游拓展廊道多铺设于森林繁茂处，游道宽度上宜窄不宜宽，使对生物活动的阻隔降至最低。

（2）遗产精华体验廊道

以集中体验双遗产武夷山最精华的人文景观内涵及丹霞地貌特色的景观为目的的风景廊道。规划设计上要与景点的人文与自然景观相协调，拆除一切不符景观协调性的构件，在条件许可的范围内对某些道路适当拓宽，增加与其他景区的连通度，缓解游客超负荷时对精华景区的影响，特别在游客密集的廊道结点处，建议适当建设栅栏和缓冲区以减少游客对草坪及景区小品的践踏与破坏。同时，增设旅游文明提示牌，提高游人文明旅游的感知频度，避免文化景观功能退化或受损。

（3）内外交通引导廊道

以科学引导景区内外车辆交通并兼具动态欣赏武夷山总体风貌功能为目的的风景廊道。道路选址上需结合地形地势选址，尽可能利用老路保持原貌，最大程度发挥廊道通道作用的同时降低廊道阻隔对生物的负面影响，必要结点处设置架桥、涵洞。道路靠山体一侧易发生塌方、滑坡的路段，要有护坡、挡墙，结合斜坡绿化进行分段分层设计，避免高大水泥灰墙破坏自然景观美感。宜适地适树选择道路绿化树种，考虑树种季相变化、科学设置树种配置的高矮与间隔，以免对游客欣赏武夷风貌视觉受阻，特色景源处更需如此。目前，我国还没有专门用于旅游公路设计的规范和标准，考虑到旅游公路的特点和设计要求与有别于一般公路，制定专门的旅游风景廊道设计的规范和标准显得尤为必要。

4.2.7　风景廊道规划设计要点与建议

由于遗产旅游地的特殊性与独特性，其内风景廊道的建设更应注重遗产内涵的体现及科学性的规划设计。首先，对于遗产地的风景廊道建设必须始终以世界遗产保护的"真实性和完整性"原则（张成渝等，2003）为准则，对于一切有损遗产地真实性和完整性的景观廊道（特别是行车公路）建设必须严格禁止。其次，遗产地风景廊道的开发建设过程中应该关注历史文化底蕴、地域传统文化特色与自然景观结合，即要重视廊道景观结构的合理性，确保自然遗产保护的完整性和历史文化信息感知的连续性。最后，不同旅游地资源、位置、面积、地形、地貌、接待游人数量的不同，对游览步道规划的长度、面积、容量要求则有所差异（冯先德，2007；王冬明，2006），风景廊道建设需要结合旅游地实际情况，在充

分发挥其功能的基础上，从选材、形状、空间、秩序、颜色等方面进行合理的规划建设，追求双遗产地生态性和审美性的最佳效果。此外，较近景点间的游步道应尽量延长，通过增加游道曲度，避免产生局促感，增强游客的期待心理；景区及功能景区内应形成环路，使游人不走回头路就能欣赏新的景观，提高游廊效率；提高线点率及连通度等引导游人的有序流动，在约束游客游览随意性的同时也减少了游人对旅游资源破坏的可能性，保护了生态环境。

4.2.8 小结

道路是人类对自然界产生干扰的一种方式，直接或间接影响生态系统的结构和功能，其影响尺度从种群一直到景观(刘世梁等，2009)，风景廊道同样如此。早期有关道路生态影响的研究主要集中于道路对野生动物行为及道路径流等理化环境或过程的影响；随着景观生态学和道路生态学的发展，道路研究逐渐转向大景观尺度或区域、国家尺度领域，也更加关注动植物栖息环境的破坏、影响物种的传播和迁移、污染与灾害、经济效应、生态安全与风险、景观破碎化和边缘效应等领域。选择武夷山世界双遗产地中受道路干扰明显的风景名胜区为研究对象，分析风景廊道格局变化与旅游发展规划之间的关系，着眼于风景名胜区这类小景观尺度，探讨廊道格局与生态响应，尝试以功能景区为样本进行了实地调查取样来解决小尺度景观上廊道生态响应指标不足的问题，可为旅游地风景廊道领域研究提供启示。但不足之处主要有：第一，依然未摆脱廊道生态响应研究中，生态影响评价的量化指标多采用大尺度上景观格局指数(李景刚等，2008)，干扰效应评价的量化指标多采用小尺度上动植物的生理特征指标的困境(Gill，2007)；第二，因研究起始时间限制，未能在相应时间序列上调查收集相应的生态影响指标，仅以2009年对应的生态影响指标进行廊道生态影响研究，解释能力有限，而今后长期的定位监测是解决此问题的有效途径；第三，目前对廊道功能的研究大多限于廊道的通道功能，对其他功能尤其是廊道的阻隔作用较少理会，这也一直是廊道研究领域的薄弱环节。

研究结果表明景区网络结构指标与生态环境影响指数不相关，这与刘世梁等在研究澜沧江流域道路网络特征的生态干扰的结果(刘世梁等，2008)相似。这可能是因为生态系统在较小的尺度变化存在一定的影响效应积累及时滞问题，导致了相关性低，但也无法得出它们之间不存在相互作用的结论。今后研究的重点应放在建立系统理论且具有可操作性的调查方法，探索廊道网络结构与生态环境的生态过程作用机理，构建与景观格局指数密切相关的廊道干扰效应指标(宗跃光等，2003)，综合评价风景道的生态影响，优化旅游地道路网络建设等方面。

4.3　武夷山风景名胜区理学文化景观时空格局与演变

　　武夷山风景名胜区内理学的物质表现形式主要体现在 3 个方面：书院（18座）、摩崖石刻（82 方）、宗教遗址（92 处）（吴邦才，2000），三类文化景观分布在风景区内各功能景区与 60 个景点上（图 4-5）。

图 4-5　武夷山风景名胜区理学文化景观分布

4.3.1　研究方法

　　本节应用野外研究方法、空间分析研究方法等对 3 类文化景观进行定量分析，系统梳理了武夷山风景名胜区内 3 类理学景观文化的具体情况，并进行综合性比较，探讨三项景观与理学文化的内在联系。通过获取空间分析基础数据，建立 3 类景观最优定量化方法，为其有效保护与利用提出合理的可持续发展方案。由于理学书院与宗教遗址等建筑物的创建与相关人物在时间上的延续性，故探讨时间由北宋起始，探讨的文化景观需一定的历史意义，截止时间为清代。

4.3.2 理学书院遗址的时空演变

4.3.2.1 理学书院基本概况

"武夷山下，犹有丝纶遗韵；九曲溪畔，尚留翰墨余香"。武夷山理学书院景观是历朝历代文人志士以山房、书室、书院建筑为载体，用以传授理学及文人聚客，是中国古文化的重要组成部分，也是武夷山成为世界遗产的主要构成之一。这些遗存记录了朱子理学在武夷山的形成、传播与发展的全过程，铁证着武夷山对封建社会晚期文化发展的杰出贡献，是一笔独特、珍贵、不可再生的文化遗产。其创办者多为理学家、名贤，尤为朱熹及其前人、同仁、门人、后人在武夷山的各种学术活动，就读学者也多成为历代名臣高士。风景区内书院数量众多，有据可考的有 30 多处（吴邦才，2000），多分布于九曲溪两岸。武夷山理学书院创建的截止年代为清朝，本次研究对象为自宋朝至清朝影响力较大的理学书院，共计 18 座（表 4-11）。

水云寮由北宋理学家游酢（程颢、程颐理学入闽的首批传人之一）于元符二年创建，成为理学南传第一站；叔圭精舍由北宋官府为乡贤江贽所建，是武夷山

表 4-11　武夷山理学书院基本情况统计表

书院	空间位置	年代	人物	现存状况	景区分布
水云寮	云窝铁象岩		游酢	已废	Y
叔圭精舍	五曲北岸云窝	北宋	江贽	已废	Y
淮阳书院	五曲北岸云窝		江德修	已废	Y
武夷精舍	五曲隐屏峰西麓		朱熹	重建	Y
石鼓书堂	八曲鼓子峰南麓		叶梦鼎	已废，遗址现辟为茶地	J
仰高堂	五曲晚对峰麓		刘珙	已废	J
独善堂	八曲鼓楼坑	南宋	熊蕃	已废，遗址辟为茶地	J
东莱先生讲学处	九曲寒岩东麓		吕祖谦	已废，遗址辟为茶地	J
岳卿书室	山北水帘洞		刘甫	重修恢复旧貌	S
洪源书院	五曲晚对峰麓	元朝	熊禾	已废	J
双仁书院	四曲金谷洞		詹继龙	立碑铭记	Y
甘泉精舍	二曲楼阁岩		邑人	已废，开发为旅游通道	X
幼溪草庐	上下云窝	明朝	陈省	已废	Y
漱艺山房	玉女峰仙榜岩		徐表然	已废	J
梦笔山房	升日峰		江腾鲛	已废	Y
云寮书院	云窝铁象岩		游云章	已废	Y
茶洞书室	九曲仙掌峰	清朝	黄道周	已废	J
留云书屋	接笋峰左		董茂勋	已废，辟为果园	Y

注：Y 为云窝·天游·桃源洞景区；J 为九曲溪景区；S 为山北景区；X 为溪南景区。

最早的私塾，后朝议大夫江德修扩建为淮阳书院。这三座书院虽建立于北宋时期，但对理学的传播及朱子学具有深远影响，朱熹曾一度潜研二程（程颢和程颐）洛学的理学。

4.3.2.2　理学书院景观的时间格局

由表 4-12 可知：从北宋公元 960 年建立开始到清朝 1911 年结束，总计 952 年时间里，在武夷山风景区内创建理学书院 18 处，年均值为 0.018 9。其中北宋统治 168 年间创建 3 座，平均值 0.017 9，略低于年均值；南宋 153 年间，创建 6 座，平均值 0.039 2，明显高于年均值，成为各朝代最高值；元朝 98 年间只有 1 处，平均值 0.010 2，远远低于年均值，成为五朝代最低值；明清两朝统治的 277 年与 268 年间，书院数量各为 5 和 3，平均值分别为 0.018 5、0.011 2，也都低于年均值。除南宋超过平均水平外，其余各朝均低于这一数值，造成这种效率分布不平衡的可能原因有：

各朝各代的统治年限不同，北宋、南宋超过 150 年，明、清均超过 250 年，而元朝则低于 100 年；部分书院因年代久远，早已废弃，或是辟为其他用地，无法考证其具体遗址；对理学文化内涵的主观判断不明，使得一些书院没有明确的文化归属；本研究对象为各朝代影响力较大的书院，一些影响较小，与理学关联甚微的书院没有纳入范围；根本原因在于理学文化的传播发展及社会统治现状，中国历史发展到北宋时期，进入封建社会后期，理学奠基人程颢学成南归，即"道南"。南宋时期，山房崛起，书院林立，促进学术思想的发展，朱熹、陆九渊等大哲学家、教育家将理学发扬光大，其同仁、门人、门徒众多，官僚与学士相继拜访，即"理窟"。元朝历时较短，社会相对动荡，大理学家较少，但元朝开始理学真正成为社会的主流思想意识。

表 4-12　武夷山风景名胜区理学书院朝代分布

朝代	北宋	南宋	元	明	清	Σ
统治时长	公元 960—1127（168a）	公元 1127—1279（153a）	公元 1271—1368（98a）	公元 1368—1644（277a）	公元 1644—1911（268a）	952
书院数量	3	6	1	5	3	18
平均值	0.017 9	0.039 2	0.010 2	0.018 5	0.011 2	0.018 9
差值	−0.001 0	0.020 3	−0.008 7	−0.000 4	−0.007 7	

4.3.2.3　理学书院景观的空间格局

平面格局上，理学书院分布于 4 大景区与 11 个景点（表 4-13、图 4-6 及彩图 4-6）。九曲溪景区，书院数量为 7 座，占风景区书院总数 38.89%，其中，二曲为 1 座，占风景区总数 5.56%，占九曲溪景区 14.29%，五曲、八曲、九曲均为 2 座，分别占风景区与九曲溪的 11.11% 与 28.57%。云窝·天游·桃源洞景区有

9座理学书院,数量达风景区1/2,最大值分布于云窝(5座),占风景区27.78%,所属景区1/2以上,隐屏峰、金谷洞、日升峰、接笋峰均为1座。山北与溪南景区各1座,分别位于水帘洞与楼阁岩。景区上,理学书院主要分布于九曲溪与云窝·天游·桃源洞景区,景点上主要集中于云窝,造成这种分布格局的原因为:①九曲溪与云窝·天游·桃源洞景区各具有优胜绝美、迷朦雄壮特色,奇胜的自然景观吸引了大量文人居士,朱熹曾在武夷山客居长达50年。②理学书院为理学文化传播的重要场所,大理学家、大思想家及文学家为发扬其文化思想在此创建书院,供以讲学客居,传播理学文化,游酢曾在云窝铁象岩建立水云寮,并在此讲学著述。朱熹于淳熙十年辞官后在五曲溪北隐屏峰下营建武夷精舍,时称"武夷之巨观",精舍落成以后,朱熹在此讲学著述前后约8年,使武夷山成为理学胜地,慕名求学者络绎不绝。

表4-13　武夷山风景名胜区景区理学书院统计

序号	景区	景点	H/m	a(座)	A(%)	B(%)	C(%)
1	九曲溪景区(7)	二曲	187	1	5.56	14.29	38.89
		五曲	204	2	11.11	28.57	
		八曲	281	2	11.11	28.57	
		九曲	254	2	11.11	28.57	
2	云窝·天游·桃源洞景区(9)	云窝	208	5	27.78	55.56	50.00
		隐屏峰	270	1	5.56	11.11	
		金谷洞	224	1	5.56	11.11	
		日升峰	400	1	5.56	11.11	
		接笋峰	270	1	5.56	11.11	
3	山北景区(1)	水帘洞	268	1	5.56	100	5.56
4	溪南景区(1)	楼阁岩	239	1	5.56	100	5.56

　　注:a为书院数量;A为书院数量占风景区比重;B为书院数量占景区比重;C为景区书院数占风景区比重。

表4-14　武夷山风景名胜区不同海拔书院数量比较

	海拔(m)	书院数量	占总数(18)(%)
1	100~200	1	5.56
2	200~300	16	88.89
3	300~400	1	5.56

　　垂直格局上(表4-14),18座理学书院的平均高度为243 m,平均高度以下有11座,占总数61.11%,另有7座分布于平均高度以上,占总数38.89%。书院海拔最高值与最低值相差113 m,最高值位于日升峰江腾鲤所建的梦笔山房,海拔高度为400 m,最低值位于二曲楼阁岩由武夷山邑人共建的甘泉精舍,海拔187 m。以100 m为间隔,将风景区内理学书院海拔高度分为3个等级,其中:

第 1 等级与第 3 等级各 1 座，占总数比重 5.56%；200～300 m 之间有 16 座，比重占 88.89%，为书院分布最集中阶段。

4.3.2.4　理学书院时空关联度分析

理学书院空间分布与时间变迁存在着一定程度关联。平面格局上（表 4-15），武夷山理学书院主要集中在两个热点景区（图 4-6），云窝·天游·桃源洞景区与九曲溪景区，占总数的 5/6，北宋、南宋、明朝、清朝，云窝·天游·桃源洞景区各 3 座、1 座、3 座、2 座，南宋九曲溪景区 4 座，元、明、清各 1 座。武夷山理学书院的热点区域随朝代更迭而空间转移，北宋为云窝·天游·桃源洞景区，南宋、元朝为九曲溪景区居首位，明清时期，云窝·天游·

图 4-6　武夷山风景名胜区主要文化景观空间分布

桃源洞景区超过九曲溪景区。九曲溪与云窝·天游·桃源洞景区其山水相间的自然环境为教书育人提供良好的空间环境。

表 4-15　武夷山风景名胜区理学书院朝代分布的景区排序

北宋	南宋	元	明	清
云窝·天游·桃源洞景区（3）	九曲溪景区（4）	九曲溪景区（1）	云窝·天游·桃源洞景区（3）	云窝·天游·桃源洞景区（2）
	云窝·天游·桃源洞景区（1）		九曲溪景区（1）	九曲溪景区（1）
	山北景区（1）		溪南景区（1）	

注：（）内表示理学书院数量。

表 4-16 中，垂直格局上 18 座理学书院平均海拔 243 m 以上有 7 座，北宋、元朝、清朝，理学书院均分布于 200～300 m 之间，平均海拔以上仅清朝 2 座，占清朝总数 66.67%，平均海拔以下，宋 3 座，元、清各 1 座。南宋书院分布海拔较宽，100～400 m，明朝书院分布在 200～400 m，2 朝代平均海拔以上的书院分别为 2 座、3 座，分别占各朝代书院总数的 33.33% 和 60.00%，243 m 以下南宋 4 座，明 2 座。各个朝代平均海拔由小到大依次为：元（204 m）＜北宋（218 m）＜清（242 m）＜明（285 m），随时间变迁，人类活动的海拔高度拓宽，这

表 4-16　武夷山风景名胜区理学书院时间分布与垂直格局

朝　代	北宋(3)	南宋(6)	元(1)	明(5)	清(3)
海拔最低值(m)	210	165	204	200	233
海拔最高值(m)	233	320	204	390	247
各朝代书院平均海拔(m)	218	235	204	285	242
243m 以上书院数量(座)	0	2	0	3	2
243m 以下书院数量(座)	3	4	1	2	1
243m 以上书院数量占各朝比重(%)	0	33.33	0	60.00	66.67
243m 以下书院数量占各朝比重(%)	100	66.67	100	40.00	33.33

注：( )表示不同时代理学书院的数量。

种变迁可能与理学文化的传播相关。

4.3.3　理学摩崖石刻的时空演变

4.3.3.1　理学摩崖石刻概况

　　"碧水丹山，百代文人渊薮；道南理窟，千秋功业宫墙"。武夷山被封为名山大川(748 年)至今已积淀了 1 200a 的历史文化遗存，1999 年被列为世界双遗产更突出了其世界性的文化遗产地位，武夷山摩崖石刻则是文化遗产的重要组成部分，具有历史、科学、艺术、美学等综合价值，是武夷文化的活化石和最为形象、生动的反映，并体现着民族创造力与生命力(朱平安，2008a)。景区内摩崖石刻景观为历代文人志士以自然山石为载体，以镌石刻字为手段，反映各历史阶段人类思想印记的物质文化现象(胡海胜，2008)。武夷山是朱子理学诞辰发展的摇篮，风景区内有相当部分的摩崖石刻都体现着理学文化的深刻内涵，例如：朱熹手书的"智动仁静""鸢飞鱼跃"和"逝者如斯"三方摩崖石刻揭示其生态思想中的生态世界观、生态伦理观和生态美学观的内在统一性(朱平安，2008a；2008b)。本研究对象为武夷山风景区内，宋至清与朱子理学相关的磨牙石刻，包括：理学家及其同仁、门人、后人亲笔手书，历代官员、名人、学着拜谒及理学信奉者阐扬理学所书。内容上涉及朱子理学(以下简称理学)的深刻内涵、文人志士的情怀、对理学家的景仰、对理学的弘扬、对武夷山水的赞颂等。

　　武夷山摩崖石刻内容丰富，形式多样，有赞颂山川秀丽、造化神功的赞山刻辞，直抒胜名、装点山水的景点题名，寄予人生哲理、处事情怀的格言谨句，记载寻幽览胜、逸兴别趣的纪游文赋，即景生情、移情于景的抒怀题刻，护卫山水、惠民惩奸的官文告词等。本研究根据方留章等学者的《武夷山摩崖石刻》，共统计理学石刻82 方，按内容可分为5 类(表4-17)，石刻数量由大到小依次为：景点题名(31) > 抒怀题刻(22) > 山赞刻辞(17)纪游题刻(8) > 纪事题刻(4)。

表 4-17　理学石刻类型划分

序号	类型	云窝・天游・桃源洞景区	九曲溪景区	武夷宫景区	溪南景区	水帘洞景区	Σ
1	景点题名	23	4	1	2	1	31
2	抒怀题刻	13	1	4	2	2	22
3	山赞刻辞	6	5	3	2	1	17
4	纪游题刻	2	4	1		1	8
5	纪事题刻	2	2				4
6	Σ	46	16	9	6	5	82

　　武夷山风景区内理学摩崖石刻共统计 82 方，人物主要为历代理学家、同仁、门人、官吏、理学倡导者、书院教授（表 4-18）。朱熹、游九言、蔡沈、蔡抗、陈省、李材、湛若水、方孔炤为宋明理学家，童能灵为清代理学家；黄德光、刘岳卿、彦集、张国望均为朱熹同仁；梁鹏为朱熹门人，熊能遇则为理学家熊禾门人；官吏包括马易斋、韩士望、丁文瑾、谢上箴、沈敬炉、沈敬、劳堪；陈实公、母逢辰、王龙溪大力宣扬理学，为理学倡导者。张子清时任武夷书院教授；由于资料有限，对王文戚、曾清、百山、柳霖还有待于进一步考察。类型上根据《武夷山摩崖石刻》划分为山赞刻辞（17 方）、景点题名（31 方）、抒怀题刻（22 方）、纪游题刻（8 方）、纪事题刻（4 方）。

表 4-18　理学摩崖石刻人物

职务	人　　物
理学家	朱熹、游九言、蔡沈、蔡抗、童能灵、陈省、湛若水、方孔炤、李材
同仁	黄德光、刘岳卿、彦集、张国望
门人	梁鹏、熊能遇
官吏	马易斋、韩士望、丁文瑾、谢上箴、沈敬炉、沈敬、劳堪
理学倡导者	陈实公、母逢辰、王龙溪
书院教授	张清子
待考	王文戚、曾清、百山、柳霖

4.3.3.2　理学摩崖石刻的时间格局

　　表 4-19 可以看出，在南宋公元 1127 年至清末 1911 年的 785 年间，武夷山风景名胜区内共产生理学摩崖石刻 82 方，年均值达 0.104 5，效率较高。具体而言，南宋统治 153 年间产生 22 方，平均值 0.143 8，比年均值高 0.039 3；元朝 98 年间只有 3 方，平均值 0.030 6，比年均值低 0.073 9；明统治 277 年间，产生 46 方理学石刻，平均值 0.166 1，明显高于年均值，成为各朝代最高值；清 268 年间，产生 7 方，平均值 0.026 1，远远低于年均值，成为四朝代最低值。其中

南宋、明朝均超过平均水平，元、清两代均低于这一数值。产生这种时间效率分布不平衡的可能原因有：宋、元、明、清四朝代统治年限不同；由于风化侵蚀，一部分石刻早已亡佚，或是模糊不清，无法考证其内容和具体年代，或有待进一步考证；理学文化博大精深，对理学文化内涵的主观判断存在各种因素差异（有些学者只将朱熹等理学家的哲学思想作为判断标准），致使对一些石刻难以做出明确的理学文化归属；本次研究对象为景区内，宋至清与朱子理学相关的磨牙石刻，不仅包括文化内涵，也涉及理学相关人物，一定程度上扩大了研究范围。造成这种不平衡性的根本原因同样也在于理学文化的传播发展与社会统治现状，南宋时期朱子理学开始萌芽发展，并出现朱熹、游九言等理学巨匠，加上朱熹门人众多，形成"理窟"；明朝陈省、李材、湛若水等大哲学家、理学家，进一步弘扬理学文化，将其发扬光大，同仁、门人、门徒相继拜谒，其思想在景区摩崖石刻上呈现相当的文字体现；元朝历时98a，社会不稳定，也没有出现像朱熹、陈省这类大理学家。

表 4-19 武夷山风景名胜区理学摩崖石刻朝代分布

朝代	南宋	元	明	清	Σ	待考
统治时长	公元 1127—279 (153a)	公元 1271—1368 (98a)	公元 1368—1644 (277a)	公元 1644—1911 (268a)	785	
石刻数量	22	3	46	7	82	4
平均值	0.143 8	0.030 6	0.166 1	0.026 1	0.104 5	
差值	+0.039 3	−0.073 9	+0.061 6	−0.078 4	0	

4.3.3.3 理学摩崖石刻的空间格局

平面格局上，摩崖石刻分布于 5 大景区与 28 个景点（表 4-20、图 4-6）。

表 4-20 武夷山风景名胜区摩崖石刻景区划分与石刻数量

序号	景区	景点	H(m)	b(方)	D(%)	E(%)	F(%)
1	武夷宫景区(9)	水光石	192	7	8.54	77.78	10.98
		儒巾石	182	1	1.22	11.11	
		止止庵	192	1	1.22	11.11	
2	九曲溪景区(16)	四曲	190	1	1.22	6.25	19.51
		五曲	204	2	2.44	12.50	
		六曲	213	9	10.98	56.25	
		七曲	189	1	1.22	6.25	
		八曲	281	2	2.44	12.50	
		九曲	254	1	1.22	6.25	

（续）

序号	景区	景点	H(m)	b(方)	D(%)	E(%)	F(%)
		伏虎岩	201	7	8.54	14.58	
		云路石	222	11	13.41	22.92	
		虚云洞	222	1	1.22	2.08	
		接笋峰	270	3	3.66	6.25	
		问樵石	203	2	2.44	4.17	
		临五曲	204	2	2.44	4.17	
3	云窝·天游·桃源洞 景区(48)	桃源洞	302	1	1.22	2.08	58.54
		胡麻涧	383	3	3.66	6.25	
		仙掌峰	223	3	3.66	6.25	
		题诗岩	190	3	3.66	6.25	
		隐屏峰	270	5	3.66	10.42	
		更衣台	192	3	3.66	6.25	
		金谷岩	192	1	1.22	2.08	
		晚对峰	210	3	3.66	6.25	
		勒马岩	192	3	3.66	50.00	
4	溪南景区(6)	灵岩	235	2	2.44	33.33	7.32
		马枕峰	216	1	1.22	16.67	
5	山北景区(3)	莲花峰	264	1	1.22	20.00	3.66
		水帘洞	268	2	2.44	40.00	

注：b 为景点石刻数量；D 为石刻数量占风景区比重；E 为石刻数量占景区比重；F 为景区石刻数量占风景区比重。

云窝·天游·桃源洞景区，石刻数量 48 方，占总数 58.54%，其中，云路石 11 方，占总数 13.41%，占景区 22.92%，为 28 个景点最大值。九曲溪景区，石刻数量达 16 方，占总数 19.51%，最大值分布于六曲(9 方)，占总数与景区比重分别为 10.98% 和 56.25%。武夷宫景区(9 方)，包括水光石、儒巾石、止止庵 3 个景点，最大值水光石 7 方石刻占总数 8.54%，占景区 77.78%。溪南景区 6 方石刻，勒马岩占据 3 方。莲花峰、水帘洞为山北景区 2 个景点，石刻数量分别为 1 方和 2 方。28 个景点中有 12 个景点石刻数量仅为 1 方，景区上，石刻主要分布于云窝·天游·桃源洞景区与九曲溪景区，景点上主要集中于云路石、六曲、

水光石及伏虎岩上，造成这种格局分布的原因有：①景区中分布着大量裸露沉积岩，供以镌刻，便于长久保存，文垂千古，是石刻成形的物质载体。顺九曲而下至一曲均分布有大片裸露岩石，摩崖石刻琳琅满目，使九曲溪成为穿梭于历史时空的一道文化长廊。②九曲溪、云窝、天游景色各具绝美、迷朦、雄壮特色，奇胜优美的自然景观吸引了大量文人墨客。82 方理学石刻中有 17 方山赞刻辞。朱熹携友人游九曲溪时，创作《九曲棹歌》九首七排诗，表达对武夷山水的赞美，是历代文人骚客吟颂武夷诗中，最能概括描绘九曲溪风貌的一幅长卷佳作，九曲溪也因此名扬天下。③一些大理学家、大思想家在此抒怀逸致，留下相当数量石刻，同仁、门人、后人及游人望尘莫及，敬意油生，镌石刻字，形成集群效应。宋淳熙二年，朱熹在六曲溪南响声岩留下"何叔京、朱仲晦、连嵩卿、蔡季通、徐文臣、吕伯恭、潘叔昌、范伯崇、张元善，淳熙乙未五月廿一日"的纪游题刻，以记载当年的"鹅胡辩论"，其门徒蔡抗见此于淳祐十年在六曲响声岩留下纪游题刻"蔡抗自江左移宅浙东，便道过家，泛舟九曲，积雨新霁，山川星秀，喷咏而归"。④景区内有些景点的石刻内容相近或相关，例如：明兵部侍郎陈省挂冠归隐后，怀才不遇却又洁身自好，故在云窝伏虎岩壁题联"振衣千仞岗，灌足万里流，大丈夫不可无此气节；珠藏泽自媚，玉韫山含辉，大丈夫不可无此蕴藉"，其好友吴文华得知，专程造访，予以劝慰，并题写《访陈省幼溪司马接笋峰》的诗刻，陈省《丰和吴小江司马见赠》亦题于此，并与另一方《过陈司马云窝有感》成为应和之作。这几方石刻相互参悟，互相发明，集聚于伏虎岩。⑤自然景观与人文景观的结合，世界双遗产的知名度与地位提高了旅游资源的层次，九曲溪与云窝—天游景区为游人集聚的两大景点，因此，在保护上也加大力度，景区中定期对石刻进行维修工作，景区管委会每隔二三年用红漆对石刻进行重新描摹，在联合国教科文组织资金支持下，自 2010 年起，景区开始对石刻进行大规模资料收集与修复工作，并于 2013 年 7 月基本修复完工。

垂直格局上（表4-21），82 方石刻平均海拔为 227 m，平均海拔以上的石刻 15 方，占总数 18.29%；占总数 81.71% 的石刻（67 方）分布于平均海拔以下。石刻海拔最高值与最低值相差 202 m，最高值位于云窝·天游·桃源洞景区，胡麻涧西壁柳霖的"仙凡混合"，海拔 384 m，最低值位于九曲溪景区，一曲溪北儒巾石蔡沈的"千崖万壑"，海拔 182 m。

以 100 m 为间隔，将武夷山风景名胜区理学石刻海拔分为 3 个等级，其中：100～200 m，石刻 21 方，占总数比重 25.61%；200～300 m，分布 57 方石刻，比重占 69.51%，分布较为集聚；300～400 m 的 4 方石刻占总数 4.88%；垂直高度上，景区石刻主要集中于 200～300 m。

表 4-21　武夷山风景名胜区不同海拔理学石刻数量比较

等级	海拔（m）	石刻方数	占总数（82）（%）
1	100～200	21	25.61
2	200～300	57	69.51
3	300～400	4	4.88

4.3.3.4　理学摩崖石刻时空关联度分析

由表 4-22 可知：武夷山风景区内理学摩崖石刻要集中在九曲溪景和云窝、天游、桃源洞两个热点景区，占总数的 3/4；南宋时期，九曲溪景区有 9 方，云窝·天游·桃源洞景区有 6 方；明代云窝·天游·桃源洞景区达 37 方，九曲溪 6 方；清代云窝、天游、桃源洞有 5 方。理学石刻的热点区域也随朝代变更发生空间转移，南宋为九曲溪景区，明清时期，云窝·天游·桃源洞景区居首位，这种空间变化与景区的资源禀赋相关。

表 4-22　武夷山风景名胜区理学摩崖石刻朝代分布的景区排序

南宋	元	明	清
九曲溪景区（9）	九曲溪景区（1）	云窝·天游·桃源洞景区（37）	云窝·天游·桃源洞景区（5）
云窝·天游·桃源洞景区（6）	云窝·天游·桃源洞景区（1）	九曲溪景区（6）	武夷宫景区（1）
溪南景区（3）	溪南景区（1）	武夷宫景区（3）	山北景区（2）
武夷宫景区（2）		溪南景区（2）	
山北景区（2）		山北景区（2）	

注：（）内为理学摩崖石刻数量。

垂直格局上，82 方理学石刻平均海拔 227 m 以上的占 15 方（表 4-23），宋、元石刻，均分布于海拔 100～300 m 之间，平均海拔以上宋 3 方、元 1 方，平均海拔以下宋 19 方、元 2 方，明朝平均海拔以上的石刻 7 方，占明朝石刻 15.22%；清 7 方碑刻中，平均海拔以上 3 方，占清朝石刻 42.86%，另 4 方占 57.14%；4 方石刻朝代需待考，平均海拔以上有 1 方。各个朝代平均海拔由小到大依次为：宋（205 m）＜元（212 m）＜明（218 m）＜清（262 m），表明随时代变迁，人类开发活动由低海拔走向高海拔，这种走向的主要原因可能与武夷山宗教文化的发展相关，部分题刻石刻内容体现出宗教文化，如天游峰的"无量寿佛"，水光石的"修身为本"，云窝幼溪草庐的"重洗仙颜"等。道教的神仙信仰与佛教清净空门的佛学修行使人们更倾向于高海拔从事宗教活动。

表4-23 武夷山风景名胜区理学摩崖石刻时间分布与垂直格局

朝 代	宋(22)	元(3)	明(46)	清(7)	待考(4)
最低海拔(m)	182	190	189	198	189
最高海拔(m)	268	235	383	383	384
各朝代石刻平均海拔(m)	205	212	218	262	238
227m 以上石刻数量(方)	3	1	7	3	1
227m 以下石刻数量(方)	19	2	39	4	3
227m 以上石刻占各朝比重(%)	13.64	33.33	15.22	42.86	25.00
227m 以下石刻占各朝比重(%)	86.36	66.67	84.78	57.14	75.00

注:( )里为各朝代理学摩崖石刻数量。

4.3.4 朱子理学与宗教遗址时空关联

武夷山儒、释、道三教相互交融,产生共鸣。诸如风景区内多座连体的山峰:三仰峰、三层峰、三教峰、三才峰、三姑石,于一体相呈异彩,发千声共达天籁。三教文化深刻影响着理学的诞生与发展。

4.3.4.1 宗教遗址的时间格局

悠悠武夷,秀甲东南。自武夷为形胜之地,山岭巍峨、九曲环绕,文化古迹点缀其中,加之武夷地区集黄老之学、理学、佛学于一体,道观林立、佛寺遍及,形成一种特殊的理学与宗教交融交织的文化现象,这些宫观历尽沧桑后,大多成为历史陈迹,本研究根据武夷山管理局提供的资料,共统计与理学相关的宗教遗址92座(表4-24)。

表4-24 武夷山风景名胜区宗教遗址朝代分布

朝代	宋	元	明	清	Σ
统治时长	公元960—1279 (320a)	公元1271—1368 (98a)	公元1368—1644 (277a)	公元1644—1911 (268a)	952
遗址数量	43	5	27	17	92
平均值	0.1387	0.0515	0.0975	0.0634	0.0966
差值	0.0421	-0.0451	0.0009	-0.0332	0

北宋公元960年至清朝的952年里,统计宗教遗址92座,年均值为0.0966(表4-24)。具体而言,宋朝统治320年,43座宗教遗址,平均值0.1387,明显高于年均值,成为各时期最高值;元朝98年间5座遗址,平均值0.0515,比年均值低0.0451;明统治277年,27座遗址,平均值0.0975,略高于年均值;清268年,17座遗址,平均值0.0634,较低于年均值。其中宋、明两朝超过平均水平0.0966,其余两朝各朝均低于这一数值。产生这种时间效率分布不平衡的可能原因有:①各朝统治年限不同;②对理学的主观判断的差异性,造成文化归

属的模糊性；③本研究考察对象为与理学或理学人物相关的宗教遗址，一些遗址早已废弃，无法考证其具体相关资料，或有待进一步考证。

造成以上不平衡性的根本原因在于宗教文化的传播发展与社会统治现状，武夷山自古便是一座道教名山，唐天宝敕封为天下名山大川，宋代则是武夷山道教昌盛时期，同时也是朱子理学的孕育崛起时期，隐居、传道、炼丹于山中的道教人物甚多，如南宋初白玉蟾在大王峰南壁下的复古庵修炼，名道士江师隆创建常庵，道姑游道渊、江妙静等在道院旧址上创建升真观，道教文化的发展得益于高道辈出；宋朝也是佛教发展的鼎盛时期，不仅是寺院的建立与规模的扩大，还包含著名僧人的出现，并在此弘法传道以及信众的广泛发展，此时禅宗为武夷山境内的重要思想宗派。元朝历时较短，社会相对动荡，高人、名道较少。明代道人、高僧络绎不绝，道教禅学广传，如元镜禅师于虎啸岩建虎啸庵，并在此修行，明末慈觉和尚将白云庵改建为白云寺。清代，佛教作为统治阶级思想统治和精神统治的支柱之一，受到清朝前期几个专制王权的保护支持，自嘉庆开始清朝国势中衰，阶级矛盾和民族矛盾日趋尖锐，社会动荡不安，人民起义烽烟四起，清朝将主要精力放在防止和镇压人民起义上，无暇扶植佛教，致使佛教的衰颓之势无法挽回。明中叶道教渐衰，清入关后利用儒学治国，乾隆后道教丢失与朝廷的联系，宗教文化在动荡不安的社会大局势下跌宕起伏。

4.3.4.2　宗教遗址的空间格局

平面格局上，宗教遗址分布于 5 大景区与 32 个景点（表 4-25、图 4-6 及彩图 4-6）。

表 4-25　武夷山宗教遗址基本概况统计表

序号	景区	景点	H(m)	c(座)	G(%)	H(%)	I(%)
1	武夷宫景区(30)	大王峰	305	29	31.52	90.63	32.61
		幔亭峰	489	1	1.09	3.13	
2	山北景区(22)	水帘洞	291	3	3.26	13.64	23.91
		三仰峰	565	2	2.17	9.09	
		玉柱峰	366	2	2.17	9.09	
		火焰峰	341	2	2.17	9.09	
		天心岩	283	2	2.17	9.09	
		马头岩	389	2	2.17	9.09	
		清源岩	321	1	1.09	4.55	
		牛栏坑	357	1	1.09	4.55	
		玉华岩	235	1	1.09	4.55	
		莲花峰	448	1	1.09	4.55	
		大坑口	248	1	1.09	4.55	
		佛国岩	306	1	1.09	4.55	
		弥陀岩	323	1	1.09	4.55	
		章堂涧	368	2	1.09	4.55	

（续）

序号	景区	景点	H(m)	c(座)	G(%)	H(%)	I(%)
3	九曲溪景区(22)	一曲	203	2	2.17	9.09	23.91
		四曲	224	1	1.09	4.55	
		六曲	336	6	6.52	27.27	
		七曲	248	3	3.26	13.64	
		八曲	362	3	3.26	13.64	
		九曲	288	7	7.61	31.82	
4	云窝·天游·桃源洞景区(14)	天壶峰	557	4	4.35	28.57	15.22
		桃源洞	288	3	3.26	21.43	
		隐屏峰	335	2	2.17	14.29	
		仙掌峰	239	1	1.09	7.14	
		山当岩	281	1	1.09	7.14	
		鼓子峰	446	1	1.09	7.14	
		接笋峰	298	1	1.09	7.14	
		苍屏峰	394	1	1.09	7.14	
5	溪南景区(4)	虎啸岩	362	3	3.26	75.00	4.35
		赤霞岩	421	1	1.09	25.00	

注：c 为遗址数量；G 为遗址数量占风景区比重；H 为遗址数量占景区比重；I 为景区遗址数占风景区比重。

武夷宫景区 30 座，占风景区遗址总数 32.61%，为 5 大景区最大值，其中大王峰 29 座，占景区 90.63%，占风景区 31.52%，为武夷宫景区与 32 个景点最大值；山北景区 14 个景点分布 22 座遗址，占风景区 23.91%，水帘洞 3 座，三仰峰、玉柱峰、火焰峰、天心岩、马头岩均 2 座，其余景点个 1 座；九曲溪 6 大景点分布 22 座遗址占风景区 23.91%，景点最大值分布于九曲，计 7 座，占九曲溪景区 31.82%，占风景区 7.61%，六曲 6 座，占景区 27.27%，七曲、八曲各 3 座，四曲仅 1 座；云窝·天游·桃源洞景区有 14 座遗址，占风景区 15.22%，最大值位于天壶峰，4 座，占景区 28.57%，桃源洞 3 座遗址占景区 21.43%，隐屏峰 2 座，其余 5 个景点各 1 座；景区最小值为溪南景区两个景点分布有 4 座遗址，占风景区 4.35%，虎啸岩 3 座，占溪南景区 75%，赤霞岩 1 座，占景区 25%。景区上，宗教遗址主要分布于武夷宫、山北与九曲溪景区，景点上主要集中于大王峰，造成这种不平衡分布的原因有：

①自然山水的优美　武夷宫景区位于九曲溪筏游的终点晴川，坐落在大王峰南麓，前临溪流，背倚秀峰，巧构林立，沃野碧川，是武夷山风景名胜区的核心与辐辏之地。山北景区在云窝·天游·桃源洞景区以北，区内飞泉倾泻，丹崖纵横，仙窟、洞府、居穴自然天成，且洞室轩宇明亮。九曲溪为武夷山风景的精华所在，溪水碧清，折复绕山，"曲曲山回转，峰峰水抱流"，溪边神秘悬棺高插

于悬崖峭壁。奇胜的自然景观吸引大量文人、术士、道侣、僧人。如章堂洞以北的水帘洞为武夷山七十二洞之一，一线飞瀑自霞滨岩顶飞泻而下，洞顶危岩斜覆，洞穴深藏于收敛的岩腰之内，洞口斜向大敞，洞顶凉爽遮阳。两股飞泉倾泻自百余米的斜覆岩顶，宛若两条游龙喷射龙涎，飘洒山间，为修行的佳所。水帘洞掩映着题刻纵横的丹崖，像宋代朱熹七绝名句"问渠那得清如许，为有源头活水来"，明代"古今晴檐终日雨，春秋花月一联珠"的琳琅满目。宋代的水帘道院、清微洞真观、三贤祠择建于此。

②历史文化的积淀　武夷山自古就备受历代朝廷封敕，至唐末，武夷山被道士杜光庭列为第十六洞天，名"升真玄化之天"，到宋代则成为许多儒生官员祠禄场所。如大王峰下的冲佑观是历代帝王祭祀武夷君的地方，也是宋代全国六大名观胜地之一，并成为武夷山最古老的宫院。南唐保定改赐武夷观为会仙观，宋咸平御书"冲佑"额，宋大中祥符扩建至三百多间，冲佑观跨越唐、五代十国、宋、元、明、清、现代计 1 400 余年。

③宗教文化的交流与融合　宗教文化的交流与融合包括三个方面内容：一是文化内涵上的相似与汲取，道教神仙信仰的传承是道教在武夷山极盛一时的文化根基，营造理学道门气质的文化氛围，启迪理学在本体与心性的沉思升华，对儒教有着潜移默化的效应。二是各派人物之间的交流往来，大理学家游九言文笔中表达淡泊名利、向往自由的心境及对神仙逍遥天上人间的神仙境界的想往，是一个道家化的儒家人物。朱熹淳熙三年至五年主管冲佑观，生活中常与道士、僧侣往来，讨论学术，其人数较北宋诸子为多。三是建筑的建设，止止庵附近建有金身寺，万春庵临近金山寺与清虚堂，山北景区水帘洞景点，有一处亦庵、亦观、亦书院的场所，山民索性称之为三教堂，相传由儒释道轮流住持，以祀孔子、老子、释迦牟尼，充分证明"三教洞山"之说。

垂直格局上，92 座宗教遗址平均海拔高度为 335 m（表 4-26），平均海拔以下的遗址 47 座，占总数 51.09%；另 45 座分布于平均海拔以上，占总数 48.91%。遗址海拔最高值与最低值相差 524 m，最高值位山北景区三仰峰的碧霄洞，海拔 672 m，最低值位于武夷宫景区，大王峰的万春庵，海拔 148 m。

表 4-26　武夷山风景名胜区不同海拔宗教遗址数量比较

等级	海拔（m）	遗址数量（座）	占总数（92）（%）
1	100～200	11	11.96
2	200～300	29	31.52
3	300～400	27	29.35
4	400～500	20	21.74
5	500～600	3	3.26
6	600 以上	2	2.17

以 100 m 为间隔，将武夷山风景名胜区宗教遗址海拔分为 6 个等级，其中：100～200 m，遗址 11 座，占总数比重 11.96%；200～300 m，分布 29 座遗址，比重占 31.52%，分布较为集聚；300～400 m 的 27 座遗址占总数 29.35%；400～500 m，分布有 20 座，占总数 21.74%；500～600 m 之间有 3 座，600 m 以上仅 2 座。垂直高度上，宗教遗址主要集中于 200～500 m。

4.3.4.3 宗教遗址时空关联度分析

平面格局上（表4-27），武夷山风景区内宗教遗址主要集中于武夷宫、九曲溪和山北三大个热点景区，除元朝外，其他各朝三大热点景区均有分布（表4-27）。宋朝，宗教遗址集中于武夷宫景区，占宋朝近一半，山北、九曲溪、云窝·天游·桃源洞景区各9座、7座、6座，数量分布较为均匀；元朝，九曲溪3座占据首位；明朝，九曲溪与山北景区均7座，居首位，武夷宫6座，居次之；清朝最高值位于山北景区6座，武夷宫分布5座，九曲溪景区3座，最低值为溪南景区，仅1座。遗址的热点区域随朝代变更发生空间转移，宋为武夷宫景区，元为九曲溪景区，明有两大热门景区，九曲溪与山北景区，清山北景区占据第一位。宋代是武夷山道教、佛教昌盛时期，宫、观、庵、寺遍及武夷山，拥有丰厚历史积淀的武夷宫景区成为武夷山文化的核心，成为福地洞天的胜地；明清时期对热点景区的部分遗址进行了重修和改建。

表 4-27　武夷山风景名胜区宗教遗址朝代分布的景区排序

宋(43)	元(5)	明(27)	清(17)
武夷宫景(21)	九曲溪景区(3)	九曲溪景区(7) 山北景区(7)	山北景区(6)
山北景区(9)	云窝·天游·桃源洞景区(2)	武夷宫景区(6)	武夷宫景区(5)
九曲溪景区(7)		云窝·天游·桃源洞景区(4)	九曲溪景区(3)
云窝·天游·桃源洞景区(6)		溪南景区(3)	云窝·天游·桃源洞景区(2)
			溪南景区(1)

注：( )里为宗教遗址数量。

垂直格局上（表4-28），92 座宗教遗址平均海拔 335 m 以上 46 座，宋朝遗址分布在海拔 100～700 m 之间，平均海拔以上 17 座，占宋朝 39.53%，另 26 座分布在平均海拔以下，占总数 60.47%；元朝仅 5 座遗址，海拔均小于 300 m；明朝 27 座遗址分布于海拔 100～600 m 之间，其中，海拔 335 m 以上有 18 座，占明朝 66.67%；清 17 座宗教遗址分布在海拔 200～500 m，平均海拔以上 11 座，占清朝 64.71。各个朝代平均海拔由小到大依次为：元(245 m) < 明(335 m) < 宋

表 4-28　武夷山风景名胜区宗教遗址时间分布与垂直格局

朝　代	宋(43)	元(5)	明(27)	清(17)
最低海拔(m)	148	193	156	216
最高海拔(m)	672	297	551	489
各朝代遗址平均海拔(m)	339	245	335	352
335m 以上遗址数量(座)	17	0	18	11
335m 以下遗址数量(座)	26	5	9	6
335m 以上遗址数量占各朝比重(%)	39.53	0	66.67	64.71
335m 以下遗址数量占各朝比重(%)	60.47	100	33.33	35.29

注：( )里为宗教遗址数量。

(339 m) < 清(352 m)。

　　总体上，平均海拔以上的宗教遗址所占比重随朝代更替有所增加，这种变化的原因可能在于宗教文化的发展，宋明为道教鼎盛时期，仙居洞府与庵室宫观林立成群，而道教羽化登仙的神仙信仰使大部分建筑趋于高海拔分布，人们对宗教的信仰及各派人士的拜访，使宗教建筑相应地向高海拔分布。

4.3.4.4　理学书院与宗教遗址相关性分析

　　儒释道三教在武夷山教共荣发展，而理学是儒家正统的传袭，并把儒学的教化思想更推进一步，通过创办书院可将儒家的道德理念普及开来，从而达到"礼下庶人"，理学思想与宗教文化不仅在文化内涵上具有相关性，在文化景观的时空分布上也表现出一定的关联性，这种相关性具体体现在武夷山风景名胜区内的理学书院与相关宗教建筑上。

　　时间上(表 4-29)，宋 9 座理学书院与 43 座宗教遗址，均为 4 朝代最大值；元 1 座书院与 5 座遗址均为 4 朝代最小值；明代 5 座书院、27 座宗教遗址居 4 朝代次值；清代有 3 座理学书院与 17 座宗教遗址，都排在第 3 位。因此，理学书院与宗教遗址在宋元明清 4 朝代数量上相关性极高，相关系数达 99.51% ($P <$ 0.01)。

表 4-29　理学书院与宗教遗址时间相关性

建筑遗址	宋	元	明	清	相关系数
理学书院	9	1	5	3	0.995 1
宗教遗址	43	5	27	17	($P < 0.01$)

　　武夷山风景名胜区内，理学书院有 18 座，与其相关的宗教遗址 92 座，为方便计算，空间上以 18 座理学书院为中心点，分别计算 500 m、1 000 m、1 500 m、2 000 m 四种范围内宗教遗址的数量及各距离段占 2 000 m 范围内遗址数量及宗教遗址总数的比重(表 4-30、图 4-6)。

表 4-30 理学书院与宗教遗址空间相关性

书院	K<500(m)	A(%)	a(%)	K<1000(m)	B(%)	b(%)	Kv<1500(m)	C(%)	c(%)	K<2000(m)	d(%)
1	9	15.25	9.78	20	33.90	21.74	40	67.80	43.48	59	64.13
2	14	22.95	15.22	21	34.43	22.83	27	44.26	29.35	61	66.30
3	3	5.00	3.26	17	28.33	18.48	40	66.67	43.48	60	65.22
4	11	19.64	11.96	20	35.71	21.74	28	50.00	30.43	56	60.87
5	2	5.88	2.17	16	47.06	17.39	32	94.12	34.78	34	36.96
6	3	6.52	3.26	18	39.13	19.57	31	67.39	33.70	46	50.00
7	3	7.89	3.26	16	42.11	17.39	34	89.47	36.96	38	41.30
8	5	21.74	5.43	6	26.09	6.52	9	39.13	9.78	23	25.00
9	3	23.08	3.26	8	61.54	8.70	9	69.23	9.78	13	14.13
10	8	19.05	8.70	22	52.38	23.91	32	76.19	34.78	42	45.65
11	7	13.21	7.61	16	30.19	17.39	30	56.60	32.61	53	57.61
12	0	0	0	1	25.00	1.09	4	100.00	4.35	4	4.35
13	9	15.52	9.78	18	31.03	19.57	42	72.41	45.65	58	63.04
14	3	5.56	3.26	24	44.44	26.09	46	85.19	50.00	54	58.70
15	3	5.36	3.26	14	25.00	15.22	36	64.29	39.13	56	60.87
16	11	18.64	11.96	19	32.20	20.65	40	67.80	43.48	59	64.13
17	14	25.00	15.22	20	35.71	21.74	27	48.21	29.35	56	60.87
18	14	24.138	15.22	20	34.48	21.74	28	48.28	30.43	58	63.04

注：K 为遗址距离书院距离(m)；A、B、C 为 500m、1 000m、1 500m 范围内遗址数占 2 000m 范围内遗址数的比重；a、b、c、d 为 500m、1 000m、1 500m、2 000m 范围内遗址数占总数 92 的比重。编号：1. 为水云寮；2. 为叔圭精舍；3. 为淮阳书院；4. 为武夷精舍；5. 为石鼓书堂；6. 为仰高堂；7. 为独善堂；8. 为东莱先生讲学处；9. 为岳卿书室；10. 为洪源书院；11. 为双仁书院；12. 为甘泉精舍；13. 为幼溪草庐；14. 为漱艺山房；15. 为梦笔山房；16. 为云寮书院；17. 为茶洞书室；18. 为留云书屋。

K 小于 500 m 时，叔归精舍、茶洞书室、留云书屋在该范围内的遗址数量有 14 座，为该范围内最大值，分别占 2 000 m 以内遗址数量的 22.95%、25.00%、24.13%，占遗址总数 92 的 15.22%；武夷精舍与云寮书院 11 座遗址，占遗址总数的 11.96%；甘泉精舍在 500 m 以内无遗址分布。$K<1 000$ m 时，遗址分布最多的书院为漱艺山房，占 2 000 m 以内遗址书的 44.44%，占总遗址数的 26.09%；洪源书院 22 座遗址居次值，占总数的 23.91%；叔归精舍 21 座遗址占总数 22.83%；水云寮、武夷精舍、茶洞书室、留云书屋在该范围内均 20 座遗址，占总数 21.74%。$K<1 500$ m 时，漱艺山房 46 座遗址仍居首位，占总遗址数的一半，占 2 000 m 以内遗址数的 85.19%；幼溪草庐 42 座遗址，占总数的 45.65%；水云寮、淮阳书院、云寮书院在该范围内均分布有 40 座遗址，占总数 43.48%。$K<2 000$ m 时，遗址数在 60 及以上的书院有叔归精舍(61)、淮阳书院(60)，分别占总数的 66.30% 与 66.22%。此外，该范围超过 50 座遗址的书院

有：水云寮、云寮书院 (59) ＞甘泉精舍、留云书屋 (58) ＞武夷精舍、梦笔山房、茶洞书室 (56) ＞漱艺山房 (54) ＞双仁书院 (53)。理学书院与宗教遗址相邻相近分布的原因可能有：

①理学书院本身的临近建造，使其在一定范围内拥有共同的宗教。例如：遗址茶洞书室与留云书屋创建于同一景点，叔圭精舍隔六曲与两座书院相对，500 m 范围内叔圭精舍与茶洞书室、留云书屋拥有共同遗址 13 座。

②理学文化与宗教文化相互影响，各取其精华，共同发展，这种关联在空间上会呈现一定的集聚特征 (见图 4-6 及彩图 4-6)。

4.3.5　小结

理学与儒教——理学本为儒学发展的另一阶段，又称新儒学。朱熹倾尽毕生研究整理儒家经典推到两汉以来的"五经"权威，其精心注释的《四书集注》成为儒学的百科全书。朱子理学批判吸收了传统经学，并与儒家家族制社会基础互相影响，构成理学与儒教的关系。理学灌输以忠孝为核心的封建纲常伦理，用以教化百姓，扭转社会风气，这种"三纲五常""三从四德"的封建伦理道德，对民众产生很大束缚，但客观上对当时维护社会和谐、安定起到一定积极作用。族谱是家族形成及发展的文字见证，理学家曾为众多家族写作文序，朱熹认为道统可由族谱的编修而延续下来。

理学与道教——武夷山为道教名山，北宋真宗赦令武夷山为道教三十六洞天之十六洞天，即升真元化洞天。理学家及后人深受道家神仙信仰影响，很多成为道家化的儒家人物，如游九言。宋代为武夷山道教昌盛时期，也是朱子理学崛起时期，风景区内道观林立，道教对理学的影响主要表现在：理学家与道徒密切往来，并且从事道教活动，钻研整理道教典籍，进而汲取道教思想教义。朱熹于淳熙十年在五曲隐屏峰下创建武夷精舍，使理学传播开来，明万历由陈省修缮。武夷精舍 500 m 范围内有云窝道院、元元道院、清真道院、棘隐庵，这种临近分布得益于理学家及其门人、后人与道士道徒的密切往来。

理学与佛教——理学与佛教有着千丝万缕的微妙关系。武夷山处在一个充满佛学气息的闽北地域文化圈，对理学形成产生潜移默化的作用；理学的思想先驱 (周敦颐、程颐、程颢、张载等) 都出入寺观，与僧侣交往频繁，使理学一开始就打上佛学烙印。理学家的诗集著述中也透露着各种禅宗文化，如朱熹的《天心问禅》，慧苑寺的"静我神"也由朱熹所题，朱熹新儒家的"理一分殊"对应着佛学的"月印万川"。1 000 m 以内，东莱先生讲学处北向建有白云禅寺，岳卿书室南向建有天心永乐禅寺、西南向建有慧苑寺，漱艺山房东南向建有金山寺。

4.4 武夷山风景名胜区景观格局演变驱动机制

景观格局演变的动力学研究对揭示景观格局变化的原因、基本过程、内部机制、预测未来发展趋势及制订相应的管理对策至关重要(张秋菊等，2003)。研究区域特征不同导致核心驱动因素在不同时空尺度上的不尽一致，学者们尝试了诸多方法在此方面予以研究和探讨(Wulf *et al.*，2010；Bürgi *et al.*，2010；李卫锋等，2004；刘旭华等，2005；王继夏等，2008；刘明等，2008；李月臣，2008a，2008b；赵占轻等，2010)。总体而言，关于景观格局演变驱动机制的研究还刚刚起步，主要是通过大量的案例分析及其比较来进行，对景观格局变化的动力学机制研究较系统的方法还没有形成，有待完善。武夷山风景名胜区作为世界文化和自然遗产地不仅承载着自然与历史赋予的珍贵遗产，而且是遗产地内居民生存繁衍的栖息之所，更是武夷山市发展大旅游业，提高知名度的旅游战略资源。武夷山风景名胜区这种独特地位使其与自然和人为因素作用尤为密切和频繁。为此，本节就影响武夷山风景名胜区景观演变的因素进行探讨，并就景观格局演变驱动机制做了系统阐述。

4.4.1 景观格局变化的影响因素

景观格局变化的影响因素可以归结为自然因素和人为因素(社会经济因素)两大类(彭建，2006)。自然驱动因素可进一步划分为气候、土壤类型、地形与地貌类型、水气分布状况、动植物分布特征等因子。人为驱动包括人类社会经济发展及人类行为等与人类活动密切的相关因素。景观格局及其功能变化是自然、人类共同作用的结果。由于自然因素和人为因素作用的时间尺度存在较大的差异，因而在一定的时空条件下，它们在景观变化中的地位和作用并不相同。自然因素对景观格局的驱动作用往往在大时间跨度上体现，而人类活动短期内就可能导致景观格局明显改变(张秋菊等，2003)。例如，地质时期和大空间尺度上(全球或大洲尺度)的景观变化主要是受到地壳运动、地貌演变、气候变动等因素的影响，而短时间尺度(几年、数十年甚至上百年)的景观变化则主要受到波动周期短、变化频繁的某些自然因素(如气温和降水)和人为因素的驱动。在几年至数十年的时间尺度上研究区域景观变化中，自然因素(如地形地貌、河流水系、土壤分布格局等)主要决定了景观的空间格局，属于影响景观格局的背景因素，它对景观变化实质上起一种维持和控制的作用；而人为因素及部分自然因素(如气温、降水)才是推动景观格局变化的真正动力。此外，在短时间尺度(数十年以内)上，将人文因素作为驱动景观变化最活跃的因素已被广泛接受，但某些特殊的人文因素却并非如此，诸如文化和传统习俗这类人文因素，在数十年的时间内变化是很小的,有的甚至还沿袭上千年,对景观变化的影响甚小。摆万奇等(2002)研究表明文化因素不仅不是驱动土地利用变化的因素,反而是使土地利用方式保持稳定的力量,对区域景观格局的稳定发挥着重要作用。再则,以饮食传统或风俗习惯来说,欧洲主要是以畜牧产品为主,因而草地在各级空间尺度中有着重要地位,而我国是以大米、小麦、玉米等为主食,则耕地往往成为主要的土地覆被类型。

鉴于此,在实际研究中有必要将影响景观格局及变化的因素区分解释,才能更好地认识某区域的景观变化过程及理解导致景观演变的驱动机制问题。因此,本节把研究时间尺度内比较稳定或变化缓慢,但又对区域景观格局具有重要影响的因素称为稳定因素(如地形地貌、海拔、坡度、土壤、水系分布、文化习俗等);把那些在研究尺度内直接或间接导致区域景观格局变化的因素称为变动因素(如经济发展、人口增长、生产技术、制度体制、政策法规等)(彭建,2006)。特此说明。

4.4.2 武夷山风景名胜区驱动因素

驱动力分析可分为定性分析和定量分析。定性分析因其"数学"含量低、主观随意性强而逐渐受到冷落。定量分析又因其往往过分地依赖数学方法和统计资料,在很多案例研究中,很难全面考虑。因此,要全面深入地认识研究区景观格局变化的驱动机制问题,就需要将这两种方法有机结合,进而实现优势互补。

4.4.2.1 武夷山风景名胜区驱动因素定性分析

(1)自然环境的制约作用

武夷山世界遗产属典型的亚热带季风气候,有全球同纬度带最完整、最典型、面积最大的中亚热带原生性森林生态系统。丰富的天然林资源形成了景区以天然马尾松林为基质景观,河流及其他景观类型镶嵌其中的景观格局。景区内杉木林因海拔较低且与茶园、建设用地、农田毗邻,历史上曾被大量砍伐,仅1986—1997 年杉木林面积减少最多,减少了431.86 hm²。天然阔叶林和马尾松林因土壤肥沃也有部分被开发种茶。景区地形、地貌等自然驱动因素在十几年内基本没有变化,但海拔、坡度、土壤等因子对其景观格局分布及演变存在制约作用。

(2)经济利益驱动下的生产行为模式转变

随着景区社会经济的发展,当地农民看到从事旅游业和岩茶产业带来的丰厚经济利益。许多农民改变了传统的倚山靠田的收入方式,开始转向从事旅游服务和种植茶园等新的经营模式。部分农田、裸地、竹林、阔叶林、杉木林、马尾松林等景观类型被开垦成茶园、建设用地;农民弃农种茶、弃耕从事旅游服务相关行业的人数不断增加。1986—1997 年开垦种茶和修改扩建工程最为活跃、新增

茶园面积 577. 93 hm², 建设面积 358. 73 hm²。1986—1997 年景观指数整体变幅较 1997—2009 年大, 而 1997—2009 年由于政府的干预, 茶园面积增速有所减缓, 但仍是各类景观类型中面积增加最多的景观类型(增加了 360. 81 hm²)。

(3)人口和旅游发展带来的开发建设

武夷山风景名胜区知名度不断提高, 游客趋之若鹜, 数量不断增加。1997 年前游客缓慢增加, 1997 年后游客迅速增加, 2007 年后有所减缓。日益增长的游客加强了对酒店、旅店、停车场、公路等旅游基础服务设施的需求。另外, 旅游业的发展不仅吸引当地居民大量转向旅游服务业, 同时也吸引外来人口进入武夷山风景名胜区及周边地区从事旅游生产经营。1997 年武夷山风景名胜区常住人口 11 224 人, 其中主景区人口 9 336 人, 溪东旅游服务区 1 888 人。2006 年武夷山风景名胜区常住人口 17 596, 其中主景区 13 717 人, 较 1997 年增加了 22%, 溪东旅游服务区 3 879, 较 1997 年增加了 105%。2006 年仅外来人口就增加了 9 573 人, 约为景区常住人口的一半。当地人口的增长和旅游人数的增加, 使得人地矛盾突显, 从而导致部分裸地、农田、位于低海拔的天然林被开发成为建设用地。

(4)政策法规和管理的导向作用

1986 年 6 月 28 日, 城乡建设环境保护部下达了关于《武夷山风景名胜区总体规划》的批复, 而后景区的建设和规划正式展开, 景区各项建设初具规模。政府强制迁出景区内部分居民, 严格控制人口机械增长率, 景区人口增加较为合理。随着人类干扰强度的增强, 当地经济效益增加的同时却也带来了诸如生物多样性降低、生境破碎化等生态环境问题。1999 年, 武夷山风景名胜区入选世界文化和自然双遗产。政府和相关管理部门高度重视对作为世界文化和自然遗产地的保护工作。景区规划建设依据《保护世界自然和文化遗产公约》科学地做了适当调整, 并出台了《武夷山九曲溪保护管理规定》《武夷山市旅游管理暂行规定》等一系列法令法规, 退耕还林的政策也得到落实。同时, 为了保证政策法规的有效落实, 有关部门加强执法力度, 提高管理水平, 加强宣传教育, 效果显著。1997—2009 年期间景区内景观指数变化程度普遍比 1986—1997 年间有所降低, 稳定程度增大, 过度毁林种茶的现象也受到一定抑制, 此时期景区旅游开发更加重视遗产地的保护工作和可持续性。

4.4.2.2　武夷山风景名胜区驱动因素定量分析

武夷山风景名胜区景观格局是自然因素和人为因素共同作用下的结果, 筛选出合适的驱动因子是景观演变预测及干扰模拟的关键。地貌作为影响区域景观空间格局的重要自然因素之一, 因其发育演化需要漫长的时间, 在本节对武夷山风景名胜区研究时间尺度内可视为不变因素。虽然短时间尺度上的气候变化幅度较小, 但也可能在一定程度上引起天然土地覆被变化, 在对景区历史气候分析后,认为景区近十几年极微小的气候变化不足以影响到景观格局的变化，研究中不予考虑。土壤成土及变化过程比较缓慢，其空间分布格局在景区数十年的时间尺度上很难发生变化，这里也不考虑。另外，地区的水系分布格局在短时间尺度上一般很难发生明显改变，尤其是武夷山世界遗产地内，水系格局天然变动很小，但景区内河流有着极为重要性的作用，研究中将其视为影响景观空间分布的稳定因素之一。

在对武夷山风景名胜区充分认识的基础上，选择了海拔、坡向、坡度、到道路最近距离、到河流最近距离、到居民点最近距离、到停车场（旅游集散地）最近离距 7 个因子作为定量驱动因子变量。其中，海拔、坡度、坡向、到河流最近距离视为自然驱动因素。根据景区实际情况，当地居民和游客的活动是以精华旅游景点和服务区为中心，并以道路为路径扩散开去，故把到道路最近距离、到居民点最近距离、到停车场最近距离视为人为驱动因素。结合景观演变模拟预测的需要，将景区 1997 年和 2009 年两个时期的定量驱动因子表示如图 4-7 所示。

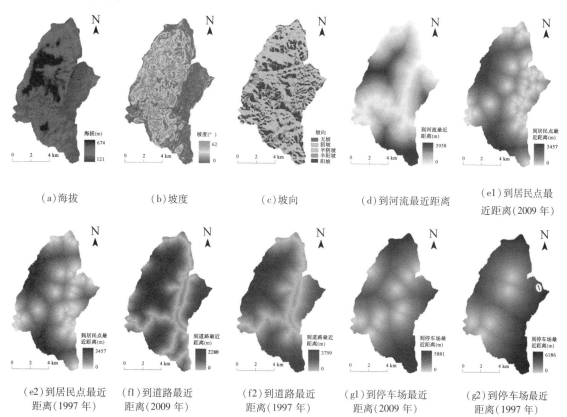

图 4-7　武夷山风景名胜区定量驱动因子

4.4.2.3　小结

　　本节对景观格局变化的影响因素从自然因素和人为因素两方面做了探讨。文中对稳定因素和变动因素的划分是为了方便认识和理解景区驱动机制的需要，并非一种非此即彼的划分，因为在某些特殊背景或条件下稳定因素和变动因素之间是可以转化的。为了便于论述，同时突出推动景观格局演变"驱动力"的概念，文中把稳定因素对景观格局分布维持及控制的力量同样视为一种驱动力，属于负驱动的一种阻力，随后章节中均把稳定因素和变动因素统称为驱动因子，特此说明。此外，笔者认为驱动因素定性分析和定量分析获得的驱动因素之间其实有时隐含着传导效应。如武夷山市政府曾鼓励发展茶产业的政策导致景区1986—1997年茶园猛增的定性驱动因素，该因素的驱动作用其实必须通过到道路最近距离道、到居民点最近距离等定量分析获得的驱动因子加以在地理空间实体上给予驱动。定性驱动因子也常作为设定参数的背景信息，间接对景观模型模拟结果产生作用。可见，结合驱动因素定性分析和定量分析方法研究景观演变的驱动机制问题的必要性。

4.5　武夷山风景名胜区景观演变动态模拟

　　通过模型的研究，能够更准确地了解武夷山风景名胜区景观要素变化的速率、空间类型及过程，将有助于景区的管理和建设。那么，要模拟景观变化就需要选择合适的模型，它既要能模拟不同时期景观要素数量上的变化，还要能反映出此种变化在空间上的分布。土地利用/土地覆被（LUCC）基于景观尺度上的生态学问题，LUCC考虑自然和人类利用方式因素来研究土地问题，地理空间上它具有景观要素的所有特征。本节借鉴LUCC研究使用的模型来模拟预测景区景观演变。目前国内外应用较广的LUCC模型主要有CA（元胞自动机）模型、Agent-based（基于个体）模型、SD（系统动力学）模型以及CLUE和CLUE-S（土地利用变化及其效应）模型等。

　　（1）CA模型

　　此模型既可以模拟土地覆被在时间上的动态变化，又具有较好的空间表达性，但该模型也存在一些问题，如模型重视生物物理因素对土地利用变化的影响，而淡化了人类活动在土地利用变化中的作用，这与土地利用/覆被变化中人类活动是主要驱动因素的客观事实不符（蔺卿等，2005；黎夏等，2009）。

　　（2）Agent-based模型

　　此模型较之元胞自动机模型更为完善，该模型一方面运用元胞自动机模拟影响土地利用/覆被变化的生物物理因素；另一方面通过引入土地经营者个体或社会群体组织来模拟人类的土地利用决策过程，模型设计更为合理，模拟效果也比较理想，得到了较为广泛的应用（Barredo *et al.*，2003；Syphard *et al.*，2005），然而，需用详细的小尺度数据来构建模型，仅靠遥感解译得到的土地利用/覆被变化结果却往往不能满足模型需要，这成为制约该模型应用的最大挑战（Macal *et al.*，2010）。

（3）SD 模型

在系统论、控制论和信息论的基础上，SD 模型以研究系统结构、功能和动态行为为特征的一类动力学模型，能够从宏观上反映土地利用系统各要素间相互作用关系，从而考察系统在不同情景下的变化和趋势。但该模型缺乏空间概念使得模型很难将模拟结果在空间上予以直观表达（黎夏等，2009；李华等，2010）。

（4）CLUE 和 CLUE-S 模型

此模型按期望尺度网格化研究区域，结合空间分析模块和非空间分析模块来模拟并预测研究区土地利用的时空变化（Ahmed *et al.*，2014）。CLUE 模型与其他模型相比具有如下优点：①利于研究不同空间尺度的区域 LUCC 过程和驱动力；②可以综合模拟多种土地利用类型的时空变化；③可以整合 LUCC 的生物物理和人口、技术、市场、经济等人类驱动因素，并能将一般模型难以考虑的政策等宏观因素纳入模型；④善于对不同的土地利用情景模式进行模拟，为决策提供更加科学的依据。

综上所述，CLUE-S 模型能兼顾景区某些景观要素中的自然生物和社会经济驱动因子，在空间上反映景观要素变化过程及结果，具有更高的可信度和更强的解释能力，是用于景区景观演变预测模拟一种比较完善和理想的模型。

4.5.1　模拟方法

4.5.1.1　模型简介

CLUE（the Conversion of Land Use and its Effects）模型是由荷兰瓦格宁根大学的 Veldcamp 等科学家提出并开发设计。起初，CLUE 模型主要是用以模拟国家和大洲尺度上的土地利用/覆被变化，并在诸多国家成功应用（Veldpous *et al.*，1996；Koning *et al.*，1999；Verburg *et al.*，1999，2000，2002），但 CLUE 模型在区域尺度 LUCC 研究难以直接应用。为此，在 CLUE 模型的基础上，Verburg 等（2002）对 CLUE 模型进行了改进，提出了 CLUE-S 模型（the Conversion of Land Use and its Effects at Small Regional Extent）。随后，该模型在区域尺度上获得了比较成功的应用，对于土地利用变化的模拟具有良好的空间表达性，并在国际 LUCC 学界引起广大学者的关注。近年来，我国一些研究人员逐渐开始尝试运用 CLUE-S 模型来研究我国一些地区的土地利用/覆被变化问题（陈佑启，2000a，2000b；张永民，2003；段增强，2004；摆万奇，2005；吴桂平等，2010；潘影等，2011；Zhang *et al.*，2015）。

4.5.1.2 模型原理

CLUE-S 模型由非空间分析模块和空间分析模块组成[图 4-8(a)]。模型工作原理如下:

首先,根据影响各主要地类变化的影响因素,计算出在一定时间内研究区各土地利用类型的面积变化(土地利用需求),然后在空间分析模块中,根据影响土地覆被格局因素的空间分布特征,将这种面积变化分配到合适的地区,实现对土地利用变化的空间模拟。目前,CLUE-S 模型只支持土地利用变化的空间分配,而非空间的土地利用变化需要事先运用别的方法进行计算或估计,之后作为参数进入模型。土地利用需求的计算方法多种多样,可以运用简单的趋势外推法、情景预测法,或运用复杂的宏观经济学模型,具体情况视研究区实际情况而定。

模型中土地利用变化空间模拟是由土地利用需要预测、空间政策和限制、土地利用类型转移设置、各土地利用类型分布的空间适宜性分析等 4 个部分构成

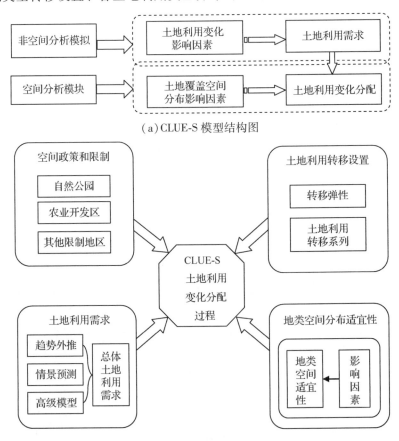

(a)CLUE-S 模型结构图

(b)CLUE-S 模型支持体

图 4-8 CLUE-S 模型结构图及数据支持体系

［图 4-8（b）］。用地需要预测的关键是要计算出每一种土地利用类型在预测期内的需求量（这部分独立于 CLUES 模型之外，通过趋势外推法、情景分析法及其他模型方法获得）。空间政策与限制主要是要指明哪些因特殊的政策或地权状况而在模拟期内不发生变化的区域（如自然保护区的森林、国家划定的基本农田保护区及其他特殊保护区等）。土地利用类型转移设置影响到模拟的时间动态变化，模拟时对于每一种地类需要标明其转移弹性大小（conversion elasticity），一般用 0 到 1 之间的值来表示，该值越接近 1，说明转移的可能性越大，反之越小。土地利用类型的空间分布适宜性分析需要计算出每种地类在模拟区域内的相应空间位置上出现的概率，再比较同一位置上各地类出现的概率大小，进而确定优势地类。概率的计算用二值 Logistic 回归分析法，公式如下：

$$\log \left(\frac{1 - P_i}{P_i} \right)_i = \beta_0 + \beta_1 X_{1i} + \beta_2 X_{2i} + \cdots + \beta_n X_{ni} \tag{4-16}$$

式中，P_i 是地类 i 在某空间位置上出现的概率；X_n 是地类分布格局影响因子；n 为影响因子数；β 为回归系数。

回归系数常用 SPSS 软件计算。计算时，回归系数的显著性检验的置信度一般至少要大于 95%（即 $\alpha \leqslant 0.05$）。此外，还需对地类概率分布做进一步检验，以评价回归方程计算出的地类概率分布与真实地类分布间的一致性，检验采用 ROC 曲线（relative operating characteristics），即受试者工作特征曲线方法检验回归方程的解释能力。该值介于 0.5 和 1 之间，若其值越大，说明该地类的概率分布和真实的地类分布之间具有较好的一致性，回归方程能较好地解释地类的空间分布，以此为基础进行 CLUE–S 模型模拟的土地利用分配越准确；若该值等于或越接近 0.5，说明回归方程对地类分布的解释没有任何意义。一般认为，ROC 值介于 0.5~0.7 间，模型精度较低；在 0.7~0.9 范围时，模拟精度可信；当 >0.9 时，模型具有高精度。

基于 CLUE-S 模型的基本原理，案例研究中模拟的具体操作步骤如下：

（1）回归系数计算

首先，准备一期土地利用覆被数据（一般是遥感解译图像或已有的土地利用图），将其作为模拟初始时段的土地利用状况。其次，收集土地利用格局影响因子的相关资料，如高程图、水系图、城镇分布图、交通图、人口密度图、农业产值图等，把它们制作成具有相同分辨率且统一坐标系统的删格图层（具体栅格大小设置需要考虑研究区预设研究尺度而定）。再次，应用 ArcGIS 把 grid 格式数据转化为 ASCII 格式，再借助于 CLUE-S 中的 Converter 模块，把 ASCII 数据转化成 SPSS 可以识别的列数据；导入列数据于 SPSS，并对每种地类与影响因素之间进行二值 Logistic 回归分析，求出相应的回归系数，随后将回归系数作为参数输入到 CLUE-S 模型（即 regression results 设定）。

（2）土地利用需求数据

运用趋势外推法、情景分析法及其他模型方法，分别预测在预测期末各地类可能的土地利用需求量，将其作为参数输入到 CLUE-S 模型（即 demand 文件设定）。

（3）限制区域设定

若区域内有限制区域，需将其制作成单独的文件输入模型（即 region_ park 设定），若没有限制区域，同样也需要制作一个完整的与研究区边界一致的空白文件输入模型（即 region_ no-park 设定）。

（4）驱动因子文件制作

模型要求将驱动因子按照一定的顺序制作成"∗.fil"文件，供模型运行时调用。这一步最为关键，也是模拟最容易出问题之处，务必确保各文件在像元数量和大小方面完全一致，否则模型不收敛。

（5）其他主参数设定

这些主参数（即 main parameters 设定）在模拟运算之前需要先设定。具体设置见表4-31。

（6）变化矩阵制作

确定预测时段内，某情景模式下各主要地类之间相互转移的可能性矩阵，若地类 a 可以转化为地类 b，则为1，否则为0。

表4-31　CLUE-S 模型主参数含义

编码	参数名称	数据类型
1	土地利用类型数量	整数型
2	区域数量（包括限制区域数量）	整数型
3	回归方程中的最大自变量个数	整数型
4	驱动因子总数	整数型
5	行数	整数型
6	列数	整数型
7	像元面积（单位为 hm^2）	浮点型
8	原点 X 坐标	浮点型
9	原点 Y 坐标	浮点型
10	土地利用类型的数字编码	整数型
11	土地利用转移弹性大小	浮点型
12	迭代变量	浮点型
13	模拟起始和结束的年份	整数型
14	动态变化解释因子的数字及编码	整数型
15	输出文件选项（1、0、-2 或 2）	整数型
16	区域具体回归选项（0、1 或 2）	整数型
17	土地利用初始状态（0、1 或 2）	整数型
18	领域计算选项（0、1 或 2）	整数型
19	空间位置具体附加说明	整数型

（7）运行模型

上述参数均设置正确后运行模型。经过一定次数的迭代计算后，当土地利用的空间分配结果和需求预测的实际数量之间的差值达到设定阈值时，模型收敛。

（8）模拟结果可视化

在 ArcGIS 平台下，运用其 Toolbox 工具，将 ASCII 格式的模拟结果转化为可视化的 Grid 格式数据。

这里需要指出：模拟之前需要对模型进行检验，即通过两期遥感数据，将模拟结果与实际情况进行对比，从而评价模型模拟效果的准确度。通常，采用 *Kappa* 系数来评价。通常认为，*Kappa* > 0.75 时，模拟准确度较高；0.4 < *Kappa* < 0.75 时，模拟准确度一般；*Kappa* < 0.4 时，模拟准确度较差（摆万奇等，2005）。

4.5.1.3　景观类型归并

为提高模拟精度，降低较小面积景观类型对预测模拟可能的干扰，在考虑景区自身景观变迁的生态过程特征的基础上，将景区 11 类景观类型合并为 7 类。具体归并原则如下：①杉木林、阔叶林、竹林、灌草层、经济林等合并为一类，称为非基质林景观类；②马尾松林，茶园，农田，建设用地，河流，裸地分别单独为一类。

4.5.2　模拟前处理

4.5.2.1　共线性诊断

为揭示武夷山景区列入世界遗产旅游地之后景观类型变化情况，以下选择 1997 年作为模拟起始年份。由于 Logistic 回归模型对自变量中存在的多元共线性十分敏感，为了降低共线性对结果的影响，需要在进行回归分析之前对各驱动因子进行共线性诊断，剔除存在明显共线性的因子。容忍度（tolerance）和方差膨胀因子（variance inflation factor）是常用的检验多元共线性问题的统计指标。容忍度一般以 0.2 为界，其值越小共线性越强，小于 0.2 可认为是变量间存在多元共线性，容忍度小于 0.1 说明多元共线性问题严重。方差膨胀因子是容忍度指标的倒数，一般以 10 为界，方差膨胀因子越大共线性越强，大于 10 则认为共线性问题严重（刘庆凤等，2010）。若变量之间存在多元共线性问题时，可通过删除冗余的自变量来解决这一问题或者重新取样。分别采用容忍度和方差膨胀因子相结合的综合评判方法对景区 1997 年和 2009 年的驱动因子做多重共线性诊断检验，1997 年、2009 年自变量的容忍度最小分别为 0.250、0.234，方差膨胀因子最大分别为 4.026、4.271（表 4-32），说明景区 7 个驱动因子之间没有多元共线性问题存在。

表 4-32   驱动因子共线性诊断

驱动因子	1997 年		2009 年	
	容忍度	方差膨胀因子	容忍度	方差膨胀因子
海拔	0.552	1.81	0.533	1.875
坡向	0.994	1.006	0.992	1.008
坡度	0.673	1.486	0.656	1.525
到道路的最近距离	0.250	4.008	0.236	4.229
到河流的最近距离	0.248	4.026	0.234	4.271
到居民点的最近距离	0.342	2.925	0.326	3.072
到停车场的最近距离	0.510	1.96	0.503	1.987

4.5.2.2   预模拟与模拟尺度的确定

当前研究人员运用 CLUE-S 模型进行土地利用模拟时，根据研究区的实际大小从县市到流域上栅格选择从 30～1 000 m 不等，考虑到土地利用的需求，200 m 和 300 m 的栅格较为常用。张永民等应用 CLUE-S 模型对奈曼旗进行多尺度模拟的研究结果表明空间分辨率越低，准确性越高，但同时损失的细节越多，反映的信息越少（张永民等，2003）。熵理论指出：研究区内高的空间分辨率必然比低的空间分辨率包含更多的熵，能够体现更多的细节信息，但同时又将使预测不确定性的增加，导致结果准确率较低。而且，驱动因子采用实际连续值或取分级赋值是否会对回归分析精度产生影响也是值得探讨的。出于以上考虑，分别就 30 m、90 m 和 200 m 栅格大小驱动因子进行连续变量和非连续变量（赋值变量）分析，比较每一类景观类型 Logistic 回归结果的 *ROC* 值（表 4-33、图 4-9）：各栅格尺度上 7 种景观类型与驱动因子连续变量和非连续变量间的 *ROC* 值相差不大，存在微小增减。200 m 粒度尺度下 *ROC* 值高于 30 m 和 90 m 粒度尺度，而 30 m 与 90 m 粒度尺度下的 *ROC* 值接近，且 30 m 比 90 m 变幅小。因此，选择 30 m 和 200 m 两种粒度尺度，在景区 1997 年的基础上模拟 2009 年景观类型分布，并以景区

表 4-33   两种变量类型在不同取样尺度的 *ROC* 值（1997 年）

类型	30 m			90 m			200 m		
	连续	不连续	变化量	连续	不连续	变化量	连续	不连续	变化量
马尾松林	0.678	0.676	-0.002	0.603	0.603	0	0.850	0.849	-0.001
非基质林	0.729	0.722	-0.007	0.666	0.661	-0.005	0.627	0.712	0.085
茶园	0.604	0.612	0.008	0.620	0.639	0.019	0.653	0.651	-0.002
农田	0.737	0.731	-0.006	0.619	0.616	-0.003	0.868	0.858	-0.010
建设用地	0.662	0.665	0.003	0.738	0.733	-0.005	0.928	0.958	0.030
河流	0.657	0.666	0.009	0.710	0.719	0.009	0.981	0.990	0.009
裸地	0.709	0.728	0.019	0.855	0.843	-0.012	0.937	0.918	-0.019

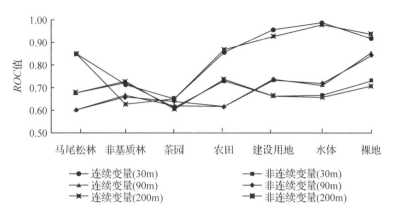

图 4-9　两种变量类型在不同取样尺度的 *ROC* 值变化（1997 年）

2009 年真实景观分布做精度检验（图 4-10 及彩图 4-10、图 4-11 及彩图 4-11），结果显示，30 m 粒度下：*Kappa* = 0.638 5，总体精度为 79.21%；200 m 粒度下：*Kappa* = 0.705 5，总体精度为 81.65%。其中面积越小的景观要素的误差较大，裸地和非基质景观较为明显。虽然 200 m 粒度尺度比 30 m 粒度的模拟精度高，却相差不大，而且，200 m 粒度尺度下的模拟结果已使诸如河流等景观出现破碎化，不符合景区现实，难以直观详细地呈现景区真实的景观分布。为接近现实景观特征，最终采用 30 m 粒度作为进一步模拟预测的粒度尺度。

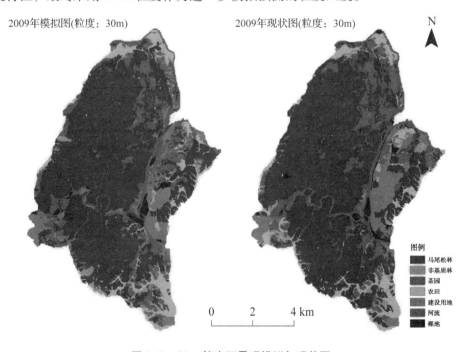

图 4-10　30m 粒度下景观模拟与现状图

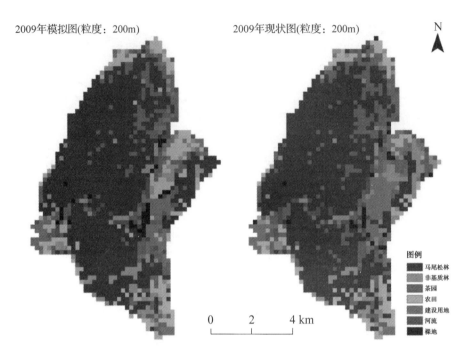

图 4-11　200m 粒度下景观模拟与现状图

4.5.3　情景模拟

4.5.3.1　参数设置与检验

　　CLUE-S 模型对转移弹性参数（即 ELAS 参数）的变化十分灵敏，其值越大，景观类型稳定性越高。研究中主要依靠对研究区土地利用变化的理解以及以往的知识经验，通过模型检验的过程中不断调试来确定。根据参考文献（吴桂平等，2010；刘淼等，2009）并结合前文驱动因子分析结果，将各景观类型转化稳定性依次赋值为：马尾松林 0.75、非基质林 0.8、茶园 0.4、农田 0.8、建设用地 0.95、河流 1、裸地 0。CLUE-S 模型设定好转化强度参数后，输入各景观类型之间的允许转移矩阵，情景 1 中设置各景观类型之间均可以相互转化，在情景 2 和情景 3 中设置农田、林地不转为建设用地，农田不转为茶园。

　　由于连续变量和非连续变量在模拟过程中差异不大，在保持空间分辨率一致的情况下，更合理表达距离变量在栅格空间上的距离，对到道路的最近距离、到河流的最近距离、到居民点的最近距离、到停车场的最近距离等二维距离变量以30 m 距离间隔进行等级赋值；海拔、坡度、坡向等三维空间驱动因子变量以连续变量纳入回归方程（坡向按平坡、阴坡、半阴坡、半阳坡、阳坡的变化顺序分别赋值为 0、1、2、3、4）。将 2009 年土地利用图（因变量）和 7 个驱动因子图层（自变量）分别从栅格图层转成 ASCII 文件，再由 CLUE-S 模型的 convert 工具生成

stats 文件，用统计软件 SPSS 进行 Logistic 统计分析。各景观类型回归结果及 *ROC* 曲线见表 4-34 和图 4-12。除茶园外，景区各景观类型预测精度较高，均在 0.7 以上，其中河流和建设用地最高 *ROC* 分别为 0.984 和 0.948。茶园预测精度较低可能是因为景区内茶园种植属于"见缝插针"式的补植、改植，茶园分布零散、广泛，影响了预测精度。非基质林在景区内面积小，分布不集中导致预测精度一般。

$Exp(\beta)$ 值是以 e 为底的自然幂指数，其值表示事件的发生比率，即一个事件发生的可能性等于该事件发生的概率除以该事件不发生的概率（刘淼等，2009）。CLUE-S 模型模拟中 $Exp(\beta)$ 表示当自变量的值每增加一个单位时，土地利用类型发生比的变化情况，指数 $Exp(\beta) > 1$，发生比增加；指数 $Exp(\beta) = 1$，发生比不变；指数 $Exp(\beta) < 1$，发生比减少（刘淼等，2009）。由表 4-34 可知，茶园与海拔、坡向、坡度、到河流最近距离，到居民点最近距离相关，海拔增加 1m 或坡度增加 1°，茶园发生比分别减少 0.003，0.017，坡向往从阴坡向阳坡方向变化一个等级，茶园发生比减少 0.051；另外，到河流的最近距离、到居民点的最近距离每增加 30m，茶园发生比分别减少 0.004、0.016。马尾松林、农田和建设用地均与坡向无关，这也符合景区的实际情况。景区内建设用地多沿河流而建，到河流的最近距离每增加 30 m，建设用地发生比率增加 0.025；农田多在居民点周边，到居民点的最近距离每增加 30 m，农田发生比率增加 0.019。

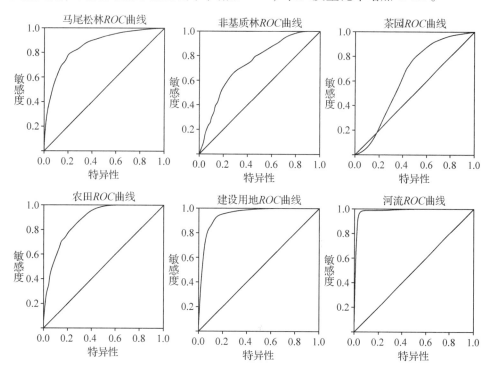

图 4-12　武夷山风景名胜区景观类型 *ROC* 曲线

表 4-34　2009 年不同景观类型回归方程分析结果

驱动因子	马尾松林		非马尾松		茶园		农田		建设用地		河流		裸地	
	β	Exp(β)	β	Exp(β)	β	Exp(β)	β	Exp(β)	β	Exp(β)	β	Exp(β)	β	Exp(β)
海拔	0.014	1.014	-0.01	0.99	-0.003	0.997	-0.03	0.97	-0.027	0.973	-0.021	0.979	—	—
坡向	—	—	0.117	1.124	-0.052	0.949	—	—	—	—	0.189	1.208	0.239	1.269
坡度	0.057	1.059	0.018	1.018	-0.017	0.983	-0.119	0.888	-0.046	0.955	0.035	1.035	-0.06	0.942
到道路的最近距离	0.017	1.017	0.005	1.005	—	—	-0.01	0.99	-0.038	0.963	—	—	—	—
到河流的最近距离	—	—	—	—	-0.004	0.996	—	—	0.025	1.025	-0.546	0.579	-0.07	0.93
到居民点的最近距离	0.013	1.013	-0.016	0.985	-0.016	0.984	0.019	1.019	-0.129	0.879	—	—	-0.02	0.98
到停车场的最近距离	-0.008	0.992	0.014	1.014	—	—	0.017	1.017	-0.016	0.984	-0.004	0.996	—	—
常数	-4.473	0.011	1.431	4.182	1.549	4.707	5.802	330.94	8.824	6793	6.47	645.36	1.436	4.204
检验参数 ROC	0.857		0.735		0.638		0.886		0.948		0.984		0.86	

4.5.3.2　情景设定

由于景区是一个自然地理单元，其边界上和所在的行政单元有很大的不一致，难以获得各地类完整的时间序列数据，无法应用趋势外推法来预测其未来景观要素需求量。为此，这里采用情景分析法来估测景区 2020 年的景观要素数量上的变化，并将这种变化输入 CLUE-S 模型。

运用 CLUE-S 模型模拟中需要计算出预期模拟年份的景观要素（土地类型）需求。以 1997—2009 年各景观类型的转移概率矩阵为基础，通过马尔科夫链预测景区 2020 年景观类型需求量，称为历史发展情景（情景 1）。本节研究开展对武夷山市和景区正着手新一轮发展规划方案，《武夷山风景名胜区总体规划（修编）》（2011—2020）正在编制讨论过程中（简称《讨论稿》）。《讨论稿》在对土地利用协调规划方面，指出要确保景区内粮食安全，保护耕地，对一般农业用地优先发展粮食生产；加强林地资源保护和管理，提倡封山育林；严格控制在规划的居民社会用地外新征耕地用于村镇建设，制定有关政策鼓励农民通过土地管理，将零散分布的村庄向风景名胜区范围以外集中。对景区内茶园实施"退，控，改"等控制措施。然而，《讨论稿》对哪些茶园实施"退，控，改"并未涉及，为此，以森林二类调查小班数据识别出的景区内名特优茶园和一般茶园的空间分布为基础（图 4-13），把规划发展情景细分为无选择性的和有选择性的两种方案，分别称为情景 2 和情景 3。不同情景下景观类型需求量见表 4-35。

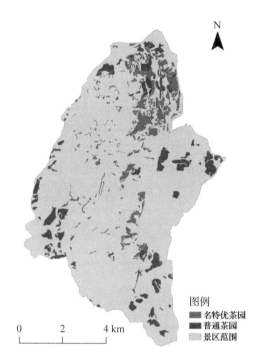

图 4-13　武夷山风景名胜区不同类型茶园分布

表 4-35　武夷山风景名胜区 2020 年各景观类型需求量　　（hm²）

情景	马尾松林	非基质林	茶园	农田	建设用地	河流	裸地	备注
情景 1	3 751.31	456.61	1 442.99	261.5	751.47	276.43	88.42	—
情景 2	4 005.00	627.05	727.73	781.95	600.00	277.00	10.00	无选择性
情景 3	4 005.00	627.05	727.73	781.95	600.00	277.00	10.00	有选择性

注：情景 2 与情景 3 景观类型需求量由《讨论稿》估算获得，它们需求数量一致，但空间格局有别。

4.5.3.3　模拟结果

　　不同情景下，景区 2020 年景观类型分布如图 4-14 及彩图 4-14 所示。情景 1 下，景区至 2020 年，茶园进一步蔓延，占用黄柏溪周边的农田，九曲溪下游以南的马尾松森林也退化为茶园，溪东旅游服务区内建设用地进一步扩大，服务区内仅存少量农田。情景 2 下，山北景区的茶园明显减少，山北、溪南、景区中部较多茶园恢复为森林；建设用地变化不大，这种变化发生在溪东旅游服务区，同时服务区内茶园减少，农田基本维持在 2009 年水平。溪南景区靠近兴田镇的区域农田面积增加较多。情景 3 下，景区马尾松基质景观中镶嵌分布的名特优茶园得以保存，山北景区东北部较多人工茶园恢复为马尾松林，溪东服务区内茶园面积较情景 2 更少，景观异质性高于情景 2。另外，情景 3 下服务区内非基质林明显增多。因此，认为在溪东服务区内通过人工方式种植、培育风景林，这对丰富

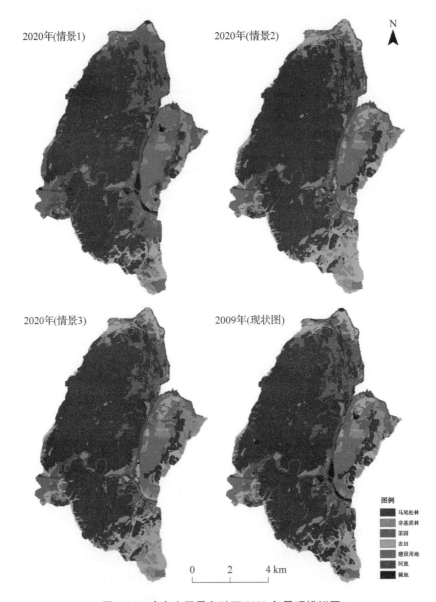

图 4-14 武夷山风景名胜区 2020 年景观模拟图

景区景观多样性，美化溪东旅游服务区内景观环境，改善生态环境质量，建成类似城市森林的城市绿地公园等是未来景区可以参考的规划方案之一。

4.5.4 小结

运用 CLUE-S 模型的研究思路与方法，通过 3 种情景设定，能较好的揭示景区敏感景观的变化，为景区景观生态建设提供很好的参考依据。但是，鉴于

CLUE-S 模型开发中固有的局限，模拟中存在一些问题值得探讨。第一，基于 Logistic 逐步回归方法的进行空间分析时往往会掩盖空间数据的自相关性属性（吴桂平等，2008；梁友嘉等，2011），虽然本节在通过模型中"相邻栅格不采样"的随机抽样方法避免自相关性的影响，但空间自相关依然可能在某种程度上影响模型模拟精度。针对于此，目前已有学者尝试改进的 CLUE-S 来提供模拟精度（吴桂平等，2008）。第二，模型转换系数的设定对模拟结果影响较明显，其取值建立在认识研究区格局演变机制上的经验知识的积累，故模型调试参数阶段要做多次模型试验，尽可能减小因设定参数的差异导致对模拟结果的影响。而且，CLUE-S中参数设置因不同时期对景观要素或土地利用模式的改造或利用强度的不同也存在差异。

此外，刘淼等（2009）研究表明 CLUE-S 模型在岷江上游地区时间尺度上最大预测能力为 22 年，超过时间预测能力的预测结果不可靠，那么，采用 CLUE-S 模型在武夷山风景名胜区内的最大预测时间尺度是多少，有待进一步研究。

第 5 章　武夷山风景名胜区景观特征的尺度效应

　　尺度是所有生态学研究的基础（Levin，1992），尤其景观生态学更是如此，离开研究尺度解释景观现象毫无意义。景观生态学中尺度包括时间尺度和空间尺度，其内容主要涉及尺度概念、尺度分析和尺度推绎等3个方面（张娜，2006）。尺度分析分为尺度效应和多尺度空间格局分析，它是跨尺度推绎的前提（Wu and Li，2006）。通过尺度推绎（尺度转换）可确定某尺度上的信息或规律在其他尺度中是否同样存在。景观指数法、空间统计学方法、分维分析法等（Turner *et al.*，2001；Wu *et al.*，1997）有关尺度推绎研究的方法不断丰富，渐显应用潜力。然而，由于尺度效应的复杂性和尺度转换过程的不确定性，仍未找到理想并能广泛适用的方法（陈利顶等，2006）。关于尺度推绎的研究目前主要存在两个误区：一是过分重视空间尺度的转换，忽略了过程尺度的转换；二是过分强调对不同尺度间数量关系的外推与转换，忽略了不同尺度间的生态规律（陈利顶等，2006）。

　　格局与过程研究的时空尺度化是当代景观生态学研究的热点之一，尺度分析和尺度效应对于景观生态学研究有着特别重要的意义。尺度分析一般是将小尺度上的斑块格局经过重新组合而在较大尺度上形成空间格局的过程，并伴随着斑块形状规则化和景观异质性减小。尺度效应表现为，随尺度的增大，景观出现不同类型的最小斑块，最小斑块面积逐步减少。由于在景观尺度上进行控制性实验往往代价高昂，人们越来越重视尺度外推或转换技术，试图通过建立景观模型和应用 GIS 技术，根据研究目的选择最佳研究尺度，并把不同尺度上的研究结果推广到其他不同尺度。然而尺度外推涉及如何穿越不同尺度生态约束体系的限制，由于不同时空尺度的聚合会产生不同的估计偏差，信息总是随着粒度或尺度的变化而逐步损失，信息损失的速率与空间格局有关，因此，尺度外推或转换技术也是景观生态研究中的一个热点和难点。

5.1　武夷山风景名胜区景观斑块大小分布规律及其等级效应

　　斑块大小是研究景观要素特征的主要参数之一（肖笃宁，1991）。景观中斑块大小分布规律的研究，能够为景观水平的生物多样性保护提供理论依据（刘灿然等，1999）。但迄今为止，有关景观斑块大小分布规律的研究甚少（Mladonoff *et al.*，1993；Baskent *et al.*，1995；刘灿然等，1999）。Mladonoff 等曾对受干扰和未受干扰的森林景观中斑块大小分布进行了比较分析（Mladonoff *et al.*，1993）；
Baskent 等则认为群落和生态系统的稳定性或保护可以通过确定和提供一个自然
分布来达到，并认为这种分布应为负指数分布（Baskent *et al.*，1995）；而刘灿然
等（1997）对北京地区植被景观中的斑块大小分布特征的研究结果却表明，只有少
数类型的斑块大小服从负指数分布，而大多数类型的斑块大小则服从对数正态分
布。因此，刻画景观斑块大小分布特征的应该是对数正态分布，还是负指数分
布，或者还有其他的概率分布，亟需在其他研究中进一步证实。另外，前人在研
究斑块大小分布特征时，尚未考虑到分组等级效应问题，即不同的等级划分方法
是否影响着斑块大小的分布规律呢？本节针对这两个问题开展初步的探讨。

5.1.1　景观斑块大小等级的划分

以武夷山风景区 1:10 000 林业基本图为底图，通过野外实地勘察，并结合风
景区森林资源调查资料（2001 年），绘制武夷山风景区景观分布图。以景观类型
斑块平均面积为基本依据，确定以下 3 种斑块大小等级划分方法（hm²）：

（a）≤ 0.5、（0.5，1.0]、（1.0，1.5]、…、（19.5，20.0]、> 20.0，共
41 组；

（b）≤ 1.0、（1.0，2.0]、（2.0，3.0]、…、（19.0，20.0]、> 20.0，共
21 组；

（c）≤ 2.0、（2.0，4.0]、（4.0，6.0]、…、（18.0，20.0]、> 20.0，共
11 组。

5.1.2　景观斑块大小分布的拟合

对各种划分等级分别统计各组的斑块数量，计算斑块大小分布及斑块面积分
布（刘灿然等，1999），并根据斑块大小分布与斑块面积分布情况，运用 6 种常见
的概率分布：正态分布、对数正态分布、Weibull 分布、Γ-分布、Beta-分布及负
指数分布分别对 3 种等级下各景观类型斑块分布规律进行拟合，分布的适合性检
验均采用 χ^2 检验。其中斑块大小分布与斑块面积分布的计算方法如下（刘灿然
等，1999）。

斑块大小分布 = 各组的斑块数/总斑块数

斑块面积分布 = 各组斑块面积之和/总斑块面积

5.1.3　不同等级划分下斑块大小和斑块面积分布

武夷山风景区各景观要素斑块数量差异很大，其中，斑块数量最多的是茶园
F（172 块），最少的是河流 H（仅 1 块）。根据统计学中分布假设检验理论对样本
数量的要求，本文选取斑块数 ≥30 的景观类型作为探讨景观斑块大小分布规律

的对象，包括经济林 C、茶园 F、农田 G 及居住地 I，同时考虑到类型数量太少难以有效说明该问题，因此，将二级景观马尾松林 $A_1 \sim A_4$ 的斑块数合并作为马尾松林景观的斑块数（按一级景观类型划分，马尾松林的斑块数仅 24 块），仍用 A 表示，河流景观虽只有一个斑块，但散布在河流沿岸的沙滩有 31 个，因此，也将其纳入讨论之列，亦仍用 H 表示。另外，将风景区中所有斑块（共 558 块）合在一起作为一种类型（记为 K），以探讨一般景观斑块的大小分布规律。各类型斑块大小分布与斑块面积分布如图 5-1 ~ 图 5-6 所示。

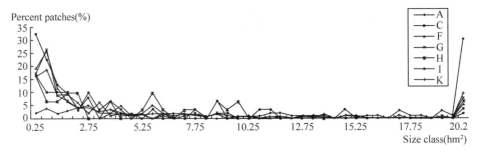

图 5-1　在（a）等级划分下各景观类型斑块大小分布

A 为马尾松林；C 为经济林；F 为茶园；G 为农田；H 为河流；I 为居住地；K 为所有斑块合并（下同）。

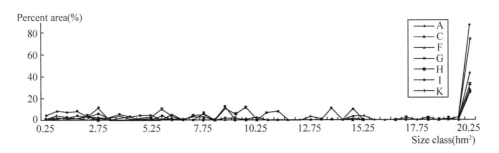

图 5-2　在（a）等级划分下各景观类型面积分布

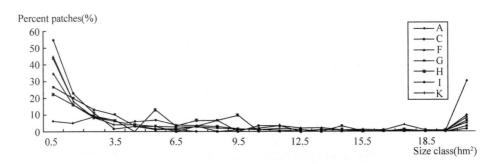

图 5-3　在（b）等级划分下各景观类型斑块大小分布

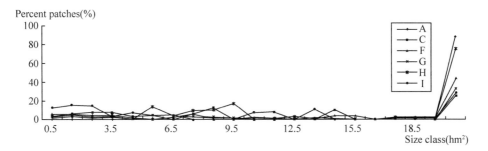

图 5-4　在 (b) 等级划分下各景观类型斑块面积分布

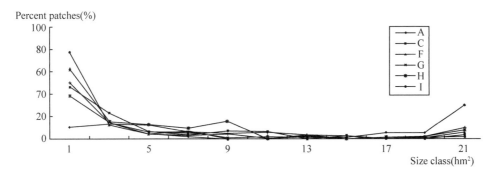

图 5-5　在 (c) 等级划分下各景观类型斑块大小分布

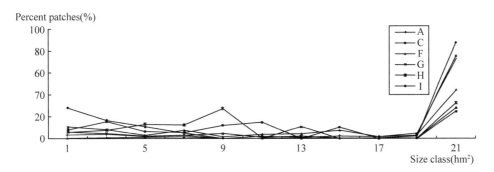

图 5-6　在 (c) 等级划分下各景观类型斑块面积分布

图 5-1 ~ 图 5-6 结果表明，不论在哪一种等级划分下，各景观类型的斑块大小分布与斑块面积分布均不呈对称分布。总的来说，各类型的斑块大小分布格局是小斑块（<3.0hm²）最多，其次是斑块面积 >20.0hm²，而中等大小斑块数量最少，即呈两头多、中间少的分布格局。从面积分布来看，除了经济林（C）景观类型的中等大小斑块面积占一定比例外，其余各景观类型的面积均由少数大斑块占绝对优势，即由少数大斑块控制了同一类型的相当大的比例。在武夷山风景区的10 种景观类型中，居住地景观与茶园景观是受人类干扰最为明显的 2 类景观，

居住地景观主要由居民住宅、散布在景区中的自然村、茶叶加工厂、小农场等构成，因此，通常面积较小，这从居住地斑块大小分布也可以得到证实；茶园是武夷山风景区面积占第3优势的景观类型(除马尾松林、农田景观外)，也是景区居民主要生活来源之一，不仅数量最多，而且斑块面积通常较小。另外，从图中还可以发现，马尾松林景观无论是数量还是面积均是大斑块占优势，这与武夷山风景名胜区以天然马尾松为基质景观的景观格局密切相关。

5.1.4 不同等级划分下斑块大小分布规律

为了进一步揭示斑块分布规律，运用6种常见的概率分布：正态分布、对数正态分布、Weibull分布、Γ-分布、Beta-分布及负指数分布分别对3种等级下各景观类型斑块分布规律进行拟合，结果列于表5-1a。

表 5-1a　不同划分等级下各景观类型的斑块大小对正态分布、对数正态分布、Weibull分布、Γ-分布、Beta-分布及负指数分布拟合结果

类型		A	C	F	G	H	I	K
正态分布	a	e	e	e	e	e	e	e
	b	e	e	e	e	e	e	e
	c	e	e	e	e	e	e	e
对数正态分布	a	n	n	v	n	n	n	n
	b	n	n	v	v	n	n	e
	c	n	n	e	e	e	v	e
Weibull分布	a	n	n	n	v	n	n	e
	b	e	n	e	e	n	e	e
	c	e	e	e	e	e	e	e
Γ-分布	a	e	v	e	e	e	e	e
	b	e	n	e	e	e	e	e
	c	e	n	e	e	e	e	e
Beta-分布	a	e	n	e	v	n	n	e
	b	e	n	e	v	n	e	e
	c	e	n	e	e	e	e	e
负指数分布	a	e	v	e	e	e	e	e
	b	e	n	e	e	e	e	e
	c	e	n	e	e	e	e	e

注：K由所有斑块构成的新类型；a、b、c表示3种划分等级；e和v分别表示在0.01和0.05两个显著性水平下有显著差异，n表示在显著水平0.1下无显著差异(下同)。

表5-1a结果表明，所有类型的斑块大小分布均不服从正态分布，即斑块大小分布是不对称的，这与前面的结果是相吻合的。从其他5个概率分布的拟合结果来看，斑块大小分布遵从对数正态分布的类型最多，除类型F与K外，其余5

种类型皆有服从对数正态分布的现象；其次是 Beta-分布与 Weibull 分布，在 7 种类型 3 种划分等级下，出现 5～7 次服从 Beta-分布或 Weibull 分布现象；而 Γ-分布与负指数分布的吻合最差(除正态分布外)，仅出现 2 次，该结果表明了对数正态分布与负指数分布相比较，更能刻画斑块大小分布特征，从而证实了刘灿然等的研究结果(刘灿然等，1999)。尽管如此，仍有一些类型的斑块大小分布不服从 6 种概率分布中的任一种，如茶园 F。表 5-1a 的结果还显示了划分等级对景观斑块大小分布规律的影响，即斑块大小分布规律存在着等级效应，但是，这种影响的规律性不明显。随着从 a 到 c 等级划分尺度的增大，有不产生影响的，如类型 F 与类型 K；有随着等级尺度的扩大而导致规律减弱或消失的，如类型 A、类型 G、类型 H 与类型 I；亦有随等级尺度的扩大而使分布具有规律性的，如类型 C，在 a 等级下，并不服从 Γ-分布与负指数分布，但是在 b、c 等级下却均服从这 2 个概率分布。可见，不同的等级划分方法对于斑块大小分布规律存在着影响，其影响机理从表 5-1a 中尚不能得到有效地揭示，还有待于在其他的研究中进一步验证核实。通过对表 5-1a 中 3 种等级尺度下的 7 种类型拟合结果两两比较，出现差异的 a 与 b 之间为 6 次、b 与 c 之间为 7 次、而 a 与 c 之间达到 12 次，因此，从本研究看，以 b 等级的划分方法比较理想，即在研究景观斑块大小分布特征时，应以适中的等级尺度为佳。

另外，从表 5-1a 还发现，类型 K 不服从任何概率分布，类型 K 是由整个景区所有类型斑块构成的具有广泛意义的一般性斑块整体，该结果表明了同一景观类型斑块可能具有某种规律(即遵从某一个概率分布)，但是，当不同类型的斑块聚集在一起时，由于类型之间的复杂关系可能导致了原有类型所拥有的斑块大小分布规律性发生变化或消失，从而使新的斑块整体不服从任何分布。为了进一步说明这一点，以等级尺度 b 为例，对表 5-1a 中除类型 K 外的 6 种景观类型两两组合，用 6 种概率分布再进行拟合，结果见表 5-1b。

表 5-1b　划分等级下不同景观类型组合后斑块大小对正态分布、对数正态分布、Weibull 分布、Γ-分布、Beta-分布及负指数分布拟合结果

类型组合	AC	AF	AG	AH	AI	CF	CG	CH	CI	FG	FH	FI	GH	GI	HI
正态分布	e	e	e	e	e	e	e	e	e	e	e	e	e	e	e
对数正态分布	n	e	e	v	v	v	v	n	n	e	v	e	v	e	n
Weibull 分布	e	e	e	e	e	e	e	v	e	e	e	e	e	e	e
Γ-分布	e	e	e	e	e	e	e	e	e	e	e	e	e	e	e
Beta-分布	e	e	e	e	e	e	v	n	v	e	e	e	v	e	v
负指数分布	e	e	e	e	e	e	e	e	e	e	e	e	e	e	e

从表5-1b可知，由具有相同斑块大小分布规律的景观类型构成的斑块集合体，其大小分布规律基本上保持不变。在本研究中，仅类型 C 与类型 H 在对 Weibull 分布拟合时出现异常情况，而其他所有类型只要它们分布相同，组合后的斑块分布结果均不变；而由不同分布规律的景观类型构成的斑块集合体，其大小分布规律将改变或消失，如经济林 C 在 b 尺度下除正态分布外，均能符合其余 5 个概率分布，但当它与斑块大小分布规律不同的类型组合在一起时，而使其原有的规律性丧失，出现显著或极显著的差异。可见斑块大小分布规律受景观类型间关系的影响。

5.1.5 小结

景观斑块大小及其分布规律研究对于自然保护区的设立、种群及群落动态、生物多样性保护等均具有积极的影响。前人在这一方面虽然曾做过研究，但不仅结论相异，而且尚未考虑尺度影响问题，这正是笔者开展本项研究的目的。通过研究结果表明：

景观类型不论斑块大小分布还是斑块面积分布，都不呈对称分布，因此，所有类型的斑块大小分布均不服从正态分布。从所选取的 6 个概率分布来看，以对数正态分布的吻合性最好，即对数正态分布是能较好地揭示斑块大小分布规律的一种概率分布，而负指数分布的吻合性差，不能用来刻画斑块大小分布特征。

对于同一类型的景观斑块来说，其大小分布可能存在着某种统计规律性，但对不同的景观类型而言，如果它们斑块大小分布规律相同，那么由它们构成的斑块集合体将基本上保持其规律性不变；如果它们斑块大小分布规律不相同，则其斑块集合体将改变原有的斑块大小分布规律或丧失原有的规律性。

景观斑块大小分布规律存在着等级效应，从本研究结果来看以适中的划分尺度为佳。当然，如何定量确定这种"适中的尺度"以及等级尺度怎样影响斑块大小分布规律，这值得更为广泛的讨论与研究。

5.2 武夷山风景名胜区景观类型空间关系及其尺度效应

景观异质性主要指景观内部资源与性状的时空变异程度，由于环境要素的时空差异及各种自然和人为干扰作用的时空不均匀性所产生的，它是景观最基本的结构特征，也是景观生态学研究的重要内容之一（Mladnoff *et al.*，1993；Li *et al.*，1994）。景观异质性直接影响资源、物种和干扰在景观中的分配与传播，影响景观的生物多样性和生产力，对景观整体功能及生态过程有着重要的控制作用（Forman，1990；Turner and Garden，1991）。景观异质性是由景观类型的多样性和景观类型的空间相互关系共同决定的，它可用景观类型相对数量关系及其生态属性的差异性加以说明。通过对景观类型斑块之间的空间关系进行分析，可以反映景观类型之间相互作用的性质、强度和方式，阐明景观类型斑块动态演替或扩展潜力，说明景观格局形成和发展的控制因素和基本动力，明确人为活动在景观格局动态中的作用。前人曾提出多种指数作为异质景观类型（或要素）之间空间关系的测度指标（李哈滨等，1992；徐化成，1996；郭晋平，2001），但实际应用成果报道甚少（郭晋平，2001）。此外，景观异质性是一种强烈的尺度相关特征，观察尺度不同往往会导致异质性程度的差异，因此，异质性研究通常需要在多尺度上进行（Urban et al.，1987；Forman，1995）。为此，通过设计 4 种空间取样尺度，探讨武夷山风景区景观类型空间关系及其尺度效应，以期为揭示研究地区景观类型空间关系特征以及确定合理的景观取样尺度提供理论依据。

5.2.1　景观类型空间取样尺度的确定

设计 4 种空间取样尺度，分别为（Ⅰ）500m × 500m（1∶10 000 地形图上 5cm × 5cm，其他依此类推）、（Ⅱ）400m × 400m、（Ⅲ）300m × 300m 和（Ⅳ）200m × 200m，4 种取样尺度样方数分别为 328 个、493 个、846 个和 1872 个，将各网格图分别与景观图层叠加，从而获得各尺度下每两类景观要素的二元数据，列出景观类型二元列联表。

5.2.2　景观类型空间关联度指数

运用下式计算各尺度下两类景观类型之间的空间关联度指数 R（张金屯，1996；郭晋平，2001）：

$$R = \frac{ad - bc}{\sqrt{(a + b)(c + d)(a + c)(b + d)}} \tag{5-1}$$

式中，a 为全部样方中同时包含两类景观类型的样方数；b 为全部样方中仅包含第一景观类型的样方数；c 为全部样方中仅包含第二景观类型的样方数；d 为全部样方中同时不包含两类景观类型的样方数（下同）；R 为两类景观类型的空间关联度指数，R 值介于 -1 到 1 之间，$R > 0$ 为正关联，$R < 0$ 为负关联。并用式（5-2）对 R 值进行显著性检验。

$$\chi^2 = \frac{n(ad - bc)^2}{(a + b)(c + d)(a + c)(b + d)} \tag{5-2}$$

若 $|\chi^2| > \chi_\alpha^2(1)$，说明景观类型之间的空间关联关系显著；若 $|\chi^2| < \chi_\alpha^2(1)$，说明景观类型之间的空间关联关系不显著。

选择平均斑块面积（MA）、斑块密度（PD）和破碎度指数（FN）等 3 个指标用来分析景观破碎化程度与尺度效应之间的关系。

5.2.3 取样尺度效应分析

运用式(5-1)分别计算 4 种取样尺度下景观类型的空间关联度指数，并进行显著性检验，结果见表 5-2。表 5-2 结果表明，取样尺度对景观类型空间关系存在着影响。不同的取样尺度不仅造成景观类型空间关联度数值上的差异，而且使某些景观类型的空间关联程度产生显著性的变化，如杉木林与经济林之间、竹林与阔叶林之间、茶园与农田之间等。如何从这些错综复杂的数据中寻找出尺度变化对景观类型空间关系的影响规律，以及如何确定理想取样尺度对于准确分析武夷山风景区景观类型空间关系十分关键。

表5-2　4 种取样尺度下各景观类型间的关联分析

类型	取样尺度 (m×m)	马尾松林	杉木林	经济林	竹林	阔叶林	茶园	农田	河流	居住地
杉木林	500×500	−0.119 1**								
	400×400	−0.150 7**								
	300×300	−0.147 7**								
	200×200	−0.131 8**								
经济林	500×500	−0.263 7**	0.044 0							
	400×400	−0.335 1**	0.049 5							
	300×300	−0.304 7**	0.066 2*							
	200×200	−0.238 9**	0.062 7*							
竹林	500×500	−0.013 2	−0.020 0	0.152 9**						
	400×400	−0.005 5	−0.051 5	0.127 1**						
	300×300	−0.006 5	−0.061 7	0.055 3						
	200×200	−0.041 4	−0.042 4	0.096 4**						
阔叶林	500×500	0.058 2	0.070 7	−0.031 7	−0.081 6					
	400×400	0.033 5	0.094 6*	−0.028 8	−0.087 0					
	300×300	0.012 7	0.050 6	−0.009 5	−0.066 7*					
	200×200	0.020 5	0.044 0	−0.010 8	−0.048 2*					
茶园	500×500	0.091 1	−0.049 9	0.012 5	0.054 9	−0.161 9**				
	400×400	0.035 1	−0.050 4	0.005 1	0.047 5	−0.152 6**				
	300×300	−0.008 8	−0.025 0	0.060 8*	0.023 6	−0.103 5**				
	200×200	−0.037 8	−0.005 5	0.171 6**	0.026 7	−0.094 5**				
农田	500×500	−0.117 7**	0.202 2**	0.153 8**	−0.142 4**	0.030 1	−0.006 3			
	400×400	−0.305 1**	0.216 9**	0.172 9**	−0.052 7	0.032 7	0.072 9			
	300×300	−0.283 2**	0.184 8**	0.208 2**	−0.060 6	0.033 4	0.089 3**			
	200×200	−0.466 9**	0.145 5**	0.197 9**	−0.002 2	0.015 8	−0.117 0**			

（续）

类型	取样尺度 （m×m）	马尾松林	杉木林	经济林	竹林	阔叶林	茶园	农田	河流	居住地
河流	500×500	-0.246 4**	-0.055 0	0.056 6	0.237 5**	-0.092 5	0.092 3	0.144 2**		
	400×400	-0.315 2**	-0.006 6	0.043 3	0.217 5**	-0.043 7	0.059 6	0.017 6		
	300×300	-0.287 4**	-0.044 2	-0.047 4	0.149 9**	-0.042 9	0.071 5**	-0.080 6**		
	200×200	-0.282 1**	-0.022 4	-0.030 3	0.132 1**	-0.004 2	0.038 9	-0.052 0		
居住地	500×500	-0.260 3**	0.064 0	0.148 3**	-0.020 7	-0.000 2	0.122 8**	0.222 2**	0.171 6**	
	400×400	-0.280 6**	0.004 3	0.103 8**	0.063 6	-0.001 1	0.079 6	0.115 3**	0.266 9**	
	300×300	-0.258 7**	-0.018 3	0.060 3	0.015 5	-0.034 0	0.100 9**	0.121 3**	0.078 9**	
	200×200	-0.196 8**	0.013 2	0.062 2**	0.029 9	0.003 3	0.102 3**	0.095 3**	0.071 5**	
裸地	500×500	-0.204 1**	0.038 2	0.005 9	-0.068 1	0.042 5	-0.062 6	-0.004 5	0.080 5	0.230 4**
	400×400	-0.138 0**	0.058 4	0.037 3	0.020 5	0.015 9	-0.008 9	0.035 1	0.037 5	0.240 9**
	300×300	-0.281 1**	0.010 6	0.001 6	-0.013 2	0.044 6	-0.038 4	0.026 4	0.008 1	0.276 4**
	200×200	-0.125 6**	0.004 5	0.012 5	-0.028 8	0.020 6	-0.025 4	0.027 1	0.027 9	0.249 4**

注：* 和 ** 分别表示关联关系在 0.01 和 0.05 两个显著性水平下显著。

尺度效应系指生态学系统的结构、功能及其动态变化在不同空间和时间尺度上有不同的表现（曾辉等，1999），因此，尺度效应受到景观异质性、景观破碎化程度等方面的影响。对于景观连通性好、不存在破碎化现象或破碎化程度很低的景观类型来说，其景观类型空间关系将基本上不因尺度变化而产生变化，而对于破碎化程度较高的景观类型而言，尺度变化将可能影响其空间关系。为了说明这一点，笔者从景观破碎度入手，分析尺度变化对景观类型空间关系的影响规律。10 个景观类型的破碎度指数计算结果列于表 5-3。表 5-3 均显示 10 种景观类型的破碎化程度大小顺序为：河流＜马尾松林＜阔叶林＜农田＜裸地＜竹林＜杉木林＜经济林＜茶园＜居住地，结合表 5-3 的结果可以发现，对于景观破碎度低的景观类型河流、马尾松林、阔叶林与农田，其两两之间的空间关系不会随着取样尺度的变化而发生显著性的变化，而对于破碎化程度较高的居住地、茶园与经济林，其两两之间的关系则随着尺度变化而出现显著性的变化。

尺度对景观异质性、植被格局等方面的影响有过研究（沈泽昊，2002），但是，如何选择合理的取样尺度至今尚未有统一的认识。就本项研究而言，为了选取一种比较理想的尺度用来分析武夷山风景区景观类型空间关系，笔者采用以下的思路：考察不同尺度下景观类型空间关系显著性的变化程度，选择显著性变化次数最小的尺度，并结合实际情况确定最佳取样尺度。依据该思路，利用表 5-3 中关联度计算结果，统计尺度变化给景观类型空间关系显著性产生变化的次数进行，结果为：尺度 I 与尺度 II 之间出现 5 次差异，其他依次为：I 与 III 之间 8 次、I 与 IV 之间 6 次、II 与 III 之间 10 次、II 与 IV 之间 6 次、III 与 IV 之间 5 次，可见，尺度 II 与尺度 III 对景观类型空间关系的判定结果差异最大，另外，从表 5-3 还可以看出，从尺度 II 到尺度 III，景观类型空间关系不仅出现显著性的变

表 5-3　10 种景观类型的破碎化程度

类型	MA_i（km²/块）	破碎度排序	PD_i（块/km²）	破碎度排序	FN_i	破碎度排序
马尾松林	1.748 8	9	0.571 8	9	0.000 47	9
杉木林	0.051 6	4	19.379 8	4	0.015 78	4
经济林	0.047 7	3	20.964 4	3	0.017 26	3
竹林	0.058 9	5	16.977 9	5	0.013 24	5
阔叶林	0.096 5	8	10.362 7	8	0.008 37	8
茶园	0.047 4	2	21.097 0	2	0.017 82	2
农田	0.091 1	7	10.976 9	7	0.009 25	7
河流	3.466 5	10	0.288 5	10	0	10
居住地	0.020 3	1	49.261 1	1	0.041 18	1
裸地	0.089 1	6	11.223 3	6	0.008 49	6

注：MA_i 为平均斑块面积；PD_i 为斑块密度；FN_i 为破碎度指数。

化，而且，不少类型之间的关系由正关联变为负关联，如马尾松林与茶园之间、杉木林与居住地之间、经济林与河流之间、竹林与裸地之间以及农田与河流之间，因此，尺度Ⅱ与尺度Ⅲ不宜用来分析风景区景观类型空间关系，而认为尺度Ⅰ与尺度Ⅳ是两种相对比较理想的取样尺度，然而，进一步对比尺度Ⅰ与尺度Ⅳ结果，还可以发现尺度Ⅰ下存在景观类型空间关系与现实不相符合的情况，例如，杉木林与经济林均分布在海拔较低的缓坡上，不仅在空间上关系极为密切，且多与农田相连，而尺度Ⅰ对它们空间关系的判别结果为不显著，尺度Ⅳ为极显著；又如，农田在风景区中主要分布在低海拔、平坡（或缓坡）且靠近居民生活区的地方。在武夷山风景区内共有 3 条溪流：东面崇阳溪、北面黄柏溪和中部的九曲溪，其两岸多为奇峰异石，在空间上远离农田景观，而尺度Ⅰ对农田与河流空间关系的判别结果为显著正关联，尺度Ⅳ为不显著且负关联。综合以上的分析，认为尺度Ⅳ是 4 种取样尺度中最为理想的一种。因此，建议在研究景观类型空间关系时，取样尺度不宜太大，当然，取样尺度太小会成倍（或几十倍）地增加样方数量，但是，如果借助 GIS 强大的空间数据取样、整理与分析功能，也不会给研究增加太大的工作量。

5.2.4　景观类型空间关系分析

根据前面的研究，选择尺度Ⅳ下各景观类型空间关联度计算结果作为分析武夷山风景区景观类型空间关系的基础数据（表 5-3）。从表 5-3 可知，马尾松林景观除与阔叶林景观呈正关联外，与其余 8 类景观类型之间均为负相关，存在着空间排斥关系，其中与杉木林、经济林、农田、河流、居住地与裸地负相关程度达极显著水平，这种空间关系取决于武夷山风景区独特的景观空间格局，即以天然马尾松林为基质景观，其余景观镶嵌其中的景观格局。阔叶林虽然与马尾松林正相关，但并不显著。阔叶林在风景区的比例很小（面积仅占 2.76%），其乔木层主要有丝栗栲、苦槠、木荷、青冈、石栎、槭木等树种，多在中海拔区与马尾松天然林混交，在空间上常处于第二主林层位置。但阔叶林与茶园呈显著的负相关。如前所述，茶园是武夷山风景区较具地方特色的一类景观。茶叶是当地农民的主要收入来源之一，不少贫困乡（村）靠发展茶叶而脱贫致富。从 20 世纪 70 年代末至 90 年代初，武夷山茶园面积发展迅速，1975 年，武夷山茶园面积才20 933 亩，而 1996 年就已达 72 733 亩，与 1975、1981、1990 年相比，分别增加了 247%、114% 和 100%（表 5-4）。究其原因，与县、市政府倡导经济发展策略有着密切的关系。比如，1985 年，崇安县政府把扩大茶叶面积、发展茶叶生产列为贫困乡脱贫致富的一项重要措施，先后投资 53.6 万元，为贫困乡（村）开辟和垦复茶园 6520 亩，特别是 1989 年刚设立市的武夷山市政府更是把发展茶叶作为经济的增长点，做出了开发山地，开拓茶叶生产的部署，使茶园面积从 1990—1996 年的 6 年间就翻了一番，大面积的森林被毁，取而代之的是茶园，尤其是阔叶林由于林地土壤较为肥沃、土层较为稀松，成为种植茶叶的首选地。直到 20世纪 90 年代中期，武夷山市委、市政府意识到盲目发展茶叶将给武夷山这块世界瑰宝造成不可弥补的损失，同时也将给武夷山申报世界遗产带来负面的影响，因此及时调整了发展策略，才使这种毁林种茶的现象得到较为有效的遏制，从1997—2001 年，茶园面积基本保持不变，个别年份还出现了负增长。但是，与1996 年相比，武夷山市 2001 年的茶园面积仍增加了 8890 亩，增长速度约为12%。另外，从表 5-4 还可看到，2001 年起茶园面积又有了较大幅度的增加。阔叶林景观与茶园景观空间显著负相关关系表明阔叶林与茶园在空间上相互排斥，发展茶园将威胁阔叶林的生存与发展。此外，马尾松林、杉木林尽管与茶园空间关系不显著，但呈负相关，说明除阔叶林，仍有少量马尾松林与杉木林被茶园替代，因此，茶园是风景区主要干扰源之一。

除茶园之外，居住地是武夷山风景区的另一个重要的干扰源。武夷山风景区作为首批国家级风景名胜区，在国内外有着较高的知名度，旅游业发展迅猛，游客人数基本上呈逐年递增的趋势，特别是武夷山 1999 年申报世界遗产成功后，在

表 5-4　武夷山茶园面积统计表　　　　　　　　　　　　（亩）

年份	面积	年份	面积	年份	面积	年份	面积	年份	面积	年份	面积
1951	8 700	1974	16 302	1984	44 206	1990	36 439	1996	72 733	2000	81 296
1955	12 468	1975	20 933	1985	44 099	1992	46 268	1997	81 600	2001	81 223
1957	14 985	1981	33 999	1988	39 180	1994	62 892	1998	81 267	2002	88 725
1969	15 270	1983	46 877	1989	40 134	1995	71 684	1999	81 380	2003	90 530

资料来源：《武夷山市志》和武夷山市统计局。

国内外的声誉得到极大的提高，吸引了更多的海内外游客到武夷山旅游观光，除2003年受非典影响外，武夷山风景区的游客量从2000年起每年均以10%～30%速度递增，于是，不少的酒店、宾馆和与之相关的旅游服务设施拔地而起，因此，旅游业的发展除了对风景区的环境造成压力外，还对景观格局产生了极大的影响。从表5-4可以看出，农田与杉木林、经济林、居住地之间，经济林与竹林、茶园、居住地之间，居住地与河流之间均呈显著正相关，反映出武夷山风景区在低海拔的地方是以居民点为中心，通过农田、河流等向周围扩散的干扰景观格局，而在高海拔地方，则以茶园为主要干扰源，以天然马尾松林为主体的天然景观格局。另外，表5-4还显示了居住地与裸地空间呈显著的正关联，其主要原因在于本研究在确定居住地边界时，以居民住宅、工厂等建筑物为依据，而将其周围的空地视为裸地，因而出现居住地与裸地之间呈正相关，这也说明了尺度IV能够如实地反映景观类型的空间关系。

5.2.5 小结

通过设计4种取样尺度，并利用景观类型空间关联度对武夷山风景区景观类型空间关系以及尺度效应进行初步的探讨，结果表明：

景观类型空间关系受取样尺度变化的影响，即存在着尺度效应。通过景观破碎度入手，认为尺度变化对破碎化程度高的景观类型空间关系影响大，而对破碎化程度低的景观类型空间关系影响小。综合比较4种取样尺度的结果，以200m×200m的取样尺度最为理想。

以200m×200m的取样尺度为标准，对武夷山风景区10种景观类型之间的空间关系进行分析，得出武夷山风景区景观类型空间关系特征（空间格局），即在低海拔区呈现出以居民点为中心，通过农田、河流等向四周扩散的干扰景观格局；在中高海拔区则呈以马尾松近成熟、成过熟林占优势的天然马尾松林为主体的、受人为干扰少的天然景观格局。

景观类型空间关系研究对于揭示研究区域景观格局、过程与发展具有重要的意义，然而，景观类型空间关系受取样尺度的影响，本项研究表明在进行景观类型空间关系研究时，取样尺度不宜太大，从而为GIS在森林景观研究中的应用提供了基础理论依据。景观类型空间关联指数用于复杂异质景观格局分析时可取得良好的效果，且其生态学意义明确（郭晋平，2001），这从本研究中可以得到有力的证实。

5.3 武夷山风景名胜区景观格局与环境关系的尺度效应

景观中，环境因子通过影响生态过程进而影响景观格局分布。关注景观类型空间尺度的同时，同样必须重视环境因子等过程尺度，避免陷入尺度推绎的误区。探讨景观格局与环境因子的关系，不仅能反映景观类型的分异特征，而且能反映与环境因子关系密切的生态过程在尺度转化上对景观格局的作用规律。景观格局分析时若尺度过小，可能会因区域空间信息数据量过大而掩盖一些重要信息，而尺度过大则又会造成细节信息缺失(杜秀敏等，2010)。因此，在揭示环境因子与景观格局的关系及作用规律时，必须关注多尺度效应(高江波等，2010；郝敬锋等，2010)。典范对应分析(canonical correspondence analysis，CCA)是目前植物与环境关系研究中最常用的梯度分析方法，它可综合多环境因子，包含的信息量大，结果直观、效果好，已得到广泛应用(牛莉芹等，2008；李秋华等，2007；张斌等，2009)。本节引入 CCA 方法分析武夷山风景名胜区景观格局与环境因子的关系，从多个尺度探讨景区环境因子与景观格局特征的相互关系，进而探讨景观特征、空间格局在环境梯度上的分布趋势及多尺度效应，为揭示景观类型空间分布特征及确定合理的景观取样尺度提供一种新的解决问题的思路。

5.3.1　数据库的建立

提取经度、纬度、海拔、坡向、坡度、郁闭度、腐质层厚度、土层厚度 8 个环境因子作为分析时环境因子数据图层(2009 年)，景观类型数据图层取值以该景观类型在相应取样网格内面积百分比表示。叠加 8 个环境因子图层与 11 类景观类型数据图层，从而生成用于 CCA 分析的基础数据库。

5.3.2　网格样点取样

运用 ArcGIS 中 Resample 工具根据设定尺度对景观类型图层以最邻近方法进行重采样，环境因子以相应尺度网格样方内加权平均值作为重采样后的因子值。以图层最小栅格精度(30 m)的整数倍进行 6 个尺度粒度的网格取样，依次为 30 m×30 m、90 m × 90 m、150 m × 150 m、210 m × 210 m、300 m ×300 m、450 m ×450 m。根据 6.1.1 节中方法分别建立 6 个不同尺度下的基础数据库。然后，采用 ArcGIS 中 Hawths Tools 工具，以每类景观类型栅格数量的 10% 在空间上随机取样，提取随机样点对应的景观类型与环境因子数据用于 CCA 分析。

5.3.3　典范对应分析

典范对应分析是基于对应分析(correspondence analysis，CA)发展而来的一种排序方法，又称多元直接梯度分析(陈端吕等，2008)。CCA 方法研究景观类型与环境因子关系的基本思路是：先用 CA 对景观类型数据进行计算获得排序坐标值，与环境数据线性结合，用样方排序值加权平均求景观类型排序值，使景观类型排序坐标值也间接地与环境因子相联系，这样所得的样方排序值既反映了样方

内景观类型组成及生态重要值对景观的作用，又反映了环境因子的影响。本研究应用国际通用的 CANOCO for windows 4.5 软件开展 CCA 分析，用 CANODRAW 作图。CCA 排序图解读如下：图中箭头代表环境因子、三角号代表景观类型；箭头长短表示环境因子对景观重要性的作用强度；箭头连线与排序轴的斜率表示环境因子与排序轴的相关性，斜率越小相关性越高；箭头所在象限表示环境因子与排序轴之间相关性的正负；箭头相互垂直的环境因子间相关性不显著，夹角小于 90°的因子彼此正相关，大于 90°的因子彼此负相关（王翠红等，2004）。

5.3.4　排序轴特征值及解释量比较

特征值是衡量排序轴重要性的指标，轴上的累积解释量反映排序轴对目标的解释能力（ter Braak and Šmilauer，2002）。6 个取样尺度下各排序轴的特征值、累积景观—环境解释量以及景观与环境相关系数见表 5-5。从小到大的 6 个尺度下特征值总量分别为：9.626、7.814、5.708、4.019、3.386、2.310，其中 30 m 粒度的特征值明显高于其他尺度，这表明在景区内最小的取样尺度上对样地（景观类型）间关系的描述具有优越性。前 4 个排序轴对景观—环境关系的累积解释量随着尺度的变大呈现较无规律的波动，解释量变化很小（97.3%~98.8%），在 150 m 粒度时达到最大值（98.8%），表明从前 4 个排序轴的解释量上看，150 m 粒度有最优的解释量，但各尺度间解释量差异小。在描述景观与环境的相关关系方面，第 1 排序轴在粒度为 30 m 的景观—环境相关系数高于其他尺度，即它的景观数据排序轴与环境数据排序轴有较高相关性，相关系数随着尺度递增呈先减后增的趋势（表 5-5）。

表 5-5　前 4 个排序轴的特征值、对景观—环境关系解释的
累积百分比及景观—环境相关系数

粒度 (m)	特征值					累积景观—环境解释（%）				景观与环境相关系数			
	1	2	3	4	Total	1	2	3	4	1	2	3	4
30	0.764	0.569	0.073	0.029	9.626	51.8	90.4	95.3	97.3	0.905**	0.790**	0.272**	0.172*
90	0.663	0.387	0.063	0.030	7.814	56.6	89.7	95.0	97.6	0.890**	0.745**	0.290**	0.187*
150	0.619	0.283	0.042	0.013	5.708	63.8	93.1	97.4	98.8	0.882**	0.686**	0.262**	0.148*
210	0.563	0.197	0.067	0.027	4.019	64.8	87.4	95.2	98.3	0.868**	0.628**	0.360**	0.243*
300	0.538	0.176	0.058	0.025	3.386	66.5	88.3	95.4	98.5	0.873**	0.641**	0.368**	0.259**
450	0.522	0.181	0.074	0.016	2.310	64.8	87.2	96.4	98.4	0.892**	0.707**	0.478**	0.228*

注：$^*P < 0.05$；$^{**}P < 0.01$。

5.3.5　景观格局与环境的关系

前 2 个排序轴对景观—环境关系的累积解释量均达到 85% 以上（表 5-6），故采用前 2 轴可以较好的解释景观类型与 8 个环境因子之间的关系。结合各环境因

子与排序轴的相关性大小(表5-6)及排序图(图5-7)。可知：以 30 m 粒度为例，CCA 第一轴(图中横轴)主要反映了郁闭度(CD = 0.821 1)、腐质层厚度(HT = 0.772 7)、海拔(ELE = 0.582 8)、坡度(SLO = 0.502 3)、土层厚度(ST = 0.447 0)、经度(X = −0.332 1)、坡向(ASP = 0.023 2)等环境因子的梯度变化，CCA 第二轴(图中竖轴)主要反映了土层厚度(ST = 0.586 7)、郁闭度(CD = −0.291 5)、纬度(Y = 0.195 4)等环境因子的梯度变化。第一轴从左向右，经度(X)逐渐降低，同时郁闭度、腐质层厚度、海拔、坡度、土层厚、纬度等呈现不同程度的增加，坡向从阴坡向阳坡转变；沿第二轴从上到下，郁闭度增加，坡向从阴坡向阳

表5-6　6 个尺度下环境因子与典范对应分析前 4 排序轴的相关系数

尺度	排序轴	X	Y	ELE	ASP	SLO	CD	HT	ST
30 m×30 m	AX1	−0.332 1 **	0.064 1	0.582 8 **	0.023 2 *	0.502 3 **	0.821 1 **	0.772 7 **	0.447 0 **
	AX2	0.121 1	0.195 4 *	0.008 9	−0.014 2	0.021 0	−0.291 5 **	0.242 0 *	0.586 7 **
	AX3	−0.107 9	0.151 5	0.048 6	0.011 3	0.163 9	−0.034 0	−0.036 5	−0.094 0
	AX4	−0.058 4	0.048 8	0.062 2	−0.034 4	−0.050 6	0.005 7	−0.042 7	−0.002 9
90 m×90 m	AX1	−0.389 3 **	0.048 4	0.602 7 **	0.058 4	0.600 4 **	0.804 6 **	0.766 6 **	0.416 9 **
	AX2	0.129 7	0.199 9 *	−0.038 5	−0.014 7	−0.041 8	−0.263 4 **	0.186 3	0.542 8 **
	AX3	−0.110 7	0.160 2	0.025 3	0.022 9	0.154 7	−0.050 6	−0.034 1	−0.118 5
	AX4	0.058 3	−0.075 7	−0.032	0.076 9	0.045 2	−0.012 9	0.046 4	0.004 3
150 m×150 m	AX1	−0.394 3 **	0.050 3	0.589 4 **	−0.014 5	0.605 1 **	0.782 5 **	0.778 0 **	0.388 9 **
	AX2	0.167 3	0.218 1 *	−0.077 3	−0.06	−0.068 1	−0.254 7 **	0.097 5	0.471 2 **
	AX3	−0.068 2	0.134 1	0.009 2	0.011 3	0.145 6	−0.052 1	−0.027 3	−0.123 3
	AX4	−0.099 4	0.010 3	0.023 5	−0.048 0	−0.013 2	0.006 6	−0.024 5	−0.012 3
210 m×210 m	AX1	−0.429 2 **	0.062 1	0.606 5 **	0.037 3	0.627 1 **	0.795 4 **	0.740 3 **	0.319 7 **
	AX2	0.172 7	0.207 2 *	−0.057 5	−0.049 5	−0.030 2	−0.180 5	0.137 2	0.438 1 **
	AX3	−0.062 4	0.171 8	−0.007 6	0.027 5	0.178 8	−0.080 4	−0.006 1	−0.183
	AX4	−0.082 4	0.145 1	0.013 9	−0.090 4	−0.061 9	−0.002 7	−0.053 1	−0.047 8
300 m×300 m	AX1	−0.442 0 **	0.071 3	0.633 3 **	0.039 9	0.668 8 **	0.791 5 **	0.771 9 **	0.305 7 **
	AX2	0.202 7 *	0.211 1 *	−0.075 7	−0.066 2	−0.065	−0.180 6	0.114 5	0.456 7 **
	AX3	0.078 3	−0.196	−0.004 2	0.050 4	−0.164	0.089 3	0.032 2	0.196 4
	AX4	0.062 7	−0.160 5	−0.027 5	0.054 2	0.077 1	−0.013 7	0.043 2	0.029 8
450 m×450 m	AX1	−0.451 6 **	0.072 2	0.635 2 **	0.032 6	0.675 5 **	0.798 1 **	0.519 3 **	0.339 3 **
	AX2	0.222 *	0.278 1 **	−0.126 9	−0.093 8	−0.102	−0.237 6 *	0.103 7	0.442 4 **
	AX3	−0.047 1	0.099 5	0.011	0.062 1	0.276 8 **	−0.106 8	−0.037 2	−0.211
	AX4	0.046 4	−0.165 5	−0.072 4	0.052 6	−0.021 6	0.028 1	0.149 4	0.089 1

注：X 为经度；Y 为纬度；HT 为腐质层厚度；STH 为土层厚度；CD 为郁闭度；ELE 为海拔；SLO 为坡度；ASP 为坡向；* P < 0.05；** P < 0.01。下同。

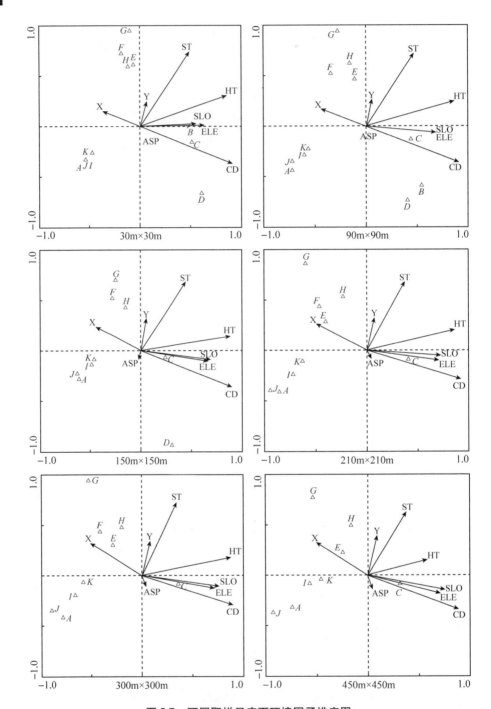

图 5-7　不同取样尺度下环境因子排序图

A 为裸地；B 为杉木林；C 为马尾松林；D 为阔叶林；E 为竹林；F 为灌草层；G 为经济林；
H 为茶园；I 为农田；J 为建设用地；K 为河流

坡变化，同时经度、纬度、腐质层厚度、海拔、坡度、土层厚等逐渐减小。第一轴和第二轴基本解释了环境因子对景观格局分布的作用规律，累积解释量为90.4%，第三轴和第四轴相关系数均未达显著水平。此外，其他 5 个尺度上均存在第三四排序轴相关系数不显著的规律，表明在 6 个取样尺度上，第一、二排序轴均能很好地解释环境因子对景观格局的影响。

从景观类型到数量型环境因子箭头投影的位置次序可代表该景观类型在相应环境因子最适值的排序，投影位置离箭头越近，表示与该环境因子的正相关性越大，处于另一端则表示与该类环境因子的负相关性越大（Lepš and Šmilauer，2003）。图 5-7（30 m 粒度）中，各景观类型沿着纬度梯度变化的规律为：随着海拔和坡度的增加而逐渐增加的景观类型有 B（杉木林）、C（马尾松林）、D（阔叶林），且它们与海拔和坡度的正相关性也逐渐增大；随着海拔与坡度的增加而逐渐减少的景观类型有 E（竹林）、G（经济林）、H（茶园）、F（灌草层）、I（农田）、J（建设用地）、A（裸地）、K（河流），且它们与海拔和坡度的负相关性也逐渐增大，这与景区景观类型分布的实际情况基本相符。从郁闭度上看，B、C、D 郁闭度逐渐增加；各植被景观类型的腐殖质层相差不大，投影位置较为接近。G、F、E、H 的土层厚度较其他景观类型厚。

从环境因子间的夹角看，海拔与坡度关系最为密切，但与纬度最不相关。物种点之间的距离可代表分布差异程度。G、F、E、H 分布差异较小；I、J、A、K 分布差异较小；D 在分布上与 B 和 C 有一定差异。

5.3.6　景观格局与环境关系的尺度效应

某个研究尺度上的影响因子可能在其他尺度上并不发生作用，即影响因子的尺度效应（游巍斌等，2011a）。当时空粒度或幅度变化时，格局或过程与相同影响因素之间的相关关系可能发生截然相反的变化（Arita *et al.*，2002）。本研究结果表明武夷山风景名胜区的景观格局与环境因子间的关系具有尺度效应。从环境因子与第一排序轴的相关系数（图 5-8）来看，随着取样尺度的增大，经度、海拔、坡度对第一轴的相关系数总体趋势逐渐增加，郁闭度、土层厚度对第一轴的相关系数总体趋势逐渐减少，纬度、坡向、腐质层厚度略有波动。就第二排序轴来看（图 5-9），海拔、坡向、坡度等因子在 30 m 粒度上与其他 5 个尺度存在相关系数的正负差异，不但第二轴相关系数显著水平较第一轴低，而且第二轴单轴平均解释量（28.0%）较第一轴（61.4%）低得多。虽然环境因子在不同尺度下相关系数大小有变化，且各环境因子相关系数的最大值分别出现在不同的取样尺度上，但是总体上对第一排序轴影响规律一致。因此，推测武夷山景区内各环境因子对排序轴相关系数的影响规律在 30 ~ 450 m 尺度内可做尺度推绎。

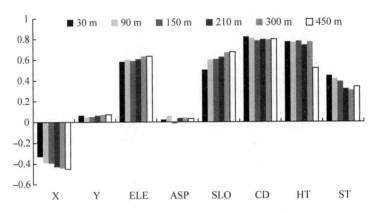

图5-8 不同尺度中环境因子与第一排序轴相关系数

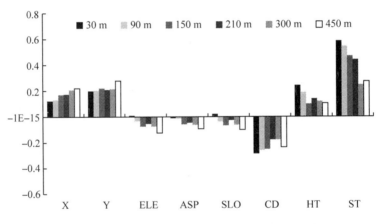

图5-9 不同尺度中环境因子与第二排序轴相关系数

6个尺度上各环境因子第一排序轴平均相关系数从大到小依次为：郁闭度（0.798 9）、腐殖质层厚度（0.724 8）、海拔（0.608 3）、坡度（0.613 2）、经度（-0.406 4）、土层厚度（0.369 6）、纬度（0.061 4）、坡向（0.029 5）。郁闭度与景观重要性的关系最大，平均相关系数为0.798 9，腐质层厚度次之，平均相关系数为0.724 8。不同取样尺度中郁闭度对第一轴的相关系数基本呈先减后增的趋势，并在30 m粒度时达到最大，依次为：0.821 1、0.804 6、0.782 5、0.795 4、0.791 5、0.798 1；腐质层厚度对第一轴的相关系数呈现上下波动，在150 m粒度时达到最大。这表明景区内不同景观类型在郁闭度和腐质层厚上的差异很明显，郁闭度与腐质层对景观重要性的影响程度较大，景观类型形成及分布与生态系统特征及土壤养分密切相关。不同取样尺度下经度与排序轴均为负相关关系，平均相关系数为-0.406 4。地理空间因素上，海拔、坡度、经度较纬度对景观格局的影响较大；茶园、建设用地、农田等均为人类作用形成的景观，特别是海拔因素影响着人类到达不同景观的可及度以及对景观改造的难易程度，这与海拔、坡度相关系数高度相关的结果相符。

由排序图所反映的景观类型差异性可知，景观类型主要分布在排序轴的第二、三、四象限，第二象限分布 G、F、H、E，第三象限分布 A、K、J、I，第四象限分布 B、C、D。三角符号距离越近表示景观类型分布格局越相似，与环境因子的关系越相近。特别是第三象限的裸地、河流、建设用地、农田距离最为接近，这与景区内这些景观类型均大多分布在低海拔且人类活动密集的溪东旅游服务区、三姑、星村镇区和南部地区的实际情况相符。随着取样尺度的改变，排序图中景观类型分布距离存在一定程度的变化，但与环境因子的投影位置相差不大。这也进一步验证了上文指出的各取样尺度内环境因子对景观格局作用规律可推绎的结论。另外，450m、300m、210m、150m 排序图中分别出现了 B、D 景观类型的消失，这可能是因为越大尺度的取样越容易造成部分小面积景观信息的丢失所致。当前，如何减小尺度推绎的信息损失一直是尺度推绎的难点（Ludwig *et al.*，2000；傅伯杰等，2010）。

5.3.7　小结

引入典范对应分析方法对武夷山风景名胜区 6 个网格取样尺度（粒度）的景观格局与环境的关系进行探讨，结果表明：环境因子中郁闭度、腐殖质层厚度、海拔、坡度对景观格局影响较大，其中，郁闭度最大，坡向最弱。按景区景观类型与环境因子的关系可把景区景观类型分为 3 类，即位于低海拔的裸地、河流、建设用地、农田等景观，与土壤因子密切相关的杉木林、马尾松林、阔叶林等景观，与人为经营有关的经济林、灌草层、茶园、竹林等景观。景区景观格局与环境因子关系具有尺度效应，30 m 粒度在解释景观类型间关系上效果最优，随着尺度的递增景观类型间的关系逐渐变小，这与郭泺等（2006）指出的随着样方面积的增大，数量增多，景观要素越复杂，变化因子和随机因素的影响就越大，森林景观格局的可解释性就越弱的研究结果较为一致。各环境因子在不同尺度下相关系数呈现渐增、渐减、波动等变化，环境因子相关系数最大值分别出现在不同的取样尺度上，但对第一排序轴影响规律基本一致。这与其他研究（Bian *et al.*，1999；Wu *et al.*，2000）指出的随着样方的增大，自变量与因变量之间的相关关系和回归关系呈逐渐增强的趋势，对因变量有显著影响的自变量也逐渐增多的结论不同。鉴于第一、二排序轴高的解释量，推测武夷山景区内各环境因子对排序轴相关系数的影响规律在 6 个尺度上可以进行尺度推绎。

已有研究表明：采用不同的聚合方法对植被或土地覆盖的分类和景观格局分析可能会产生显著的影响，并最终影响空间模型评价（Wu，2004）。由于栅格聚合方法本身存在的缺陷，本文运用的重采样方式可能在一定程度上扭曲或掩盖了

真实景观的格局(高江波和蔡运龙,2010)。CCA 分析被引入景观格局与环境因子关系研究中,丰富了尺度研究方法,但考虑到不同尺度分析方法各自具有的优势与局限性,有必要同时使用两种或两种以上方法进行比较和评估,进而为尺度推绎提供可靠依据。另外,尺度常以粒度和幅度来表达,文中只讨论了仅改变粒度的尺度效应,而仅改变幅度或同时改变幅度和粒度却未进一步探讨。

尺度问题本身的复杂性决定了多学科交叉研究的必要性。目前,尺度分析的方法在借鉴物理学、分形几何学和地统计学等其他学科方法的同时,更需要尺度推绎机制和假说理论的提出,并检验理论和假说。总之,生态学中有关尺度的理论、方法和应用研究还较粗浅,相关研究有待进一步完善。

第 6 章　武夷山风景名胜区干扰生态影响分析

从景观生态学的角度可将在目标尺度内，改变景观生态过程和生态现象的不连续事件，称为干扰。干扰的生态影响主要反映在景观中各种自然因素的改变，例如，火灾、森林砍伐等干扰，导致景观中局部地区光、水、能量、土壤养分的改变，进而导致微生态环境的变化，直接影响到地表植物对土壤中各种养分的吸收和利用，这样在一定时段内将会影响到土地覆被的变化。干扰的结果常会影响到土壤中的生物循环、水分循环、养分循环，进而促进景观格局的改变。对武夷山风景名胜区目前面临的诸如开发建设、旅游活动、林火、病虫害、茶园种植、极端气候条件等自然与人为干扰的生态响应开展研究进而实施科学管理，这对风景区的可持续发展和景观生态建设具有积极的现实意义。

6.1 旅游干扰对武夷山风景名胜区植物群落景观与社区的影响

6.1.1 旅游干扰对武夷山风景名胜区植被景观特征影响

游径是游客通向旅游景点的基本交通设施之一，从景观生态上看，它是一条线状走廊。走廊在景观中起着运输、隔离、资源和观赏的作用（徐化成，1996）。按照走廊的起源划分，游径属于干扰走廊，它是由于旅游活动的带状干扰造成的。从一定意义上可以说，游径是一条线状的旅游污染源，在同一水平距离带上会向四周放射状辐射，从而致使自然环境有所变化。植被是一定地域各种自然要素相互作用的最直接表现，它能充分客观地反映其生态环境的质量优劣。植被不仅是重要的风景资源，更是协调生态平衡的杠杆所在。

群落结构的稳定程度直接影响到植被的生态环境质量，也是植被景观保持其美学特征和发挥其旅游价值的先决条件。群落多样性是群落稳定性的一个重要尺度。当一个群落物种丰富，且每个种的个体比较均匀分布时，物种之间就形成了比较复杂的相互关系，那么该植物群落对于环境的变化或来自群落内部种群的波动有着较大的缓冲能力，即多样性高的群落相对比较稳定。反之，若物种数目少，各个种的相对丰富度又不均匀，则群落的多样性就较低，其稳定性也相对较差。

生态旅游区植物群落的变化，一方面取决于群落种类组成的生态学生物学特性;另一方面也取决于自然地理因素和旅游活动等因素的变化(王伯荪,1987)。植物群落的更新在很大程度上取决于群落内的环境条件或植被发育的反馈效应。旅游活动必然会干预群落的发育过程,使其或多或少地偏离正常的演替进程,而群落发育过程所创造的内部环境,常常影响着某些种群的动态变化,从而改变植物群落的结构。对于生态旅游区植物群落的结构探讨,可以揭示群落的演替过程,有利于加强景区的植被保护和旅游管理。随着武夷山知名度的上升,游客量也呈逐年增加趋势,从而给景区造成的压力日趋严重,开展旅游干扰研究迫在眉睫。本节试图在过去研究的基础上,进一步开展旅游干扰对武夷山风景名胜区植物群落景观特征的影响分析,旨在为改善武夷山风景名胜区生态旅游环境质量、更为有效地保护世界双重遗产提供科学依据。

6.1.1.1 研究方法

在武夷山风景名胜区内,按景区选取 4 种不同海拔高度以及不同群落类型设置样地,每一块样地面积为 600 m^2(20m × 30m),测定每一块样地的海拔、坡向、坡位、坡度和群落类型等因子,采用相邻格子法进行调查,将 4 个样地分别布置 24 个 10m × 10m 的样方,并对样方内出现的植物种类进行每木检尺,记录其种名、胸径、树高、冠幅及其枝下高(起测径阶≥2cm)。在每一个乔木样方中设置 1 个 5m × 5m 和 1m × 1m 的样方调查灌木和草本,记录种类、数量、高度、盖度等指标,最后记录垃圾种类和数量以及树木的乱涂乱刻情况,能够较为充分客观地反映不同距离带上的旅游活动干扰对植物群落结构的影响(表 6-1)。

表 6-1   各样地植被类型

样地号	景区	海拔 (m)	坡度 (°)	植被类型	样地面积 (m^2)	样方数
1	大王峰	435	19	阔叶林	600	6
2	天游峰	415	25	马尾松林	600	6
3	水帘洞	245	27	毛竹林	600	6
4	一线天	174	31	杉木林	600	6

(1)群落结构特征

乔木更新层的幼苗量、灌木层植被数量、草本层盖度。

(2)旅游影响系数

旅游影响系数是一种反映旅游活动对植被景观的干扰程度和景区旅游管理水平的有效指标,旅游影响系数越大,说明其受影响越大,旅游管理质量越差。旅游影响因子主要包括垃圾、践踏、折枝损坏现象等的干扰和胁迫作用。本文中旅游影响系数主要包括以下 3 个旅游影响因子:

①垃圾影响因子   垃圾数量越多,表示旅游活动的影响程度越大;

②折枝影响因子　利用林木死枝下高来表示，死枝下高越高，折枝损坏现象越严重，旅游影响程度越强；

③树干刻画影响因子　树干刻画越严重，旅游活动的破坏程度越强。

（3）景观重要值

景观重要值是以物种多样化、群落结构和美学因素来反映自然地理因素和旅游活动对植物群落生态环境的影响程度。群落景观重要值越大，说明该群落的旅游价值越大，生态环境越好。其计算方法为

$$LIV = X_s + X_h + X_c \tag{6-1}$$

式中，LIV 为景观重要值；X_s 为相对物种系数（relative species index）= 样地物种数/景区总种数（根据调查记录共 151 种）；X_h 为相对树高系数（relative tree height index）= 样地平均树高/最高树高；X_c 为乔木相对冠幅系数（relative canopy diameter index）= 乔木平均冠幅/最大冠幅。

（4）物种多样性信息指数

表示物种的丰富度和各物种组成的均匀性程度。一般而言，信息指数越大，表示物种多样性越大，生态环境质量越好。本节采用的各种物种多样性信息指数的计算公式如下：

①丰富度指数：

$$R = \frac{s - 1}{\ln N} \tag{6-2}$$

②Shannon-Wiener 多样性指数：

$$S_w = -\sum_{i=1}^{s} (P_i \ln P_i) \tag{6-3}$$

③Simpson 多样性指数：

$$S_P = 1 - \sum_{i=1}^{s} P_i^2 \tag{6-4}$$

④均匀度指数：

$$E = \frac{S_w}{\ln S} \tag{6-5}$$

⑤Mclntosh 多样性指数：

$$D_m = \frac{[N - (\sum N_i^2)]}{(N - N^{\frac{1}{2}})} \tag{6-6}$$

上述各式中，$i = 1, 2, \cdots, S$；S 为物种总数；N_i 为第 i 个物种的数量；N 为所有物种的个数之和；P_i 为第 i 个物种的个体数占总物种数的比例，即 $P_i = \frac{N_i}{N}$。

为了便于比较不同距离带上旅游植物群落之间的结构差异，根据距游径的水平距离不同，将其分为近距离（$d < 10\text{m}$）、中距离（$10\text{m} \leq d < 20\text{ m}$）和远距离（$d \geq 20\text{ m}$）3 个地带。

6.1.1.2　不同距离带上植物群落的结构分析

（1）旅游干扰对乔木层的影响

乔木是生长在植物群落上层的植物种，旅游活动对乔木层本身的直接影响不

大，但对立木更新层的影响较大。通过对穿过马尾松林的游径两旁受干扰的植被调查，未发现马尾松幼苗，但出现较多金缕梅科的檵木和禾本科的竹子幼苗。在杉木林的调查样地中也同样未发现杉木幼苗，却有较多金缕梅科的檵木、黄瑞木（*Adinandra mellettii*）以及山茶科的茶树（*Camellia sinensis*）。可见，马尾松和杉木是其群落的衰退种，随着群落的演替将被其他优势种取代，出现新的群落类型。这说明了旅游活动在一定程度上会改变群落的环境，引起群落的更新。

（2）旅游干扰对灌木层的影响

灌木是植物群落空间中的中间层植物种。整个景区内，灌木层盖度较小，不同距离带上灌木层的植被数量呈现出近距离＜中距离＜远距离的趋势（表6-2）。近距离处灌木植物受旅游干扰影响较大，而中距离和远距离处随着与游径距离的增大，旅游干扰强度随之减弱，其所受的人为机械损伤、砍伐、践踏等干扰现象也呈减小趋势。在水帘洞景区，近距离的植被数量（102 株）大约是中距离的（59 株）2 倍，这是由于该群落中距离处的灌木植物所受的人为机械损伤、践踏等干扰强度比近距离的强。在一定程度上，灌木植物能反映出旅游活动对群落结构的影响。

表 6-2　不同距离带上植物群落的结构对比

景区	距离带 d(m)	植株数量	枝下高	草本层盖度（%）	垃圾量（件）	刀刻（株）	树桩	其他
大王峰	<10	131	3.465 9	21.25	20	8	2	有 3 株枯木
	10~20	177	3.247 1	23.50	17	3	2	—
	≥20	206	2.968 2	28.75	14	6		—
天游峰	<10	144	3.574 5	15.50	23	—		1 株伐木
	10~20	586	2.966 3	17.00	20			
	≥20	718	2.915 1	68.50	20			
水帘洞	<10	102	3.505 5	4.00	13	2	20	有较多株伐木
	10~20	59	4.533 5	<1.00	170	3	10	
	≥20	42	1					
一线天	<10	27	3.872 5	5				8 株枯木
	10~20	28	3.695 0	2	2			4 株枯木
	≥20	29	2.869 9	1				6 株枯木

（3）旅游干扰对草本层盖度

草本是植物群落空间中的低层植物，其植物种无论高度、大小、盖度等指标都相对较小，其生长发育容易受到人为活动的直接影响。植物由于受人为机械损伤、砍伐、践踏等干扰，导致植被覆盖减少，林下植被的幼苗较少。旅游强度对草本层植物的盖度影响较为明显，以天游峰景区为例，从近距离到远距离草本层的盖度提高了53%。不同距离带上草本层盖度基本上呈现出远距离＞中距离＞

近距离的明显趋势，说明近距离处旅游造成的破坏最严重，中距离处次之，远距离处影响最小。但是，在水帘洞景区的样地调查中笔者却发现，随着距离游径水平距离的增加，草本层盖度反而减小，这是由于该样地中距离处的草本层受到的旅游干扰强度大于近距离处的。可见，随着旅游强度的增大，盖度逐渐降低。相对于乔木和灌木植物而言，草本层植物最能直观迅速地反映出旅游活动对群落结构的影响，不同距离带上的变化规律客观地描绘了旅游活动的规律性变化(表6-2)。

6.1.1.3　不同距离带上群落生态环境状况的对比

（1）垃圾量

由表6-2可知，不同景区由于游客量以及管理水平的差异，其垃圾量也不尽相同。据调查：一线天景区的垃圾量较少，而大王峰、天游峰以及水帘洞景区的垃圾数量都很多，最多可达170件之多，这可能与游客在一线天景区停留数量较少及停留时间较短有关。其余3个景区的游客量特别多，致使垃圾污染严重，极大地降低了植物群落结构的景观美感度。在水帘洞附近还有一个休憩场所，并且有泉水泡茶，故游客比较多，这是造成其垃圾量较多的原因之一。而在天游峰的调查区周围商业活动较为频繁，故垃圾污染严重。不同距离带上垃圾量有着明显的变化，总体上它保持着近＞中＞远的趋势，说明在水平距离样带上，随着距离的增加，旅游活动量逐步减少，环境的影响程度也减少。

（2）枝下高

不同距离带上枝下高基本上表现为近＞中＞远，而水帘洞景区为中＞近，除了生物生态学特性差异外，这主要与旅游活动的影响有关，旅游强度大的，折枝等人为机械损伤的几率也大，枝下高一般也越高。实地调查时发现，水帘洞景区的中距离处有较多的粪便以及人为踩踏痕迹，换言之，中距离处的植被受到的人为干扰强度相对于近距离处的大。可见，不同距离带上枝下高表现为近距离处＞远距离处，而中距离处则变化不定。在游客量剧增的形势下，游径宽度受到制约，旅游者便会从近距离处另择游径，致使近距离处的林木折枝损坏现象严重。

（3）树干刻画情况

在不同距离带上，被乱涂乱刻的绝大多数是乔木，而且树干刻画的变化趋势与垃圾量一致，基本上呈现出近＞中＞远的趋势。随着距离增加，旅游活动强度逐渐减弱，受到的人为干扰和破坏程度也就越轻。同时，这也表明近距离处的群落植被受到的干扰、破坏程度一般会比中、远距离的大。而在水帘洞景区，其树干刻画现象却是中＞近＞远，这是由于中距离处受到的人为干扰大于近、远距离处。在天游峰景区，景区管委会设立了"不准刻画"的警示牌，这可能是该景区刻画现象较少的原因之一。从这一点来看，在景区内设置警示标志，可以在一定程度上起到提醒游客不要随意践踏、采摘植物等的作用(表6-2)。

6.1.1.4 不同距离带上植被景观特征的对比

(1) 群落景观重要值

群落景观重要值不仅是植物群落生态学特性的反映，更是植被景观具有旅游价值的重要指标。各距离带上由于旅游干扰强度不同，其景观重要值差异显著，基本上呈现出远 > 中 > 近的变化趋势，即距离越远，受到的干扰破坏也越小，景观重要值越大。如天游峰景区近距离处和中距离处的景观重要值均 < 1.00，随着距离增加而上升为 1.011 1，本区最大的景观重要值也在远距离处，这说明近、中距离处旅游破坏程度相对较强烈，远距离处游览频率低，旅游影响小，植被景观的旅游价值大。水帘洞景区的景观重要值是近 > 中，这说明该样地近距离处的生态环境比中距离处的优越，与上述不同距离带上植物群落生态环境的调查结果相一致。据调查，一线天景区中距离处的生态环境比近距离的优越，然而景观重要值为：近 > 中，这主要与植物的生物学特性有关。从而也说明了景观重要值能较好地反映旅游活动对植物群落生态环境的影响程度。从表 6-3 不难看出，景观重要值与旅游活动干扰强度之间存在一定的规律，即旅游干扰强度大的，景观重要值就小。

表 6-3　群落景观重要值 LIV

距离带 d(m)	样地	物种数	平均树高 (m)	乔木平均冠幅	相对物种系数	相对林高系数	相对冠幅系数	景观重要值 LIV
<10	大王峰	35	7.504 3	9.284 5	0.231 8	0.484 1	0.138 2	0.854 1
	天游峰	18	8.448 0	10.198 3	0.165 6	0.552 2	0.224 8	0.896 2
	水帘洞	36	8.306 1	4.698 2	0.238 4	0.546 5	0.295 4	1.080 3
	一线天	10	9.654 2	8.021 9	0.066 2	0.464 1	0.153 8	0.684 1
10~20	大王峰	33	8.421 6	9.505 2	0.218 5	0.421 1	0.215 2	0.854 8
	天游峰	14	8.075 5	11.762 3	0.079 5	0.534 5	0.273 5	0.901 0
	水帘洞	34	7.597 5	8.032 8	0.225 2	0.452 2	0.113 3	0.790 7
	一线天	11	8.481 1	6.331 5	0.072 8	0.428 3	0.147 8	0.649 0
≥20	大王峰	28	6.324 1	6.322 6	0.185 4	0.434 9	0.266 1	0.886 4
	天游峰	17	8.478 6	8.440 3	0.112 6	0.623 4	0.278 1	1.011 1
	一线天	16	8.697 5	6.938 5	0.106 0	0.517 7	0.209 5	0.833 2

(2) 物种多样性信息指数

从表 6-4 可以看出，信息指数随距离游径的水平距离的变化基本上呈现出近 ≥ 远 > 中的趋势。随着距离的增加，信息指数先减少后增大，这除了生物生态学差异外，还与人为砍伐等干扰强度有一定的联系，表明中度干扰有利于物种增加，强度干扰则减小。没有干扰或干扰小的地方，物种量则相对稳定，即受到中度干扰的地

表 6-4　乔木层物种多样性信息指数

景区	距离带 d(m)	物种数 s	R	Sw	Sp	E	Dm
大王峰	<10	13	3.626 0	2.387 4	0.895 4	0.953 3	0.855 2
	10~20	10	3.088 4	2.002 9	0.851 9	0.920 9	0.801 9
	>20	12	3.266 7	2.118 3	0.884 1	0.859 8	0.815 2
天游峰	<10	5	1.311 4	0.787 3	0.353 3	0.479 8	0.372 3
	10~20	3	0.519 0	0.607 4	0.333 3	0.438 2	0.276 5
	>20	4	0.943 8	0.696 6	0.353 9	0.553 1	0.269 3
水帘洞	<10	7	1.660 4	1.225 7	0.624 3	0.648 0	0.478 9
	10~20	5	1.420 0	1.270 3	0.623 9	0.762 4	0.498 6
	<10	6	1.512 0	1.403 0	0.682 7	0.831 6	0.569 2
一线天	10~20	4	0.856 7	0.855 5	0.625 3	0.681 1	0.359 9
	>20	6	1.673 3	1.390 0	0.676 4	0.786 6	0.525 5

注：R 为 Margalef 指数；Sw 为 Shannon-Wiener 多样性指数；Sp 为 Simpson 多样性指数；E 为均匀度指数；Dm 为 Mclntosh 多样性指数。

方与受到强度干扰的或几乎不受干扰的地方相比，前者的物种最丰富。

不同水平距离带上各植物群落所处的自然环境是一致的，各种指标随着距游径的距离而表现出的差异性，都在于旅游强度的不同而已。通过对武夷山风景名胜区不同距离带上植物群落结构与景观特征的分析，得出如下结论：旅游干扰强度越大，对植物群落结构的影响越大。不同距离带上各植被层的影响程度大致表现出近距离 > 中距离 > 远距离的格局。不同距离带上旅游干扰强度不同，对乔木层、灌木层以及草本层的影响程度也存在差异：乔木是生长在植物群落上层的植物种，旅游活动造成的人为干扰对乔木层本身的直接影响不大，但对立木更新层的影响较大。灌木和草本是植物群落中的中下层植物种，相对于乔木而言，能更直观地反映出旅游干扰对植物群落结构的影响。

3 个旅游影响因子在不同距离带上的变化趋势，不仅反映了旅游活动对群落生态环境的结构作用的程度，而且也很好地体现了旅游活动对各因子影响的规律性和景区质量管理现状，距游径的水平距离越近，垃圾量越多，林下死枝下高越高，树干乱涂乱刻现象也越严重。这些因子的变化趋势，说明旅游活动是景区管理的主要对象，同时也为保护区加强旅游管理提供了可靠的依据。

不同距离带上景观重要值、物种多样性信息指数与旅游干扰强度的关系也呈现出一定的规律，景观重要值与旅游干扰强度成反比，信息指数基本上呈现出近 > 远 > 中的趋势。

鉴于旅游干扰对武夷山植被群落的影响研究只限于水平尺度，而未考虑到海拔高度的变化对群落造成的影响，为了保持武夷山植被景观具有最大的持续的旅游价值和生态价值，进一步加强景区管理水平以及对旅游植被的保护和管理，更详尽的规律探讨还有待于进一步的研究。

6.1.2 武夷山风景名胜区植被景观特征与地理因子的关系

旅游对植被的影响是一个拥有复杂机理的生态过程，为保持旅游植被具有潜在而又持续的旅游价值，必须认识这一规律，揭示其机理，从而有的放矢地指导旅游管理。旅游可以使植被发生直接和通过土壤表现出间接的变化，产生干扰和胁迫作用，从而影响群种类组成，降低原有的多度和活力，致使群落结构和植物区系发生变化。植被不仅仅是自然保护区重要的景观资源，而且更是保护景区生态环境的关键所在。认识和保护旅游资源是旅游发展规划的基础，其中植被资源是其保护的重中之重。植被是一定地域各种自然要素相互作用的最直接表现，它能充分客观地反映其生态环境的质量优劣，因而探讨植被景观特征与地理因子的内在关系，摸索其中规律，用以指导旅游区的规划管理实践，具有一定的理论和现实意义。

6.1.2.1 研究方法

旅游植被景观特征能够充分地反映自然地理要素和旅游活动对其生态环境的作用程度。植被生态环境质量是植被景观保持其美学特征的根本所在，良好的生态环境能保障其植被景观具有质量更佳的旅游价值，因而植被生态环境应该以风景林景观和群落结构的稳定程度为标准。根据国内外的先进成果和经验，本节在6.1.1 节样地调查的基础上，采用了以下 4 种指标来分析植被景观特征和植被环境质量：

（1）旅游影响系数

参见"6.1.1.1"内容。

（2）敏感水平（sensitive level，SL）

它是指公众和社会对风景景色的关注，其值采用游览频率，这样同时反映了该景区旅游开发的程度水平。即 SL = 某景点游览人次/进入游览区总人次。敏感水平越高，说明该景点植被景观旅游价值越大，但长时间过高的敏感水平，则会造成植被景观破坏而丧失其旅游价值。

（3）群落景观重要值

参见"6.1.1.1"内容。

（4）物种丰富度指数

本节采用"6.1.1.1"中的 Margalef 指数表示物种丰富程度。

6.1.2.2 旅游影响因子与地理因子的关系

（1）旅游影响因子与自然地理因子的相关分析

由表6-5可知，枝下高与海拔和坡度均呈不显著负相关；海拔越高枝下高越低，坡度越陡枝下高越低；海拔和坡度对枝下高的影响不大。

表6-5　旅游影响因子与自然地理因子的相关分析

自然地理因子	枝下高	草本层盖度	垃圾量(件)	刀刻(株)	树桩(个)
海拔	−0.230 1	0.265 2	−0.073 9	0.278 0	−0.209 4
坡度	−0.177 4	−0.375 0	−0.372 2	−0.583 3	−0.443 5

注：$n=24$，$f=22$，$r=0.422\,7(P<0.05)$，$r=0.536\,8(P<0.01)$。

草本层盖度与海拔呈不显著正相关，与坡度呈不显著负相关；海拔越高草本层盖度越大，坡度越陡峭草本层盖度越小；海拔和坡度对草本层盖度的影响小。垃圾量与海拔和坡度均呈不显著负相关；海拔越高垃圾量越少，坡度越陡垃圾量越少；海拔和坡度对垃圾量的影响很小。刀刻与海拔呈不显著正相关，与坡度呈显著负相关；海拔越高刀刻越严重，坡度越平缓刀刻越严重；海拔对刀刻的影响不大，坡度对刀刻有较大影响。树桩与海拔呈不显著负相关，与坡度呈显著负相关；海拔越高树桩越少，坡度越平缓树桩越多；海拔对树桩量的影响不大，坡度对树桩量有较大影响。

综合看来，除坡度和刀刻、坡度和树桩呈现出显著的相关性外，其他的旅游影响因子与自然地理因子之间的相关性均不显著。因此，旅游影响因子受自然地理因子的影响不大，刀刻和树桩主要出现在人们比较容易到达的平缓地带。

（2）旅游影响因子与人文地理因子的相关分析

由表6-6可知，枝下高与距离呈显著负相关，与敏感水平呈不显著负相关；距离越远枝下高越低，敏感水平越大枝下高越低，距离对枝下高的影响大，敏感水平对枝下高的影响相对较小。

表6-6　旅游影响因子与人文地理因子的相关分析

人文地理因子	枝下高	草本层盖度	垃圾量(件)	刀刻(株)	树桩(个)
距离	−0.534 4	0.427 6	−0.424 4	−0.410 5	−0.235 4
敏感水平	−0.348 3	−0.423 7	−0.041 0	−0.453 9	−0.227 6

注：$n=24$，$f=22$，$r=0.422\,7(P<0.05)$，$r=0.536\,8(P<0.01)$。

草本层盖度与距离呈显著的正相关，与敏感水平呈显著的负相关；距离越远草本层盖度越大，敏感水平越大草本层盖度越小；距离和敏感水平对草本层盖度的影响都较大。垃圾量与距离呈显著负相关，与敏感水平呈现不显著负相关；距离越远垃圾量越少，敏感水平越大垃圾量越少；距离对垃圾量影响大，敏感水平对垃圾量影响小。刀刻与距离和敏感水平呈显著负相关；距离越远刀刻越少，敏感水平越大刀刻数量越少；距离与敏感水平对刀刻的影响都大。树桩与距离和敏感水平均呈不显著的负相关；距离越远树桩的数量越少，敏感水平越大树桩的数量越少，距离和敏感水平对树桩的影响都小。

综合看来，除树桩外其他旅游影响因子与人文地理因子之间至少有一个呈现显著的相关性，表明旅游影响因子受人文地理因子的影响大，敏感水平与刀刻数量呈显著负相关，这与旅游区的管理力度有关系，在游客较少达到的区域，管理力度没有办法完全到达，这让部分保护意识较低的游客有了侥幸的心理，加大了其破坏生态环境(留名纪念)的想法，刀刻数量随之增加。树桩的出现可能主要是当地居民的破坏所影响的，他们为了得到乔木的直接经济效益，对植被进行砍伐；游客一般不会去砍伐乔木，因此，树桩受人文地理因子的影响小。

由此可见，旅游影响因子主要受人文地理因子的影响，受自然地理因子的影响很小。在近距离(游客容易到达)的地方，折枝现象严重，草本层盖度抵，垃圾量多，刀刻的株数也多。在游客比较多的地方，虽然草本层盖度比较低，但是枝下高越低，垃圾量和刀刻数量也比较少，这可能是因为敏感水平比较高的景区管理力度比较大。就目前而言，武夷山风景名胜区生态旅游对其植被环境的影响还是较小的，景区保持着较为良好的植被环境，但是也必须看到生态旅游正不断地对景观植被结构类型产生影响。

6.1.2.3　植被景观特征与地理因子分析关系

(1)植被景观特征与自然地理因子的相关分析

由表 6-7 可知，物种量与海拔呈显著正相关，与坡度呈非显著正相关；海拔越高物种量越多，坡度越陡物种量越多；海拔对物种量影响大，坡度对物种量的影响小。

表 6-7　植被景观特征与自然地理因子的相关分析

自然地理因子	物种量	林高	冠幅	景观重要值	Margalef 指数
海拔	0.496 3	− 0.014 4	0.307 2	0.342 7	0.277 5
坡度	0.222 5	− 0.021 3	− 0.379 7	− 0.378 4	0.059 8

注：$n = 24$，$f = 22$，$r = 0.422\ 7(P < 0.05)$，$r = 0.536\ 8(P < 0.01)$。

林高与海拔和坡度呈极不显著负相关，海拔越高林高越矮，坡度越平缓林高越高；海拔与坡度对林高影响极小。冠幅与海拔呈不显著正相关，与坡度呈不显著负相关；海拔越高冠幅越大，坡度越平缓冠幅越大；海拔和坡度对冠幅的影响较小。群落景观重要值与海拔呈不显著正相关，与坡度呈不显著负相关；海拔越高群落景观重要值越大，坡度越平缓群落景观重要值越大；海拔和坡度对群落景观重要值的影响较小。物种丰富度指数与海拔和坡度呈不显著正相关，海拔越高物种丰富度指数越大，坡度越陡物种丰富度指数越大；海拔和坡度对物种丰富度指数的影响也较小。

综合看来，尽管物种量与海拔因子显著相关，但景观重要值(物种量、平均林高、平均冠幅的综合反映)、平均林高、平均冠幅，包括物种丰富度指数与各自然因子的非显著性表明植被景观的评价几乎不受自然环境的影响。物种量与海拔呈现出显著正相关，这主要是因为我们所调查的样地均在风景名胜区（大王峰、天游峰、水帘洞、一线天）内，海拔高差不大，最大高差为261m。由于海拔高差不大，使得海拔因子的影响不大，其他综合因子对物种量的影响超过了海拔因子的影响，导致海拔与物种量呈现显著正相关。

（2）植被景观特征与人文地理因子的相关分析

由表6-8可知，物种量与距离和敏感水平均呈现出显著负相关性，其中与敏感水平还表现出了极显著的相关性；距离越近物种量越多，敏感水平越大物种量越少；距离和敏感水平对物种量均有较大的影响。平均林高与距离呈极不显著负相关，与敏感水平呈显著负相关；距离越远平均林高越低，敏感水平越大平均林高越低；敏感水平对林高有较大的影响。

表6-8　植被景观特征与人文地理因子的相关分析

人文地理因子	物种量	林高	冠幅	景观重要值	Margalef 指数
距离	−0.535 4	−0.005 8	−0.081 3	−0.287 1	−0.494 5
敏感水平	−0.785 4	−0.483 8	0.489 8	−0.423 5	−0.740 3

注：$n=24$，$f=22$，$r=0.422\,7(P<0.05)$，$r=0.536\,8(P<0.01)$。

平均冠幅与距离呈极不显著负相关，与敏感水平呈显著正相关；距离越远平均冠幅越小，敏感水平越大平均冠幅越大；敏感水平对平均冠幅有较大的影响。群落景观重要值与距离呈不显著负相关，与敏感水平呈显著负相关；其作为上述物种量、平均林高、平均冠幅三者的综合反映，距离越大群落景观重要值越小，敏感水平越大群落景观重要值越小；且与敏感水平具有显著负相关性，说明景观植被结构特征受旅游影响大。物种丰富度指数与距离和敏感水平均呈现出显著负相关，其中物种丰富度指数和敏感水平还表现出了极显著负相关性；距离越近物种丰富度指数越高，敏感水平越大物种丰富度指数越少。这说明人文地理因子对物种丰富度指数有较大的影响。

6.1.3　旅游干扰对武夷山风景名胜区社区影响

旅游开发对社区会产生各种影响，社区群众是旅游业可持续发展的重要角色。通过分析社区群众的行为特征，一方面可以获知旅游业造成的各种影响，从而确定旅游业所处的发展阶段；另一方面可以发现旅游开发的弊端所在，积极吸取社区意见，纠正以往发展的不足，为进一步发展旅游业做好前期的准备工作。在旅游业不断发展的情况下，风景名胜区又面临着经济效益和环境效益的矛盾。风景名胜区需要当地社区群众加强自然资源保护，而社区群众行为特征又是旅游开发的重要内容。因此，社区群众在生态旅游业中具有举足轻重的地位，研究生态旅游社区群众的行为特征具有重大的现实意义。

6.1.3.1　调查方法

采用问卷调查的方式进行，调查区为武夷山风景名胜区周边的村庄及商业区。调查方式主要是通过课题组成员随机发放问卷。共发放问卷 103 份，回收有效问卷 98 份，回收率 95.15%。调查项目不仅包括社区群众的性别、年龄、文化程度等背景概况，而且包括社区群众对武夷山作为自然与文化双遗产的认识，对发展旅游业及对社会影响的共 34 项态度调查。调查项目分 4 个等级，让社区群众以满意度的形式回答。

6.1.3.2　受访社区群众概况

表 6-9 是被调查社区群众的基本情况。其中男性占 42.86%，女性占 57.14%，女性多于男性。年龄段主要集中于 21~30 岁之间，占 50%，其他不同层次的年龄段各有一定的比例，分布比较合理。社区群众的文化程度以初中水平为主，占 52.05%；高中（中专）及以上占 40.81%；小学及以下的占 7.14%。本次调查的样本分布范围包括了不同年龄，不同文化程度的社区群众，说明被调查的社区群众的行为特征能够充分反映"双遗产地"旅游开发的影响程度。

表 6-9　被调查社区群众的基本情况

项　目	分组	人数	比例（%）
性别	男	42	42.86
	女	56	57.14
年龄	15~20	20	20.41
	21~30	49	50.00
	31~40	21	21.43
	41~50	5	5.10
	51~60	3	3.06
文化程度	文盲	2	2.04
	小学	5	5.10
	初中	51	52.05
	高中（中专）	33	33.67
	大专及以上	7	7.14

6.1.3.3　对世界遗产感知与保护态度

（1）对世界遗产的认识态度

由表 6-10 可知，94.90% 的人知道武夷山已经被评为世界自然和文化双遗产，5.10% 的人不知道。81.63% 的人认为在武夷山评为"双遗产地"前后保护政策和管理体制有所变化，同时有 18.37% 的人认为前后没有变化。可见，当地政府对武夷山作为"双遗产地"的重要性和意义的宣传力度和效果还存在不足，同时相关的保护政策的落实和实施效果有待加强。

表 6-10   武夷山社区群众对世界遗产保护的态度

项　目	态度	人数	比例（%）
武夷山被评为"双遗产地"	知道	93	94.90
	不知道	5	5.10
评为"双遗产地"前后 保护政策有所变化	有	80	81.63
	没有	18	18.37

（2）对世界遗产保护的态度

由表 6-11 可知，社区群众同意和非常同意相对于资源利用，遗产地保护应居第一位的人分别占 55.10% 和 17.35%，但仍有 3.06% 和 24.49% 的人持反对和无所谓的态度。同时，有 21.43% 的人认为成为"双遗产地"对当地的经济文化非常重要，57.14% 的人认为很重要，但也分别有 19.39% 和 2.04% 的人认为无所谓和没关系。分别有 8.16% 和 33.68% 的社区群众认为成为"双遗产地"非常有利和很有利于自己的家庭，持反对和无所谓的人分别占 10.2% 和 47.96%。分别有 10.20% 和 38.78% 的社区群众认为保护"双遗产地"对整个村庄非常有利和很有利，分别有 7.14% 和 43.88% 的群众持反对和无所谓的态度。但对于保护区内资源的利用，34.69% 的群众认为他们无权使用，30.62% 的群众认为用不用无所谓，26.53% 的群众认为可以使用，8.16% 的群众认为他们完全有使用的权利。在对保护区内的历史遗迹或其周边的历史建筑整修一新或是拆除重建，以招揽更多游客的问题上，有 50% 的群众反对类似做法，认为文化遗产的保护应保留原有的遗迹风貌，而不是对其改变，仍分别有 16.63% 的人认为可以改变，25.51% 的人同意改变，8.61% 的人非常同意改变。在保护区内大规模建设旅游基础设施方面，有 47.96% 的人持反对意见，认为保护区内除了必需的设施应该尽量减少人为干扰，保护原有的自然风景，同时有 20.14% 的人持一般的意见，24.49% 的人同意大规模的建设，7.14% 的人非常同意。对于在保护区内大力发展商业和餐饮业方面，有 55.1% 的人持反对意见，20.41% 的人对此态度一般，24.49% 的人同意这样的做法，没有人非常同意。以上说明，大多数群众能认识到自然和文化保护事业的重要性以及与其密切的利益，但仍然有少数群众持反对和无所谓的态度。但对于资源的保护，仍有 34.69% 的群众认为有权使用，说明仍有相当数量的群众在行动上未能真正做到资源保护。在文化遗产的保护方面，33.67% 的群众认为可以改变原有的遗迹，说明群众对文化遗产保护的内容和意识不强。31.53% 的群众认为在保护区内可以大规模建设旅游基础设施，24.49% 的群众认为可以在保护区内大力发展商业和餐饮业，未能认识到资源的保护是发展旅游的前提所在。因此，对广大群众加强自然资源特别是保护区有关保护的宣传和教育，仍是一项持久的工作。

表 6-11　社区群众对武夷山双遗产的态度　　　　　　（%）

调查项目	反对	一般	同意	非常同意
相对于资源利用，遗产地保护应居第一位	3.06	24.49	55.10	17.35
成为"双遗产地"对当地的经济文化发展很重要	2.04	19.39	57.14	21.43
成为"双遗产地"有利于您的家庭	10.20	47.96	33.68	8.16
保护"双遗产地"对整个村庄有利	7.14	43.88	38.78	10.20
有权利用保护区内的资源	34.69	30.62	26.53	8.16
保护区内遗迹修复，重建以招揽游客	50.00	16.33	25.51	8.16
在保护区内大规模建设旅游基础设施	47.96	20.41	24.49	7.14
在保护区内大力发展商业和餐饮业	55.10	20.41	24.49	0.00

表 6-12　社区群众对旅游经济影响的态度　　　　　　（%）

调查项目	反对	一般	同意	非常同意
旅游业成为主要的经济支柱	2.04	23.47	56.12	18.37
旅游业改变了你的经济观念	9.18	42.86	43.88	4.08
旅游引起物价上涨	18.37	28.57	41.84	11.22
旅游增加了就业机会	4.08	25.51	66.33	4.08
旅游业对多数人有利	9.18	29.59	54.09	7.14
生活水平提高与旅游业有关	12.24	43.88	38.78	5.10

6.1.3.4　对旅游影响的态度

（1）对旅游经济影响的态度

由表 6-11 和表 6-12 可知，只有 23.47% 和 2.04% 的人对旅游业的经济效应认识不清和态度冷漠，但 56.12% 和 18.37% 的人认为旅游业可能或很可能成为主要的经济支柱，4.08% 和 43.88% 的人认为旅游业改变许多和有点改变了他们的经济观念，但仍分别有 42.86% 和 9.18% 的群众认为一般和没有改变。11.22% 的人对旅游引起物价上涨反应敏感，41.84% 的人认为旅游对物价上涨有所影响，18.37% 的人认为二者毫无关系，28.57% 的群众认为关系不大。对于旅游是否增加了就业机会，4.08% 的人认为增加较大，66.33% 的人认为有所增加，25.51% 和 4.08% 的人认为变化不大和没变化。7.14% 和 54.09% 的人认为旅游业对多数人十分有利和有利，29.59% 的人认为关系不大，9.18% 的人持反对意见。7.14% 和 54.09% 的人认为生活水平的提高与旅游业密切相关和有关，同时有 43.88% 的群众认为关系不大，12.24% 的群众认为毫无关系。以上这些数字说明大多数社区群众能感受到旅游业给他们带来的经济利益，使他们的经济状况得到改观，一定程度上也强化了他们的经济意识，但仍有不少的群众对此反应迟钝和冷漠。

（2）对旅游环境影响的态度

由表6-13可知，有55.10%的社区群众认为交通状况有所改善，23.47%的人认为大大改善，仍有1.02%和20.41%的群众认为交通没有得到改善和改善一般。59.18%的人认为通信得到改善，15.31%的人认为有较大的改善，23.47%的人认为没什么变化，2.04%的人认为通信不方便。对于购物机会有42.86%、48.98%和5.10%群众分别认为没什么变化、有所改善和改善很大，同时，3.06%的人认为未增加购物机会。对于公共设施的改善状况，有10.20%和60.21%的人认为有很大和一定程度的改善，只有26.53%的群众认为没什么变化及3.06%的群众认为没有变化。在旅游垃圾方面，10.24%的人认为旅游垃圾增多明显，47.96%的人认为有所增加，28.57%的人认为一般水平，13.27%的人认为没有增加旅游垃圾。对于噪音增多问题，有10.24%的人对此反应敏感，41.84%的人认为有所增加，32.65%的人对此反应一般，15.31%的人认为没有增多噪音。旅游业的发展无疑会给环境带来负面影响，但只有29.59%和4.08%的人认识到环境破坏和破坏严重，有37.76%的人未认识到，28.57%的人认为没有破坏。这些调查数据也充分说明，旅游业的强大关联效应在调查区有较好的体现。发展旅游对当地的交通、通信、购物、公共设施都有所提高，同时垃圾明显增多，噪音也有所增加，同时大部分的当地群众还未意识到旅游活动对环境的破坏。

表6-13　社区群众对旅游环境影响的态度　　　　　　　　　　（%）

调查项目	反对	一般	同意	非常同意
改善了交通状况	1.02	20.41	55.10	23.47
通信很方便	2.04	23.47	59.18	15.31
购物机会增多	3.06	42.86	48.98	5.10
改善了公共设施	3.06	26.53	60.21	10.20
旅游垃圾增多	13.27	28.57	47.96	10.24
旅游噪音增多	15.31	32.65	41.84	10.20
旅游引起环境破坏	28.57	37.76	29.59	4.08

（3）对旅游社会影响的态度

由表6-14可知，59.19%的社区群众认为旅游业的发展使文化遗产得到传承，8.16%的群众认为得到很好的传承，有30.61%的群众认为两者的关系一般，2.04%的群众持否定态度。关于传统文化的改变，有4.08%的人认为改变很大，32.66%的群众认为传统文化有所改变，31.6%和36.1%的群众分别认为一般或者没有改变传统的文化。游客的高消费对当地群众的影响不是很大，有20.41%的人认为没有改变，47.96%的人认为没什么变化，30.6%和1.02%的人觉得游客的高消费对自己的生活方式有所改变和改变很大。对于违法犯罪现象，

43.88%的人认为没有增加，33.67%的人认为没什么变化，20.41%的人认为有所增加，2.04%的人认为增加明显。同时，42.86%的人并没有感受到旅游给他们带来痛苦，43.87%的人对此反应一般，13.27%的人有所体会，没有人感受到将承受旅游所带来的痛苦，对此反应强烈。21.43%的人十分愿意与游客接触，58.16%的人愿意，20.41%的人感觉一般，没有人不愿意与游客接触。在发展旅游业上，2.04%的人持反对意见，15.31%的人反应一般，58.16%的人同意发展旅游业，24.49%的人十分支持。对于政府是否应该支持发展旅游业的态度，2.04%的人持反对意见，15.31%的人反应一般，46.94%和35.71%的人持同意和非常同意的意见。

　　由此可见，当地的社区群众肯定武夷山旅游业的正面效应大于其负面效应，其社会影响好，传统文化有所改观，他们的生活方式也有所改变，同时，违法犯罪现象并没有增多，旅游业也没有给他们带来痛苦和不便。相反，群众对旅游业充满信心，也希望政府大力发展旅游业，对兴办旅游业表现出强大的劲头。

表 6-14　旅游对社会影响的态度　　　　　　（%）

调查项目	反对	一般	同意	非常同意
旅游使文化遗产得到传承	2.04	30.61	59.19	8.16
旅游改变了传统文化	31.63	31.63	32.66	4.08
游客高消费改变了生活方式	20.41	47.96	30.61	1.02
违法犯罪现象增多	43.88	33.67	20.41	2.04
感受到将承受旅游所带来的痛苦	42.86	43.87	13.27	0.00
愿意与游客接触	0.00	20.41	58.16	21.43
应该发展旅游业	2.04	15.31	58.16	24.49
政府应该支持发展旅游业	2.04	15.31	46.94	35.71

6.1.4　小结

　　物种量、平均林高、平均冠幅、景观重要值、物种丰富度指数都至少与一个人文地理因子呈显著相关性，其中物种量和物种丰富度指数与敏感水平表现出极显著的负相关性。因此，武夷山风景名胜区植被景观受人为影响较大，相对自然地理因子而言，人文地理因子对植被景观具有更为显著的影响。距离与敏感水平对植被景观特征的影响反映了干扰对植被景观特征的作用。在所调查的样地中，同一个景区样地的敏感水平是相同的，但距离却是不同的，近距离的样地受人为干扰较多，在一定程度上调节了物种之间的竞争，增加了物种量；远距离的样地由于没有受人为干扰，在长期的竞争中优势种越来越占优势，物种量越来越少；是比较各不同样地，其敏感水平不同，敏感水平和物种量及信息多样性指数的极显著负相关说明武夷山风景名胜区旅游干扰对植被景观特征已经产生了较大的

影响。

由此可见，尽管物种量与海拔显著相关，但各自然地理因子与群落景观重要值和物种丰富度指数的极小相关系数，表明武夷山风景名胜区的植被景观特征几乎不受自然环境的影响。相反，除平均冠幅外，物种量、平均林高、平均冠幅、景观重要值、物种丰富度指数都至少与一个人文地理因子呈显著相关性，说明植被景观受人为影响较大。相对自然地理因子而言，人文地理因子（即旅游活动）对植被景观具有更为显著的影响。

6.2 武夷山风景名胜区林火与马尾松毛虫害干扰源风险识别

森林灾害是指一定区域内由于森林内部演化或外部作用所造成的，对森林资源、森林生态与环境、林业生产、人身安全构成的危害超过该地区的承灾能力，进而给林业生产造成经济损失和人员伤亡等的自然与社会现象（赵铁珍等，2004）。按照起源划分，森林灾害可以划分为自然灾害和人为灾害。自然灾害包括自然火灾、病虫鼠害、风灾、冻害、雪压、干旱、洪涝、泥石流、滑坡等；人为灾害包括人为火灾、环境污染和乱砍滥伐等。

林火干扰是森林景观格局、动态及生态过程的重要驱动力，影响森林生态系统的物种组成、龄级分布、功能和动态等（Turner and Romme，1994；Wu *et al.*，2015）。林火对塑造和维护陆地生态系统，特别是森林景观结构起着重要作用。资料表明，武夷山风景名胜区成立的二十几年来，景区范围内未曾发生森林火灾，但这并不意味着森林火灾在景区就难以发生。日益变暖和异常的气候以及人们频繁的生产生活旅游活动均为景区森林火灾的发生埋下隐患。森林病虫害是森林诸多灾害中唯一的生物性灾害，具有暴发频率高、危害程度重、经济损失大等特点。其复杂的危害机理和严重的危害后果，除了与生物生理、行为及生态特性等内因密切相关外，也受诸多外因的作用，如对虫害发生的预警预报能力及综合管理防治水平就是重要外因之一（骆有庆，2008）。马尾松毛虫是我国南方15省（自治区、直辖市）发生最严重的森林虫害之一，主要危害马尾松且成间歇性成灾的特点。松树一旦受害，轻则生长迟缓、松脂减少，严重时形如火烧，导致松林成片枯死（范正章等，2008）。马尾松林作为武夷山风景名胜区的基质景观在森林生态系统健康维持和调控方面生态功能明显，在维持景区自然景观美学特征方面作用重大。进一步做好森林虫害的综合控制工作，提高对森林虫害的综合治理水平，维持森林生态系统平衡将一直是景区管理工作的重点之一。本节对武夷山风景名胜区内主要自然干扰源（森林火灾和松毛虫害）的生态风险予以识别，并分析其空间格局，这不仅对景区和林业相关部门有效管理和保护森林资源具有应用价值,更重要的是对世界遗产地保护具有重要现实意义。

6.2.1　数据处理与分析方法

以矢量化森林二类小班数据,景观类型图(2009)及高程数据等为基础,结合研究区实际情况并考虑指标的可获取性,从人文环境、自然环境和森林资源 3 个方面,建立景区森林火灾和马尾松虫害风险评价指标体系。同时,在参考研究区相关研究资料和实际调查情况的基础上,对各指标进行等级划分。利用 ArcGIS 平台将所有数据转化为粒度为 30m 的栅格数据,运用层析分析法确认权重进而识别出整个景区的森林火灾或松毛虫害的风险格局和风险水平。

6.2.2　与森林火灾和虫害有关的历史气候变化

1985—2009 年武夷山风景名胜区范围内年均气温、全年干旱天数、年均降水量等与森林灾害密切相关的气候因子变化特征如图 6-1。平均气温呈波动增加趋势,1985—2009 年间从 17.7℃上升至 18.8℃,个别年份波动较大;2003 年之后全年干旱天数显著增加,2004 年达到最大,各年份间干旱天数变化差异极大。年均降水量波动中有所减少。从总体趋势上看,近 25 年来,景区呈现年均温增加、干旱程度增强而年均降水量减少的发展趋势。高温、干旱、少雨的气候变化增加了森林火灾和松毛虫虫害发生的可能性。因此,尽管目前武夷山风景名胜区范围内未发生森林火灾且未受严重的松毛虫害影响,但是,开展森林火灾和松毛虫害的风险识别及其等级评估尤为必要。

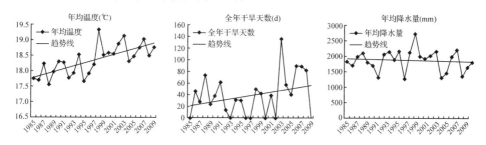

图 6-1　武夷山风景名胜区 1985—2009 年主要森林气候因子变化
(数据来源景区监测中心)

6.2.3　森林火灾风险等级识别

6.2.3.1　森林火灾风险等级评价体系构建

(1)火险因子筛选与赋值

森林火险的影响因子有气候、地物类型(可燃物类型)、地形因子和人类活动等,诸多因素综合作用导致了森林火灾发生和发展。考虑到研究区范围内气候因素空间分异不明显，即便存在微环境的变化也是由地形因子的变化所致，因此，这里不考虑气候因子对森林火灾发生的影响。从因子发生特征着眼，将森林火险发生因子分为人文环境指标、自然环境指标和森林资源指标3大类。

①人文环境指标林火火源可分为自然火源和人为火源两类。其中，人为火源的产生与分布主要与人类的生产活动有密切关系，如农事烧荒及游客在旅游区和道路区域用火行为均是人为火源的重要来源。选择到农田的最近距离、到居民点的最近距离、到道路的最近距离等3个指标来表征空间上的火源风险。

②自然环境指标地形因子（海拔、坡度、坡向、坡位等）不仅影响天气、气候和植被的分布与生长，而且影响生态因子的重新分配，导致火环境的明显差异，进而影响了热量积累传播和林火蔓延，最终使林火强度、林火蔓延等林火行为都发生变化。河流影响微环境的空气湿度，林火隔离及取水的难易程度。基于以上考虑，选择海拔、坡度、坡向、到河流的最近距离作为影响林火发生的自然环境因子指标。

③森林资源指标森林可燃物（森林植被）是森林燃物的三要素之一，是森林燃烧的物质基础。林分结构则主要是在抗火性上体现对森林燃烧的影响。选择可燃物类型、林龄类型、郁闭度等3个指标作为影响森林火灾发生的森林资源指标。

参照国家林业局行业标准、林火发生与气象、地形、林分等因子作用关系的研究资料（唐晓燕等，2003；陈崇成等，2005；唐丽华，2006；郭进辉，2008；刘月文等，2009；毛学刚等，2008；Amraoui *et al.*，2015；Pourtaghi *et al.*，2016），并征询林火专家意见，综合权衡后建立景区森林火灾风险评价指标体系并划分等级（表6-15）。根据指标的危险性或可燃性从高到低分别赋值1、0.7、0.5、0.3、0.1。

表6-15　森林火灾风险等级评价指标体系与分级赋值

人文环境指标				自然环境指标				森林资源指标			
指标名称	分类（级）	可燃性/危险性	取值	指标名称	分类（级）	可燃性/危险性	取值	指标名称	分类（级）	可燃性	取值
到农田的最近距离	<15	极危险	1.0	海拔	<200	极易燃	1.0	可燃物类型	灌草地	极易燃	1.0
	15~30	很危险	0.7		200~300	易燃	0.7		针叶林	易燃	0.7
	30~45	危险	0.5		300~400	可燃	0.5		阔叶林	可燃	0.5
	45~60	较危险	0.3		400~600	可燃	0.3		茶园	可燃	0.3
	>60	基本无危险	0.1		>600	难燃	0.1		竹林	难燃	0.1
到居民点的最近距离	<15	极危险	1.0	坡度	平坡	极易燃	1.0	林龄类型	其他景观	不考虑	0
	15~30	很危险	0.7		缓坡	可燃	0.3		幼龄林	极易燃	1.0
	30~45	危险	0.5		斜坡	可燃	0.4		中龄林	易燃	0.5
	45~60	较危险	0.3		陡坡	可燃	0.5		近熟林	可燃	0.3
	>60	基本无危险	0.1		急坡	易燃	0.7		成熟林	易燃	0.7

（续）

人文环境指标				自然环境指标				森林资源指标			
指标名称	分类（级）	可燃性/危险性	取值	指标名称	分类（级）	可燃性/危险性	取值	指标名称	分类（级）	可燃性	取值
到道路的最近距离	<15	极危险	1.0	坡向	险坡	易燃	0.8	郁闭度	过熟林	极易燃	1.0
	15~30	很危险	0.7		阳坡		1.0		0~0.2	可燃	0.5
	30~45	危险	0.5		半阳坡		0.7		0.2~0.4	极易燃	1.0
	45~60	较危险	0.3		半阴坡		0.5		0.4~0.6	可燃	0.7
	>60	基本无危险	0.1		阴坡		0.3		0.6~0.8	可燃	0.3
					无坡		0.6		0.8~1	难燃	0.1
				到河流的最近距离	>100	极危险	1.0				
					60~100	很危险	0.7				
					40~60	危险	0.5				
					20~40	较危险	0.3				
					<20	基本无危险	0.1				

表 6-16　森林火险评价指标权重

目标层	准则层	权重	指标层	权重
森林火灾风险评价指标体系 O	人文环境指标 A	0.412 6	与农田的最近距离 A_1	0.135 1
			与建设用地的最近距 A_2	0.107 2
			与道路的最近距离 A_3	0.170 2
	自然环境指标 B	0.259 9	海拔 B_1	0.052
			坡度 B_2	0.052
			坡向 B_3	0.104
			与水系的距离 B_4	0.052
	森林资源指标 C	0.327 5	林龄 C_1	0.078 1
			郁闭度 C_2	0.044 7
			可燃物类型 C_3	0.204 7

（2）火险因子指标权重的确定

各准则层及目标层通过判断矩阵一致性检验后均满足 $CR<0.10$，说明建立的标准有效。由此进一步计算出各因子复合权重（表 6-16）。准则层中，人文环境指标的影响最大，而自然环境指标影响最小。可燃物类型（0.204 7）、道路的最近距离（0.170 2）、到农田的最近距离（0.135 1）是对森林火灾发生影响最大的前 3 位因子。坡向是自然环境指标中的主要影响因子，除平坡外，从阴坡到阳坡火灾风险逐渐增加。

6.2.3.2　森林火灾风险等级格局

运用 ArcGIS 中的 Raster Calculator 工具获得武夷山风景名胜区森林火灾风险

值，依据等距原则划分为很安全(0~0.2)、较安全(0.2~0.4)、一般安全(0.4~0.6)、较危险(0.6~0.8)、很危险(0.8~1.0)5个风险等级水平。由表6-17可知，景区森林火灾风险等级处于较安全和一般安全水平，共占景区森林面积的98.79%，其中较安全等级面积最大，有2 849.4 hm²，占景区森林面积的50.62%。森林火灾风险处于很危险区域面积最少(仅0.54 hm²)，很安全区域次之，为1.44 hm²。较危险和危险区域主要分布于溪南地区的农田、居民点和道路附近，溪东旅游服务区内也是火险高发区域(图6-2)。总体上，景区发生森林火灾风险低，大面积区域处于安全水平，人类活动是引起森林火灾主要因素。因此，在进行森林防火管理时，要严格监管居民生产生活用火，加强游客防火宣传教育，加大对高火险区域的监测和安全排查，其中，溪南景区和溪东旅游服务区是防火工作重点。

表6-17　森林火灾风险等级及其面积

火险等级	面积(hm²)	百分比(%)
很安全	1.44	0.03
较安全	2 849.4	50.62
一般安全	2 711.16	48.17
较危险	66.06	1.17
很危险	0.54	0.01
总面积	5 628.6	100.00

6.2.4　马尾松毛虫害风险等级识别

6.2.4.1　马尾松毛虫害风险等级评价体系构建

(1)马尾松毛虫害因子筛选与赋值

马尾松毛虫害的生长发育和种群增长与外界环境因子密切相关。温度、湿度、降水主要影响松毛虫的生长发育，而海拔、气候、林分结构、天敌则对种群增长造成影响(陈顺立等，2004)。参考前人研究基础结合景区实际调查情况(陈顺立等，2004)，从人文环境指标、自然环境指标和森林资源指标3方面，建立马尾松毛虫害风险等级评价体系(表6-18)，依据专家经验进行赋值。

①森林资源指标　树种组成对森林病虫害的影响表现在大面积人工纯林中或同一类树种林中，物种单一，环境不利于林木和天敌的生存，极易大面积发生森林病虫害，而混交林因其林内结构复杂、湿度大等特点，不利于松毛虫生长与发育，虫害发生程度大为降低。调查表明，景区不同龄组中，中、近龄林发生危害最为严重，其次为幼龄林，成、过熟林最轻。郁闭度显著影响林间小气候，随着郁闭度的增大，光照强度明显减弱，林内温度降低，相对温度增高，对一些喜光性虫害的生长有一定的抑制作用，故对喜光性的虫害在郁闭度大的林分中发生程

表 6-18　马尾松毛虫害风险评价指标体系及其分级赋值

人文环境指标			森林资源指标			自然环境指标		
指标名称	分级(类)	值	指标名称	分级(类)	值	指标名称	分级(类)	值
到道路的最近距离(m)	<50	0.1	年龄组	幼龄林	0.5	海拔(m)	<400	1.0
	50~100	0.5		中、近龄林	1.0		400~500	0.5
	>100	1.0		成、过熟林	0.1		500~700	0.1
到居民点最近距离(m)	<50	0.1	郁闭度	<0.4	1.0	坡向	阳坡	1.0
	50~100	0.5		0.4~0.6	0.5		半阳坡	0.5
	>100	1.0		>0.6	0.1		半阴坡	0.5
			林分结构	纯林	0.5		阴坡	0.1
				混交林	0.1		无坡	0.5

度会减轻(范正章等, 2008)。

②自然环境指标　自然环境指标中, 海拔对松毛虫害影响最为显著。武夷山风景名胜区范围内 400m 以下为常灾区, 400~500m 为偶灾区, 500m 以上为安全区, 一般来说, 海拔越高松毛虫害发生程度越低(陈顺立等, 2004)。坡向通过影响水热条件间接影响虫害发生。

③人文环境指标　从便于发现和防治虫害的角度考虑, 选择到道路的最近距离、到居民点的最近距离 2 个指标表征人为因素对松毛虫害的影响。一般而言, 离道路和居民点越近, 人们越容易发现虫害。

(2)马尾松毛虫害因子指标权重确定

马尾松毛虫害风险指标体系因子复合权重见表 6-19。准则层中, 森林资源指标权重(0.571 4)明显高于自然和人为环境指标。林分结构(0.285 7)、海拔(0.214 3)、龄组和郁闭度(0.142 9)是松毛虫害发生的主要影响因素, 其中林分结构(0.285 7)和海拔(0.214 3)对虫害发生的影响最大。

表 6-19　马尾松毛虫风险评价指标体系权重

目标层	准则层	权重	指标层	权重
	人文环境指标	0.142 9	与道路的距离	0.095 2
			与居民点距离	0.047 6
	自然环境指标	0.285 7	海拔	0.214 3
			坡向	0.071 4
	森林资源指标	0.571 4	龄组	0.142 9
			郁闭度	0.142 9
			林分结构	0.285 7

6.2.4.2　马尾松毛虫害风险格局

按等距离原则将马尾松毛虫风险值划分为高风险区、中等风险区、低风险区

3 个风险等级。武夷山风景名胜区发生大面积松毛虫害的可能性大,处于低风险区水平的马尾松林面积仅 278.55 hm², 占马尾松林总面积的 6.85%(表 6-20), 低风险区域主要成片分布于最高峰(三仰峰)及其他次高峰附近(图 6-2 及彩图 6-2)。景区马尾松有近 1393.83 hm² 处于高风险区域,占马尾松景观面积的34.26%。高风险区基本包围了景区内的精华景区,九曲溪沿线北岸风险高于南岸。因此,相关行政管理部门应该在景区范围内全面加强对马尾松毛虫害的监测和防治工作,保护景区重要自然风貌资源。九曲溪沿岸的自然景观是游客领略鬼斧神工武夷山水的窗口,所以对九曲溪沿岸森林景观虫害防治更是重中之重。

表 6-20　马尾松毛虫风险等级面积分布

病虫害等级	面积(hm²)	百分比(%)
低风险区	278.55	6.85
中风险区	2 396.52	58.90
高风险区	1 393.83	34.26
总计	4 068.90	100.00

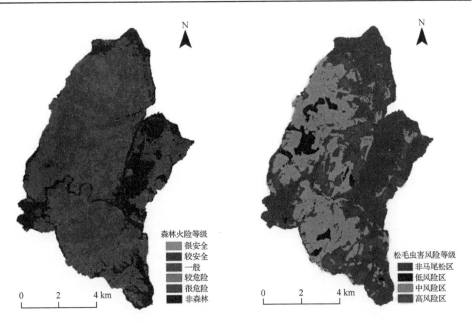

图 6-2　武夷山风景名胜区主要自然干扰源风险格局

6.2.5　小结

人类活动因素是景区森林火灾发生的主要影响因素,距道路、居民点、农田的距离越近火险等级越高。人类活动是影响林火发生主要因素,但可燃物类型作为重要的森林资源因素，它们与高程、坡度、坡向等地形因子对森林火灾发生的影响潜在存在。虽然仅通过控制人类活动对降低火灾次数有效，但效果有限。及时进行可燃物的清除是降低林火发生次数和强度的有效手段（Agee，2005），它强调可燃物处理应集中在可燃物过量堆积的地方并已经成功运用，同时地形和林型因素也应该加以考虑。本研究表明，在制定可燃物处理的过程中，还应该考虑林火发生火险的空间异质性，即可燃物处理应集中在林火高发区，如道路、居民点和农田附近，这样林火控制策略才更加有效。此外，不同尺度上，林火发生的影响因素不同。大尺度上（大陆尺度），火源、植被、气候等因素控制着林火发生；中尺度上（景观尺度），林火的发生主要受天气、地形、可燃物控制；而小尺度上（林分尺度），林火的蔓延主要受可燃物、微地形及微气候控制（Rollins et al.，2002；Parisian et al.，2009），并且这些因子的重要性在不同的森林生态系统和气候背景下也可能有所不同。大量研究证明（刘志华等，2011），景观尺度通常是森林管理和控制的关键尺度。本节基于景观尺度探讨景区林火风险格局是可行的。由于气候因素只在较大的尺度上具有变异性，而在小尺度上不能体现其变异性。因此，本研究并未将其作为影响因子纳入评价体系中。

研究表明，马尾松毛虫害高风险区占基质面积约 1/3。马尾松林分特征（是否混交、龄组和郁闭度）和海拔因素是虫害发生的主要影响因子。由于松毛虫害发生机理极其复杂，不仅与上述因子相关而且还与松毛虫的生物学特征、生长发育、天敌，气候等诸多因素密切有关，文中的指标体系虽然考虑了从地理因素上间接量化虫害生长发育和种群增殖对虫害的影响，却未考虑气候因素对促进虫害爆发的影响，在认为景区范围一年内气候因素不具变异性的前提下，就空间尺度而言，文中所建指标体系能够表征虫害风险的空间异质性。若能在此基础上，考虑时间序列，设定相应警情指标、警源指标和警兆指标将会更加提高虫害的防治效率。

人为干扰常有积极和消极两方面。比如人类活动（常发生景区道路和居民点附近）会增加火源发生概率，但距离道路和居民点越近越有利于及时发现火险和灭火。同样，在虫害防治中，人类灾前的预防保护（如空防），灾中的跟踪观测、灾后的防治与重建等均是有利于虫害防治的积极因素。这也是现实中一些人类活动频繁的旅游景点，多年内却没有火灾和森林病虫害发生的原因之一。为突出火险，文中火险体系中人为因素考虑了人类干扰的消极因素，而虫害体系中则考虑了积极方面。

6.3　人为干扰对武夷山风景名胜区景观格局影响的模拟

景观空间格局不仅直接影响着景观内各种变化（能量流、物质流和物种流）

（Turner，1987），而且制约着多种生态过程，与景观抗干扰能力、恢复能力、稳定性、生物多样性有着密切的联系（傅伯杰，1995）。同时，景观格局又是在不断变化发展的，现有的景观格局是在过去景观流的基础上形成的，并受到多种干扰因素（自然的和人为的）的作用。干扰是自然界的一种普遍现象，它是自然生态系统演替过程中的一个重要组成部分（Hobbs *et al.*，1988；Farina，1998），研究不同尺度干扰所产生的生态效应十分重要（陈利顶等，2000）。

人类干扰活动影响景观多样性是一个毋容置疑的客观事实，但人类活动怎样影响景观多样性，不同的研究结果存在较大的差异。有学者认为随着人类活动干扰程度的增强，会造成景观多样性的降低（陈利顶等，1996；王宪礼等，1997；贾宝全等，2001b），有学者认为人类活动干扰程度的加强会导致景观多样性的增加（肖笃宁等，1990；肖寒等，2001），还有学者研究结果认为，随着人类干扰（城市化）强度的增大，斑块密度、破碎度等指标呈增加趋势，然而，景观多样性指数、均匀度指数等无明显的规律（张涛等，2002）。实际上，人类干扰活动对景观格局的影响主要表现在两个方面：一方面通过改变景观类型数量导致景观格局发生变化；另一方面在不改变类型数量的条件下，通过改变景观组成类型的面积导致景观格局发生变化。不同的学者之所以得到不同甚至相反的结论，在一定程度上在于未区分干扰的重要前提，即是否改变了景观类型的组成数量。

由于干扰所产生的生态效应往往具有不确定性，易使生态系统受到干扰后难以得到恢复或重建，因此，在现实中开展景观尺度生态干扰的研究实例极少。本节试图以武夷山风景名胜区为研究对象，以景观多样性指数、均匀度指数和优势度指数为指标，将分室模型（compartment model）和人工神经网络（artificial neural network）引入到景观生态学研究中，分别对上述 2 种前提下人类干扰对景观格局动态变化的影响进行模拟，这不仅有助于揭示景观格局的变化规律，对景观的发展趋势进行预测，进而实现景观资源的可持续利用，而且对于阐明人类活动对景观格局的影响机制提供依据。

6.3.1　在不改变景观类型数量条件下景观格局变化模拟方法——分室模型

分室模型（compartment model，Smith，1970）是生态学中广泛使用的一种模型，在生态系统的养分循环、林业用地动态分析等方面得到十分有效的应用（谌小勇等，1989；黄大明等，1992），但在景观生态学中未见其应用报道，因此，笔者把分室理论引入到景观生态学研究中，用于模拟在不改变景观类型数量条件下人类不同的干扰强度对景观格局变化的影响。分室模型的方法如下：

将各类型景观视为分室，则各分室的面积 $X_i(i=1, 2, \cdots, n)$ 的动态变化在数学上可描述为

$$\frac{dX_i}{dt} = 流入 - 流出 \tag{6-7}$$

流入可分为从系统外部的获得（U_{0j}）和系统其他分室的获得（F_{ij}，$i = 1$，2，$\cdots$，n，$i \neq j$）；流出也可分为转移到系统外部（F_{j0}）和转移到系统其他分室（F_{ji}，$i = 1$，2，$\cdots$，n，$i \neq j$），于是式（6-1）可写成：

$$\frac{dX_i}{dt} = \left(U_{0j} + \sum_{w}^{n} F_{ij} \right) - \left(F_{j0} + \sum_{w}^{n} F_{ji} \right) \tag{6-8}$$

式中，F_{ij} 为 j 分室流入 i 分室的流通量，物质在一定时间里的转移量称为流通量。这里假定它只与源的物质成正比，即

$$F_{ij} = f_{ij}X_i, F_{ji} = f_{ji}X_j \tag{6-9}$$

因此，式（6-2）可写成：

$$\frac{dX_i}{dt} = \left(U_{0j} + \sum_{w}^{n} f_{ij}X_i \right) - \left(f_{j0}X_j + \sum_{w}^{n} f_{ji}X_j \right) \tag{6-10}$$

式中，f_{ij} 为周转率，它表示物质从 i 分室向 j 分室的流通性。

6.3.2　在改变景观类型数量条件下景观格局变化模拟方法——人工神经网络

人工神经网络（artificial neural network，ANN）是源于 20 世纪 40 年代，80 年代中期迅速兴起的一门非线性科学，它力图模拟人脑的一些基本特性，如自适应性、自组织性、容错性等，已在模式识别、数据处理及自动化控制等领域得到初步的应用，并取得相当好的效果（Kitahara et al.，1992）。在神经网络模型中，最具代表性和应用最广泛的是 BP 网络，它由输入层、输出层和若干隐含层组成，通过对许多简单的神经元作用函数（如 Sigmoid 函数）的复合来逼近输入与输出之间的映射。BP 算法是一种误差反向传播算法，具有较强的自学和联想记忆能力，特别适合于处理非线性的映射问题，是应用最广泛的人工神经网络模型（洪伟等，1997；1998）。BP 算法如下：

选择一个三层网络，输入信息记作 I_l（$l = 1 \sim L$），输出记作 O_n（$n = 1$），中间隐含层有 M 个神经元，其信息分配形式如下：

$$d_m = \sum_{l=1}^{L} W^1_{lm} I_l + \theta_m, g_n = \sum_{m=1}^{M} W^2_{mn} C_m + \psi_n \quad (m = 1 \sim M) \tag{6-11}$$

$$C_m = F(d_m) O_n = F(g_n) \tag{6-12}$$

式中，L 为输入层因子数；l 为输入层第 l 个因子；M 为隐含层神经元个数（即隐含层节点数）；m 为隐含层第 m 个神经元；n 为输出层因子数，在本文中 $n = 1$；W^1_{lm} 与 W^2_{mn} 分别为输入层到隐含层、隐含层到输出层之间的权系数；θ_m 与 ψ_n 分别为输入层与隐含层的触发阈值；d_m 和 C_m 分别为隐含层的单元输入和输出；g_n 和 O_n 分别为输出层的单元输入和输出。

由于网络输出的值域为(0，1)，因此需对实际的各组分能量作归一化处理，并根据网络输出 O_j 和归一化后的能量实际值 Y_j 之间的误差，按误差反向传播算法进行反学习以确定网络的权系数。在反学习过程中，当式(6-13)满足时中止网络学习，输出结果。

$$E = \sum_{j=1}^{N} (O_j - Y_j)^2 = \min \qquad (6\text{-}13)$$

式中，N 为训练的样本数，当式(6-13)不满足时，反向调整连接权值 W_{lm}^1 与 W_{mn}^2（统记为 W_{ij}）和阈值 θ_m 与 ψ_n（统记为 η_j），其修正量第 $n+1$ 次迭代算式为：

$$\Delta W_{ij}(n+1) = \beta \lambda_j X_i + \alpha \Delta W_{ij}(n), \Delta \eta_j(n+1) = -\beta \lambda_j + \alpha \Delta \eta_j(n) \quad (6\text{-}14)$$

式中，λ_j 当 j 为输出层节点时，$\lambda_j = O_j \cdot (1 - O_j) \cdot (Y - O_j)$；当 j 为隐含层节点时，$\lambda_j = X_j \cdot (1 - X_j) \cdot \sum_{m=1}^{M} \lambda_m W_{jm}(n+1)$，$m$ 取 j 节点所在之上一层的所有节点；X_j 是节点 j 的输入；β 是学习率，$0 < \beta < 1$；α 是冲量因子，$0 < \alpha < 1$。

6.3.3　在不改变景观类型数量条件下的景观格局动态模拟

6.3.3.1　景观空间格局变化模拟模型

以各景观类型平均每年面积转移概率矩阵为基础，运用分室理论可以建立如下所示的景观空间变化模拟模型（记为模型Ⅱ），利用它可以对现有干扰强度下武夷山风景名胜区景观格局的变化进行动态模拟。此外，通过改变模型（Ⅱ）中的参数，可以实现对不同干扰强度下景观格局的变化进行模拟分析。

$$\frac{\mathrm{d}x_1}{\mathrm{d}t} = 0.018\,983x_2 + 0.012\,299x_3 + 0.003\,604x_5 + 0.000\,209x_6 +$$
$$0.004\,861x_7 - 0.003\,838x_1 \qquad (1)$$

$$\frac{\mathrm{d}x_2}{\mathrm{d}t} = 0.000\,332x_1 - 0.072\,472x_2 \qquad (2)$$

$$\frac{\mathrm{d}x_3}{\mathrm{d}t} = 0.000\,046x_1 - 0.016\,347x_3 \qquad (3)$$

$$\frac{\mathrm{d}x_4}{\mathrm{d}t} = 0.000\,055x_1 \qquad (4)$$

$$\frac{\mathrm{d}x_5}{\mathrm{d}t} = 0.000\,842x_1 - 0.024\,051x_5 \qquad (5)$$

$$\frac{\mathrm{d}x_6}{\mathrm{d}t} = 0.002\,441x_1 + 0.045\,425x_2 + 0.003\,492x_3 + 0.020\,447x_5 +$$
$$0.001\,835x_7 + 0.013\,485x_{10} - 0.000\,456x_6 \qquad (6)$$

$$\frac{\mathrm{d}x_7}{\mathrm{d}t} = 0.000\,123x_1 + 0.006\,168x_2 + 0.002\,171x_9 - 0.008\,088x_7 \qquad (7)$$

$$\frac{\mathrm{d}x_8}{\mathrm{d}t} = 0 \tag{8}$$

$$\frac{\mathrm{d}x_9}{\mathrm{d}t} = 0.001\,896x_2 + 0.000\,556x_3 + 0.000\,247x_6 + 0.001\,392x_7 - 0.002\,171x_9 \tag{9}$$

$$\frac{\mathrm{d}x_{10}}{\mathrm{d}t} = -0.013\,485x_{10} \tag{10}$$

式中，$x_i(i = 1, 2, \cdots, 10)$ 分别代表马尾松林、杉木林、经济林、竹林、阔叶林、茶园、农田、河流、居住地与裸地 10 类景观的面积。

6.3.3.2 景观空间格局变化模拟分析

在这种条件下设计了 3 种干扰强度：①降低人为干扰强度，令天然林或半天然景观（包括马尾松林、杉木林、竹林与阔叶林）向人工景观（包括茶园、经济林、农田与居住地）的面积转移概率为 0，其他类型间的转移概率保持不变，可用模型（Ⅰ）来模拟，干扰强度也用（Ⅰ）表示。模型（Ⅰ）由模型（Ⅱ）中的式（4）、式（8）、式（10）与下列的式（11）～式（17）构成；②保持现有的干扰强度不变，用模型（Ⅱ）进行模拟，同样，干扰强度用（Ⅱ）表示；③加大人为干扰强度，令人工景观向天然林或半天然景观的面积转移概率为 0，其他类型间转移概率保持不变，可用模型（Ⅲ）来模拟，干扰尺度用（Ⅲ）表示。模型（Ⅲ）由模型（Ⅱ）中的式（2）、式（4）、式（5）、式（8）～式（9）和下列的式（18）～式（21）构成。

$$\frac{\mathrm{d}x_1}{\mathrm{d}t} = 0.018\,983x_2 + 0.012\,299x_3 + 0.003\,604x_5 + 0.000\,209x_6 + \\ 0.004\,861x_7 - 0.001\,229x_1 \tag{11}$$

$$\frac{\mathrm{d}x_2}{\mathrm{d}t} = 0.000\,332x_1 - 0.018\,983x_2 \tag{12}$$

$$\frac{\mathrm{d}x_3}{\mathrm{d}t} = -0.016\,347x_3 \tag{13}$$

$$\frac{\mathrm{d}x_5}{\mathrm{d}t} = 0.000\,842x_1 - 0.003\,604x_5 \tag{14}$$

$$\frac{\mathrm{d}x_6}{\mathrm{d}t} = 0.003\,492x_3 + 0.001\,835x_7 + 0.013\,485x_{10} - 0.000\,456x_6 \tag{15}$$

$$\frac{\mathrm{d}x_7}{\mathrm{d}t} = 0.002\,171x_9 - 0.008\,088x_7 \tag{16}$$

$$\frac{\mathrm{d}x_9}{\mathrm{d}t} = 0.001\,392x_7 - 0.002\,171x_9 \tag{17}$$

$$\frac{\mathrm{d}x_1}{\mathrm{d}t} = 0.018\,983x_2 + 0.003\,604x_5 - 0.003\,838x_1 \tag{18}$$

$$\frac{\mathrm{d}x_3}{\mathrm{d}t} = 0.000\,046x_1 - 0.004\,048x_3 \tag{19}$$

$$\frac{dx_6}{dt} = 0.002\,441x_1 + 0.045\,425x_2 + 0.003\,492x_3 + 0.020\,447x_5 + $$
$$0.001\,835x_7 + 0.013\,485x_{10} - 0.000\,247x_6 \tag{20}$$

$$\frac{dx_7}{dt} = 0.000\,123x_1 + 0.006\,168x_2 + 0.002\,171x_9 - 0.003\,227x_7 \tag{21}$$

利用模型（Ⅰ）、（Ⅱ）、（Ⅲ）分别对武夷山风景名胜区在 3 种干扰强度下 1996—2046 年的未来 50 年景观格局变化动态进行模拟，结果如图 6-3 所示。

从图 6-3 中景观多样性的变化趋势来看，3 种干扰强度下武夷山风景名胜区在未来 50 年内景观多样性均发生变化，但不同干扰强度所产生的影响存在着显著的差异。保持现有的人为干扰强度（Ⅱ）和降低人为干扰强度（Ⅰ），景观多样性随时间的变化都呈现出不断减小的趋势，在尺度（Ⅰ）下，景观多样性下降的幅度在初期与尺度（Ⅱ）相近，但随着时间的推移，其下降的幅度要比尺度（Ⅱ）下要快得多。在加大干扰强度（Ⅲ）条件下，景观多样性的变化出现先降后升的趋势，在最初的 10 年左右，景观多样性缓慢下降，在紧接着 3 ~ 5 年时间内，景观多样性基本保持稳定状态，之后景观多样性不断上升。可见，干扰强度对景观多样性的影响是明显的，而且，干扰强度越大，景观多样性也越大，即景观多样性随干扰强度增大呈增大的趋势。因此，在不改变景观类型数量的条件下，可以得出随着人类干扰强度的增大，景观多样性也随之增大的结论，从而为前人在这方面的论断提供了有力的例证。优势度指数表征的意义恰好与多样性指数相反，多样性指数越大，其优势度越小。因此，在不同干扰强度下，优势度的变化趋势恰好与景观多样性的变化趋势相反，即优势度指数随着干扰强度的增大而减小。均匀度是描述景观中不同景观类型的分配均匀程度。从图 6-3 可知，均匀度的变化与景观多样性、优势度不完全一样，在干扰强度（Ⅰ）下，景观均匀度随时间的变化不断变小，而在尺度（Ⅱ）与尺度（Ⅲ）下，均匀度皆随时间的变化而不断递增。对武夷山风景名胜区而言，3 种干扰强度的比较结果是干扰强度越大，均匀度也越大。

6.3.4　在改变景观类型数量条件下的景观格局动态模拟

人类活动不仅会影响景观类型的面积分配，而且会改变景观原有的类型组成，造成景观类型数的增加或减少。为了探讨改变景观类型数量对景观格局的影响，以 2001 年为例，分别对武夷山风景区一级景观类型（共 10 个）和二级景观类型（共 13 个）计算各景观格局指数（表 6-21）。表 6-21 的结果显示，二级景观类型的景观多样性指数与均匀度指数与一级景观类型相应的景观多样性与均匀度相比都明显得到提高，相反，优势度则明显下降；另外，破碎度也有所提高，由此可

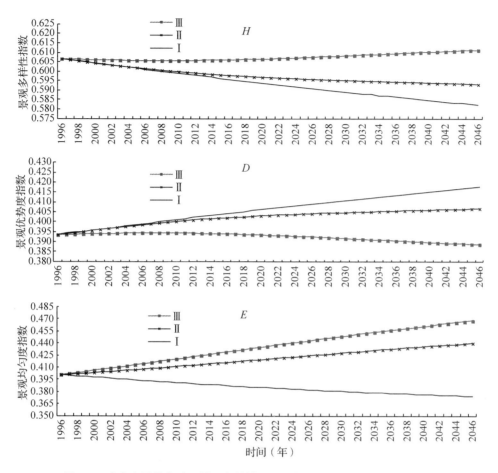

图 6-3　武夷山风景名胜区景观多样性 *H*、优势度 *D* 和均匀度 *E* 模拟结果

表 6-21　不同等级下武夷山风景名胜区景观格局指数（2001 年）

等级	*H*	*D*	*E*	*FN*
一级景观	0.602 8	0.397 2	0.403 5	0.005 11
二级景观	0.935 7	0.178 2	0.757 5	0.006 41

注：*H* 为景观多样性；*D* 为景观优势度；*E* 为景观均匀度；*FN* 为景观破碎度。

见，就武夷山风景区而言，人类干扰尤其是增加景观类型的组成数量，将显著提高景观多样性。

为了更深入分析改变景观类型数量对景观多样性的影响，揭示景观多样性与景观类型数之间的内在机制，笔者通过收集前人相关的研究资料，运用人工神经网络方法建立景观类型数与景观多样性之间的关系。有关资料见表 6-22 中（注：由于景观多样性指数、均匀度指数与优势度指数计算公式中存在底数不一致的现象，为做比较，本研究的计算方法对相关文献中的研究资料重新计算，得表 6-22 的结果）。

表 6-22　不同景观大类格局指数的比较

区域景观类型	案例	类型数	多样性 H	优势度 D	均匀度 E
风景区景观	武夷山	10	0.602 8	0.397 2	0.403 5
	佘山(唐礼俊, 1998)	9	0.691 0*	0.212 0	0.660 0
	仙居(李云梅等, 2001)	9	0.656 0	0.298 2	0.528 0
	平均值	9	0.649 9	0.302 5	0.530 5
湿地景观	辽河三角洲(王宪礼等, 1997)	9	0.784 0	0.706 7	0.170 2
	三江平原[1](蒋卫国等, 2003)	5	0.445 6*	0.253 4	0.690 3
	挠力河流域[2](刘红玉等, 2002)	11	0.849 9	0.191 4	0.745 5
	四湖地区[3](王学雷等, 2002)	6	0.527 3	0.250 8	0.539 5
	平均值	8	0.651 7	0.350 6	0.536 5
森林景观	喇叭沟门自然保护区(王清春等, 2002)	12	0.673 3*	0.405 9	0.515 4
	九溪河流域(徐天蜀等, 2002)	16	0.672 1	0.532 0	0.425 3
	广州地区(管东生等, 2001)	6	0.508 0	0.271 0	0.653 0
	福建地区(钱乐祥等, 1997)	9	0.581 0	0.374 0	0.606 0
	关帝山(郭晋平, 2001)	11	0.654 7*	0.386 6	0.426 0
	东灵山(马克明等, 2000a)	19	0.982 2	0.296 6	0.678 1
	平均值	12	0.678 6	0.377 7	0.550 6
过渡带景观	广州城郊(李贞等, 1997)	9	0.900 1	0.054 2	0.861 2
	万泉河口(陈鹏等, 2002)	10	0.846 6*	0.153 4	0.787 2
	托克托地区(仝川等, 2003a)	18	1.015 3	0.239 9	0.716 2
	和林格尔地区(仝川等, 2003b)	15	0.916 8*	0.259 3	0.691 1
	宁夏回族自治区(祁元等, 2002)	12	0.682 5	0.396 7	0.488 5
	上海西南地区(高峻等, 2003)	8	0.777 0	0.126 1	0.964 6
	内蒙古和兴县[4](江源等, 2002)	8	0.668 7	0.234 3	0.661 8
	平均值	11	0.829 6	0.209 1	0.738 7
农业景观	四湖地区(王学雷等, 2001)	6	0.497 1	0.201 9	0.592 4
	舍必崖乡[5](许丽等, 2001)	6	0.569 0*	0.209 1	0.627 9
	黄土区(傅伯杰, 1995)	10	0.851 0	0.149 0	0.785 5
	胜利营乡[6](许丽等, 2002)	5	0.440 8	0.258 2	0.527 9
	下梁镇(张艳芳等, 2000)	17	0.657 4*	0.573 1	0.374 4
	大卡老寨[7](傅永能等, 2001)	9	0.633 8	0.366 2	0.543 7
	平均值	9	0.608 2	0.292 9	0.575 3
城市景观	海南岛(肖寒等, 2001)	7	0.639 1	0.206 0	0.649 8
	东营市(陈利顶等, 1996)	8	0.674 0	0.229 1	0.786 1
	海口市[8](田光进等, 2002)	7	0.640 5*	0.204 6	0.664 9
	南昌市[9](曾辉等, 2003)	7	0.623 9	0.221 2	0.644 0
	平均值	7	0.644 4	0.215 2	0.686 2

（续）

区域景观类型	景观指数	类型数	多样性 H	优势度 D	均匀度 E
荒漠—绿洲景观	榆林沙区[10]（李锋，2002a）	5	0.531 8	0.197 2	0.645 8
	沙珠玉沙区[10][11]（李锋，2002b）	8	0.493 9 *	0.409 2	0.343 5
	民勤（宋冬梅等，2003）	9	0.451 5	0.502 7	0.680 0
	150团场[10][12]（贾宝全等，2001a）	8	0.530 7	0.372 4	0.519 5
	额济纳[10][13]（王根绪等，2000）	10	0.446 9	0.553 1	0.256 1
	塔南策勒（王兮之等，2002）	14	0.840 8 *	0.305 3	0.645 3
	平均值	9	0.549 3	0.385 0	0.515 0

注：①取2001年资料；②取1993年资料；③取1996年资料；④取2000年资料；⑤取1997年资料；⑥取1997年资料；⑦取1997年资料；⑧取2000年资料；⑨取2000年资料；⑩取1993年资料；⑩①取1994年资料；⑩②取1995年资料；⑩③取20世纪90年代资料。*表示用来预测的数据。

表6-22所列的7大类景观在一定程度上反映了人类干扰强度的大小，从风景区景观、湿地景观、森林景观、过渡带景观、农业景观、城市景观、荒漠绿洲景观，人类干扰强度呈逐步增加趋势。之所以将荒漠绿洲视为人类干扰最严重的景观，主要基于荒漠化的形成及演变历史考虑。荒漠化的形成大致有自然因素和人为因素两方面，自然因素主要包括风沙活动、盐碱化、河流改道，而人为因素主要包括战乱、不合理的资源利用、人口增加等。虽然荒漠化形成的调控因素很多，但主要的因素为人为干扰、气候变动和构造活动，历史上曾经鼎盛发展的"地中海文明""玛雅文明""苏美尔文明"的衰败灭亡有力地证明了这一点，因此，人为干扰是引起荒漠化的主要原因。从表6-22与图6-4可知，不同景观大类的景观多样性指数、优势度指数与均匀度指数都存在较大的差异。从景观多样性指数的平均结果来看，以过渡带景观的多样性指数最高（0.829 6），而以荒漠绿洲景观的多样性指数最低（0.549 3），其他5大类景观的多样性指数相差不大，均介于0.6~0.7之间。7类景观的平均景观多样性指数大小顺序为：荒漠绿洲景观＜农业景观＜湿地景观＜城市景观＜风景区景观＜森林景观＜过渡带景观，从风景区景观、湿地景观、森林景观、过渡带景观来看，干扰强度逐渐增大，景观多样性也随之增加，反映了景观多样性随人类干扰强度的增大而增大的趋势，但农业景观、城市景观与荒漠绿洲景观的多样性反而下降，城市景观与农业景观的景观多样性指数不高，这可能因为在城市、农业景观中，土地多被集中开垦为农业、工矿、居民用地等，从而造成景观类型减少，多样性降低（陈利顶等，1996），荒漠景观受干扰强度最大，景观多样性也最低。从以上分析表明，人类干扰对景观多样性的影响并不是使景观多样性简单地增加或减少，而是随人类干扰强度的增大景观多样性呈先增加后减少的趋势，由此可得，在改变景观类型数的情况下，中等干扰强度将增加景观的多样性，而强度或弱度干扰可能反而使景观多样性降低。从平均景观优势度指数看，以过渡带景观、城市景观的优势度指数最低，为0.20左右，其他5类景观的优势度均大于0.30，表明人类干扰活动的加强，将

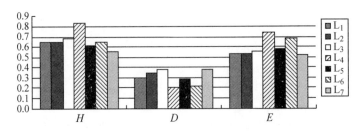

图6-4　不同景观类别格局指数比较

L_1为风景区景观；L_2为湿地景观；L_3为森林景观；L_4为过渡带景观；

L_5为农业景观；L_6为城市景观；L_7为荒漠–绿洲景观

降低景观的优势程度，使景观组成面积朝着均衡的方向发展。平均均匀度指数则显示，过渡带景观与城市景观的均匀程度最大，约为0.70，而其他5类景观的均匀度指数都介于0.5~0.6之间，这进一步证实了上述的结论。

从同一大类景观中不同研究区域来看，风景区景观、城市景观中不同研究区的景观类型数相近，其景观多样性指数也相差无几，而其余5类景观中不同的研究区之间类型数差异较大，景观多样性指数也差异明显，如森林景观中，景观多样性指数高的达0.982 2(北京东灵山，类型数19个)，低的只有0.508 0(广州地区，类型数6个)。但也有异常的现象，如在农业景观中，黄土区的景观类型数只有10个，景观多样性指数为0.851 0，而柞县下梁镇的景观类型数达17个，景观多样性指数只有0.657 4，可见，景观类型数与景观多样性指数之间存在着十分复杂的关系，为了建立两者之间的关系，运用处理非线性关系极为有效的BP模型加以模拟。

6.3.4.1　网络参数与输入、输出变量的确定

BP网络具备将样本的输入、输出转化为非线性优化，通过对简单非线性函数的复合，实现 F 的最佳逼近的功能。本节主要探讨景观类型数与景观多样性之间的关系，因此，输入量为景观类型数，输出量为景观多样性指数。隐含层节点数的确定关系到网络的运算时间和收敛速度等问题，本节隐含层的节点数取为 $M=5$。

神经元的输入、输出函数的阈值 θ 决定了 S 形函数曲线变化的梯度。θ 值越小，曲线越陡，函数随自变量变化变得敏感，易发生振荡；当 θ 越大时，曲线平坦，学习速度加大，但学习过程线性化，影响了网络的识别能力。研究表明，在学习过程中，阈值初始值范围取[0, 0.3]之间时，收敛速度快、时间短，故网络初始状态的连接权值和阈值皆取大于0小于0.3的随机数。学习率 β 取为0.75，冲量因子 α 取为0.35。

6.3.4.2　模拟结果

选择一个 3 层网络,利用表 6-23 中的 24 组数据作为学习(导师)信息进行训练,其余 11 组作为模型预测效果检验之用,网络输出以 $E = \sum_{j=1}^{N} (o_j - y_j)^2 = \min$ 来考核网络的学习情况,直到使 E 达到最小。当学习了 59 220 次时,$E = 0.359\ 602\ 2$ 达到最小,于是中断网络学习,输出网络输出值,并利用训练以后的网络权值与阈值,就可以得到景观多样性指数神经网络预测模型,现将训练后的网络权值与阈值列于表 6-23。

表 6-23　训练结束后的权值和阈值(景观多样性指数 BP 模型)

项　目	W_{ij} 或 η_j				
隐含层阈值	$-2.661\ 1$	$2.853\ 6$	$2.831\ 3$	$2.684\ 7$	$2.840\ 9$
输入层与隐含层连接权值	$0.999\ 1$	$1.290\ 5$	$1.329\ 7$	$0.995\ 3$	$0.587\ 3$
输出层与隐含层连接权值	$0.004\ 8$	$1.799\ 7$	$1.622\ 8$	$2.307\ 8$	$0.574\ 7$
输出层阈值		$-8.155\ 2$			

为了检验景观多样性指数 BP 模型的预测精度,利用训练结束后的网络连接权值和阈值(表 6-23),对表 6-18 中 11 组数据进行预报,结果列于表 6-24 中。结果表明,用 BP 模型对 11 组数据的预测,平均预测相对误差为 9.79%,平均预测精度为 90.21%。

为了进一步说明人工神经网络方法的先进性与优良性,分别建立景观多样性指数与景观类型数的回归预测模型、对数模型、幂函数模型和指数函数模型,并将它们的结果与 BP 模型预测的结果进行比较,5 种模型的预测结果列于表 6-24 中。从结果来看,BP 模型、回归预测模型、对数模型、幂函数模型和指数函数模型的平均预测精度分别为 90.21%、86.52%、87.28%、86.95%、86.35%,可见以 BP 模型的预测效果最为理想,因此,可以运用所建立的模型用来预测景观多样性指数。

景观多样性指数回归模型(记为模型 A)如下:
$$H = 0.367\ 2 + 0.031\ 6N \quad (r = 0.690\ 5^{**}) \tag{22}$$

景观多样性指数对数模型(记为模型 B)如下:
$$H = -0.061\ 3 + 0.332\ 9\ln N \quad (r = 0.693\ 1^{**}) \tag{23}$$

景观多样性指数幂函数模型(记为模型 C)如下:
$$H = 0.230\ 6N^{0.472\ 1} \quad (r = 0.667\ 6^{**}) \tag{24}$$

景观多样性指数指数函数模型(记为模型 D)如下:
$$H = 0.426\ 9e^{0.043\ 9N} \quad (r = 0.652\ 0^{**}) \tag{25}$$

式中,H 为景观多样性指数;N 为景观类型数。

表 6-24　景观多样性 BP 模型预测误差表

类型数	实测值	BP 模型		模型 A		模型 B		模型 C		模型 D	
		预测值	精度%	预测值	精度%	预测值	精度%	预测值	精度%	预测值	精度%
9	0.691 0	0.671 3	97.15	0.651 6	94.30	0.670 2	96.99	0.650 6	94.17	0.633 7	91.71
12	0.673 3	0.744 4	89.44	0.746 4	89.14	0.766 0	86.23	0.745 3	89.31	0.714 8	92.62
11	0.654 7	0.720 1	90.01	0.714 8	90.82	0.737 0	87.42	0.715 3	90.74	0.691 9	94.31
10	0.846 6	0.695 7	82.18	0.683 2	78.22	0.705 3	83.31	0.683 8	80.78	0.662 2	78.22
15	0.916 8	0.813 4	88.72	0.841 2	91.75	0.840 3	91.66	0.828 1	90.33	0.824 7	89.96
7	0.640 5	0.623 8	97.38	0.588 4	91.87	0.586 5	91.58	0.577 9	90.22	0.580 4	90.63
6	0.569 0	0.601 4	94.31	0.556 8	97.86	0.535 2	94.07	0.537 3	94.43	0.555 5	97.64
17	0.657 4	0.804 8	77.56	0.904 4	62.43	0.881 9	65.84	0.878 5	66.36	0.900 4	63.03
8	0.493 9	0.547 2	89.21	0.620 0	74.53	0.631 0	72.24	0.615 4	75.61	0.606 5	77.20
14	0.840 8	0.791 2	94.10	0.809 6	96.29	0.817 3	97.21	0.801 6	95.34	0.789 3	93.88
5	0.445 6	0.480 3	92.22	0.525 2	82.14	0.474 5	93.51	0.493 0	89.36	0.531 7	80.68
平均值			90.21		86.52		87.28		86.95		86.35

6.3.5　小结

　　干扰包括自然干扰与人为干扰，干扰的生态学意义是多方面的，它对景观的影响十分复杂（陈利顶等，2000），其中，人为干扰往往是引起景观变化的主要原因。然而，人类干扰怎样影响景观格局却一直没有明确统一的答案，也缺乏充分有效的例证。笔者以为，人类干扰对景观的影响是有条件的，不同条件下人类干扰给景观格局带来的影响可能存在较大的差异，因此，笔者将分室理论与人工神经网络引入到景观生态学中，用来模拟不同条件下人类干扰对景观格局的影响，希望能为阐明其内在机制提供依据。

　　从运用分室模型在不改变景观类型数条件下对人类不同干扰强度影响景观格局的模拟结果来看，不仅充分说明了分室理论用于模拟景观格局动态变化的有效性，而且也进一步证实了在不改变景观类型丰富度的情况下，景观多样性将随着人类干扰强度的增大而增加。在改变景观类型数的情况下，人类干扰强度对景观格局的影响较为复杂，从本节所收集的文献资料比较结果可以得出中等干扰强度将提高景观的多样性，而强度干扰或弱度干扰将降低景观的多样性。当然，该结论仅是从所收集的相关文献资料分析总结得出的，是否具有普遍性意义，还有待其他研究进一步加以证实。

　　如前所述，景观类型数与景观多样性之间存在着十分复杂的关系，为了揭示这种复杂的关系，笔者引入处理非线性关系极为有效的人工智能手段——BP 算法建立景观类型数与景观多样性之间的关系模型（BP 模型），结果表明所建立的景观多样性 BP 模型平均预测精度达 90.21%，比常规模型要好，因此，只要了解某一研究区域的景观类型数，就可以用它来预测该研究区的景观多样性，这不仅可以实现不同研究区景观多样性的比较，而且实现了景观多样性与人类干扰活动之间的定量化，这对于阐明景观多样性的变化机制具有重要的意义。

6.4 基于景观安全格局的景区旅游干扰敏感区判识与保护

世界双遗产地独有的文化和自然景观过程与其景观格局相互作用机制特殊且复杂，构建这类区域景观安全格局并识别其敏感区，对有效开展景观生态规划与建设以及实现遗产地的精细化保护与管理有重要现实意义。生态基础设施（ecological infrastruture，EI）是城市所依赖的自然系统，是城市及其居民能持续地获得自然服务的基础。生态基础设施的构建可以通过构建景观安全格局（security pattern，SP）途径实现。景观安全格局是指景观中有某些潜在作用空间格局，通过景观过程的分析和模拟，来判别那些对过程的健康与安全具有关键意义的景观格局。本节通过结合景观安全格局研究思路探索在景观尺度上判识风景区内的旅游干扰敏感区域。

6.4.1 研究方法

6.4.1.1 相关理论与研究框架

构建生态基础设施的直接目的就是保护这种基本安全格局的生态过程功能及作用不受削弱。一个典型的安全格局包含以下几个景观组分：源（source）；缓冲区（buffer zone）；源间联接（inter-source linkage）；辐射道（radiating routes）；战略点（strategic point）。以生物保护为例对各组分概念解释如下：

①源 现存的乡土物种栖息地，是物种扩散和维持的元点；

②缓冲区 环绕源的周边地区，是物种扩散的低阻力区；

③源间联接 相邻两源之间最易联系的低阻力通道；

④辐射道 由源向外围景观辐射的低阻力通道；

⑤战略点 对沟通相邻源之间联系有关键意义的"跳板"。

武夷山风景名胜区的生态基础设施具体则包含一切能提供自然服务的自然保护地、林业及农业系统、城市绿地系统、水系以及与之交融的文化遗产和生态游憩系统等，需要作为非建设用地严格保护。

6.4.1.2 构建方法

根据以上规划理论并结合武夷山风景名胜区的实际情况，运用 ArcGIS 软件中的水文分析模块（Hydrology）、最小累计阻力模型（Minimum cost resistance，MCR）、视域分析（Viewshed）及缓冲区 Buffer、Editor 等相关工具，从自然、生物和人文过程角度，判别出风景区的防洪、生物保护、文化遗产保护、视觉保护和

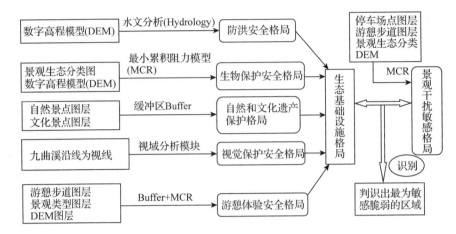

图6-5 武夷山风景名胜区生态基础设施构建及敏感性判识流程图

游憩体验5大景观安全格局，叠加获得武夷山风景名胜区的综合生态安全格局，也即景区生态基础设施。旅游干扰敏感区格局的构建，借鉴安全格局组合"源""辐射道"的概念，以集散地（停车场）作为旅游干扰扩散源，游憩廊道可视为旅游干扰的辐射道，运用最小阻力面法构建游客干扰强度格局。通过识别出的游客干扰强度格局与生态基础设施进行图层逻辑运算，判别出风景区内受到旅游干扰的敏感区域，判识流程详见图6-5。其中，最小累积阻力模型由 Knaapen 于1992年提出，其公式如下：

$$MCR = f_{\min} \sum_{j=n}^{i=m} (D_{ij} \times R_i) \tag{6-15}$$

式中，MCR 是最小累积阻力值；f 是某未知的正函数，反映空间中任一点的最小阻力与其穿越的某景观单元 i 的空间距离和景观单元特征的正相关关系；$\sum$ 表示单元 i 与源 j 之间穿越所有单元的距离和阻力的累积；D_{ij} 是从源 j 到空间某一点所穿越的某景观基面 i 的空间距离；R_i 表示景观单元 i 对某物种运动的阻力系数。

因此，计算最小累积阻力值，首先要确定"源"；其次确定阻力面，赋予每个阻力因子相应的阻力值；最后计算源与阻力面之间的最小累积阻力值。

6.4.1.3 权重确定

目前多采用主观赋权法来确定指标权重（如层次分析法、Delphi 法等），该方法分析得到的结果主观性强，缺乏科学性。为得到严谨客观的分析结果，采用变异系数法来确定闽东地区各景观要素的权重指标。变异系数法是一种客观赋权法，它根据各个指标在所有被评价对象上观测值的变异程度大小，对其进行赋值。观测值变异程度大的指标，说明其影响力较大，赋予较大的权数；反之，则赋予较小的权数，即该方法得到的权重结果是由指标变量值来确定的。变异系数法确定指标权重的基本步骤如下。

①计算第 j 项评价指标的标准差。

$$D = \sqrt{\sum_{i=1}^{m} (x_{ij} - x_j)/(m-1)} \qquad (6\text{-}16)$$

式中，x_j 是第 j 项评价指标的平均值。

②计算第 j 项评价指标的变异系数。

$$c_j = D/x_j \qquad (6\text{-}17)$$

③对各指标的变异系数进行归一化处理，得到各指标的权重。

$$w_j = c_j / \sum_{j=1}^{n} c_j \qquad (6\text{-}18)$$

进而每个指标的权重向量为：$W = (w_1, w_2, \cdots, w_m)$，$w_j > 0$，$j = 1$，$2, \cdots, m$。

6.4.2　单一景观过程安全格局构建与保护策略

6.4.2.1　防洪安全格局

　　构建生态防洪的安全格局是以恢复天然水文过程和维护风景区雨洪安全为目标，避免洪水灾甚至将灾害转换成可利用的水资源。运用 ArcGIS 软件的水文分析应用模块 Hydrology，在风景区数字高程模型（Dem）的基础上，对自然洼地进行填充后模拟自然径流方向，以 5 年、20 年、50 年一遇的洪水水位为参考依据设置防洪阈值，分别以大于各阈值累积汇水量形成水系网，依据洪水阈值分级生成对应潜在排洪量的水网径流（图6-6 及彩图6-6），形成不同程度的防洪安全格局。图中安全级别越低，排洪量越大，是景区防洪格局的生命底线，是对防洪格局具有关键意义，需要重点保护。低安全格局主要位于两条主干河流（南北走向为崇阳溪；东西走向为九曲溪）及其周边区

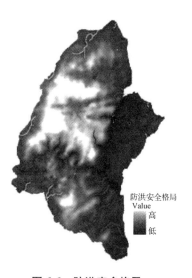

防洪安全格局
Value
高
低

图6-6　防洪安全格局

域，这些区域地势低洼，两溪周边既是居民主要生活区，也是旅游服务设施密集区。因而对于这些区域应该采取严格的管理和保护措施进行适应性的洪水管理措施：首先要改善河道、堤防构成的常规防洪工程体系的建立，保护相关水利工程的良好的状态；其次要加强非工程防洪体系的建立，制定洪水应急预案。中、高安全水平格局，主要位于景区不同海拔部分小流域内的山洞水系，其对维护景区水循环和生态系统养分循环有重要意义；这些小流域内较为密集分布了农田和茶

园，也是面源污染的重要策源地，应该通过限制或禁止该区域农药、化肥使用，发展生态农、茶业等方式加以保护。

6.4.2.2　生物安全保护格局

生物迁徙总是趋于朝破碎程度小，对其生存、觅食等生命活动有利的生境条件优良的景观类型中运动。建立连通各栖息地斑块的景观格局将保证生物过程的连续性和完整性，有利于生物多样性保护。生物的空间运动和栖息地的维护需要克服景观阻力来完成。一般将生物的核心栖息地作为物种扩散和动物活动过程的源，阻力面表示从源（栖息地）到空间某一点的易达程度，模拟生物物种水平扩散的行为模式，阻力越小，越利于生物在其内的移动。运用 ArcGIS 软件中的最小累计阻力模型（MCR）分别模拟生物穿越不同地形和景观类型表面（土地覆盖）的过程，建立最小累积阻力面。不同景观类型和地形因子对生物迁移的阻力不同，参考有关研究结果，将风景区景观类型、坡度、海拔作为阻力因子进行赋值（表6-25），加权叠加景观类型、坡度、海拔等阻力图层构建生物迁移阻力面，得到不同程度安全水平的生物保护安全格局（图6-7及彩图6-7）。生物保护安全格局可为生物提供适宜的栖息地和活动区域，在各层次上维持生物的多样性。风景区北部、中西部、南部有较高海拔（512～674 m）且森林覆盖程度高的地方有 3个低生物安全区域，是景区生物保护的底线关键格局；这些区域因地势较高，人类可达性低、人为干扰强度低，为生物提供了安全和适宜的完整栖息地，动、植物于此能获得自身生存所需的较大内部生境面积，同时也保护了景区生物多样性。对于中安全水平区域，建议建立动物迁移的生物（网络）廊道，加强 3 个生物保护关键点内物种（动物）交流及生物信息传递。而高安全格局区域则作为最大化景区生物安全保护效果的理想格局状态，在与其他用地目的（如建设用地，农

表 6-25　武夷山风景名胜区生物扩散相对阻力值

阻力因子	权重	阻力等级	相对阻力值	阻力因子	权重	阻力等级	相对阻力值
景观类型	0.4	裸地	40	坡度(°)	0.3	<10	0
		杉木	1			10～20	5
		马尾松	1			20～30	10
		阔叶林	1			30～40	20
		竹林	1			40～60	40
		灌草层	15			>60	80
		经济林	15	海拔(m)	0.3	<100	90
		茶园	20			<200	60
		农田	30			200～400	30
		建设用地	70			400～600	10
		水体	5			>600	5

茶种植）发生矛盾时应加强科学研究与分析，需权衡利弊予以决策。

6.4.2.3　自然和文化遗产保护安全格局

武夷山风景名胜区不仅有优美奇特的自然景观，而且蕴含着诸如古闽越文化、朱子理学、岩茶文化和宗教文化以及与之相呼应的民间乡土文化等。风景区内山景、水景、风景建筑等旅游景点无不渗透着自然和人文内涵，直接或间接地向游客传递双遗产地的独特魅力信息。参考《武夷山风景名胜总体规划图（2000—2010 年）》运用 ArcGIS 软件把风景区内的主要山景、水景、建筑遗迹等进行矢量化，生产点图层文件，以此作风景区文化遗产的"源"，把遗产体验活动作为一种沿"源"向外扩散的空间过程，分别以缓冲区辐射半径大小划分文化遗产保护安全等级，通过建立并连接所有自然和文化景点缓冲区构建遗产保护安全格局（图 6-8 及彩图 6-8）。遗产保护低安全水平区域，是武夷山双遗产文化景观核心区，承载着遗产地丰富的历史文化，是景区文化价值传承和发扬的关键区。必须严格保护，避免因自然因素（如酸雨、风暴等）、游客因素（如刻画、破坏）及其他因素（如偷盗）等造成无法挽回的损失，确保自然遗产保护的完整性和历史文化信息感知的连续性。应加强监管强度和巡视频率，配备业务水平高的文化保护技术人员，适时进行修缮和维护。应在中安全水平区域建设自然和文化遗产廊道，加强各遗产实物之间的有机联系，一方面使得自然和文化遗产蕴含的科学、美学、教育价值相互映衬、相得益彰；另一方面实现自然和文化遗产旅游资源的空间联系，缓解旅游精华景区的游客压力，在对游客进行分流的同时，也让游人对武夷山其他具有重要人文价值景观有新的感知和认识。

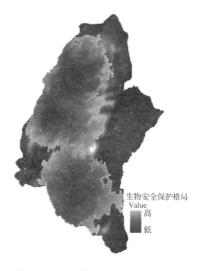

图 6-7　生物安全保护安全格局

图 6-8　文化遗产保护安全格局

6.4.2.4　视觉安全格局

人们旅游的最直观的认知是从对旅游地景观美学价值感受上获得的。视觉质量对一个旅游区的整体形象有着最直观最重要的作用，因此，寻找出风景区影响视觉美学价值关键区域至关重要。武夷山风景名胜区九曲溪景区几乎是游客来此

必游之地，乘坐竹筏顺流而下，丹霞地貌、奇峰怪石、自然植被、名人笔墨、历史典故等武夷之精华尽收眼底。运用 ArcGIS 软件中的视域分析（Viewshed）工具，选择武夷山精华旅游线路九曲溪沿线作为视域分析的路径，识别出沿九曲溪游览游人所能看见的视域范围；同时以云窝、天游和武夷宫等核心景区作为视域分析的另一视点，识别出位于这些核心景点处所能看见的景区视域范围。进而通过取大（∧）逻辑运算识别出风景区内视觉最为敏感的区域，进而形成视觉保护的安全格局（图 6-9 及彩图 6-9）。低安全水平视觉区内是景区视觉保护的红线区，九曲溪沿线的自然和人文景观的完整性和真实性必须着重保护，重点在于对沿线本身的景观改造和对线路两侧可视范

图 6-9　视觉安全格局

围内村落、建筑物进行景观风貌控制和景观生态恢复，以实现现代交通廊道在区域景观结构中具有积极意义的景观引导和景观过渡功能。此外，因中、高水平区域具有大面积马尾松森林景观，马尾松作为景区的景观基质不仅对维持生态系统环境效应具有积极意义，同时马尾松林的视觉风貌（健康状况、树高胸径、层次结构、四季林相等）均能对游人的旅游体验造成一定影响，因而应加强对该区域森林景观的经营管理，重点加强对森林病虫害（马尾松毛虫、松材线虫等）、林火（主要为人为火源）等自然和人为干扰的防治。

6.4.2.5　游憩廊道安全格局

具有休闲游憩价值的线性景观元素如水系、山路等，对连接着丰富的自然景观和文化景观及遗产地网络构建具有重要价值。游憩廊道安全格局对确保旅游资源欣赏的完整性和历史信息感知的连续性有着积极意义。运用 ArcGIS 软件 Editor 编辑工具把风景区内的主要游憩步道矢量化形成游憩廊道线状图层，距离游憩廊道越近的区域，景观受人为干扰越大，越需要重点关注与保护，则安全级别越低。在游憩廊道分布格局的基础上，通过建立游憩廊道缓冲区进而构建游憩廊道安全格局（图 6-10 及彩图 6-10）。游憩安全格局联系景区中的自然旅游资源、人文旅游资源以及游憩休闲价值高的空间，游憩廊道格局的构建以游人的

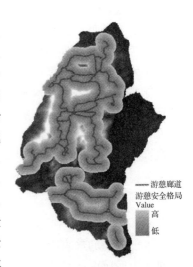

图 6-10　游憩廊道安全格局

旅游需求为出发点，发掘自然和文化遗产、视觉、游憩等格局中的优质旅游资源，并以旅游廊道(公路和步道)的形式进行功能连接。保护过程应从空间组合、道路布局、景观风貌、人文特色等着眼，将风景廊道按功能分区，可划分为生态旅游拓展廊道、遗产精华体验廊道、内外交通引导廊道 3 个功能廊道区。并分别提出规划设计要点：

①生态旅游拓展廊道(以探索自然、亲近自然、沐浴山林为主并以提高风景区旅游潜力为目标)　规划设计应因势而为，形式上要有曲直变化以求贴近自然，同时考虑游道长度与坡度，恰当间距设休憩点，以免游人易产生疲乏感而降低继续旅游的意愿。生态旅游拓展廊道多铺设于森林繁茂处，游道宽度上宜窄不宜宽，使对生物活动的阻隔降至最低。

②遗产精华体验廊道(以集中体验双遗产地武夷山最精华的人文景观内涵及丹霞地貌特色的景观为目的)　规划设计上要与景点人文与自然景观相协调，拆除一切不符景观协调性的构件，在条件许可的范围内对某些道路适当拓宽，增加与其他景区的连通度，缓解游客超负荷时对精华景区的影响，特别在游客密集的廊道结点处，可适当建设栅栏和缓冲区以减少游客对草坪及景区小品的践踏与破坏。增设旅游文明提示牌，提高游人文明旅游的感知频率。

③内外交通引导廊道(以科学引导景区内外车辆交通并兼具动态欣赏武夷山总体风貌功能为目的)　道路选址上需结合地形地势选址，尽可能利用老路保持原貌，最大程度发挥廊道通道作用的同时降低廊道阻碍对生物的负面影响，必要结点处设置架桥、涵洞。道路靠山体一侧易发生塌方、滑坡的路段，要有护坡、挡墙，结合斜坡绿化进行分段分层设计，避免高大水泥灰墙破坏自然景观美感。宜适地适树选择道路绿化树种，考虑树种季相变化、科学设置树种配置的高矮与间隔，以免对游客欣赏武夷风貌视觉受阻，特色景源处更需如此。

6.4.3　生态基础设施构建与干扰敏感区判识

6.4.3.1　生态基础设施的建立

生态基础设施核心结构是承载遗产价值和维护区域生态安全的关键空间，其格局决定了哪里可以建设，哪里不可以建设，通过优先保护这些重要的生态空间来避免城市建设对遗产区域整体环境的破坏；它把遗产保护区和整个区域的景观过程有机联系起来，为遗产价值的保护、利用和城镇发展等多利益关系的交互博弈提供了空间架构。将以上防洪、生物保护、文化遗产保护、视觉和游憩廊道等单一景观过程安全格局，采用变异系数法确定指标权重，加权叠加图层并经逻辑运算取最大值，最终形成武夷山风景名胜综合生态基础设施(图 6-11 及彩图 6-11)。综合生态基础设施体现了连续而完整的景区生态安全格局，为生态系统服务的安全和健康提供了保障。

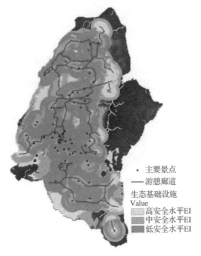

· 主要景点
—— 游憩廊道
生态基础设施
Value
高安全水平EI
中安全水平EI
低安全水平EI

图6-11　生态基础设施

武夷山风景名胜区生态基础设施格局主要分布于武夷宫景区、天游云窝桃源洞景区、九曲溪景区、西南景区及部分山北景区，几乎涵盖了所有精华景区和未来大力发展的新景区。而溪东旅游服务区仅南部小部分纳入 EI 格局。风景区 EI 总体格局由基质、斑块、廊道的景观要素构成。基质包括风景内承担自然风景风貌、生态保育和水源涵养等功能的森林植被；廊道在景区间各斑块间组成了遗产区域的生态网络，承担着生物迁徙、游憩体验等多种功能，是遗产区域内各种生态流的通道。以 Natural breaks 分类方式将武夷山风景名胜区生态基础设施分为 3 个等级水平（图 6-11）。其中，低安全水平区域是风景区的底线安全格局，是风景区自然和文化景观生态安全的最基本保障，是旅游发展建设中不可逾越的生态底线，需要重点保护和严格限制不合理建设的区域。中等安全水平是需要限制开发，实行保护措施，保护与恢复生态系统区域。高安全水平包括区域内可以根据当地具体情况进行有条件的开发建设活动。为维持低、中、高 3 个水平的景区生态安全格局，实施生态基础设施建设，涉及面积分别为 11.97 km²、13.37 km²、28.42 km²，占景区总面积的 17.1%、19.1% 和 40.6%。从安全格局的组分上看，除了溪东旅游服务区外的整个景区范围，从南到北几乎均是需要维护的安全格局区域，源、缓冲区、源间联接的结构并不容易识别，鉴于九曲溪、天游等精华景区的突出作用，以及其位于景区从南到北的中间过渡区域，同时这里也是低安全格局密集区域，战略点意义明显。景区的旅游廊道则作为人为干扰输出的辐射道。

6.4.3.2　旅游干扰敏感区的判识

为能进一步识别出安全格局中的敏感区域，分析景区生态安全格局与人为干扰区域的相关关系，借鉴"源""辐射道"等组分概念进行旅游干扰敏感区判识。考虑到停车场是游人抵达旅游地的集散地，游客从停车场顺着各类游憩廊道向风景区内其他地方扩散，游憩廊道可视为旅游干扰的辐射道。故将以风景区内各主要停车场所在位置作为人为旅游干扰向外输出的"点干扰源"，进而结合游憩廊道辐射道，运用 MCR 构建游客干扰强度格局（图 6-12 及彩图 6-12）。从图 6-12 可知，游客干扰强度较大区域主要位于风景区内的溪东旅游服务区、星村镇区、山北景区的东部以及九曲溪沿线等地。这里将干扰强度最大区域与生态基础设施级别最低区域的重合区视为敏感值最高的区域，依此类推计算其他区域敏感值。

以此为基础，叠加游客干扰强度格局图层与综合生态基础设施图层，确定出风景区内敏感区域的格局分布（图 6-13 及彩图 6-13）。图 6-13 所示，武夷山风景名胜区内的九曲溪沿线、天游、武夷宫景区等精华景区最为敏感，遗产保护和旅游发展的矛盾最为突出，山北景区东北部、九曲溪景区南部区域茶园种植密集区的敏感性次之。旅游干扰敏感区判识结果与风景区的实际情况极为吻合，即敏感等级越高表示在对景区进行综合保护时这些区域的优先性越高，需要严格保护或重点管理。

 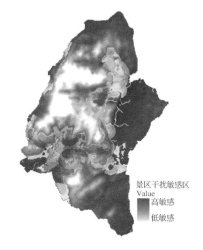

图 6-12　游客干扰强度格局　　　图 6-13　旅游干扰敏感区格局

　　为缓解并改善不同等级敏感区的干扰现状和生态环境问题，应进一步对景区实施更为精细化的分区管理，一方面既要对精华景区采取必要的游客限流措施，又要通过在软、硬件方面加大科技投入来提升精华景区承载力。以历史文化底蕴、地域文化特色、自然景观风貌为一体的武夷山风景名胜区，旅游资源丰富多样，下一步应深入发掘双遗产地及其周边地区的茶文化、宗教（儒释道）文化、朱子理学文化等极为宝贵的历史文化景观资源旅游价值，既缓解了精华景点巨大的旅游压力，又为景区乃至武夷山周边区域旅游发展确定了新的旅游增长点的短期目标；实现增加旅游收入的同时，更使双遗产地武夷山的人文底蕴与内涵得以充分彰显并更好地传承和长远的发展。针对景区的茶园蔓延问题，建议在控制总量的前提下，对茶园采取"退、控、改"等控制措施，尤其注重九曲溪流域及核心景区的茶园面积控制，重点地段必须退茶还林，原则上不再新增生产型茶园。退茶还林以普通人工茶园为退、控重点，同时注重维持现存的名特优茶园数量；允许根据展示和旅游的需要将现有茶园改造为展示型茶园；加强现有茶园的生态化改造，大力发展禁用化肥和农药的生态茶园。通过合理配置茶园径流下游区域林带景观，防治水土流失。尽量减少和控制茶叶生产加工实体在景区的规模，转向注重

茶文化的传承和展示，如"印象大红袍""武夷山茶博园"等就是很好的成功案例。

6.4.4 小结

运用遗产保护和景观生态学理论构建武夷山风景名胜区生态基础设施，进而识别安全格局中的敏感区域，结果表明风景区内九曲溪沿线、天游峰、武夷宫景区等精华景点最为敏感脆弱，这些区域遗产保护和旅游发展的矛盾极为明显，应受政府与管理者的足够重视。景观旅游干扰敏感区判识区与景区的现实情况基本吻合。武夷山风景名胜区是自然和文化遗产相结合形成的典型区域，自然、生物、人文以及游客活动和城镇扩张等过程在风景区内相互交织，生态、社会、经济等利益关系于此相互博弈，共同构成复杂的大尺度系统。通过建立综合生态基础设施，能找出风景区内控制或影响风景区格局的生态过程关键区，从而保障风景区自然和人为生态流，保障遗产安全；通过识别出的旅游干扰敏感区有利于发现潜在的人类行为风险格局，对游客旅游或开发建设可能带来的风险起到积极的控制作用。此外，文中提及的低安全格局是为保护景区5类自然和人文过程安全的底线格局，即为保持这些生态过程及其服务功能正常发挥所需的最少面积；而高安全格局是理想化格局，即为最大化景区生态过程功能效果的理想格局，它包含了低、中两个安全格局区域的面积。

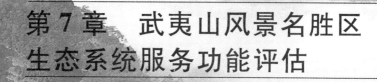

第 7 章　武夷山风景名胜区
生态系统服务功能评估

生态系统服务功能是指生态系统与生态过程所形成及所维持的人类赖以生存的自然环境条件与效用（Daily，1997）。对于生态系统的服务功能，可以将其分为4个层次：生态系统的生产（包括生态系统的产品及生物多样性的维持等）、生态系统的基本功能（包括传粉、传播种子、生物防治、土壤形成等）、生态系统的环境效益（包括缓减干旱和洪涝灾害、调节气候、净化空气、处理废物等）和生态系统的娱乐价值（休闲、娱乐、文化、艺术素养、生态美学等）。人们已逐步认识到，生态系统服务功能是人类生存的物质基础和基本条件。人们已经认识到生态服务功能是生存与现代文明的基础。生态系统的服务功能与生态系统的功能所涵盖的意义不同，服务功能是针对人类而言的，但值得注意的是生态系统的服务功能只是一小部分被人类利用。如何充分利用生态系统的服务而又不导致生态失衡，是生态系统管理的目标之一。

7.1 武夷山风景名胜区森林生态系统公共服务功能评估

作为最复杂的陆地生态系统——森林生态系统的资源核算已引起国内外有关人士普遍的重视。森林生态系统间接价值即森林的生态功能价值，是指森林生态系统发挥出的对人类、社会和环境有益的全部效益和服务功能。它包括森林生态系统中生命系统的效益、环境系统的效益、生命系统与环境系统相统一的整体综合效益。森林的生态效益往往不能直接用货币的形式表现出来，然而却可用间接的方法来计量。对一个具有独特自然景观与人文景观和森林生态系统类型的风景名胜区来说，其间接价值主要表现在涵养水源、净化水质、保持土壤、固定CO_2、释放O_2、净化空气、净化环境、减少病虫害等方面。本节结合森林生态系统特征，采用物质量和价值量相结合的评价方法，定量评价了武夷山风景名胜区森林生态系统服务功能价值，包括水源涵养、水土保持、CO_2固定、释放O_2、净化空气、生态旅游等服务功能的生态经济价值。旨在将自然资源和环境因素纳入国民经济核算体系，建立生态功能补偿制度，外部经济内部化，为亚热带森林生态系统的服务功能研究提供技术方法，而最终为实现绿色国内生产总值（GDP）奠定基础，为促进武夷山地区资源、环境和社会经济的可持续发展和生态环境保护提供基本的理论支持。

近年来，国内已开展了不同生态系统生态服务功能定量化的研究（肖寒等，

2000；吴刚等，2001；陈仲新等，2000；谢高地等，2001），但有关武夷山风景名胜区森林生态系统服务功能价值评价的定量研究未见报道。有鉴于此，本节借鉴和参考前人研究方法与理论对武夷山风景名胜区森林生态系统服务功能价值进行定量评价，以期为武夷山双遗产地生态系统服务价值的核算提供基础数据。

7.1.1　森林生态系统服务功能评价方法

由于森林生态系统提供的服务大多数难以直接用货币来衡量，根据生态经济学、环境经济学和资源经济学的研究成果，使用市场价值法、影子工程法、机会成本法和生产成本法等方法初步估算武夷山风景名胜区森林生态系统服务功能价值。不同森林类型的生态系统服务功能不同，利用景观生态学与群落生态学相结合的方法，对武夷山风景名胜区内马尾松林、杉木林、经济林、竹林、阔叶林、茶园的生态系统服务功能价值进行评估。

7.1.1.1　涵养水源价值评估

利用影子价格法，采用森林土壤的蓄水能力来计算森林水源涵养量（周晓峰等，1999；侯元兆等，1995）。计算公式为：

$$W = \sum_{i=1}^{n} T_i S_i = \sum_{i=1}^{n} k_i h_i S_i \times 10\ 000 \qquad (7-1)$$

式中，W 为涵养水源量（m^3/a）；T_i 为第 i 种林分年土壤蓄水能力（t）；S_i 为第 i 种林分的面积（hm^2）；k_i 为第 i 种林分的土壤非毛管孔隙度（%）；h_i 为第 i 种林分土壤厚度（m）。

用森林涵养水源总量乘以单位水的影子价格，即可得出森林涵养水源的价值，而水的影子价格根据水库的蓄水成本来确定。

7.1.1.2　保持土壤功能评估

武夷山风景名胜区森林生态系统对土壤保持起着重要的作用。在评价中，首先对森林生态系统土壤保持物质量进行计量，然后分别利用影子价格法、机会成本法和替代工程法，将其价值化。具体来说，从以下3个方面进行考虑：森林的固持土壤价值；森林的保肥价值；森林的防止泥沙滞留和淤积的价值。

（1）固持土壤的价值

生态系统土壤固持量用潜在土壤侵蚀量与现实土壤侵蚀量之差估计。其中，现实土壤侵蚀是指当前地表覆盖情形下的土壤侵蚀，潜在土壤侵蚀则是指没有地表覆盖因素和土地管理因素情形下可能发生的土壤侵蚀量。计算公式如下：

$$A = A_p - A_r \qquad (7-2)$$

式中，$A_p = RKL_s$，$A_r = RKL_s CP$，A 为土壤保持量 $[t/(hm^2 \cdot a)]$；A_p 为潜在土壤侵蚀量 $[t/(hm^2 \cdot a)]$；A_r 为现实土壤侵蚀量 $[t/(hm^2 \cdot a)]$；R 为降雨侵蚀力指标；K 为土壤可蚀性因子；L_s 为坡长坡度因子；C 为地表植被覆盖因子；P 为

土壤保持措施因子。

采用上山还田价格来代替上山还林价格，按搬运 $1m^3$ 土壤上山需花费 50 元计算森林固持土壤的价值。

（2）森林的保肥价值

不同土壤中的氮、磷、钾含量不同，利用 4.1 节的研究结果，再依据式（7-3）可估算出武夷山风景名胜区不同生态系统保护土壤肥力的经济效益。计算公式为

$$E_r = \sum_i ACP_f / 10\,000 \quad (i = N, P, K) \tag{7-3}$$

式中，E_r 为保护土壤肥力的经济效益（元/a）；A 为土壤保持量（t/a）；C 为土壤中氮、磷、钾的纯含量；P_f 为化肥平均价格（元/t）。

（3）减轻泥沙淤积价值

按照我国主要流域的泥沙运动规律，全国土壤侵蚀流失的泥沙有 24% 淤积于水库、江河、湖泊。本文根据蓄水成本来计算生态系统减轻泥沙淤积灾害的经济价值（肖寒等，2000）。计算公式为

$$E_n = A_c \div \rho \times 24\% \times C \tag{7-4}$$

式中，E_n 为防止泥沙滞留和淤积的总量价值（元/a）；A_c 为土壤保持量（t/a）；ρ 为土壤密度（t/m³）；C 为修建水库工程费用（元/hm²）。

7.1.1.3 固碳吐氧价值评估

在评估过程中，首先统计研究区各类生态系统的净初级生长量，进而根据生态系统每生产 1.00 g 植物干物质能固定 1.63 g CO_2，释放 1.2 g CO_2（欧阳志云等，2004），以此为基础，估算其固定 CO_2 的量。采用瑞典碳税率和造林成本两种方法，来评价武夷山风景名胜区森林固定 CO_2 的经济价值。O_2 的经济价值采用工业制氧法和造林成本法来评价，最后分别将 2 种方法取平均价值。

7.1.1.4 净化空气的价值评估

从森林生态系统吸收 SO_2 的功能和滞尘功能两方面来考虑研究区净化空气的服务功能。

（1）吸收 SO_2 的价值评估

$$V_d = P \times A \times C \tag{7-5}$$

式中，V_d 为生态系统吸收 SO_2 的价值；P 为生态系统对 SO_2 的吸收能力；A 为生态系统的面积；C 为削减单位 SO_2 的成本，利用影子工程法，用工业消减 SO_2 的单位成本乘以 SO_2 的吸收量即可得各生态单元吸收 SO_2 的价值。

（2）滞尘功能价值评估

运用替代花费法，以消减粉尘的成本来估算每个生态单元的滞尘功能价值：

$$V_d = Q_a \times S \times C_d \tag{7-6}$$

式中，V_d 为滞尘价值（元/hm^2）；Q_a 为滞尘能力（t/hm^2）；S 为面积（hm^2）；C_d 为削减粉尘成本。

7.1.1.5　林产品价值评估

武夷山风景名胜区森林林产品主要指木材、果品和茶叶，其价值评估可采用市场价值法来评估其价值：

$$FP = \sum_{i=1}^{n} S_i V_i P_i \tag{7-7}$$

式中，FP 为区域森林生态系统林产品价值；S_i 为第 i 类林分类型的分布面积；V_i 为第 i 类林分单位面积的净生长量或产量；P_i 为第 i 类林分的木材或其他产品的价值。

7.1.1.6　森林景观与游憩价值

采用收益资本化法评估武夷山风景名胜区森林景观及游憩价值。这种方法是在同时考虑研究区最大容许游憩数和发展阶段系数的情况下计算得来：

$$V = lV_m = lA_m/r = laN_m/r \tag{7-8}$$

式中，V 为森林景观与游憩价值（元/a）；l 为发展阶段指数；V_m 为森林最大游憩价值（元/a）；A_m 为森林最大年游憩收益（元/a）；r 为社会贴现率（%）；a 为平均每人次游憩收益（元/a）；N_m 为森林最大年可容纳游客人次数（人次/a）。

7.1.1.7　保护生物多样性的价值

生物多样性表现在生态系统多样性、物种多样性及遗传多样性等多个层次上。一旦生态系统遭到破坏，必然导致物种和基因损失，其效益是难以估量的，因此生物多样性效益的评估具有不确定性和复杂性，这在世界上仍然是一个难题。该生态系统服务价值以整个森林面积为基准，可采用的方法有物种保护基准价法、支付意愿调查法、收益资本化、费用效益分析法、直接市场价值法、机会成本法等。参照张小红等研究方法，采用未受害树"可获得生物多样性"效益至少为 124.5 元/（$hm^2 \cdot a$）计算。

7.1.2　森林生态系统服务功能价值

7.1.2.1　涵养水源价值

武夷山风景名胜区森林类型涵养水源价值评估中，土壤表土平均厚度按 0.6 m 来推算。

由表 7-1 可知，研究区森林水源涵养价值为 354.64 万元，马尾松林的涵养水源价值为 281.30 万元，占绝对优势，这是因为马尾松林是该区暖性针叶林的主要群落类型，海拔 800m 以下均有大面积分布，同时马尾松林也是武夷山风景名胜区的基质景观类型。

表7-1　武夷山风景名胜区各森林类型涵养水源价值

森林类型	马尾松林	杉木林	经济林	竹林	阔叶林	茶园	Σ
非毛管孔隙度(%)	12.99	11.96	5.83	8.34	13.95	10.62	—
涵养水源价值(万元)	281.30	7.31	4.29	3.08	13.90	44.79	354.64
所占比例(%)	79.32	2.06	1.21	0.87	3.92	12.63	100

7.1.2.2　保持土壤价值

由上述评估方法，依据研究区森林土壤的理化性质指标(表7-1)，可得出武夷山风景区森林固持土壤价值、保肥价值、防止泥沙滞留价值分别为7 504.73万元、106.23万元、204.79万元，土壤保持价值总计7 815.75万元。其中马尾松林土壤保持价值为5 948.57万元，约占76.11%。

表7-2　武夷山风景名胜区各森林类型保持土壤价值

森林类型	马尾松林	杉木林	经济林	竹林	阔叶林	茶园	Σ
全氮含量(%)	0.025	0.036	0.05	0.058	0.034	0.053	—
全磷含量(%)	0.013	0.011	0.021	0.023	0.016	0.022	—
土壤密度(g/cm³)	1.137 9	1.140 6	1.484 0	1.218 0	1.075 9	1.201 8	—
固持土壤量(×10⁴t)	131.08	3.72	4.52	2.21	6.22	25.51	172.46
固持土壤价值(万元)	5 756.21	162.23	151.61	90.32	283.50	1 060.96	7 504.73
森林保肥价值(万元)	34.60	5.08	7.76	4.24	8.43	46.12	106.23
防泥沙滞留值(万元)	157.81	4.41	3.01	2.52	7.83	29.21	204.79
总土壤保持价值(万元)	5 948.57	171.95	162.56	96.92	30.01	1 136.41	7 815.75
所占比例(%)	76.11	2.20	2.08	1.24	3.84	14.54	100

注：土壤含钾量取中国森林平均值(欧阳志云，1999)。

7.1.2.3　固碳吐氧价值

研究区森林木材年净初级增长量仅考虑马尾松林、杉木林、经济林、阔叶林、竹林5种类型。根据冯宗炜等(1999)和陈灵芝等(1997)对中国各类森林生态系统的净初级生产力研究，亚热带常绿针叶林、亚热带常绿阔叶林、亚热带竹林生态系统净初级生产力分别为9.87t/hm²、17.27t/hm²、28.33t/hm²(赵同谦等，2004)，由此可得出武夷山风景名胜区森林木材年净增长量为4.80×10⁴t，按每生产1.00g植物干物质能固定1.63g CO_2计算，固定CO_2的量为7.82×10⁴t/a，折合碳为2.13×10⁴t/a。按中国造林法，采用造林成本260.9元/t C(《中国生物多样性国情研究报告》编写组，1998)，得固碳价值为556.20万元。而采用瑞典碳税率法，将其转化为碳的价值为150美元，得出固碳价值为2 651.85万元，两者取平均为3 208.05万元/a。

按每生产1.00g干物质释放出1.2g O_2计算，研究区马尾松林、杉木林、经济林、阔叶林、竹林可放出 O_2 5.76×10^4t。据造林成本，我国森林提供 1t 氧的造林成本为 369.7 元，则研究区森林吐氧价值为 2 129.47 万元/a。根据工业制氧的现价为 0.4 元/t，研究区森林释放 O_2 的价值为 2.30 万元/a，两者取平均值为 1 065.89 万元/a（表 7-3）。

表 7-3　武夷山风景名胜区各森林类型固碳吐氧价值

森林类型	马尾松林	杉木林	经济林	竹林	阔叶林	Σ
年净增长量（×10^4t）	4.15	0.13	0.15	0.03	0.34	4.80
折合碳（×10^4t）	1.84	0.06	0.07	0.01	0.15	2.13
固碳价值（万元）	2 773.68	86.94	100.41	20.21	22.71	3 208.05
制氧价值（万元）	921.57	28.89	33.37	6.73	75.57	1 065.89
所占比例（%）	86.46	2.71	3.13	0.63	7.08	100

7.1.2.4　净化空气价值

森林对 SO_2 的吸收能力，采用《中国生物多样性国情研究报告》的研究资料，阔叶林对 SO_2 吸收能力值为 88.65 kg/（hm^2·a），针叶林平均吸收能力值为 215.60 kg/（hm^2·a），削减 SO_2 的投资成本为 600 元/t，据此可得研究区吸收 SO_2 价值为 70.18 万元/a。森林滞尘价值，根据阔叶林滞尘能力为 10.2 t/（hm^2·a），针叶林滞尘能力为 33.20 t/（hm^2·a），削减粉尘的成本为 170 元/t（肖寒等，2000），研究区滞尘价值为 3 050.81 万元。所以，武夷山风景名胜区森林滞尘总价值为 3 120.99 万元。

7.1.2.5　林产品价值

研究区林产品主要为木材、水果、茶叶。据统计，武夷山风景名胜区森林年净生长量为 8.89×10^4 m^3，出材率按照 70%，木材净收益 300 元/m^3（靳芳等，2005），可得木材价值为 1 866.9 万元/a。据调查，研究区种茶叶收益 1 361.03 万元/a。经济林水果产量平均每年 1.39×10^4kg/a，按水果平均 3.00 元/kg，则果品产值 4.17 万元/a。武夷山森林生态系统林产品总价值为 3 232.10 万元/a。

7.1.2.6　森林景观与游憩价值

根据恩格尔系数和发展指数对应关系，以及李家兵（2003）等对福建省城镇地区的发展阶段指数的研究，取研究区发展指数为 0.27。根据中华人民共和国国家标准《风景名胜区规划规范》（GB 5029—1999）规定的游憩用地生态容量，武夷山风景名胜区森林游憩地的环境容量为 1.5 万人次/a，按每人次游憩收益 169.07 元，可估算出武夷山风景名胜区每年森林景观与游憩价值为 1 369.47 万元。

7.1.2.7　保护生物多样性价值

经测算，武夷山风景名胜区森林生态系统保护生物多样性价值至少为 6.90 万元/a。

7.1.3 小结

武夷山风景名胜区森林生态系统服务价值每年平均达 2.02 亿元，这表明武夷山风景名胜区作为世界级的旅游胜地，旅游业已成为当地的支柱产业，经济的"龙头"。但必须注意，在发展旅游的同时，应加强自然资源的保护和生态环境建设。当地应该严格按照世界文化与自然遗产的保护标准，维护包括森林资源在内的自然生态系统服务功能的完整性，保护地球生命支持系统，实现社会经济的可持续发展。

通过对武夷山风景名胜区森林生态系统服务功能的评估，结果表明武夷山风景区的涵养水源价值为 354.64 万元，保持土壤价值为 7 815.75 万元，固碳吐氧价值为 4 273.94 万元，净化空气价值为 3 120.99 万元，林产品价值 3 232.10 万元，森林景观与游憩价值为 1 369.47 万元，保护生物多样性价值 6.90 万元，由此可得出武夷山风景名胜区森林生态系统每年服务的总价值为 2.02 亿元，约占 2004 年武夷山市旅游总收入 14 亿元的 14.43%。此外，通过研究还发现，武夷山风景区木材净增值价值为 1 866.9 万元，森林生态系统每年提供公共服务的总价值要远远大于木材价值，这些都充分体现了森林生态系统在武夷山风景名胜区中的生态地位与经济地位，因此，必须制订合理的经营方案才能充分发挥森林的生态系统服务功能。

应当指出的是，受科学技术水平、计量方法和研究手段的限制，目前无法对森林生态系统的间接价值进行十分确切评价，其价值体现仍然是不完全的。其中，生物多样性保护、为野生动物提供栖息地以及文化等方面的价值未进行评估。因此，对武夷山风景名胜区森林生态系统间接价值的评价也必然是部分的，但这一数值依然清楚地说明了武夷山风景名胜区森林生态系统在维系和促进该地社会经济持续发展中的巨大作用。

7.2 武夷山风景名胜区生态系统服务价值时空特征及其环境响应

生态系统服务功能是指生态系统与生态过程所形成和所维持的人类赖以生存的自然环境条件与效用。学者们因研究出发点和认识水平的不同对生态系统服务价值的内涵及分类理解存在差异，但在提供产品、调节功能、文化功能与生态支持 4 大服务功能划分上达成共识（Millennium，2005）。随着资源枯竭、生态退化、环境污染等问题日益加剧，生态系统服务价值方面的研究备受重视，其主要集中在生态系统服务内涵与分类（Turner et al.，2003；Daily et al.，2000）、价值评估方法（Richmond et al.，2007）、服务与生物多样性关系（Flombaum et al.，2008；

Costanza *et al.* , 2007）、生态系统服务模型模拟（Voinov *et al.* , 2004；Cowling *et al.* , 2008）和生态系统服务应用（Fiedler *et al.* , 2008）等方面。我国生态系统服务研究起步较晚，较多集中在国外研究成果的介绍、对不同生态系统等案例进行生态系统服务价值测算以及探讨生态系统服务价值评估方法等方面，原创性成果不多（欧阳志云等，1999；谢高地等，2003；何浩等，2009）。景观作为生态系统之上的等级尺度，其景观类型服务价值可通过生态系统服务价值来评估。生态系统所处环境状态的优劣又是影响其服务价值的关键因素（Costanza *et al.* , 1998）。为此，开展环境因子与生态系统服务价值关系研究显得必要。

7.2.1　数据库的建立

借助 ArcGIS 技术平台，将武夷山风景名胜区 1986 年、1997 年、2009 年景观生态分类图转化为粒度 30 m × 30 m 栅格图层，用于进一步核算景观中各生态系统服务价值。在 DEM 的基础上生成经度、纬度、海拔、坡向、坡度 5 个地理环境因子图层（栅格粒度与景观分类图一致）；在矢量格式小班图基础上，提取郁闭度、腐质层厚度、土层厚度 3 个环境因子属性数据，并将所得矢量图层转换为粒度 30 m × 30 m 栅格图层。叠加 8 个环境因子数据图层与生态系统服务价值图层，输出生成数据库。其中，坡向因子按方位角 θ 进行如下赋值：阴坡（$0° \leqslant \theta < 67.5°$ 或 $337.5° < \theta \leqslant 360°$）赋值为 1；半阴坡（$67.5° \leqslant \theta < 112.5°$ 或 $292.5° \leqslant \theta < 337.5°$）赋值为 2；半阳坡（$112.5° \leqslant \theta < 157.5°$ 或 $247.5° \leqslant \theta < 292.5°$）赋值为 3；阳坡（$157.5° \leqslant \theta < 247.5°$）赋值为 4。对于建设用地、河流、裸地等景观类型郁闭度、腐质层厚度、土层厚度均赋值为 0，其他连续型环境因子变量皆取实际值。

7.2.2　生态系统服务价值估算方法

选择涵养水源、保持土壤、气体调节、产品价值、生物多样性保护价值、景观与游憩价值 6 个方面（建设用地除外）对武夷山风景名胜区生态系统服务价值进行估算。其中建设用地价值不属于生态系统服务价值范畴，但为了更好地对它与其他景观类型生态系统服务价值进行比较，以建设用地经济价值代替。在前期研究（王英姿等，2006；王洪翠等，2006；何东进等，2007；游巍斌等，2011c）基础上，参考谢高地（2003）提出的中国陆地生态系统单位面积生态系统服务价值单量表，结合其他相关研究及实地调查情况进行生态系统服务价值估算。生态系统服务价值估算过程如下：

①河流景观的游憩价值＝2009 年九曲溪竹筏总收入/乘竹筏的可视面积（采用 ARCGIS 视域分析工具确认出九曲溪沿线可视面积为景区总面积的 20%）。

②以武夷山市国土资源局土地挂牌价为依据估算建设用地总价值，考虑到景区建设用地主要位于星村镇星村村与溪东旅游服务区（度假区）内，土地属性与

用途各异。这里假设景区内建设用地类型为商住综合用途二等地，平均使用年限50年，以武夷山全市建设用地挂牌均价权重0.3、度假区及周边地块挂牌均价权重0.7进行加权平均得到建设用地年均价值为600元/（m² · a）。

③生态多样性保护价值以景观类型平均丰富度指数（阔叶林、马尾松林、杉木林、竹林，茶园，经济林平均丰富度指数分别为7.288 8、3.800 7、3.297 6、3.159 7、0.151 6、0）（何东进等，2007）进行换算（换算系数 S = 指数值/指数平均值）。

④景观与游憩价值以景区2009年扣去竹筏收入的主景区旅游收入为基础，以景观重要值指数（阔叶林、马尾松林、毛竹林、杉木林平均景观重要值指数分别为0.865 1、0.936 1、0.935 5、0.722 1）（游巍斌等，2011c）进行换算（换算系数同 S），再根据王英姿等（2006）和王洪翠等（2006）生态系统服务评价结果以森林景观类型平均单位价值乘以换算系数 S 得到相应生态系统服务价值。

⑤产品价值随市场及产品品质有别，参考研究结果（陈钦和刘伟平，2006；王兵等，2009；）同时结合实地情况估算产品价值。

最终，将景观中各生态系统服务的总价值换算成每栅格（30 m × 30 m）面积上的生态系统服务价值，生成武夷山风景名胜区生态系统服务价值栅格数据图层。

7.2.3　逐步回归分析

回归分析是研究因变量和自变量之间变动比例关系的一种方法，其结果一般是建立某种经验性的回归方程（唐启义，2010）。逐步回归分析方法作为回归分析方法之一，是以一个自变量开始，对要引入自变量的方差贡献进行显著性检验，将检验结果显著的自变量按其对因变量作用的大小逐个引入方程。新的变量一经引入，由于各变量之间的相互关系，原有的变量可能变为不显著，再次对已进入的自变量逐个检验，进一步弃除不显著因子，保留显著因子，从而寻找"最优"回归方程（叶红等，2010）。逐步回归分析结果比其他相关回归分析意义更显著，保证了"最优"方程中的自变量对因变量的贡献均是显著的。应用 SPSS 数据处理软件对数据进行逐步回归分析。

7.2.4　生态系统服务价值

武夷山风景名胜区景观类型可分为植被景观和非植被景观。植被景观包括杉木林、马尾松林、竹林、经济林、阔叶林、茶园、灌草层、农田；非植被景观包括河流、裸地、建设用地。选择涵养水源、保持土壤、气体调节、产品价值、生物多样性保护价值、景观与游憩价值6个方面（建设用地除外）对武夷山风景名胜区内生态系统服务价值进行估算（表7-4）。

表 7-4　武夷山风景名胜区景观类型单位面积生态系统服务价值 　[元/(hm² · a)]

	杉木	马尾松	竹林	经济林	阔叶林	茶园	灌草层	农田	河流	裸地	建设用地
景观面积	76	4 002	76	102	37	1 082	154	580	246	96	591
涵养水源	616	670	436	300	720	45	708	531	18 033	27	—
保持土壤	14 491	14 173	13 713	11 369	1 554	1 136	1 726	1 292	9	18	—
气体调节	9 762	8 804	3 812	9 356	5 090	3 142	708	442	407	0	—
产品价值	4 678	3 953	2 255	292	3 210	1 361	310	973	97	9	—
生物多样性保护价值	3 225	3 717	3 090	0	7 129	148	965	628	2 203	301	—
景观游憩价值	20 604	26 710	26 693	7 379	24 685	7 379	1 476	984	72 958	0	—
总价值(元/hm²)	53 376	58 028	49 998	28 695	42 388	13 211	5 891	4 851	93 707	354	12 000
单位栅格价值(元/900 m²)	4 804	5 223	4 500	2 583	3 815	1 189	530	437	8 434	32	1 080

由表 7-4 可见，河流单位面积生态系统服务价值最高，为 93 707 元/(hm² · a)，裸地最低，仅为 354 元/(hm² · a)；马尾松林、杉木林、竹林、阔叶林等森林景观的生态系统服务价值依次为 58 028 元/(hm² · a)、53 376 元/(hm² · a)、49 998 元/(hm² · a)、42 388 元/(hm² · a)。建设用地价值较低，为 12 000 元/(hm² · a)，仅高于裸地、农田、灌草层等景观类型。

7.2.5　生态系统服务价值时空分异

2009 年武夷山风景名胜区生态系统服务价值空间分布如图 7-1 及彩图 7-1 所示。景区景观中，生态系统服务价值大于 50 000 元/(hm² · a) 的高价值占区域面积的 61.3%，生态系统服务价值小于 10 000 元/(hm² · a) 的低价值区域占总面积的 13.1%，低生态系统服务价值区域中农田占了 62.8%。历史上景区存在农田景观渐被开发为其他景观，特别是建设用地的现象，正是由于农田生态系统服务价值低于建设用地价值，在经济利益的驱动下，土地用途被人类改变。武夷山风景名胜区自 20 世纪 80 年代开发旅游以来，吸引力及知名度不断提升。

由于不同时期生态系统服务价值的历史数据缺乏，而且对于旅游区的游憩价值因不同社会经济发展时期的基准不一。出于为揭示景区因景观类型改变而带来的生态系统服务价值变化的考虑，假设 1986—2009 年间各景观类型的生态系统服务价值不变，进而再进行时空比较(图 7-2 及彩图 7-2)。1986—1997 年间景区生态系统服务价值增加的面积有 706.77 hm²，占总面积的 9.9%，减少的面积有 1 023.30 hm²，占总面积的 14.4%，平衡系数(生态系统服务价值增加面积与减少

面积的比率)0.69;1997—2009 年间景区生态系统服务价值增加的面积有 843.48 hm²,占总面积的 11.9%,减少的面积有 829.08 hm²,占总面积的 11.7%,平衡系数 1.02;1986—2009 年间生态系统服务价值总共增加的面积有 1 205.46hm²,占总面积的 17.0%,减少的面积有 1 569.42hm²,占总面积的 22.1%,平衡系数 0.77。1986—1997 年生态系统服务价值减少之处多位于崇阳溪沿线及东南部南源岭一带,1997—2009 年生态系统服务价值减少的地区较多位于溪东旅游服务区东北部,且此时期生态系统服务价值增加区域的面积有所提高。总之,武夷山风景名胜区生态系统服务价值在 1986—1997 年间损失较大,在 1997—2009 年间有一定弥补,但 1986—2009 年间生态系统服务价值变化仍为亏损趋势。

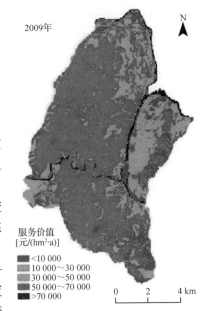

图 7-1 武夷山风景名胜区生态系统服务价值空间分布

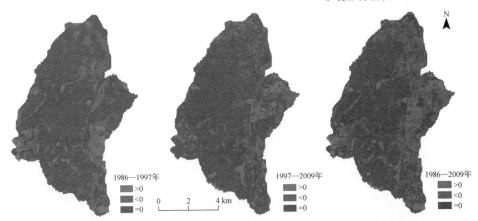

图 7-2 武夷山风景名胜区 1986、1997、2009 年生态系统服务价值时空变化

7.2.6 生态系统服务价值与环境因子相关关系

相关系数(r)是反映变量之间相关程度的指标,$r>0$ 为正相关,$r<0$ 为负相关。$r=0$ 表示不相关;当 $|r|$ 越接近 1,相关越密切;越接近于 0,相关越不密切。一般认为 $|r|$ 在 0.3 以下为弱相关、0.3~0.7 之间为中等相关、0.7~1.0 为强相关。生态系统服务价值与郁闭度相关系数最高为 0.70(表 7-5),达强相关水平,表明景观类型郁闭度越大,可推断该景观类型生态系统服务价值越高。生态

系统服务价值与蓄积量($r=0.62$)、腐质层厚度($r=0.53$)、海拔($r=0.45$)、坡度($r=0.41$)、经度($r=-0.34$)为中等相关,其中仅经度与生态系统服务价值呈负相关,武夷山风景名胜区以西是武夷山自然保护区所在地,该保护区具有很高的生态系统服务价值(许纪泉等,2006),景区越往西,生态系统服务价值越高,这与实际情况一致。土层厚度($r=0.08$)、纬度($r=-0.05$)、坡向($r=0.02$)与生态系统服务价值相关系数接近于0,这3个环境因子几乎与生态系统服务价值不具相关性,表明景区范围内土壤厚度、纬度、坡向不对生态系统服务价值起关键作用。

从各环境因子相关系数来看,坡向与其他环境因子间几乎不存在相关性,除了坡度外其他各环境因子基本达中等相关水平(表7-5),其中,郁闭度与蓄积量强正相关,相关系数为0.86,这与蓄积量高的森林,其郁闭度也高实际情况相符。可见,武夷山风景名胜区各景观类型生态系统服务价值与各环境因子(坡向除外)及环境因子(坡向除外)之间总体呈中等相关,生态系统服务价值与环境因子之间存在一定联系。

表 7-5　生态系统服务价值与环境因子的相关系数

相关系数	X	Y	ELE	ASP	SLO	CD	HT	ST	VO	SV
X	1.00									
Y	0.13**	1.00								
ELE	-0.36**	0.19**	1.00							
ASP	-0.14**	-0.06**	0.07**	1.00						
SLO	-0.34**	0.09**	0.52**	0.05*	1.00					
CD	-0.37**	-0.22**	0.37**	0.03	0.32**	1.00				
HT	-0.26**	-0.11**	0.36**	0.04	0.30**	0.58**	1.00			
ST	0.21**	-0.10**	-0.09**	-0.01	-0.12**	0.19**	0.41**	1.00		
VO	-0.40**	-0.18**	0.43**	0.03	0.34**	0.86**	0.64**	0.09**	1.00	
SV	-0.34**	-0.05	0.45**	0.02	0.41**	0.70**	0.53**	0.08**	0.62**	1.00

注:X 为经度;Y 为纬度;ELE 为海拔;ASP 为坡向;SLO 为坡度;CD 为郁闭度;HT 为腐质层厚度;ST 为土层厚度;VO 为蓄积量;SV 为生态系统服务价值;$*P<0.05$;$**P<0.01$。

7.2.7　生态系统服务价值与环境因子回归分析

根据景区内景观类型特点选择相应环境因子进行逐步回归。植被景观以9个环境因子进行拟合,非植被景观选择经度、纬度、海拔、坡向、坡度5个地理环境因子进行拟合,进而分别揭示不同特点的生态系统服务价值与环境因子的线性关系(表7-6)。经度 X、海拔 ELE、坡度 SLO、郁闭度 CD、腐质层厚度 HT、土层厚度 ST、蓄积量 VO 等7个环境因子进入植被景观生态系统服务价值回归方

程，复相关系数为 0.752 4；经度 X、纬度 Y、海拔 ELE、坡度 SLO 4 个环境因子进入非植被景观生态系统服务价值回归方程，复相关系数为 0.537 0。拟合方程中环境因子各因子复相关系数均达到极显著水平（$P < 0.001$）。武夷山风景名胜区植被景观生态系统服务价值与环境因子的拟合效果好与非植被景观，可应用拟合回归方程对植被景观生态系统服务价值予以估算。

表 7-6　逐步回归分析拟合结果

景观类型	线性回归方程	复相关系数 R^2	显著水平
植被景观	$SV_1 = 99\,940.182\,2\ln(X) + 2.775\,3ELE + 22.569\,6SLO +$ $4\,864.772\,1CD + 172.134\,1HT - 6.396\,1ST - 87.102\,8VO$ $- 1\,491\,529.738\,8$	$R^2 = 0.752\,4$	$P < 0.000\,1$
非植被景观	$SV_2 = -353\,105.362\,8\ln(X) + 1\,641\,561.219\,4\ln(Y) -$ $26.947\,6ELE + 140.286\,1SLO - 19\,812\,686.090\,0$	$R^2 = 0.537\,0$	$P < 0.000\,1$

注：SV_1 为植被景观生态系统服务价值；SV_2 为非植被景观生态系统服务价值；其他符号含义同表 7-5。

7.2.8　小结

武夷山风景名胜区景观类型单位面积生态系统服务价值最高为河流 [93 707 元/（hm² · a）]，最低为裸地 [354 元/（hm² · a）]，建设用地价值 [12 000 元/（hm² · a）] 较低，仅高于裸地、农田、灌草层等景观类型。1986—1997 年间景区生态系统服务价值有较大损失，而 1997—2009 年间有一定弥补，但 1986—2009 年间景区生态系统服务价值变化呈现亏损趋势。景观类型生态系统服务价值与环境因子（除坡向外）间呈现中等相关性。通过逐步回归分析对植被景观生态系统服务价值优于非植被景观，拟合效果较好地揭示了景区各景观类型生态系统服务价值与环境因子之间的数量关系。

本节仅对武夷山风景名胜区 11 类景观类型的主要 6 类生态系统服务价值进行了估算，尚有其他生态系统服务价值未进行评估，特别是对于景区的遗产价值的核算未加以考虑，计算的总生态系统服务价值要低于实际价值。不同生态系统的服务种类不一样；分布在不同区域的同一种生态系统，因其环境条件和社会经济条件的差异，所提供的服务也可能相差较大。产品价值、游憩价值等涉及经济因素（如人民币价值、通货膨胀等）的生态系统服务价值随时间变动而变化，这也给生态系统服务价值动态性评价造成困难，生态系统类型和质量状况的时间差异难以充分考虑。为比较景区不同时期生态系统服务价值盈亏变化趋势，简单假设各时期景观类型的生态系统服务价值不变的方法值得商榷。但运用"3S"技术建立生态系统服务价值和环境因子的空间关联能为山岳型旅游地的生态系统服务价值与环境作用关系探索提供一种新思路。

7.3　武夷山风景名胜区非使用价值评估

武夷山风景名胜区是武夷山世界遗产地的重要组成部分。不仅山水奇秀迷人，而且历史文化悠久，人文景观丰富，同时又是世界多样性保护的关键地区，具有重大的生态、经济效益。武夷山风景名胜区遗产资源的保护和可持续发展，需要对其经济价值进行评估。遗产资源的总经济价值包括使用价值和非使用价值。使用价值是指直接从遗产地设施和服务中获得的收益；非使用价值也称非利用价值，是相对于使用价值而言，指环境资源价值中尚未进入流通领域、未为当代人提供服务的那部分价值，通常认为它包括选择价值、遗产价值和存在价值。由于非使用价值不存在市场交易。故无法用市场价格来衡量，只能通过非市场价值评估的方法来解决。在众多的环境资源价值评估方法中，条件价值评估法（contingent valuation method，CVM）是目前评估非市场物品价值最成熟的方法之一。本节采用条件价值评估法，通过对武夷山风景名胜区的游客和社区居民的支付意愿的调查，计算得出武夷山风景名胜区的总体经济价值，并建立支付价值与社会经济因子的多元线性回归模型，对影响支付意愿的主要社会经济因子进行了统计分析。

7.3.1　条件价值评估法概述

常用的环境资源的评估方法可分为显示性偏好（revealed preference，RP）和陈述性偏好（stated preference，SP）两种。显示性偏好利用个体在实际市场的行为来推导环境物品或服务的价值，在应用中需要知道一些市场数据，如工资、地价、旅行费用等。而陈述性偏好是在假想市场的情况下，采用社会调查的方法直接从被调查者的回答中得到环境价值。条件价值法是一种典型的陈述偏好评估法，它利用效用最大化原理，在模拟市场的情况下，直接调查和询问人们对某一环境效益改善或资源保护措施的支付意愿（willing-ness to pay，WTP），或者对环境或资源质量损失的接受赔偿意愿（willingness to accept，WTA），以推导环境效益改善或环境质量损失的经济价值，可用于评估环境物品的利用价值和非利用价值。

条件价值评估的经济学原理是：假设消费者的效用函数受市场商品 x，市场物品 q，个人偏好 s 的影响。其间接效用函数除受市场商品的价格 p 个人收入 y，个人偏好 s 和非市场商品 q 的影响外，还受个人偏好误差和测量误差等一些随机成分的影响，如用 g 表示这种随机成分，则间接效用函数可以用 $V(p,\ q,\ y,\ s,\ g)$ 表示。被调查者个人通常面对一种环境状态变化的可能性（从 q_0 到 q_1），假设状态变化是一种改进，即 $V_1(p,\ q_1,\ y,\ s,\ g) \geqslant V_0(p,\ q_0,\ y,\ s,\ g)$，但这种状态改进需要花费消费者一定的资金。条件价值方法是利用问卷调查的方式，揭示消费者

的偏好，推导在不同环境状态下的消费者的等效用点 $V_1(p, q_1, y-w, s, g) = V_0$ (p, q_0, y, s, g)，并通过定量测定支付意愿(w)的分布规律得到环境物品或服务的经济价值。

CVM 是近年来国内外用于推导公众对环境资源的支付意愿或补偿意愿，从而获得资源环境的娱乐、选择、存在价值等非使用价值的标准方法。CVM 法的构想最早是由 Ciriacy-Wantrups 于 1947 年在其博士论文中提出，并由 Davis 于 1963 年首次应用于研究缅因州林地宿营、狩猎的娱乐价值。20 世纪 70 年代以后，CVM 逐渐地被用于评估自然资源地休憩娱乐、狩猎和美学效益的经济价值。近 40 年来，条件价值评估法在西方国家得到日益广泛的应用，研究案例和著作日益增多，调查和数据统计分析方法日臻完善，已经成为一种评价非市场环境物品与资源的经济价值的最常用和最有用的工具。据 Mitchell 等统计，从 20 世纪 60 年代初 CVM 法提出到 20 世纪 80 年代末的 20 余年时间里，公开发表的 CVM 研究案例有 120 例(Mitchell and Carson，1989)。Carson 等的统计结果为，世界上 40 多个国家 CVM 法研究的案例已超过了 2 000 例(Carson，1998)。

由于社会体制、生活习惯等多种因素的影响，CVM 法在发展中国家应用的案例不多，我国的相关研究始于 20 世纪 80 年代，开始多局限于理论的探讨和介绍，20 世纪 90 年代才开始正式出现相关的案例文章研究，主要应用领域有水质、空气质量、生态系统服务价值、生物多样性价值以及旅游资源价值评估等。杜亚平(1996)、薛达元(2000)等是国内较早从事 CVM 研究的学者，其中薛达元对长白山自然保护区的价值评估工作是早期较具影响的研究之一。2000 年以后，我国 CVM 法研究呈加速发展的趋势，并涌现出了如杨开忠、徐中民、张志强等一批对 CVM 的应用有较大贡献的专家学者，但相对于发达国家，CVM 在我国的应用较为滞后，目前尚属于探索阶段。

7.3.2 CVM 调查设计及实施

(1)调查问卷的设计

调查问卷是调查的基础和关键，本节设计的 CVW 问卷由 4 部分组成：①介绍武夷山风景名胜区重要性和意义；②调查游客对武夷山风景名胜区的认知程度和保护意识；③调查游客的最大支付意愿、支付方式及不愿意支付的原因；④调查游客的性别、年龄、学历、收入等社会经济情况。此外，为了评价本次调查的有效性，我们在问卷最后根据 Arrow 等建议，请被调查者填写他们对问卷的理解程度。

合理设计调查问卷中的核心估值问题是 CVW 方法成功应用的关键所在。CVM 核心估值问题的导出技术或问卷格式包括投标博弈(iterative bidding game，IB)、开放式问卷(open-ended，OE)、支付卡式问卷(payment card，PC)和二分式问卷(dichotomous choice，DC)4 种模式。目前被经常应用的两种方法是支付卡式和二分式，文中选择支付卡问卷形式(payment card，PC)。

　　本研究在采用开放式问卷格式进行预调查的基础上，确定了支付卡式问卷的 0~1 500 元内的 25 个起始投标值。为了能更清楚地阐明被调查者支付意愿的变化范围和可能程度，参考了张明军等(2004)的做法，设置了一道反映受访者对参与问题的确定性程度的问题。

　　问卷设计的支付卡核心估值问题如下：

　　如果您愿意出资保护世界遗产，使其能够永续存在，而我们也保证资金真正落实到保护上，那么您愿意每年最多拿出多少钱(请在您愿意支付的最大数字上画圈)

0　2　5　10　15　20　25　30　40　50　60　80　100　120

150　160　180　200　300　400　500　600　800　1000　1500

　　(说明：请根据您真实的平均年收入量力而行地选择您自愿支付的人民币数目)

　　本次调查中，您回答的确定性程度如何？请在对应的数字上画圈

1　　2　　3　　4　　5　　6　　7　　8　　9　　10

(1~10 代表确定性程度的大小)

　　(2)CVM 偏差处理

　　条件价值评估法是一种典型的陈述偏好价值评估技术，影响其结果准确性的限制条件或因素很多，如假想偏差(hypothetical bias)、支付方式偏差(payment method bias)、投标设计偏差(bid design bias)或投标起点偏差(starting point bias)、调查方式偏差(survey mode bias)、问题顺序偏差(order effects bias)、抗议投标偏差(protest bidding bias)等(张志强等，2002)。本研究在充分了解武夷山风景名胜区及周边社区现状的基础上，根据 NOAA(1993)提出的 15 条原则及结合国内外问卷设计经验，对问卷的设计、调查及问卷处理等过程进行了严格操作。本次 CVM 研究可能存在的主要偏差及控制措施有：

　　①假想偏差(hypothetical bias)　该偏差是导致条件价值评估法存在不确定性的最重要因素之一，是由于被调查者对假想市场问题的反应与真实市场的反应不同而出现的偏差。本研究 CVM 问卷强调了武夷山遗产地存在的重要性，同时提醒受访者的收入限制，以尽量为受访者模拟一个较真实的市场条件。

　　②投标起点偏差(starting point bias)　调查者所建议的出价起点的高低会被回答者误解为"适当"的 WTP 范围而引起偏差。本研究在预调查的基础上，确定合理的投标起点值和数值间隔及范围，以减小起点偏差。

　　③策略性偏差(strategic bias)　部分受访者对调查者存在警惕心理，故意隐瞒了自己的真实支付意愿。为引导被调查者提供其真实出价，在调查过程中，采用了两种方法：a. 强调该调查的假设特性，并劝告被调查者提供真实的价值；b. 同时暗示调查结果可能真的影响政策以避免被调查者在得知出价是假设性的情况下夸大其真实支付意愿。

④积极性回答偏差(yea - saying bias)　面对面采访时因受访者为"作出让调查者感到满意的选择"而产生的偏差，可能导致受访者 WTP 偏高。本研究 CVM 调查时尽量使受访者独立答卷，从而有效避免该偏差。在数据分析时剔除掉支付意愿与其收入明显不符的样本(支付意愿大于其月均收入 10% 以上)。

⑤抗议投标偏差(protest bidding bias)　该偏差是由于回答者倾向于反对假想的市场和支付工具而引起的偏差。为减少该偏差，问卷中专门设计问题"如果您不愿意支付这笔费用，请问是出于以下何种原因"来辨明 0 支付的原因，并在数据分析中剔除抗议投标样本。

(3)样本及样本量的确定

选择来武夷山风景名胜区旅游的外地游客和本地游客为调查对象。同时为提高调查方法的科学性和问卷调查的合格率，在样本的选择上按照以下标准：对于旅游团队，10 人以下团队抽取 2 ~ 3 人，10 ~ 30 人的团队抽取 3 ~ 5 人，30 人以上抽取 5 ~ 7 人；对于散客，把一个家庭、一群好友等作为一个单位，采取一个单位选择 1 人为代表。为了获取较高质量的样本统计结果，CVW 调查必须拥有一个足够大的样本。而条件价值评估研究的调查成本很高，因此，总的样本数量的确定除考虑研究经费和人力资源的配置情况外，还需要考虑是否可以以最小的成本获取最大的信息(徐中民等，2000)。参照国内外调查案例，本研究将样本量确定为 500 人。

(4)调查的实施及数据处理

问卷调查于 2009 年的 5 月进行，调查成员分成 3 个小组分布在不同的景点向过往游客发放问卷。景点选在游客必经之地或最集中的景点或可选择的景点，如武夷宫下伐码头、云窝票口、九曲溪下游、天游峰、水帘洞等。本次采取面对面访谈的形式进行问卷调查，在询问支付意愿之前，小组成员应简单介绍武夷山世界遗产地的价值、意义及破坏后会带来的严重后果，以激发游客的最大支付意愿。发放的 450 份问卷全部收回，剔除填写不完整、前后矛盾以及支付意愿明显高于收入的问卷后，获得有效问卷 395 份，占总问卷数的 87.78%。

7.3.3　样本特征及保护意识分析

统计有效问卷中被调查者的性别、年龄、职业、收入、学历、对旅游的热爱程度、是否组团等 6 项个人信息，结果如下(表7-7)：男性 253 人，女性 142 人；年龄在 18 ~ 27 岁的 85 人，28 ~ 37 岁之间的 108 人，38 ~ 47 岁之间的 84 人，48 ~ 57 岁的 63 人，大于 58 岁的 55 人；工人 26 人，农民 10 人，学生 37 人，政府人员 61 人，企事业管理人员 63 人，科研人员 7 人，商贸人员 22 人，军人 6 人，教师 22 人，专业技术人员 44 人，服务人员 16 人，私营业主 19 人，离退休人员 35 人，其他职业者 27 人；小学 13 人，初中 21 人，高中 62 人，大中专 155

人，本科 129 人，硕士及以上 15 人；平均月收入 1 000 元以下 51 人，1 001 ~ 1 500 元 49 人，1 501 ~ 2 000 元 53 人，2 001 ~ 3 000 元 106 人，3 001 ~ 4 000 元 67 人，4 001 ~ 5 000 元 26 人，5 001 元以上 43 人；非常热爱旅游的 93 人，热爱旅游的 226 人，一般的 73 人，不热爱的 1 人，讨厌旅游的 2 人；组团 259 人，未组团 136 人。以上表明本次调查抽样合理，具有不同特征的样本分布广泛。

表 7-7 调查对象特征

特征	分组	数量	特征	分组	数量
性别	男	253（64.1%）		工人	26（6.6%）
	女	142（35.9%）		农民	10（2.5%）
				学生	37（9.4%）
年龄	18 ~ 27	85（21.5%）		政府人员	61（15.4%）
	28 ~ 37	108（27.3%）		企事业管理人员	63（15.9%）
	38 ~ 47	84（21.3%）		科研人员	7（1.8%）
	48 ~ 57	63（16.0%）	职	商贸人员	22（5.6%）
	≥58	55（13.9%）	业	军人	6（1.5%）
				教师	22（5.6%）
文化程度	≤小学	13（3.3%）		专业技术人员	44（11.1%）
	初中	21（5.3%）		服务人员	16（4.1%）
	高中	62（15.7%）		私营业主	19（4.8%）
	大中专	155（39.2%）		离退休人员	35（8.9%）
	本科	129（32.7%）		其他职业者	27（6.8%）
	硕士及以上	15（3.8%）			
对旅游热爱程度	非常热爱	93（23.5%）		≤1 000	51（12.9%）
	热爱	226（57.2%）		1 001 ~ 1 500	49（12.4%）
	一般	73（18.5%）	月	1 501 ~ 2 000	53（13.4%）
	不热爱	1（0.3%）	收	2 001 ~ 3 000	106（26.8%）
	讨厌	2（0.5%）	入	3 001 ~ 4 000	67（17.0%）
是否组团	是	259（65.6%）		4 001 ~ 5 000	26（6.6%）
	否	136（34.4%）		≥5 001	43（10.9%）

人的行为通常受其环境意识的影响，被调查者对武夷山风景名胜区的认知和态度直接影响着其支付意愿的大小。本次调查结果表明，绝大多数被调查者理解世界遗产的意义并支持遗产保护（表 7-8），80.8% 的被调查者理解世界遗产的目的和意义，99.2% 的游客认为遗产存在很重要、支持政府对遗产进行保护，80.3% 的人认为武夷山遗产地的保护优于任何经济开发；关于武夷山风景名胜区功能方面，97.0% 的人认为武夷山遗产地具有重要的科学研究、教育、旅游功能的人；98.2% 的人认为武夷山具有重要的生态、环保功能；95.7% 的人认为武夷山开展旅游具有巨大的经济效益。

但被调查者对武夷山风景名胜区的认知不足，尽管绝大多数知道武夷山被评为世界文化与自然双遗产地，但具体到武夷山双遗产地的特点和分布范围，仅有过半数的被调查者了解，这说明当地政府对武夷山的宣传力度和效果不足，这方面的工作有待加强。

表 7-8　被调查者对武夷山风景名胜区的认知和态度

问　题	同意	不同意
您是否理解世界遗产的目的和意义？	319（80.8%）	76（19.2%）
您了解武夷山是因为哪些特点被评为世界自然文化遗产吗？	215（54.4%）	180（45.6%）
您知道武夷山世界遗产地包括哪几部分吗？	207（52.4%）	188（47.6%）
遗产存在很重要，支持政府对遗产进行保护？	392（99.2%）	3（0.8%）
武夷山遗产地的保护优于任何经济开发？	317（80.3%）	78（19.7%）
武夷山遗产地具有重要的科学研究、教育、旅游功能？	383（97.0%）	12（3.0%）
武夷山具有重要的生态、环保功能？	388（98.2%）	7（1.8%）
武夷山开展旅游具有巨大的经济效益？	378（95.7%）	17（4.3%）

7.3.4　样本支付意愿分析

本研究是将武夷山风景名胜区作为假想市场，通过直接询问游客的最大支付意愿值来估计其存在价值。调查结果见表 7-9 所示，有 291 个游客有支付意愿，其投标值主要分布在 10、20、50、100、200 等 5 个数值上，其中以投标值为 100 元的人数最多，占 25.57%。零支付（0WTP）的比率占 26.33%，符合国际上已有研究的一般统计范围（20%～35%）。

在所有零支付原因中，拒绝支付的主要原因包括：收入低，家庭负担重（19人）；远离武夷山遗产地，不能从遗产保护中得到好处（20人）；遗产保护是政府的责任，不应该由个人支付（28人）；不相信政府或机构能够合理的管理和使用资金（21人）；不打算享用其资源，也不想为别人或子孙后代享用资源付费（2人）；对此类调查问题不感兴趣（10人）；4人是其他原因，如认为来此旅游就已经为武夷山遗产资源付费，旅游收入就可以用来保护遗产等。

其余的 291 人均有不同的支付意愿，但支付方式有差异，其中纳税方式和旅游形式支付的比例相当，都是 36.77%（107 人）；选择直接以现金的形式捐赠到国内遗产保护基金会组织的也很高，占 18.21%（53 人）；此外，13 人（4.47%）选择直接以现金的形式交付武夷山风景名胜区管理委员会，3 人（1.03%）选择了抬高水电的价格，8 人（2.75%）选择了诸如在门票中扣收部分费用用于遗产保护等其他方式。

表 7-9　0~1 000 元支付意愿投标值的人数分布

支付意愿值（元）	频度	比率（%）	支付意愿值（元）	频度	比率（%）
0	104	26. 33	150	10	2. 53
2	2	0. 51	160	1	0. 25
5	8	2. 03	180	1	0. 25
10	24	6. 08	200	34	8. 61
15	1	0. 25	300	4	1. 01
20	20	5. 06	400	3	0. 76
30	6	1. 52	500	8	2. 03
50	51	12. 91	600	2	0. 51
60	3	0. 76	800	2	0. 51
80	3	0. 76	1 000	7	1. 77
100	101	25. 57	总计	395	1. 00

7.3.5　CVM 存在价值计算

应用条件价值评估法估算武夷山风景名胜区存在价值的基本思路就是通过样本调查，计算被调查者年平均支付意愿，并把样本扩展到整个研究区域，用平均支付意愿乘以研究区域当前的人口数来估算。目前支付卡式 CVM 研究案例主要采用两种标准计算平均支付意愿：①直接以支付意愿的平均值 $E(\mathrm{WTP})$ 作为人均 WTP 的标准（宗雪等，2008；刘亚萍等，2006）；②以支付意愿的中位值即求出累计频率等于 50% 时所对应的值作为人均 WTP 的标准（许丽忠等，2007），本节选取平均支付意愿的标准，对考虑确定性因素前后的平均支付意愿进行了计算。

具体计算方法如下：

平均支付意愿 $E(\mathrm{WTP})$ 可通过离散变量 WTP 的数学期望公式计算：

$$E(\mathrm{WTP} > 0) = \sum_{i=1}^{n} A_i P_i \tag{7-9}$$

式中，A_i 为投标数额；P_i 为受访者选择该数额的概率；n 为可供选择的数额数。

根据表 7-9 可算出，正支付意愿的数学平均值 $E(\mathrm{WTP})_{正}$ 为 98. 20 元/（人·a），考虑到部分 0 WTP，精确的平均支付意愿需要经过一定的计量经济学处理。Kristrom 提出了 Spike 模型（Kristrom，1997）。经过 Spike 模型调整后的平均支付意愿 $E(\mathrm{WTP})_{非负}$ 等于 $E(\mathrm{WTP})_{正}$ 乘以正支付意愿占全部支付意愿的比例，即

$$E(\mathrm{WTP}) = E(\mathrm{WTP} > 0) \times P = 98.2 \times 73.67\% = 72.34 \ 元/（人·a）$$

价值评估的核心是对偏好的了解，而人的偏好具有不确定性。Li 和 Mattsson（1995）首次对受访者偏好不确定性进行了考虑，并提出了改进的随机效用模型

（RUM），即受访者回答问题的确定性程度理解为概率（P_i）；Shaikh 和 Kooten（2007）提出了加权似然函数模型（WLFM），即把受访者回答问题的确定性程度理解为权重（W_i）。本节参考 Li、Mattsson 的观点，将受访者选定投标值的确定性程度（1～10）理解为概率（0.1～1）。先将投标值按概率值进行修正，修正前后的结果如图 7-3、图 7-4 所示。

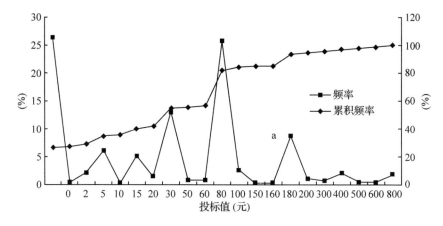

图 7-3　0～100 元支付意愿投标值的累积频率分布

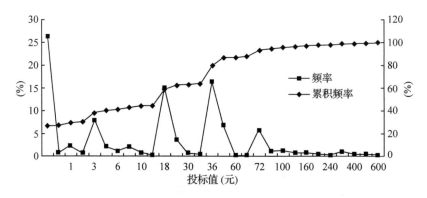

图 7-4　修正后 0～100 元支付意愿投标值的累积频率分布

　　然后再代入式（7-9），计算修正后投标值的平均值，结果为 40.28 元/（人·a），经过 Spike 模型整后的结果为 29.67 元/（人·a）。经计算，考虑确定性因素前后结果相差很大，前者是后者的 2.43 倍，这与张明军等（2007）的研究结果很相近。选择的人口样本不同会推导出截然不同的 WTP 值。确定评价范围十分困难，将其放到全省或者全国范围内进行 CVM 调查，只要描述适当，都会获得不同程度的 WTP 支付。由于武夷山风景名胜区是世界遗产的重要组成部分，在全国范围内均具有影响力，而样本客源地调查也显示了游客来自全国各地，因此，将支付意愿确定在具有支付能力的 2008 年全国城镇就业总人口，这部分人口数约为

30 210万人（中华人民共和国国家统计局，2009）。经计算2008年武夷山风景名胜的非使用价值为 8.96×10^{9} 元/a。

7.3.6　有效性和可靠性检验

CVM数据分析后，应对所采用的方法和分析结果进行有效性和可靠性检验。常见的方法有4种：①与其他CVM价值评估的结果进行比较分析；②对调查设计的内部检验，分析不同样本组之间的支付意愿是否有显著差异；③采用计量经济学原理，通过分析支付意愿与受访者社会经济特征或其他相关影响因素是否符合经济学原理来判断其有效性；④CVM的试验—复试（test – retest）检验法（Venkatachalam，2004）。由于时间和经费的限制，本节只采用了前3种检验方法。

7.3.6.1　与国内其他研究结果的比较

将获得的结果与国内此类CVM价值评估案例进行对比（表7-10），可见本研究的人均年支付价值在此类评估结果范围内[14.4～90.33 元/（人·a）]，考虑确定性因素之前，本研究结果72.34 元/（人·a）较高于其他同类研究，而考虑确定性因素之后，本研究29.67 元/（人·a）则属于同类研究中人均WTP较低的结果。与许丽忠等（2007）对武夷山风景名胜区非使用价值研究的结果16.42 元/（人·a）相比，此研究结果偏高，其原因主要是由于采用了不同的人均WTP。根据前面的图7-4估计累计频率为50%所对应的中位值介于18到20之间，与许丽忠的研究结果很相近，说明本次调查的结论可信。

表7-10　国内部分相关研究案例的比较

研究者	评估对象	WTP	WTP的标准	文献
蔡银莺等	武汉市石榴红农场休闲景观的存在价值	90.33	平均值	蔡银莺等，2008
刘亚萍等	武陵源风景名胜区的游憩价值	65.804	平均值	刘亚萍等，2006
赵勇	兰州市黄河风情线旅游资源的支付意愿	50	中位值	赵勇，2007
徐慧等	鹞落坪自然保护区非使用价值的评估	14.4、42.0	中位值	徐慧等，2004
本案例	武夷山风景名胜区非使用价值评估	29.67	平均值	—

7.3.6.2　对调查设计的内部检验

为了便于统计分析，对被调查者的性别、年龄、收入、学历、对武夷山的热爱程度及遗产保护意识进行分组，分组情况见表7-11。

表7-11　被调查者分组情况

分组	性别	年龄	学历	收入（元）	热爱程度	保护意识
1	男	18～27	小学	1 000 以下	没有吸引力	非常不重要
2	女	28～37	初中	1 001～1 500	无太大吸引力	不重要

（续）

分组	性别	年龄	学历	收入（元）	热爱程度	保护意识
3		38~47	高中	1 501~2 000	一般	一般
4		48~57	大中专	2 001~3 000	吸引我	重要
5		>58	本科	3 001~4 000	非常吸引我	很重要
6			硕士以上	4 001~5 000		
7				5 001 以上		

利用方差分析研究各分组水平下支付意愿的差异（表7-12）。由表7-12可知，性别 $F(1\ 393)=0.359\ 0$，$P>0.05$、学历 $F(5\ 389)=1.676\ 0$，$P>0.05$，说明95%的置信区间下不同性别、学历的支付价值没有显著差异；而年龄、收入对武夷山的热爱程度及遗产保护意识的 P 值均小于0.05，说明这些变量各分组水平下的支付意愿的差异显著。

表7-12　各分组水平下的支付意愿差异

自变量名称	F	自由度 Df	显著性
性别	0.359 0	393,1	0.549 3
年龄	3.631 0	390,4	0.006 4
学历	1.676 0	389,5	0.139 4
收入	9.462 0	388,6	0.000 1
热爱程度	36.255 0	390,4	0.000 1
保护意识	37.886 0	390,4	0.000 1

为了考查各个组处理两两之间差异的显著情况，进行了多重表比较，结果可知：①随着收入的提高，支付价值增加，其中，月收入2 000元以下的人群支付价值明显低于2 000元以上的人群，这与我国目前月收入2 000元以下属于低收入的现状相符；②随着年龄的增长，支付价值增加，这与预期不符，经调查发现本次调查的游客老年人的素质普遍较高，职业也限于教师、科研等范围内，而此类人群属于高支付意愿的人群；③对武夷山的热爱程度高的人群其支付价值明显高于不热爱人群，多重比较的结果表明，前3组和后2组差异显著；④对遗产保护意识最高的一组人群支付价值明显高于其他4组，说明遗产保护意识也是影响支付价值的一个显著因素。

7.3.6.3　支付价值与各变量的回归分析

将支付意愿与受访者个人的社会经济特征变量进行回归分析是验证CVM有效性和可靠性的重要手段，是CVM研究的关键步骤之一。对于0WTA的处理，本节参照Zarkin等人（Zarkin *et al.*，2000）的做法，在回归分析中以相对小值0.1元/a代替0支付意愿，进入对数转换最小二乘回归模型。在回归模型中，被解释变量WTA值的变化与被调查者的社会经济特征相关。本节选取的被调查者社会经济特征中的月收入、年龄、性别、文化程度、对武夷山的热爱程度、遗产保护意识 6 个因素作为自变量（其中收入、年龄、学历、热爱程度、遗产保护意识为多分变量，性别为二分变量），以 WTP 为被解释变量建立多元线性回归方程。

$$\ln WTP = \beta_0 + \beta_1 + \beta_2(\text{Age}) + \beta_3(\text{Inc}) + \beta_4(\text{Edu}) + \beta_5(\text{Lov}) + \beta_6(\text{Imp})$$

$$(7\text{-}10)$$

式中，β_0 为常数项；β_1、β_2、β_3、β_4、β_5、β_6 为所求的回归系数；$\ln WTP$ 为被调查者 WTP 的自然对数；Gen 为被调查者的性别；Age 为被调查者的年龄；Inc 为被调查者月收入；Edu 为被调查者受教育程度；Lov 为对武夷山的热爱程度；Imp 为遗产保护意识。

回归结果见表 7-13，分析表中的数据显示以下结果：

表 7-13　补偿意愿与被调查者社会经济特征变量的回归分析

变量	回归系数	标准系数	偏相关	标准误差	t 值
常数项	− 6.165 9			0.617 3	− 9.988 0 **
性别	− 0.013 9	− 0.002 2	− 0.003 3	0.212 3	− 0.065 5
年龄	0.015 3	0.006 7	0.009 8	0.079 2	0.193 7
学历	− 0.185 8	− 0.064 7	− 0.091 8	0.102 3	− 1.816 0
收入	0.139 1	0.080 6	0.115 5	0.060 7	2.291 3 *
热爱程度	1.355 9	0.464 2	0.503 4	0.118 2	11.475 4 **
保护意识	1.158 1	0.390 3	0.430 2	0.123 4	9.387 1 **
相关系	$R = 0.773\ 386$	决定系数	$RR = 0.598\ 126$	调整相关	$R' = 0.769\ 358$

①被调查者对武夷山的热爱程度（Lov）、遗产保护意识（Imp）对 WTA 的影响显著，并且热爱程度和保护意识越高，其支付意愿越强。

②被调查者的个人月收入 Inc 与 WTA 呈显著正相关，该结果与其他相关案例的研究结果相似。

③教育程度变量 Edu 对 WTA 的影响水平并不显著，从回归系数来看，学历和支付意愿呈现负相关，即随着学历提高，支付意愿反而越低，这与其他研究结果不一致。经过对样本的分析发现，本研究中有两种现象可能对结果产生了影响。一是大学学生所占比例较高，这部分人由于收入较低，无力承担高支付价值；二是私营业主因为收入较高，其支付价值普遍较高，但这部分人的学历相对较低。

④性别 Gen、年龄 Age 与支付意愿不相关，实际统计显示，占被调查人数 35.95% 的女性平均支付意愿为 91.53 元，占被调查人数 64.05% 的男性，平均支付意愿为 101.94 元。男性的支付稍高于女性；占被调查人数 21.52% 的 18 ~ 27 岁游客平均支付意愿为 47.50 元，占 27.34% 的 28 ~ 37 岁游客平均支付意愿为 106.94 元，占 21.27% 的 38 ~ 47 岁游客平均支付意愿为 87.62 元，占 47.42% 的

48～57 岁的游客平均支付意愿为 132.86 元。15.95% 的大于 58 岁的游客平均支付意愿为 135.85 元。其中，中青年游客的支付意愿相对较高。

7.3.7 小结

本节采用改进的支付卡式条件估值方法对武夷山风景名胜区的存在价值进行了研究，并验证了该方法的可靠性。调查结果显示，在 395 份有效问卷中，73.67% 的游客愿意为武夷山风景名胜区的永续存在支付一定的费用。游客的年平均支付意愿值为 29.67 元/(人·a)，武夷山风景名胜区的非使用价值为 8.96×10^9/元(2008 年)。与考虑不确定性因素之前计算的结果相比，两者相差 2 倍之多。这表明，不确定性因素对 CVM 评估结果的影响很大，在使用 CVM 进行评估时有必要考虑确定性因素。

回归分析结果表明，不同社会经济特征的人群具有不同的支付意愿，收入对武夷山的热爱程度及遗产保护意识是影响支付意愿的重要因子，性别、学历、年龄对支付意愿的影响不显著。目前武夷山景区管委会加强了武夷山风景名胜区的宣传力度，以扩大武夷山风景名胜区的影响力。随着武夷山风景名胜区知名度的提高，其存在价值也会增加。

由于 CVM 的影响因素很多，在本次 CVM 工作中，虽然按照国外的经验，有效地避免了一些偏差并考虑了不确定性因素，但依然存在一些不足之处。如对样本容量的设计、问卷的发放范围及发放原则等方面，从而导致本次结果可能存在一定的偏差。为使 CVM 更好地应用于风景名胜区价值评价，今后的研究应重点考虑以下几方面：①根据研究目的和研究区的实际情况精心设计问卷，尽可能消除由于被调查者对问卷的理解程度不同而引起的偏差；②如何更好地处理样本中可能存在的大量的 0WTP 的问题；③在进行环境经济价值评估时，应将 CVM 与同期的其他方法的评价结果进行比较，以完善 CVM 在风景名胜区价值评估中的应用。

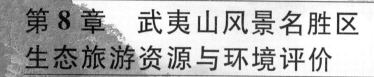

第 8 章　武夷山风景名胜区生态旅游资源与环境评价

　　旅游资源是旅游业发展的前提，是旅游业的基础。旅游资源主要包括自然风景旅游资源和人文景观旅游资源。世界自然保护联盟于 1983 年首先提出"生态旅游"这一术语，1993 年国际生态旅游协会把其定义为：具有保护自然环境和维护当地人民生活双重责任的旅游活动。生态旅游的内涵强调的是对自然景观的保护，是可持续发展的旅游。武夷山是中国重点风景区、国家级旅游度假区、国家自然保护区等众多旅游资源，伴随着旅游业向纵深不断发展，旅游业也成为武夷山市的重要支柱产业。开展武夷山风景名胜区生态旅游资源研究对武夷山旅游业的科学发展具有积极意义。

8.1　武夷山风景名胜区旅游资源评价

8.1.1　武夷山风景名胜区旅游资源现状概况

　　武夷山风景名胜区丹山碧水，风景秀丽，有"三三秀水清如玉"的九曲溪，有"六六奇峰翠插天"的三十六峰，还有九十九岩的绝妙结合形成巧夺天工的天然山水，素有"武夷山水天下奇，千峰万壑皆画图"之美誉。它兼有黄山奇峰云海和桂林山青水秀之特色。武夷山具有丰富的人文景观和历史文化遗产，有四千多年前的"闽越族"文化，三千多年前的"架壑船棺""虹桥板"及闽越王城以及对人类文明产生深远影响的朱熹理学等。

　　武夷山风景名胜区生态旅游资源包括自然景观资源和人文景观资源两大方面，其中自然景观资源涉及地质地貌景观、地域水体景观、地域生物景观、气候气象景观；而人文景观资源则包括宗教活动场所景观、历史遗址遗迹景观、经济文化场所景观和地方建筑与街区景观等方面。

　　(1)自然景观资源

　　①地质地貌景观

　　山体：大藏峰、玉柱峰、隐屏峰、三仰峰、黄冈山、大王峰、玉女峰、双乳峰、虎啸岩、酒坛峰、仙钓台、鹰嘴岩、天游峰、小藏峰、莲花峰等三十六峰、九十九岩。

　　谷地：流香洞、九龙窠、断裂带等。

　　奇特山石：猿人石、虎舌岩、寿桃石、猫儿石等。

　　洞穴：风洞、水帘洞、蜂窝洞岩、迴迴洞等。

②地域水体景观

瀑布、潭：三港瀑布、瑞雪瀑布、雪花泉、泥洋瀑布、关顶瀑布等。

溪流：崇阳溪、黄柏溪、九曲溪等。

③地域生物景观

植物：武夷山风景名胜区内共有高等植物 224 科 678 属 1 391 种，全区保护植物有 21 科 32 属 34 种，其中国家一级保护植物 6 种(苏铁、南方红豆杉、银杏等)，二级保护植物 28 种(榉、青檀、莲等)，此外，景区还有许多古树名木，其中树龄在 500 年以上的有 3 株、300～500 年之间的有 61 株。

动物：国家一级保护动物 3 种(黄腹角雉、黑麂、云豹)，国家二级保护动物 31 种(虎纹蛙、苍鹰、雀鹰等)，并发现一些稀有动物，如白蝙蝠等。

④气候气象景观　黄冈山日出、天游云海。

(2)人文景观资源

①宗教活动场所景观　佛教：天心永乐禅寺、瑞岩寺、永丰寺；道教：桃源洞、天上宫；基督教：主要是城关地区的基督教堂。

②历史遗址遗迹景观　古遗址遗迹：林亭窑址、百岁坊、古粤门楼、赵氏家祠、林氏家祠、徐庆桥、七十二板墙、古寨遗址、古桥、古亭、山门、古井、古牌坊、古蹬道、架壑船棺、武夷宫(冲佑观)、武夷精舍遗址、遇林亭瓷窑遗址、元代皇家御茶园遗址等，摩崖石刻 400 多处。

③经济文化场所景观　休闲度假区、高尔夫度假区和综合娱乐区，既有儿童游乐园、迪斯尼乐园，又有水上娱乐中心、射箭场等。

④地方建筑与街区景观　九曲宾馆、西湖"古蝶斜阳"、绍兴饭店、太湖饭店等。

8.1.2　武夷山风景名胜区生态旅游资源评价

生态旅游资源评价有定性评价与定量评价，本节运用定性评价方法对武夷山风景名胜区生态旅游资源开展评价研究。就定性评价方法而言，主要有以下几种方法：体验性评价、认知学派(心理学派)评价法、现象学派(经验学派)评价方法和"三三六"评价法。本节采用"三三六"评价法对武夷山风景名胜区的生态旅游资源进行评价。"三三六"评价法由卢云亭提出，"三三六"即指"三大价值"(旅游资源的历史文化价值、艺术观赏价值、科学考察价值)、"三大效益"(指经济效益、社会效益和环境效益)、"六大条件"(指旅游资源分布区的地理位置和交通条件、景物或景类的地域组合条件、景区旅游容量条件、施工难易条件、投资能力条件和旅游客源市场条件)(卢云亭和王建军，2001)。

8.1.2.1　三大价值分析

（1）生态旅游资源的艺术观赏价值

武夷山风景名胜区自然风光独树一帜，以丹霞地貌著称于世界。"三三秀水清如玉"的九曲溪，与"六六奇峰翠插天"的三十六峰、九十九岩的绝妙结合，它异于一般自然山水，是以奇秀深幽为特征的巧而精的天然山水园林。九曲溪景观丰富多彩，变化无穷。各具特色的景观画面由一条九曲溪盘绕贯串。九曲景物恬静幽深，色彩淡雅，每曲自成异境，浅的成滩，深的成潭。武夷山是典型的丹霞地貌，亿万年大自然的鬼斧神工，形成了奇峰峭拔、秀水潆洄、碧水丹峰、风光绝胜的美景，古人说它"水有三三胜，峰有六六奇"，被誉为"奇秀甲东南"。武夷山风景名胜区内不仅全年有景，四季不同，而且阴晴风雨，其山川景色亦幻莫测，瑰丽多姿。现全区分为武夷宫、九曲溪、桃源洞、云窝·天游、一线天—虎啸岩、天心岩、水帘洞七大景区。它兼有黄山之奇、桂林之秀、泰岱之雄、华岳之险、西湖之美。

（2）历史文化价值

武夷山的"古闽越""闽越族"文化遗存是业已消逝的古代文明的历史见证。武夷山具有丰富的历史文化遗存。早在4 000多年前，就有先民在此劳动生息，逐步形成了国内外绝无仅有的偏居中国一隅的"古闽越"文化和其后的"闽越族"文化。其主要文化特征是武夷"船棺"、城村西汉闽王城遗址，它们同出于武夷山古老神秘的部落，告示着一种已逝去的文明。在武夷山绝壁岩洞中18处架壑船棺、虹桥板是古闽族先民丧葬遗存，距今3 300多年，棺中的棉布残片是中国迄今发现最早的棉纺实物。武夷山是朱子理学的摇篮，是世界研究朱子理学乃至东方文化的基地。武夷山宗教文化源远流长，影响广泛。早在八世纪中叶，即在武夷山创建道教天宝殿。同时，佛教也开始传入武夷山。宗教活动的传入、发展、鼎盛或衰萎，在武夷山留下遍布全山的寺庙、宫观遗址就有60多处。朱熹、陆游、辛弃疾、张栻、吕祖谦、黄干都曾任过武夷宫提举。武夷山自唐宋以来，历代在山间修筑寺庙、宫院、庄室和亭台楼阁数以百计，还有许多摩崖刻石和文物古迹，这些为旅游业提供了丰富的历史文化资源。

（3）科学考察价值

武夷山风景名胜区的许多景观都反映了一种特殊的环境和自然科学的规律，武夷山风景名胜区的变质岩系、武夷山风景名胜区的红色碎屑岩、武夷山风景名胜区内发育的类型众多的具代表性的丹霞地貌、九曲溪特殊的水动力特征等都具有相当高的科学考察价值。

8.1.2.2　三大效益分析

（1）经济效益

增加政府收入。2016 年景区旅游总收入达 3.4 亿元，同比增加 5.93%，全年上缴财政 5 114 万元；同时带动了相关产业的发展。遗产地景点游览业发展以后，旅游六要素吃、住、行、游、购、娱配套发展，旅游宾馆、旅游餐饮、旅游交通、旅游购物等都相应带动起来，促进了人民群众致富。越来越多的群众参与旅游服务，经营宾馆、餐馆、工艺品生产销售，作导游、轿工、竹筏工，逐步脱贫致富。武夷山农民年人均纯收入由 1978 年的不足 200 元，提高到 2011 年的 8 931.83 元，相当大的成分靠旅游业的带动做出贡献，促进了社会就业。由于"旅游乘数"作用，随着旅游收入在遗产地经济中的逐渐渗透，经济总量增加，就业机会和家庭收入也会增加，就产生了"间接效应"，而一部分工资收入用于购买商品和服务，又会使相关企业业务量扩大，导致收入和就业机会的进一步增加，产生"诱导效应"。仅武夷山风景名胜区和度假区，直接从业人员就达 6 000 人。

（2）社会效益

开展生态旅游活动有助于提高旅游者和经营者的个人素质。旅游促进了身心健康，培育了爱国主义情感，开阔了人们眼界，活跃了人们的思维。进一步增进国家之间、地区之间、人们之间的了解，从而扩大经济文化交流。有利于民族文化、地方特色文化的保护和发展。遗产地原有的文化特征越突出，越能成为旅游吸引物，促使遗产地挖掘文化内涵，有利于促进科技交流。遗产地成为旅游者的科学考察对象，武夷山保护区就成为生物多样性考察交流的重点区域，而闽越王城遗址成为历史学家研讨的热点。

（3）环境效益

风景名胜区开展生态旅游必然会对环境造成负面的影响，许多游客在景区内乱扔果皮纸屑，破坏旅游设施，严重影响景区的环境。武夷山是以其独特的自然风光吸引游客，生态环境保护尤为重要，近几年武夷山非常重视旅游资源环境保护，制定了环境保护规划、景区保护规划，采取了多种得力措施，保护了优美环境，但是仍然存在一些问题，如水土流失严重、乱排污水、游客污染环境等问题，应该切实地提高景区的管理水平，积极开展宣传生态旅游的活动。武夷山的开发建设比较早，20 世纪 70 年代末已被人们所认识，1980 年即开始做总体规划。20 世纪 80 年代，由于各方面的关注，风景名胜区保护建设工作抓的很紧，取得了很大的成绩，使武夷山风景名胜区初具规模。20 世纪 90 年代初，由于过分强调开山和种茶，山上的植被受到一定程度的破坏。

8.1.2.3 六大条件分析

（1）旅游资源分布区的地理位置和交通条件

区位和交通条件是确定旅游资源开发规模、选择路线和利用方向的重要因素之一，它不仅影响风景名胜区的开发，而且影响旅游市场的客源。武夷山位于闽北地区，交通条件曾经制约了旅游业的发展。武夷山风景名胜区位于福建省西北部武夷山市境内，在市区以南约15km，处在武夷山脉北段的东南麓，景区面积约70km²，武夷山基本上形成机场、铁路、动车、公路相互衔接、便捷通畅的对外交通体系。航空：武夷山机场到武夷山景区的路程在15km左右，可起降波音737等中型飞机，现已开通武夷山至福州、厦门、晋江、北京、上海、武汉、广州、深圳、珠海、常州等10条航线。铁路：贯穿武夷山的横南铁路，北起浙赣先横峰、铅山县；进入福建的武夷山、建阳、建瓯至南平与外福线接轨。公路：主要有两条干线，一条是福分公路干线，即从福州经南平、武夷山至江西分水关的省际公路干线；另外一条是邵武到武夷山的江星公路。到武夷山风景名胜区各个景点均有直达公交车。武夷山风景名胜区的交通四通八达，为旅游者提供便利。此外，2015年6月通车的合福高铁作为京福快速铁路通道的重要组成部分，其北接合肥枢纽经合蚌客运专线衔接京沪高铁至北京，中与沪汉蓉铁路、沪昆高铁、九景衢、南三龙铁路相交，南接福州枢纽与东南沿海铁路相连，形成联通中国南北的大动脉。该铁路同时也串起了中国东南地区的包括武夷山在内的众多风景名胜区，被称为中国最美高铁，武夷山遗产地旅游辐射范围显著增加。

（2）景物或景类的地域组合条件

孤立的景物往往很难作为旅游资源加以开发利用，所以景区类型和层次组合，对于旅游资源开发也很重要。空间组合有致，类型组合丰富多彩的旅游资源具有较高的开发价值。武夷山旅游资源在层次组合与类型组合上都有其优势。在空间上可以组合成为两个圈层，每一圈层在类型上又有不同特色。第一圈层是武夷山国家风景名胜区，这一层次是武夷山旅游的精华，由九曲溪、三十六峰、九十九岩组成，旅游类型可以分为二类。第一类为风光旅游，重点游览武夷山碧水丹山。第二类为古迹旅游，可结合游览风光，同时游览名胜古迹，如架壑船、虹板桥、武夷宫、武夷精舍、汉城遗址等。第二圈层是武夷山风景名胜区——武夷山自然保护区。风景名胜区距武夷山自然保护区中心（三港）仅33km。游客可在游览风景名胜区之后，在保护区内领略生态旅游的一番情趣，真正体验到回归大自然的神韵。此外，武夷山风景名胜区游人多集中在云窝及九曲溪这两个精华景区游览，游人难以疏散到一般景区，山北、溪南游人量较少。

（3）景区旅游容量条件

旅游环境容量是指在一定条件下，一定空间、时间范围内满足游人的最低游览要求，并能达到保护风景名胜区要求的情况下所能容纳的游客量。武夷山风景名胜区全天的旅游环境容量16 548(人次/d),整个风景名胜区同时最大游客在园量8 918(人/d),全年最大游客在园量267.5(万人/a),全年的生态环境容量480(万人次/a)。风景名胜区的生活供应依托于武夷山市域和周边县市,旅游服务设施主要依托溪东服务区。风景名胜区内只保留少量的已建住宿点。风景名胜区近期需要1.62万个床位,远期需要2.5万个床位。现全市约有1.6万个床位,基本满足需要。武夷山风景名胜区目前的旅游规模小于生态旅游环境容量,也就说明武夷山风景名胜区旅游资源开发还不够全面,尚有发展潜力,因此应积极挖掘旅游资源,在保护的同时加大合理开发的力度。

(4)施工难易条件

旅游资源的开发还需考虑项目的难易程度和工程量的大小。首先是工程建设的自然基础条件,如地质地貌、水文气候等条件,其次是工程建设的供应条件,包括设备、食品、建材等。武夷山气候温暖湿润,施工季节长;地形以平原、丘陵为主,起伏较小,铁路、公路四通八达,交通便利,有利于大型设备施工和原料的进入;工业门类齐全,实力雄厚,基础设施较为完备,提供了物质保证。所以,武夷山风景名胜区的施工条件良好。

(5)投资能力条件

武夷山自撤县建市以来,旅游业发展势头强劲,成为武夷山支柱产业,农业产业现代化加快;工业绿色、环保和科技化产业正在形成,已形成纺织服装、竹木加工、食品加工、茶叶加工四大产业,工业产值增长超过50%;城市建设迈出新步伐,完成社区设置工作,拉开城市框架,城区面积扩大至7.3km²。各项社会事业协调发展。如旅游资源、森林、水电、矿产以及茶叶等资源非常丰富。基础设施齐全:交通设施——武夷山交通等基础设施完善,是闽北的重要交通中心。开通航空,铁路,公路旅游路线,交通便利;旅游设施——武夷山旅游服务体系健全,已形成了俱全的配套接待、综合服务网络。

(6)旅游客源市场条件

武夷山客源呈不断上升趋势。游客数量1980年为6.6万人,其中境外游人数(包括外国人,港澳台胞)有442人;1990年为27万人,其中境外游人数(包括外国人,港澳台胞)将近1.8万人;1999年为46万人,其中境外游人数(包括外国人,港澳台胞)3万人;2012年游客总量达到360多万人,其中境外游人数(包括外国人,港澳台胞)15万人。福建省内游客又以福州和闽南地区的为多,国内游客绝大部分来自省外,主要有山东、北京、上海、河南。海外游客目前虽较少,但潜力较大。港澳台是武夷山当前最大的海外客源市场。另外,东南亚、日本、西欧、北美也是不可忽视的国际客源市场。应当积极开展武夷山生态旅游宣传,吸引全国各地游客到武夷山观光旅游,进一步开拓国外的旅游市场。景区内服务接待设施已形成一定规模,溪东旅游服务区内的宾馆共有近2 000个床

位，景区内部也有多家宾馆，近500个床位。开发初期，景区内农民办旅馆，现状约有床位数2 400个，其中星村1 200个；景区内部的服务网点多集中在精华景区，分布不够均匀。

8.1.3　小结

本节运用"三三六"评价法对武夷山风景名胜区的生态旅游资源进行分类，从"三大价值"（生态旅游资源的历史文化价值、历史观赏价值、科学考察价值）、"三大效益"（指经济效益、社会效益和环境效益）、"六大条件"（指旅游资源分布区的地理位置和交通条件、景物或景类的地域组合条件、景区旅游容量条件、施工难易条件、投资能力条件和旅游客源市场条件）等方面予以定性分析，可为风景区生态旅游资源现状分析和资源状况评价提供参考依据。

8.2　武夷山风景名胜区生态旅游环境容量估算

旅游环境容量又称旅游承载力，是指旅游区于一定时段内，在既能满足旅游者心理需求，又不破坏旅游资源和环境质量条件下所能容纳的最大游客量或旅游活动量。生态旅游环境容量是进行生态旅游规划与管理的重要依据，对其进行调控是保证生态旅游良性循环的重要手段。

迄今为止，有关武夷山风景名胜区生态旅游环境容量问题已有相关研究，1997年，福建师范大学骆培聪（1997）曾对旧规划的武夷山风景名胜区的旅游环境容量进行测算，认为全区旅游环境容量达1 364.26（万人次/a），而福建省城乡规划设计研究院关辉（1999）估算武夷山风景名胜区旅游环境容量的结果为480（万人次/a），两种结果相差甚远，究其原因主要有3点：①未能区分景区面积与景区游览面积；②未能区分风景名胜区总的环境容量与同时最大游客在园量；③应分景区分别测算，因为不同的景区在游客适宜游览面积、游客游览时间等方面存在差异。而准确合理地确定生态旅游环境容量对风景名胜区的规划、开发与发展具有重要的意义，因此，我们采用下列计算公式对武夷山风景名胜区生态旅游环境容量进行测算，对前人的研究结果进行验证，以供参考。

8.2.1　生态旅游容量测算方法

一个风景名胜区或旅游区由不同景区和景点构成。它们的适宜空间标准也不一样。环境容量的计算方法和步骤如下：

①计算各景区的环境容量和同时最大游客在园量

$$D_{ai} = \frac{S_i T}{S_{ki} t} \quad (i = 1, 2, \cdots, n) \tag{8-1}$$

$$d_{ai} = S_i/S_{ki} \quad (i = 1, 2, \cdots, n) \tag{8-2}$$

式中，D_{ai} 为第 i 类景区的旅游环境容量（人次/d）；S_i 为第 i 类景区的面积；T 为旅游区每天开放的时间；S_{ki} 为第 i 类景区游客适宜游览面积；t 为游客平均游览时间；d_{ai} 为第 i 类景区最大游客在园量（人）。

②计算旅游区总的旅游环境容量 D_a 和同时最大游客在园量 d_a

$$D_a = \sum_{i=1}^{n} \frac{S_i T}{S_{ki} t} \quad (i = 1, 2, \cdots, n) \tag{8-3}$$

$$d_a = \sum_{i=1}^{n} \frac{S_i}{S_{ki}} \quad (i = 1, 2, \cdots, n) \tag{8-4}$$

③如果要计算旅游区全年总的旅游环境容量 D_y，可用 D_a 乘以开放天数 T_k 即可得到，故有

$$D_y = D_a T_k \tag{8-5}$$

8.2.2 武夷山风景名胜区生态旅游环境容量估算

根据上述方法与景区构成，可以得到武夷山风景名胜区生态旅游环境容量。值得注意的是，在计算武夷山风景名胜区生态旅游环境容量时，做如下 2 个规定：①除九曲溪景区每天开放时间为 10h 外，其余景区每天开放的时间均为 8h；②全年开放天数为 300d。此外，游客平均游览时间依景区面积大小以及景点的分散程度略有不同（表 8-1）。

比如以旧规划中一线天景区为例，计算方法如下：

$$D_{ai} = \frac{720 \times 10\,000 \times 8}{3\,700 \times 4} = 2\,595（人次/d）；d_{ai} = \frac{720 \times 10\,000}{3\,700} = 2\,400（人）$$

依此类推，可得出武夷山风景名胜区生态旅游环境容量的计算结果，见表 8-1。

表 8-1 武夷山风景名胜区各景点游客空间合理容量

景 点	S_i ($\times 10^6\,\text{m}^2$)	S_{ki} ($\text{m}^2/$人)	T (h)	t (h)	D_{ai} (人次/d)	d_a (人次/d)
一线天	7.2	3 700	8	6	2 595	1 946
武夷宫	1.5	1 600	8	4	1 875	938
云窝	1.7	1 600	8	3	2 833	1 063
桃源洞	2.3	2 600	8	4	1 769	885
九曲溪	3.5	3 000	10	4	2 917	1 167
天心	1.9	1 900	8	4	2 000	1 000
水帘洞	7.1	3 700	8	6	2 559	1 919
合 计	25.2	—	—	—	16 548	8 918

8.2.3 小结

由式(8-1)至式(8-5)可以得出武夷山风景名胜区全天的旅游环境容量 $D_a =$

16 548(人次/d)，整个风景名胜区同时最大游客在园量 $d_a = 8\,918$（人/d），全年最大游客在园量 $d_y = 8\,918 \times 300 = 267.5$（万人/a），全年的生态环境容量 $D_y = 16\,548 \times 300 = 496.4$（万人次）。与关辉 1999 年对新规划的武夷山风景名胜区旅游环境容量的估算结果为 480（万人次/a）相比较，两者相差不大，结果应该基本符合实际。

8.3 武夷山风景名胜区生态环境质量评价

风景名胜区生态环境质量以生态旅游环境质量为核心。生态旅游环境是以生态旅游为中心的环境，是指生态旅游活动得以生存、进行和发展的一切外部条件的总和。生态旅游环境既是旅游环境的一部分，同时又与旅游环境有所区别。生态旅游环境的研究在传统大众旅游环境研究的基础上进行，而且生态旅游与环境之间的关系比传统大众旅游与环境之间的关系更为密切。生态旅游环境符合生态学和环境学的基本原理、方法，是以某一旅游地域的旅游环境容量为限度而建立的旅游环境。

目前，生态环境质量评价方法主要有德尔菲法、层次分析法和模糊综合评判法。德尔菲法主观性较强；层次分析法具有定性与定量相结合的特点，具有高度的逻辑性、系统性、简洁性和实用性；模糊综合评判是一种以模糊数学为基础，应用模糊关系合成原理，将一些边界不清、不易定量的因素定量化后进行综合评价的一种方法，此方法应用非常广泛而又十分有效。目前，武夷山航空、铁路、公路立体交通网络形成，交通发达便捷，国家旅游度假区设施也在不断完善，吸引越来越多的海内外游客，从而在不断地改变着环境质量，因此对武夷山风景名胜区生态旅游环境质量进行综合评价具有重要意义。因此，本节采用层次分析法确定各评价因子以及武夷山风景名胜区各景区权重，运用模糊综合评判法对武夷山风景名胜区生态旅游环境质量进行综合评价。

8.3.1 评价过程与结果

8.3.1.1 层次分析法

层次分析方法是对一些复杂、较为模糊的问题作出决策的简易方法，20 世纪 70 年代初期由美国运筹学家 T. L. Saaty 提出。它特别适用于那些难以完全定量分析的问题，是一种多准则目标决策方法。生态环境质量评价过程中，评价因子权重的确定是关键的一步，它反映了各评价指标在评价体系中的相对重要程度，直接影响评价结果的合理性。确定权重的方法常有德尔菲法和层次分析法。德尔菲法主观性较强，层次分析法具有定性和定量相结合的特点，能大大提高决策结果的客观性和科学性。本节评价因子权重确定采用层次分析法，其步骤如下：

首先，通过专家调查确定各因子的相对重要性，采用 1~9 标度法进行评判

极其重要(9)、重要得多(7)、明显重要(5)、稍显重要(3)、同等重要(1)、稍不重要(1/3)、不重要(1/5)、很不重要(1/7)、极不重要(1/9)。

其次，列出各因子间相对重要的标定值矩阵，计算出各行特征值

$$T_i = \sqrt[n]{\prod_{m=1}^{n} x_{im} \cdot m} \quad (i = 1,2,\cdots,n; m = 1,2,\cdots,n) \tag{8-6}$$

式中，n 为评价因子数；x_{im} 为第 i 个因子与第 m 个因子进行相对重要性比较而获得的标定值。

再次，求各评价因子的权重值 Q_i

$$Q_i = \frac{T_i}{\sum\limits_{i=1}^{n} T_i} \quad (i = 1,2,\cdots,n) \tag{8-7}$$

最后，一致性检验

计算一致性指标 CI 与平均随机一致性指标 RI 的比值，该比值称为一致性比率 CR，当 $CR < 0.10$ 认为判断矩阵具有满意的一致性，当 $CR \geqslant 0.10$，就要调整判断矩阵，直到满意为止。层析分析法详细介绍见相关文献（Beynon，1997；保继刚和楚义芳，1999；朱志芳等，2011）。

8.3.1.2　模糊综合评价模型

综合评判就是对受到多个因素制约的事物或对象做出一个总的评价。由于从多方面对事物进行评价难免带有模糊性和主观性，而模糊综合评价可以有效地解决该问题。模糊综合评判的数学模型可分为一级模型和多级模型。将评价对象的因素集按一定的分类标准分层划分，就可以将一级模型扩展为多级模型。应用模糊综合评判方法评价风景区环境质量的步骤如下：

第一，确定评价地区的评价对象集；

第二，分层建立评价指标体系，给出较高层因素集 $X = \{X_1, X_2, \cdots, X_n\}$，较低层次因素集 $X_i = \{X_{i1}, X_{i2}, \cdots, X_{in}\}$；

第三，确定评价指标的权重 $A = \{a_1, a_2, \cdots, a_n\}$，权重根据层次分析法来确定；

第四，确定评价等级及相应的标准，给出评价集 $Y = \{Y_1, Y_2, \cdots, Y_n\}$；

第五，进行单因素的评价，建立单因素评价矩阵。本节确定单因素的隶属度 r_{ij} 的方法是让参与评价的各位专家、调查者、旅游者，按预先划定等级标准，为评价对象的各个因素确定等级、并打分，然后做统计处理；设 $x_{ij}(i=1, 2, \cdots, n, j=1, 2, \cdots, m)$ 是评定第 i 项因素为第 j 等级的人数，按公式 $r_{ij} = \dfrac{x_{ij}}{\sum\limits_{j=1}^{m} x_{ij}}(i =$

$1,2\cdots,n$）计算出 r_{ij} 的值。即可得到单因素的评价矩阵 $R_i(i=1,2,\cdots,p)$：

$$R_i = \begin{bmatrix} r_{11} & r_{12} & \cdots & r_{1m} \\ r_{21} & r_{22} & \cdots & r_{2m} \\ \vdots & \vdots & & \vdots \\ r_{n1} & r_{n2} & \cdots & r_{nm} \end{bmatrix} \tag{8-8}$$

第六，构造评判模型，并进行选择；本节运用主因素决定模型（$\wedge$，$\vee$）模型；

第七，根据评判矩阵 R_i 和对应的权向量矩阵 A，得综合评判结果矩阵 $B=A\cdot R$。

对研究区环境质量进行评价，评价等级分为 5 级，$Y=\{$Ⅰ（理想），Ⅱ（较理想），Ⅲ（一般），Ⅳ（较差），Ⅴ（差）$\}$。根据实地调查及查阅资料，给出了武夷山风景名胜区环境质量评价指标体系，运用层次分析法得出各评价因子以及各景区的权重（分别见图 8-1，表 8-2 和表 8-3）。评价矩阵 R 的求得，是通过制作调查

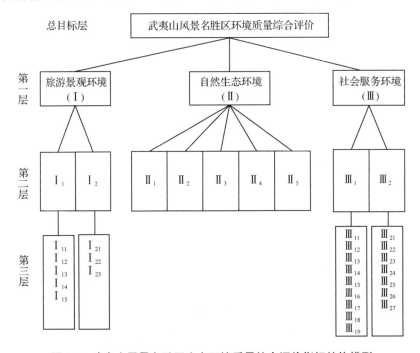

图 8-1　武夷山风景名胜区生态环境质量综合评价指标结构模型

注：Ⅰ$_1$—自然景观；Ⅰ$_2$—人文景观；Ⅱ$_1$—空气质量（清新程度）；Ⅱ$_2$—水质（清澈程度）；Ⅱ$_3$—气候（适宜旅游程度）；Ⅱ$_4$—植被（绿化程度）；Ⅱ$_5$—其他清洁卫生状况；Ⅲ$_1$—服务设施；Ⅲ$_2$—管理服务水平；Ⅰ$_{11}$—观赏性（美感程度）；Ⅰ$_{12}$—奇特性；Ⅰ$_{13}$—多样性；Ⅰ$_{14}$—科学性；Ⅰ$_{15}$—景区中景点的协调性；Ⅰ$_{21}$—文化价值；Ⅰ$_{22}$—艺术价值；Ⅰ$_{23}$—与自然景观协调性；Ⅲ$_{11}$—交通便利程度；Ⅲ$_{12}$—食宿方便程度；Ⅲ$_{13}$—水电；Ⅲ$_{14}$—通讯；Ⅲ$_{15}$—厕所；Ⅲ$_{16}$—游览安全设施；Ⅲ$_{17}$—休息设施；Ⅲ$_{18}$—医疗救护设施；Ⅲ$_{19}$—标识物；Ⅲ$_{21}$—治安状况；Ⅲ$_{22}$—消防设施；Ⅲ$_{23}$—价值合理；Ⅲ$_{24}$—旅游容量合理；Ⅲ$_{25}$—服务态度；Ⅲ$_{26}$—服务效率；Ⅲ$_{27}$—旅游讲解科学生动性。

问卷，分别在武夷山风景名胜区六大景区由调查组成员 30 名、游客、专家进行填写。共发放问卷 140 份，收回 126 份，回收率 90%。

（1）一级模糊综合评判

首先进行单因素评价，即分别对武夷山风景名胜区各景区生态环境质量评价指标第二层中的自然景观（I_1）、人文景观（I_2）以及服务设施（III_1）管理服务水平（III_2）做出评价。该评判过程中 I_1、I_2、III_1、III_2 的因素集分别为 X_1（I_1）= $\{I_{11}, I_{12}, I_{13}, I_{14}, I_{15}\}$；$X_2$（$I_2$）= $\{I_{21}, I_{22}, I_{23}\}$；$X_3$（$III_1$）= $\{III_{11}, III_{12}, III_{13}, III_{14}, III_{15}, III_{16}, III_{17}, III_{18}, III_{19}\}$；$X_4$（$III_2$）= $\{III_{21}, III_{22}, III_{23}, III_{24}, III_{25}, III_{26}, III_{27}\}$。通过对原始数据进行统计处理，得出各因素评判矩阵 R；对权重归一化处理后，确定单因素权重向量矩阵 $A = (a_{i1}, a_{i2}, \cdots, a_{in})$。根据单因素评判矩阵 R 和单因素权重向量矩阵 A，得出综合评判结果 $B = A \cdot R$，结果见表 8-4。

表 8-2　武夷山风景区生态环境质量综合评价指标权重

第一层	权重	第二层	权重	第三层	权重	第一层	权重	第二层	权重	第三层	权重
				I_{11}	0.137 3					III_{11}	0.027 1
				I_{12}	0.083 8					III_{12}	0.018 2
		I_1	0.383 2	I_{13}	0.078 9					III_{13}	0.016 1
				I_{14}	0.039 2					III_{14}	0.014 2
I	0.516 0			I_{15}	0.044 0			III_1	0.132 7	III_{15}	0.012 3
				I_{21}	0.045 9					III_{16}	0.013 1
		I_2	0.132 8	I_{22}	0.035 6					III_{17}	0.009 2
				I_{23}	0.051 3					III_{18}	0.012 1
		II_1	0.049 4			III	2 056			III_{19}	0.010 4
		II_2	0.046 2							III_{21}	0.011 5
II	0.278 4	II_3	0.033 3							III_{22}	0.004 7
		II_4	0.063 6							III_{23}	0.012 0
		II_5	0.059 9					III_2	0.072 9	III_{24}	0.010 8
										III_{25}	0.015 1
										III_{26}	0.010 0
										III_{27}	0.008 8

表 8-3　武夷山风景名胜区各景区权重

城村景区	云窝·天游·桃源洞景区	山北景区	溪南景区	武夷宫景区	九曲溪景区
0.163 9	0.254 8	0.046 5	0.046 5	0.105 4	0.382 9

世界双遗产地武夷山风景名胜区保护生态学

表 8-4 武夷山风景名胜区各景区生态环境质量模糊综合评价一级评价结果

景区单元评价指标		质量分级 I	II	III	IV	V	质量评定
城村景区	I_1	0.363 9	0.391 0	0.219 4	0.025 7	0	II
	I_2	0.389 2	0.391 4	0.219 4	0	0	II
	III_1	0.160 2	0.269 6	0.364	0.120 6	0.085 6	III
	III_2	0.301 1	0.310 5	0.236 4	0.152	0	II
云窝·天游·桃源洞景区	I_1	0.501 7	0.288 3	0.210 0	0	0	I
	I_2	0.500 0	0.500 0	0	0	0	I - II
	III_1	0.245 3	0.240 2	0.240 2	0.164 8	0.109 5	I
	III_2	0.280 7	0.353 2	0.280 7	0.085 3	0	II
山北景区	I_1	0.354 0	0.380 5	0.212 4	0.053 1	0	II
	I_2	0.361 8	0.366 9	0.180 9	0.090 4	0	II
	III_1	0.297 3	0.297 3	0.199 8	0.132 8	0.072 8	I - II
	III_2	0.329 4	0.329 4	0.238 6	0.102 6	0	I - II
溪南景区	I_1	0.327 4	0.536 5	0.136 1	0	0	II
	I_2	0.378 2	0.422 8	0.199 0	0	0	II
	III_1	0.263 9	0.263 9	0.177 3	0.177 3	0.177 5	I - II
	III_2	0.246 5	0.280 8	0.223 2	0.184 9	0.064 5	II
武夷宫景区	I_1	0.391 6	0.440 7	0.167 8	0	0	II
	I_2	0.376 3	0.408 7	0.215	0	0	II
	III_1	0.263 0	0.263 0	0.175 7	0.175 7	0.122 6	I - II
	III_2	0.278 8	0.303 1	0.209 1	0.139 3	0.697 0	II
九曲溪景区	I_1	0.412 9	0.349 8	0.268	0	0	I
	I_2	0.395 3	0.372 1	0.232 6	0	0	I
	III_1	0.308 6	0.274 7	0.207 3	0.137 4	0.071 9	I
	III_2	0.292 8	0.351 1	0.279 1	0.077	0	II

（2）二级模糊综合评判

二级模糊综合评价即是对武夷山风景名胜区各景区生态环境质量评价指标中第一层评价指标旅游景观环境（I）、自然生态环境（II）、社会服务环境（III）做出评价。该评判是在一级评价结果的基础上，结合第二层评价指标权重，按前所述模糊评判模型得出二级评价结果（表 8-5）。

表 8-5　武夷山风景名胜区各景区生态环境质量模糊综合评价二级评价结果

景区单元评价指标		质量分级					质量评定
		I	II	III	IV	V	
城村景区	I	0.363 9	0.391	0.219 4	0.025 7	0	II
	II	0.276 5	0.306 5	0.306 5	0.110 6	0	II－III
	III	0.248 2	0.255 9	0.3	0.125 3	0.070 6	III
云窝·天游·桃源洞景区	I	0.501 7	0.288 3	0.210 0	0	0	I
	II	0.362 8	0.362 8	0.274 3	0	0	II－I
	III	0.236 1	0.297 1	0.236 1	0.138 6	0.092 1	II
山北景区	I	0.341 3	0.366 8	0.204 8	0.087 1	0	II
	II	0.331 8	0.331 8	0.199 8	0.069 9	0.066 5	I－II
	III	0.298 6	0.298 6	0.216 3	0.120 5	0.066	I－II
溪南景区	I	0.308	0.504 8	0.187 2	0	0	II
	II	0.309 2	0.328 3	0.238 4	0.124	0	II
	III	0.233 5	0.248 4	0.197 5	0.163 6	0.157	II
武夷宫景区	I	0.373 9	0.420 8	0.205 3	0	0	II
	II	0.385 3	0.385 3	0.152 9	0.076 4	0	I－II
	III	0.255 9	0.278 2	0.191 9	0.161 3	0.112 5	II
九曲溪景区	I	0.412 9	0.348 9	0.268 0	0	0	I
	II	0.378 9	0.396 4	0.224 7	0	0	II
	III	0.268 9	0.305 8	0.243 1	0.119 7	0.062 6	II

（3）多级模糊综合评判

在二级评判结果的基础上，结合武夷山风景名胜区各景区生态环境质量评价指标中第一层各指标权重，得出多级模糊综合评价结果（表 8-6）。

表 8-6　武夷山风景名胜区各景区生态环境质量多级模糊综合评价结果

景区单元	质量分级					质量评定
	I	II	III	IV	V	
城村景区	0.311 0	0.334 1	0.187 5	0.107 1	0.060 3	II
云窝·天游·桃源洞景区	0.387 4	0.222 6	0.211 8	0.107 0	0.071 1	I
山北景区	0.310 3	0.333 5	0.186 2	0.109 6	0.060 5	II
溪南景区	0.224 5	0.468 0	0.073 8	0.119 3	0.114 4	II
武夷宫景区	0.293 5	0.330 3	0.161 2	0.126 6	0.088 3	II
九曲溪景区	0.340 4	0.288 4	0.220 9	0.098 7	0.051 6	I

根据表 8-6 结果以及各景区的权重值（表 8-3），进一步运用模糊综合评判得出武夷山风景名胜区环境质量评价结果为：$G = （0.335\ 2，0.283\ 6，0.191\ 1，0.109\ 5，0.080\ 5）$。根据最大隶属原则，武夷山风景名胜区环境质量为 I 级。

8.3.2　小结

对于生态环境质量评价，在评价过程中往往存在一些不确定因素（如资料收集不充分或人们认识上的局限性、差异性等），导致评价结果的不确定性，但采用模糊数学理论可提高评价结果的可靠性（范常忠等，1995）。本节运用模糊综合评判方法得出不同景区以及整个风景区生态环境质量综合评价结果：武夷山风景名胜区九曲溪与云窝、桃源洞景区生态环境质量同属Ⅰ级，另外 4 个景区（溪南、山北、武夷宫、城村）属于Ⅱ级，武夷山风景名胜区生态环境质量为Ⅰ级，说明武夷山风景名胜区生态环境质量属理想状态。

随着旅游业的快速发展，虽然武夷山不断吸引着大量游客，但是由于管理与保护科学到位，武夷山风景名胜区生态环境质量的总体情况仍很理想。对于各个景区，由于人类活动的差异而导致其生态环境质量不同，虽然相互之间有优劣之分，但是每一景区生态环境质量仍是良好。

本研究运用了现今生态环境质量评价所使用的常用方法层次分析法、模糊综合评判法，通过实际的应用，也证实了这些方法在环境质量评价应用中的科学性，然而，运用精确的数学方法来解决生态环境质量评价那样异常复杂与多变化的实际问题，理论上仍须不断地探索与完善。

8.4　武夷山风景名胜区旅游景区系统等级结构的分形分析

分形学因适合于描述大自然复杂的真实客体被广泛应用于各种研究方向，它同样为旅游景区系统等级结构研究提供了全新的理论支撑。分形体具有无标度性和自组织性特征，是自然优化结构；各种分形维数是度量分形体的特征参数。从组成要素看旅游景区系统许多旅游资源都具有分形性质，旅游景区是分形体的富聚区，而且从旅游景区系统等级、空间结构看也明显具有无标度性，因此，对旅游景区系统结构进行分形研究从理论上是可行的并且有着重要的理论意义。目前，分形理论应用于旅游景区的研究还处于初步阶段。本节试图运用分形理论对武夷山双遗产地旅游景区系统等级结构进行分形分析，以期对其等级结构的变化规律及趋势进行预测，为景区旅游管理和进一步开发提出参考。

8.4.1　景区系统等级结构研究的分形方法

在等级结构的分形分析中，2000—2003 年选取有代表性的景点如天游、武夷宫、一线天、虎啸岩、水帘洞、大红袍、莲花峰、遇林亭、九曲溪等 9 个景点，在此基础上 2004—2005 年增加了城村古汉城景区，分别把所选取景区（点）的年游客量分别当作一个离散型集合 x，通过计算它们的信息分维值 DI 来反映系统等级结构分布的变化性，计算出 Zipf 维数（张济忠，1995）q 来反映系统等级结构分布的模式，计算出差异度 C 来反映景区（点）体系的等级差异。

8.4.1.1　系统等级结构的信息维数及其测算方法和地理意义

用信息分维值 DI 来反映旅游景区（点）系统等级结构分布的变化性，其计算方法是将景区（点）游客量按大小顺序排列形成一个集合，用尺度为 r 的小盒子来覆盖这个分形集合，给每一个小盒子赋上一个编号 $i(i=1，2，3，\cdots)$ 则集合中分形对象落入第 i 个盒子的概率为 P_i。那么用尺度为 r 的小盒子所容纳的平均信息量可以用下式表达：

$$I(r) = -\sum_{i=1}^{N(r)} P_i \ln P_i \qquad (8\text{-}9)$$

集合的信息维数改变尺度 r 可得到一系列的 $I(r)$ 值。

$$DI = \lim_{i=0} \frac{I(r)}{\ln(1/r)} \qquad (8\text{-}10)$$

对 DI 的实际计算（吴敏金，1994），由于当 $r \rightarrow 0$ 时，$\log N(r) \sim -d \cdot \log r + \log c$，针对方程 $I(r) = d\log r + b$，$r = 1，2，\cdots，k$，用最小二乘法计算出 d 和 b，其中 d 就是 DI，可以用来反映等级规模分布的均衡性和偏倚性。

游客量在一定程度上反映了该景区（点）的旅游吸引力大小。信息维数反映景区（点）系统等级的规模分布和景区整体游客规模增强性，表现为各景区（点）在区域内对游客的分配比例关系和整个景区旅游吸引力的大小。当 $DI = 0$ 时，表明区域中只有一个景区（点）具有旅游吸引力，当 $DI = 1$ 时，表明区域中所有景区（点）旅游吸引力或者游客规模相当，旅游流平均分配，区域整体的旅游吸引力降低。一般来说，DI 值越大，区域内各景区（点）旅游吸引力水平或者游客规模分布越平均，旅游流分配也越平均，景区之间的吸引力的相互增强性越低，甚至相互减弱，导致景区整体的旅游吸引力减弱，旅游流总量变小，从系统结构的紧致性和自组织程度而言，就表现为越松散和自组织化程度低（戴学军等，2006）。

8.4.1.2　旅游景区（点）系统的 Zipf 维数及其测算方法和地理意义

把旅游景区（点）历年游客量分别按由大到小的顺序排列，并给其序号 $K(K=1，2，\cdots，N)$，用系统等级规模分布的 Pareto 形式即 $N(r) \propto r^{-D}$，经变换可以得到 Zipf 维数公式：

$$P(k) = P_1 K^{-q} \qquad (8\text{-}11)$$

式中，K 为景点序号（$K=1，2，\cdots，N$，N 为系统中景点的个数）；$P(k)$ 为序号是 K 的景区（点）游客量；P_1 为首位景点的评价值；q 为 Zipf 维数。类比 Hausdorff 维数的定义 $N(r) \propto r^{-D}$ 可知，$q = 1/D$，D 就是景点等级规模分布的分维值（刘继生和陈彦光，1998）。

对于 q 的计算，对式 $P(k) = P_1 K^{-q}$ 取对数得：

$$\ln P(k) = \ln P_1 - q\ln K \qquad (8\text{-}12)$$

运用式(8-12)求得一系列数据对($\ln P(k)$，$\ln K$)，对其进行回归计算，求出 q，然后可得 D。

Zipf 维数 q 和分维 D 也反映出区域内游客量等级结构的规模分布模式，表现为各旅游景区(点)对旅游流的分配模式和在整体效应上是增大还是减少的，但不能判别整体的旅游流总量的大小，同时还反映首位景点的中心性作用的强弱。一般而言，当 $q=1$ 时，$D=1$，Carroll 称此种形态为约束型位序—规模分布。当 $q>1$ 时，$D<1$，这时生态旅游环境质量规模分布比较分散，分布差异程度较大，首位景区的垄断性较强。当 $q<1$ 时，$D>1$，此时景区(点)的等级规模分布比较集中，旅游流的分布比较均衡，中间位序的景区较多，区域整体性增强的效应已经开始降低。

Zipf 维数和信息维数 DI 都可以用来分析景区(点)旅游吸引力或者游客量等级结构的规模分布，反映系统要素规模分布的均衡性及系统的紧致性特点，表现旅游流的分配特性和整体性效应的增强程度。两种方法用于景区(点)系统等级结构的研究的分形方法，其结论是一致的，但两者之间不成绝对的比例关系(刘继生等，1998)。大致说来，DI 为 0.8 左右时，区域城镇规模分布为 Zipf 模式，当 DI 值下降到 0.3~0.7 之间时，系统等级规模为对数正态分布。

8.4.2 信息维数的计算

对所选取景区(点)历年的游客量进行分形分析，为便于计算和分析，游客量单位采用万人。应用上述信息维数的计算公式，通过对景区(点)的历年游客量数据的计算，得出景区的信息维数计算数据(表8-7至表8-12)，然后通过信息维数的实际计算方法，得出武夷山风景名胜区系统等级结构的信息维数 DI(图8-2)。

表 8-7　武夷山风景名胜区 2000 年景区(点)系统信息维数计算数据

r	1.5	3	4.5	5.5	9.5	8.5	10	12
$I(r)$	2.287 3	1.8	1.7	1.6	1.5	1.4	1.3	1.149
r	14	17	20	24	28	32	35	
$I(r)$	1.368 9	1.2	0.9	0.8	0.6	0.6	0.5	

表 8-8　武夷山风景名胜区 2001 年景区(点)系统信息维数计算数据

r	2	3	6	9	10	12	17
$I(r)$	1.889 2	1.677 0	1.523 0	1.427 1	1.214 9	1.149 1	1.002 7
r	23	25	27	30	31	35	37
$I(r)$	0.683 7	0.864 0	0.848 7	0.805 8	0.965 0	0.683 7	0.529 7

表 8-9　武夷山风景名胜区 2002 年景区（点）系统信息维数计算数据

r	1.5	3	4	6	7	9	10
$I(r)$	2.197 2	2.043 2	1.889 2	1.677 0	1.735 1	1.523 0	1.464 8
r	13	14	15	20	22	27	
$I(r)$	1.523 0	1.273 0	1.214 9	0.848 7	0.683 7	0.529 7	

表 8-10　武夷山风景名胜区 2003 年景区（点）系统信息维数计算数据

r	2	4	6	7	11	13	14	18
$I(r)$	2.197 2	1.889 2	1.735 1	1.645 0	1.677 0	1.214 9	1.002 7	1.002 7
r	20	22	24	26	28	30	34	36
$I(r)$	1.149 1	1.214 9	1.060 9	0.965 0	0.936 9	0.848 7	0.636 5	0.529 7

表 8-11　武夷山风景名胜区 2004 年景区（点）系统信息维数计算数据

r	2	5	6	10	12	15	17
$I(r)$	2.133 3	1.921 1	2.011 2	1.613 1	1.465 1	1.413 2	1.259 2
r	20	24	29	30	32	40	
$I(r)$	1.465 1	1.311 1	1.047 0	0.956 9	0.828 1	0.615 9	

表 8-12　武夷山风景名胜区 2005 年景区（点）系统信息维数计算数据

r	6	9	11	14	16	20	28	30	34
$I(r)$	2.13	1.921	1.67	1.708	1.465	1.3	1.092	0.938	0.828
r	33	12	73	95	13	11	82	79	05

表 8-13　武夷山风景名胜区历年景区（点）系统信息维数

2000 年		2001 年		2002 年		2003 年		2004 年		2005 年	
D_1	R^2	D_1	R^2	D_1	R^2	D_1	R^2	D_1	R^2	D_1	R^2
0.531	0.950 3	0.420 7	0.939 3	0.663 6	0.919 3	0.534 4	0.919 7	0.497 2	0.886 4	0.75	0.974 4

由表 8-8～表 8-13 和图 8-2 可以看出，可以用信息维数来分析武夷山风景名胜区景区（点）系统的等级结构，并且景区（点）系统具有很好的分形特征；虽然 2000—2005 年武夷山风景名胜区景区（点）系统信息维数 DI 出现了一定的波动，但总体来看 DI 随时间有增大的趋势。2001 年系统信息维数 DI 最小为 0.420 7，2004 年次之为 0.497 2，其余年份均超过了 0.5，2005 年达到了 0.75，这说明武夷山风景名胜区景区（点）系统等级规模分布有逐渐变集中，均衡性逐渐变强，等级规模差异变小，旅游流的分布有变均匀的趋势，但系统的结构趋向于松散，自组织化程度趋向于变低。但是从图表数据值分析可以看出景区系统的等级结构已经比较紧致，分析其原因，可能是武夷山风景名胜区高级别的景区（点）如九

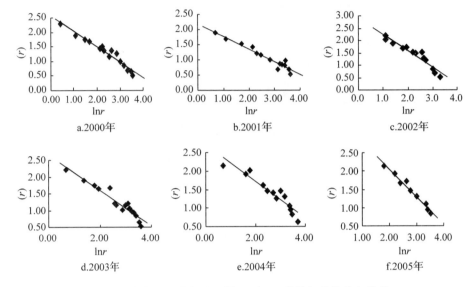

a.2000年　　b.2001年　　c.2002年

d.2003年　　e.2004年　　f.2005年

图 8-2　武夷山风景名胜区景区(点)系统等级结构信息维数

曲溪、天游的中心性作用非常强,在这种结构下整体的对外吸引力很强,内部的协同性也较好,但是由于中心性的"阴影"它也大大降低了新的景点产生的几率(戴学军等,2006),使得在系统内部成功开发新的旅游景点变得比较困难,这样又有违于旅游景点的生命周期理论的原则。2004—2005 年 DI 值变大是和城村古汉城景区的开发加大了系统整体的松散性有关,因此加大城村景区保护、宣传力度对于提高整个景区对外吸引力,降低系统的松散性有重要意义。

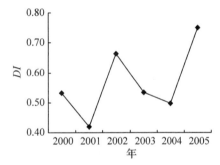

图 8-3　武夷山风景名胜区景区(点)系统等级结构信息维数变化趋势

另外,图 8-2 和图 8-3 还反映了系统等级结构规模分布的偏倚性。从频率偏倚性来看,2002 年、2003 年和 2004 年偏倚性有变大的趋势,这说明系统等级规模的分形结构趋向于多样化。

8.4.3　Zipf 维数和分维 D 的计算

由于首位景点对于 Zipf 维数的计算影响比较大,本研究把首位景区(点)排除在计算之外。运用上述 Zipf 维数和分维数 D 的计算公式,对武夷山风景名胜区系统的数据进行计算,得出其历年等级结构的分维值 D(表 8-14),再将系统的等级结构的分维计算数据绘成双对数坐标图(图 8-4)。

表 8-14　武夷山风景名胜区历年景区（点）系统分维值表

2000 年		2001 年		2002 年		2003 年		2004 年		2005 年	
D	R^2	D	R^2	D	R^2	D	R^2	D	R^2	D	R^2
0.823 3	0.621 7	2.185 1	0.894 7	1.995 6	0.958	1.509 7	0.987 6	1.142 5	0.939 5	0.605	0.849 1

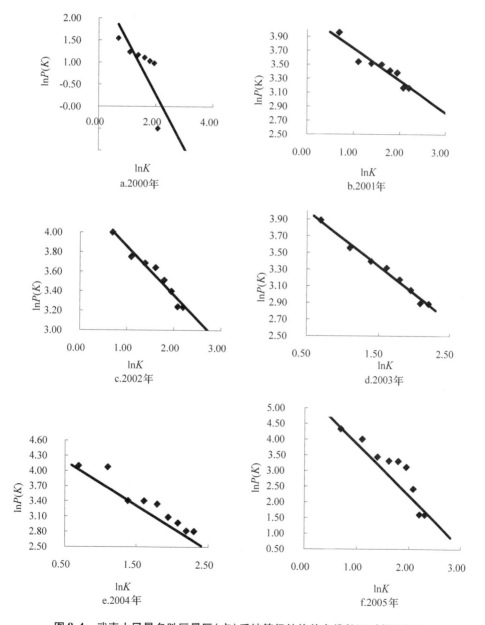

图 8-4　武夷山风景名胜区景区（点）系统等级结构信息维数双对数坐标图

分维数原本是确定几何对象中的一个点的位置(系统中的一个相位)所需要的独立坐标的数目,其大小在某种意义上可以表征系统控制变量的多少。从等级结构的规模分布模式来说,分维数在 1.0 左右为 Pareto 分布模式,上升到 2.0 时为对数正态分布。

2001—2004 年,D 均大于 1,这说明景区(点)游客规模分布比较集中,游客量比较均衡,游客量处于中间位序的景区(点)较多。而 2005 年 $D<1$,说明景区(点)游客规模分布比较分散,游客分布差异程度较大,首位景区(点)的垄断性较强。这由原始数据分析以及 3.1 的分析也可以看出。

2001 年、2002 年的分维值 D 处于 2.0 左右,说明景区(点)系统等级结构非常紧致,具备非常明显的对数正态分布模式。2003 年、2004 年系统等级结构分维值均大于 1.0,说明系统等级结构变得稍微松散,规模分布为比较正规的Pareto 分布模式。2005 年系统等级结构分维值 D 最小,这与该年份系统的信息维数最大及其成因是一致的(图 8-5)。

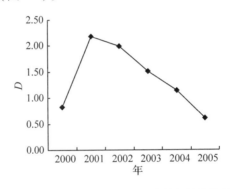

图 8-5 武夷山风景名胜区景区(点)系统等级结构维数变化趋势

由图 8-4 还可以看出,除 2000 年之外,各年份系统的等级结构都具有非常明显的分形几何结构特征,其中 2003 年系统等级结构的双对数图拟合效果最好,最具有 Zipf 维数的分形特征,2004 年景(区)点系统已经具有一定的分异,而 2005 年系统的双分形结构分异比较大,形成这种结构特征的最主要原因还是系统中心性高级别景区(点)的存在,还有一个重要原因就是由原始数据分析,莲花峰、遇林亭景点的游客量逐年下降并且下降幅度比较大,由 2001 年、2002 年 25 万人下降到 2005 年 4.9 万人,这也是 D 值变小并且 2005 年系统的双分形结构分异比较大的一个重要因素,因此增强这两个景点的吸引力也是旅游管理开发的一个重点。这种双分形结构分异逐渐变大的特征很可能会出现这样一个发展趋势,即系统在不同尺度上出现不同的等级结构模式,即出现分形拐点,这说明景区(点)体系在等级规模分布上存在一定程度的对称破缺(刘继生等,2001)。

景区(点)系统的规模分布分维值 D 在 2001 年出现了峰值为 2.185 1,其后逐年降低(zipf 维数逐年增大),这说明 2001 年之后,武夷山风景名胜区游客规模较大的景区(点)发展较快,中小规模的景区(点)发展相对较慢,从而使整个景区的等级差异变大。这与由原始数据直接计算分析系统的差异度结论是一致的(表 8-15),由于篇幅所限,计算过程不再赘述。这说明武夷山风景名胜区精华景区(点)与非精华景区(点)游客量差异变大,如天游景区及九曲溪景区游客量规模发展迅速,而一些景区规模则呈下降趋势,如莲花峰和遇林亭。

表 8-15 武夷山风景名胜区历年景区(点)系统差异度

2000 年	2001 年	2002 年	2003 年	2004 年	2005 年
0.644 5	3.194 0	3.128 3	4.557 0	7.004 0	12.941 0

游客规模的这种发展趋势虽然从信息维数 DI 分析来看体现还不明显,这可能与有的学者提出的信息维数和 zipf 维数的应用规模水平有一定的差异有关,也可能因为这种发展趋势在所研究尺度上还没有引起信息维数发生改变,也就是说可能这种规模差异还没有到达拐点尺度,因为分形具有尺度依赖性。这也值得引起景区旅游管理部门的注意,虽然从整体分析武夷山风景名胜区的游客量还没有超过它的承载力,但是像天游和九曲溪景区游客规模若任其发展,可能会引起一系列生态环境问题,而其他景区得不到充分的发展。

8.4.4 小结

本节主要用信息维数和 Zipf 维数两种方法来研究历年武夷山风景名胜区景区(点)系统等级结构,并用由 Shannon 信息熵引申的差异度概念进行辅助说明,发现研究结果是一致的。虽然历年情况出现了一定的波动和分异,但是总体来讲武夷山风景名胜区系统等级结构具有较好的分形特征。综合两种方法的研究结果发现,虽然武夷山风景名胜区系统规模等级结构比较紧致、均衡,旅游流分配比较集中,但是系统差异有变大的趋势,系统的结构趋向于松散,自组织化程度降低。从此分析入手,找到了系统等级结构优化的途径:第一,采取管理开发措施,调节各景区(点)之间的游客量,加大景区(点)之间的旅游吸引力的相互增强性,使更多的景点发挥"中心性"作用。第二,注意成功地开发新景点,新景点的开发要以能提高系统的整体性为前提。

从分维值来考察系统等级结构的分形特征,可以知道其结构分布模式及其变化规律,通过分布模式知道其控制参量数目的多少,把握系统控制参量的一些数理特征,如几何结构等,然后可以根据模式进行一定的演绎,这是系统等级结构优化的分形技术手段的基础。信息维数用来考察系统的等级结构,主要可以寻求系统信息熵的变化率,根据变化率来考察控制参量变化对系统结构影响的变化快慢,从而考虑如何控制参量的变化来调节系统结构变化的趋向,它不仅能反映系

统等级的几何结构，而且还反映一定的代数结构，是通过分形技术手段对系统等级结构优化成效进行考察的依据。

本研究中首次用分形方法对历年武夷山风景名胜区景区（点）系统等级结构进行研究，对系统分形结构的分形度量进行了计算，以期对其等级结构变化趋势进行预测，为景区旅游管理和进一步开发提出参考建议。但是用分形方法对景区等级结构进行研究还比较少见，尤其是基于游客量进行该研究几乎未见报道。从研究结果看，历年情况出现了一定的波动和分异并且仅从研究结果看用信息维数和 zipf 维数不是完全吻合，但是用 Shannon 信息熵引申的差异度进行补充分析说明，以及从分形的尺度依赖性分析，发现两者研究结果实质上并不矛盾。但是，这也说明自然现象的复杂性以及各种分形方法的局限性，因此，基于分形的景区等级结构研究模式还有待于进一步的完善与提高。

第9章 武夷山风景名胜区与周边社区的博弈关系

旅游地社区居民在旅游发展过程中扮演着非常重要的角色。空间的紧密性、资源的互动性使旅游社区居民在旅游社区发展建设的许多方面都处于主体地位。利益博弈是当前风景名胜区社会系统最为突出的主题之一。为此，如何在旅游发展中为利益博弈提供制度安排、如何解决利益博弈过程中不可避免的矛盾和冲突、如何保障利益博弈相对公正等问题亟待解决。

9.1　武夷山风景名胜区参与式农村评估

武夷山风景名胜区与其附近社区居民在社会、经济、文化等方面有密切的联系，能否得到当地居民的支持直接关系到遗产资源的保护和管理的成败。但长期以来，世界遗产的保护与开发几乎都处于相关管理机构的"垄断式"管理，无论是遗产的保护还是遗产的旅游开发都将遗产地社区排斥在外，从而导致遗产地社区同管理部门的很多矛盾及冲突，对世界遗产的保护与旅游开发都产生了一些负面影响。本节采用乡村快速参与式评估方法，对武夷山风景名胜区周边地区的社会经济状况、土地、水利、森林资源利用方式、存在的问题和冲突、可能解决的途径等进行调查，并分析了社区居民对世界遗产的态度以及旅游影响，旨在为武夷山风景名胜区与周边社区居民的协调发展提供参考依据。

9.1.1　评估方法

9.1.1.1　PRA 简介

参与式农村评估（participatory rural appraisal，PRA），是强调当地人参与，由外来者协调和帮助，对当地人进行调查和分析，分享调查和分析结果的一种方法。它是在国际上 20 世纪 80 年代广泛运用的农村快速评估（rapid rural appraisal，RRA）调查法的基础上，结合其他调查研究法（如农业生态系统分析、运用人类学调查方法、农耕系统研究等）经过多年的发展演变，于 90 年代初发展起来并迅速推广运用的农村社会调查研究方法。参与式农村评估被称为"来自农户、与农户一道和依靠农户学习了解农村生活和条件的一种方法和途径"。PRA 的方法和途径发展很快，很难给出一个精确和最终的定义。随着 PRA 的发展，它将还会产生一些有意义的变化。可以这样理解 PRA：它是一种参与式的方法和途径，在外来者的协助下，使当地人能运用他们的知识分析与他们生产、生活有关的环境和条件，制订今后的计划并采取相应的行动，最终使当地人从中受益。

PRA 调查是通过多学科的人员构成的调查队伍，把社会科学与自然科学结合起来，应用参与式的工具与行为，和当地相关利益群体一起，进行信息的交流与分享。它吸取了经济学、社会学、人类学、测量绘图学、数学等方法，是一系列方法的总和。该方法是为了提高当地社区参与与之切身利益相关活动的能力，它改变了社区居民在工作中的从属角色，这种方法在许多国际发展项目中已取得了很大的成功（Hocking *et al.*，1998）。

9.1.1.2　PRA 调查过程

（1）调查准备

成立 PRA 工作小组并对成员进行调查工具培训。

（2）资料收集

具体资料包括：①武夷山风景名胜区及周边社区的出版物，公开的文件，规定，地图的收集，村的大事记、乡志、县志获得调查村落的资源、人口、土地利用、能源使用以及社区需求情况；②风景区管理局的管理机构设置、建设情况、员工情况、财政收支、法规政策、景区规划情况的建设和规划方面的资料；③交通、植被、水资源、农作物种植、住房结构、乡土风俗、基础设施、地形地貌、社区可获得的服务（学校、医疗、教育娱乐设施）等资料。

（3）半结构访谈

半结构访谈是指有一定的采访主题和提前拟订的采访提纲，但在采访过程中又不局限于单一、狭窄的主题，而是围绕主题向受访者进行开放式提问，由受访者介绍对事件的看法、愿望和态度（黄文娟等，2005）。调查组成员首先访问社区的行政管理人员（一般是村长或村书记），主要是了解村落各方面的基本社会信息，包括：人口、教育、经济、资源利用状况等、景区管理局与社区的合作与冲突等。此外，还通过与县政府、风景区管理局的访谈中了解了风景区管理情况、遗产保护中社区参与情况、与社区的冲突、旅游收益等方面。

（4）入户问卷调查

根据收集来的本地调查资料反映的各个社区基本情况，选择样本村并设计入户调查问卷。本次调查采取聚点整群抽样（按自然村落发放问卷）与随机抽样（在田间或道路上拦截访问）相结合的方式。在参考其他相关研究（黄文娟等，2005）的基础上，结合武夷山风景名胜区周边社区的实际情况，在武夷山街道办、星村镇、兴田镇共选取 8 个村落进行问卷调查。

2009 年 5 月进行入户调查，每村选取富裕、中等、贫穷各 16 户进行调查，以访谈形式进入农户家庭获取相关信息。为避免其他家庭成员对被调查者观点的影响，调查采取面对面访谈的形式。同时，为消除调查者对所问问题回答的偏见和敏感性，调查前事先向被调查者解释了调查是用于科学研究。问卷包括以下几个方面的信息：调查对象的性别、年龄、文化程度、家庭收支、生产情况、资源运用等经济本底状况；当地居民对武夷山风景名胜区的态度以及对景区政策的认知；社区居民对武夷山风景名胜区加入世界双遗产地前后的态度变化；当地社区居民参与武夷山风景名胜区旅游的现状；武夷山风景名胜区开展生态旅游对当地居民的影响等。问题设计采用封闭式和开放式两种形式。封闭式问题是为了获得可以进行统计研究的数据，分析不同社会经济特征的社区居民对保护区的态度。开放式问题一般在几个封闭式问题的后面列出，以便深入分析探讨社区居民的需求以及与风景区管理局的关系。

（5）小组讨论

小组讨论用于对农户问卷调查中发现的问题作进一步了解，同时对共同感兴趣的问题作公开讨论，共同寻找解决方法。在进行问卷调查的同期，在调查村落分别进行了小组讨论，参加讨论的有风景区管理人员、乡（镇）政府乡长（镇长）、村委会主任、农户代表等。

9.1.1.3 数据分析

利用 Logistic 回归对问卷收集数据进行统计分析。Logistic 回归分析是用来评估各种人口统计学和社会经济学中诸多因素相关重要性的统计学方法（Xu *et al.*，2006）。根据因变量取值类别的不同，Logistic 回归可以分为二值多元 Logistic 回归分析（Binary Logistic）和多项多元 Logistic 回归分析（Muitinominal Logistic）。前者应变量只能取两个值 1 和 0（虚拟因变量），而后者因变量可以取多个值。

Binary Logistic 的基本原理如下：Binary Logistic 主要用于解决在定性二态因变量与一系列自变量之间建立模型的问题。与一般回归模型不同的是，Logistic 回归不是直接使用定性因变量的观测值，而是求出事件分别是 0 或 1 时发生的概率，然后用这些概率值和自变量建立回归模型。此模型用式（9-1）来估计事情发生的概率：

$$p = \frac{1}{1 + e^{-z}} \tag{9-1}$$

式中，Z 是变量 X_1，X_2，$\cdots$，X_p 的线性组合，X_i 代表第 i 个变量。

$$Z = B_0 + B_1X_1 + B_2X_2 + \cdots + B_pX_p \tag{9-2}$$

事件的发生比（odds）是指事件发生的概率与不发生的概率之比，即 $\frac{p}{1-p}$，根据式（9-1）和式（9-2），可得最终的对数方程为

$$\ln\left(\frac{p}{1-p}\right) = B_0 + B_1X_1 + B_2X_2 + \cdots + B_pX_p \tag{9-3}$$

综合运用了 Binary Logistic 和 Muitinominal Logistic 两种方法来分析被调查对象不同社会经济因子对其认知和态度的影响程度。对于每一个 Logistic 回归模型，每个社会经济因子变量都进行回归系数 *B*，回归系数标准误差 *S. E.*、检验回归系

数统计量 Wald、P 值、OR 值 Exp(B)等的数据统计。

9.1.2　社区经济本底分析

9.1.2.1　社区经济总体情况

本次调查在 3 个乡镇(街道)随机抽取了黎源、前兰、星村、公馆、天心、高苏板、南源岭、仙店 7 个村庄，共发放问卷 320 份，收回有效问卷 304 份，有效率高达 95%。不同村庄之间的经济水平和主要经济来源有很大的差异(表 9-1)。其中，天心村和公馆村较富裕，星村和仙店属于中等水平，黎源和前兰是 2 个贫穷村。

表 9-1　样本村庄的基本情况

乡镇、街道	村庄	问卷量 (份)	人均耕地 (亩)	人均林地 (亩)	人均年收入 (万元)	主要经济来源
武夷街道	高苏板	42	2.29	2.24	4.01	打工、务农
	天心	33	1.6	20.5	10.62	茶叶、打工
	公馆(三菇)	54(12)	1.2	0.24	6.82	打工、开店、运输
星村镇	星村	45	2.49	1.5	5.44	景区、茶厂打工
	前兰	24	3.17	11	3.73	打工、种田、烟草
	黎源	40	7.45	3.64	3.64	打工、种田
兴田镇	南源岭(旧村)	34(11)	4.4	2.1	4.02	葡萄、打工、种田
	仙店	32	5.1	0.9	5.08	种田、开店、打工

经调查发现，天心村村民的主要经济来源是茶叶，村民几乎每家都有规模不等的茶厂，平均年收入高达 10.62 万/人；公馆村由于距景区很近，林地和耕地很少，大部分收入来源于旅游，如开店、运输等，著名的三菇度假区就属于公馆村的一个小组；星村村位于九曲溪下游竹排停靠点附近，景区管委会和竹排公司在星村内大量招工，因此村民大部分收入来自景区务工；黎源村年人均收入最低，该村距离景区较远，武夷山开展旅游对该村的经济发展几乎没有影响，村民的主要经济来源依然是外出打工和种田。村民外出打工的比例较高，尤其是村庄耕地和林地较少距景区较远的村庄，年轻人一般去外地从事服务、建筑、普工等技术含量极低的工作，老人及妇女多在村庄附近的茶厂做工，收入有限。打工的信息来源主要有：亲戚朋友介绍或自己找，信息来源的渠道狭窄。生活能源方面，多数村民表示主要使用电和液化气，只有偶尔(如断电的情况下)才使用薪柴，主要来自自家农地或购买附近工厂的废料，且现有薪柴量基本能满足需求。

9.1.2.2　村民生活中存在的困难及对风景区的期望

解决当地居民面临的困难，是实现进一步发展的关键(甄霖等，2006)。调查

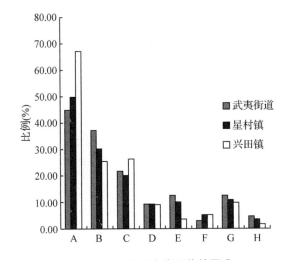

图 9-1　村民生活生产面临的困难

A 缺乏资金；B 缺乏信息；C 缺乏实用技术；D 农作物价格低；E 景区管
理太严；F 交通不便；G 其他；H 无困难

表明，只有极少数的村民表示没有什么困难（图 9-1），村民最普遍的困难是缺乏资金、信息和实用技术。问卷中除给定的答案外，还让农户根据自己实际情况来填写生活中的困难（表 9-2），答案主要是集中在无钱治病、子女上学负担重、土地征用后补偿太少以及老人生活困难等几个方面。大部分村民表示，随着风景区旅游的发展，交通越来越便捷，但居住在景区内的村民（如前兰、公馆）则表示道路封闭管理，景区内不准停车的规定给其出行、购物带来不便。

在与当地人访谈时，村民们表示在投资经营项目时缺乏资金，希望景区管理局能够扶持提供小额信贷以解决农民贷款难的问题。距景区较近的村庄耕地和林地很少，主要依靠打工来维持生活，收入不稳定，希望景区管理局通过招工的方式解决就业问题，特别是给中老年人提供更多的就业信息。加入世界双遗产地后，景区附近村民的土地大部分被征用，但土地征用后补偿不足，村民希望风景名胜区或政府多给农民补贴。天心村村民多数家有茶厂，生活较富裕，他们则希望政府加大对中小企业的扶持力度，最好对茶叶统一管理、经销，多引进相关的企业前来购买茶叶，建立茶叶稳定的销售渠道。很多村民由于缺乏致富信息和实用技术"不知道做啥好"，希望景区管委会组织一些这方面的培训。此外，村内的困难户和孤寡老人数量较多，希望当地政府能提供帮助解决老人的生活问题。在谈及是否愿意搬迁时，多数村民表示同意搬迁，还有 20.7% 的人表示只要距离不太远可以接受，他们普遍认为只要政府能提供安家费，他们更愿意搬到交通便捷、规划较好的城镇居住。

表 9-2　村民生活中的其他困难以及对风景名胜区的期望

乡镇	村庄	生活生产面临的困难（其他）	对风景名胜区的期望
武夷街道	高苏板	1. 年龄大了，生活不方便 2. 机场占地，补偿少	1. 经济方面给予支持 2. 给中老年人提供就业信息、技能培训 3. 景区要免费对村民开放 4. 希望村委会安排工作
	天心	1. 孩子读书距离远 2. 茶叶销售渠道太少 3. 生活水平差距很大	1. 对茶叶统一管理、经销 2. 在本村建个学校 3. 安排工作，提供就业机会 4. 望政府加大对小企业的扶持力度
	公馆(三菇)	1. 没有田地，打工收入不稳定 2. 家有病人，花费很多 3. 加入世遗地后，道路封闭管理，出入景区不方便	1. 给村民提供就业机会 2. 望政府提供更多的财政支持 3. 政府提供更多的惠农政策
星村镇	星村	1. 孩子读书负担重 2. 生活来源全靠种茶，收入单一 3. 土地征用，地太少	1. 提供资金和政策支持 2. 提供更多的就业机会 3. 多给农民补助
	前兰	1. 交通改道，前兰路口不准停车，村民需绕道出行 2. 征山林变为风景区后，补偿少 3. 村委不接受群众意见，弱势群体得不到应有的保护	1. 望政府提供财政支持 2. 提高农产品的价格 3. 给能源补贴
	黎源	1. 看病困难，花钱太多 2. 家里 2 个儿子都未婚，娶亲花费大 3. 不知道该怎么投资 4. 对政策不了解	1. 提供医疗补助 2. 政府发给老人养老金 3. 多给农民提供补助和财政支持 4. 提供资金和就业信息、技术
兴田镇	南源岭(旧村)	1. 生意竞争激烈 2. 茶农交通不便	1. 政府给茶农更多的惠农政策 2. 提供就业机会 3. 希望村里给予孤寡老人更多的照顾
	仙店	1. 征用农地办厂补偿少，不让村民进厂做工 2. 孩子读书负担重 3. 购物不很方便 4. 对老人和老干部不够关心	1. 希望政府给农民更多的补贴 2. 多给农民好政策，并执行到位 3. 制定照顾老人的政策 4. 望政府派大学生村官到村行政

9.1.3　村民对风景区的认知和态度

9.1.3.1　村民对武夷山风景区的认知

由表 9-3 可知，武夷街道、星村镇、兴田镇 3 个乡镇居民知道武夷山被评为世界自然文化遗产地的比例分别是 89.15%、86.24%、74.24%，这说明周边社

区居民对武夷山风景名胜区的了解程度较高，但在是否会主动参与遗产保护活动和宣传遗产保护的观念两个问题上，村民持否定态度的比例明显增大，部分村民表示是否保护遗产资源与自身关系不大，说明村民的遗产保护意识较低，主动性和积极性不高。

被调查者对风景名胜区功能的认知方面（表9-3），认为建立风景名胜区管理局的功能在于保护遗产资源与生态环境的村民最多，分别占到3个乡镇被调查村民的92.25%、85.32%、90.91%，其次是支持帮助当地经济的发展以及规范社区的旅游活动。说明村民既认同风景名胜区管理局在保护遗产资源与生态环境方面所起的作用，同时也希望管理局在社区经济发展方面起到应有的作用，尽快帮村民摆脱贫困，实现遗产保护与经济发展的"双丰收"。

表 9-3　村民对风景名胜区管理局功能的认知

功　能	武夷街道办	星村镇	兴田镇
保护遗产资源与生态环境	119(92.25%)	93(85.32%)	60(90.91%)
科普教育与科学研究	12(9.30%)	6(5.50%)	3(4.55%)
教学实习与培训	6(4.65%)	1(0.92%)	3(4.55%)
支持帮助当地经济的发展	113(87.60%)	87(79.82%)	52(78.79%)
规范社区的旅游活动	36(27.91%)	24(22.02%)	9(13.64)
对游客行为进行监控	22(17.05%)	18(16.51%)	9(13.64%)
其他	1(0.78%)	3(2.75%)	1(1.52%)

社区居民对风景区现行政策的认知情况见表9-4，对于风景区名胜区的现行政策，武夷街道51.16%的村民表示了解，48.84%的村民不了解；星村镇62.39%的村民了解，37.61%的村民不了解；兴田镇56.06%的村民了解，43.94%的村民不了解。不同政策实施的结果对社区居民的影响不同，以村民对风景名胜区的现行政策是否满意来评价其效果，见表9-4，3个镇的村民满意的比例分别是53.49%、31.19%、22.73%，不满意的比例为44.19%、63.31%、69.67%。此外，还有部分村民表示不清楚自己是否满意，这或许说明了3个问题：①他们对风景区的现行政策不够了解，对问题无从回答；②风景名胜区的建立对他们的影响很小，他们并未从旅游中得到好处，也未蒙受损失；③他们以前没有接受过此类问卷调查，从来没有考虑过问卷中的问题，一时难以作出判断。

表 9-4　村民对武夷山风景名胜区的认知

问　　题	武夷街道		星村镇		兴田镇	
	是	否	是	否	是	否
是否知道武夷山被评为世界遗产地	115(89.15%)	14(10.85%)	94(86.24%)	15(13.76%)	49(74.24%)	17(25.76%)
是否会主动参加遗产保护活动	93(72.09%)	36(27.91%)	56(51.38%)	53(48.62%)	45(68.18%)	21(31.82%)
是否主动宣传遗产保护的观念	86(66.67%)	43(33.3%)	52(47.71%)	57(52.29%)	42(63.64%)	24(51.52%)
对风景名胜区的现行政策是否了解	66(51.16%)	63(48.84%)	41(37.61%)	68(62.39%)	37(56.06%)	29(43.94%)
对风景区名胜区的现行政策是否满意	69(53.49%)	57(44.19%)	34(31.19%)	69(63.31%)	15(22.73%)	46(69.67%)

社区居民的遗产保护意识及其对风景名胜区的现行政策的认知在一定程度上受到个人社会经济特征的影响，用 Logistic 回归模型来分析被调查对象不同社会经济因子对其认知的影响程度。Logistic 回归模型的结果表明(表 9-5)，对问题 8 的认知与被调查村民的性别、年龄和文化程度相关，其中与文化程度关系最为密切，文化程度较高的村民会更加关注风景名胜区的情况，知道武夷山被评为世界遗产地的比例较高；对问题 9 的认知与被调查居民的性别、年龄、文化程度及收入相关，其中与年龄因素关系呈显著负相关，年轻人相对于老人更加积极主动地参加遗产保护活动；对问题 10 的认知与被调查者的文化程度和收入相关，文化程度和收入较高的村民相对于文化程度低、收入偏低的村民，更加积极主动的宣传遗产保护的观念；对问题 11 的认知与被调查者的性别、文化程度、收入相关，其中与文化程度关系最为密切；对问题 12 的认知与被调查者的性别、文化程度、与是否在风景区务工相关，其中与是否在风景区务工关系最为密切，本人或家庭成员在风景区务工的村民对风景区政策的满意度更高，这是因为这部分村民在景区内务工收入稳定，生活水平较以前有很多提高，而没有在风景区务工的村民由于土地被征用后，失去固定收入来源，生活水平降低，对风景区政策持反对态度。此外，性别是影响村民对于风景名胜区认知程度的一个极其重要的影响因素，男性在对于遗产资源的认识、保护意识以及对风景区政策的认知方面要远远高于女性，这与风景区的政策传达方式和传统习惯有关，男性居民通常作为家庭代表参加风景区组织的相关会议和活动，因此其对风景区的认知程度和遗产保护意识高于女性。家庭人口数与村民对风景区的认知影响不显著。

表 9-5　村民对于风景名胜区认识程度的影响因素

问题	特征	统计参数					
		B	S. E.	Wald	df	P 值	Exp(B)
是否知道武夷山被评为世界遗产地	GEN **	0.922	0.389	5.602	1	0.017 **	2.515
	EDU ***	1.265	0.330	14.689	1	0.000 ***	3.546
	AGE ***	−0.951	0.260	13.374	1	0.000 ***	0.385
	HHS	0.135	0.119	1.271	1	0.259	1.144
	INC	−0.013	0.048	0.079	1	0.778	0.986
	SSW	0.652	0.549	1.410	1	0.235	1.920
	Constant	0.654	1.240	0.278	1	0.597	1.924
是否会主动参加遗产保护活动	GEN **	0.541	0.262	4.253	1	0.039 **	1.718
	EDU **	0.367	0.170	4.665	1	0.030 **	1.443
	AGE **	−0.524	0.167	9.775	1	0.001 **	0.591
	HHS	−0.082	0.090	0.818	1	0.365	0.921
	INC **	0.089	0.039	5.083	1	0.024 **	1.093
	SSW *	0.601	0.351	2.931	1	0.086 *	1.824
	Constant	0.544	0.827	0.433	1	0.510	1.724
是否主动宣传遗产保护的观念	GEN	0.358	0.245	2.130	1	0.144	1.431
	EDU **	0.333	0.158	4.440	1	0.035 **	1.395
	AGE	−0.200	0.154	1.679	1	0.194	0.818
	HHS	−0.040	0.086	0.219	1	0.639	0.960
	INC **	0.075	0.035	4.597	1	0.032 **	1.078
	SSW	0.292	0.319	0.838	1	0.359	1.339
	Constant	−0.400	0.782	0.261	1	0.608	0.670
对风景名胜区的现行政策是否了解	GEN **	0.498	0.251	3.931	1	0.047 **	1.646
	EDU ***	0.709	0.168	17.72	1	0.000 ***	2.033
	AGE	−0.017	0.157	0.012	1	0.909	0.982
	HHS	−0.032	0.089	0.135	1	0.712	0.967
	INC **	0.080	0.034	5.346	1	0.020 **	1.084
	SSW	0.370	0.318	1.355	1	0.244	1.449
	Constant ***	−2.502	0.829	9.115	1	0.002 ***	0.081
对风景区名胜区的现行政策是否满意	GEN **	0.600	0.258	5.388	1	0.020 **	1.822
	EDU ***	0.513	0.162	10.036	1	0.001 ***	1.671
	AGE	0.003	0.160	0.000	1	0.984	1.003
	HHS	−0.058	0.091	0.404	1	0.524	0.943
	INC *	0.057	0.0319	3.226	1	0.072 *	1.058
	SSW ***	1.136	0.329	11.892	1	0.000 ***	3.115
	Constant **	−2.080	0.841	6.107	1	0.013 **	0.124

注："*""**""***"表示统计检验分别达到 0.1、0.05 和 0.01 的显著水平。

B：回归系数；S. E.：回归系数标准误；Wald：检验回归系数统计量；Exp(B)：OR 值；GEN：性别；AGE：年龄；EDU：文化程度；INC：家庭年收入；HHS：家庭人口数；SSW：是否在风景区务工。

9.1.3.2　村民对武夷山风景名胜区的态度

村民对风景区的态度直接影响了武夷山风景名胜区的保护和发展。本研究选取 1999 年武夷山加入世界遗产地为间隔点，分析加入世遗产地前后村民对风景区态度的变化及其原因，结果见表 9-6，加入世界遗产地之前农户对风景区持支持、中立和反对的比例分别为 28.29%、64.14% 和 7.57%，现在对风景区持支持、中立和反对的农户分别占调查农户总数的 52.30%、35.53%、12.17%。总体来看，加入世遗地之前武夷山社区居民大多对其持中立的态度，持反对态度的居民较少；现在对风景区持支持和反对态度的比例都有增长的趋势，其中，持支持态度的农户明显增多，持反对态度的农户略有增长。可见，加入世界遗产地后，社区居民对风景区的态度向积极方向转变。

表 9-6　村民对武夷山风景名胜区态度变化情况

乡镇(街道)	加入世遗产地之前			现在		
	支持	中立	反对	支持	中立	反对
武夷街道	48/37.21%	61/47.29%	20/15.50%	81/62.79%	35/27.13%	13/10.08%
星村镇	23/21.10%	83/76.15%	3/2.75%	48/44.04%	46/42.20%	15/13.76%
兴田镇	15/22.73%	51/77.27%	0/0.00%	30/45.45%	27/40.91%	9/13.64%
总计	86/28.29%	195/64.14%	23/7.57%	159/52.30%	108/35.53%	37/12.17%

在对农户进行问卷的同时，要求对其现在所持态度做出解释，获得的结果如下。

支持原因：①景区管理的更加规范化、人性化(86/19.59%)；②交通改善，生活更加方便(85/19.36%)；③加入世界遗产地后，游客增多，茶销量好，带动地方经济(229/52.16%)；④景区内务工，收入相对稳定(105/23.92%)；⑤在景区管委会的宣传下，个人觉悟提高了，对武夷山的发展前程抱有很大的信心(34/7.74%)。

中立原因：①生活的确有提高，但不是景区影响的(78/17.18%)；②对风景区的政策不够了解(160/35.24%)；③没有从景区旅游中得到好处(134/29.52%)；④风景区对生活没有直接的影响(85/18.72%)。

反对原因：①景区垄断经营，招工名额太少，没有从景区内得到好处；②征用大量良田和林地不管理，征地补偿不到位；③旅游引起物价上涨、社会犯罪现象增多；④对农民政策不开放，政策执行不到位希望政策更加明晰化；⑤景区封闭管理，景区不准砍柴，管理太严，不准随意开荒；⑥景区内不准停车，交通造成不便。

多项多元 Logistic 回归分析的结果表明，武夷山加入世界遗产地之前，村民对武夷山风景名胜区的态度与被调查者的学历(16.961，$P = 0.0002$)和收入

（16.417，$P = 0.000\ 3$）密切相关，武夷山加入世界遗产地之后，影响村民对武夷山风景名胜区态度的因素依然是学历（8.443，$P = 0.15$）和收入（12.256，$P = 0.002$），性别、年龄、家庭人口数以及是否在风景区务工的影响不显著。

9.1.4 风景名胜区开展生态旅游对社区的影响

旅游是世界各地遗产地保护、利用的主要方式（陈金华等，2007）。作为主要利益相关者，在区域生态旅游发展中，目的地居民正逐步被视为旅游产品的核心（王莉和陆林，2005）。周边社区是遗产地旅游业发展的载体，任何一个遗产地的旅游业发展都离不开当地社区的支持。研究武夷山风景区开展生态旅游对周边社区的影响，对正确处理风景区与周边社区发展的关系，实现两者的共赢，起着重要作用。目前，对社区旅游发展的影响研究基本上是在社区旅游经济影响、环境影响和社会文化影响3个层面展开的（王子新等，2005）。

9.1.4.1 调查对象特征

调查对象的主要社会经济特征见表 9-7，其中男性占 59.6%，女性占 40.4%。调查对象的年龄范围从 19 岁到 82 岁不等，平均年龄 43 岁，主要集中于 30～50 岁，占 52.7%，其他不同层次的年龄段各有一定的比例；调查对象的文化程度以小学水平为主，占48.4%，初中水平占对象的职业分布中，从事农业的55.2%，其中有45.9%从事传统的种植业，有9.3%从事茶业，从事旅游商业、服务业的个体农民占16.8%，从事非农业、非旅游业的其他人员占3.1%，此外，技术人员、教师、医护人员以及国家机关人员也占一定的比例。家庭中没

表 9-7 调查对象特征

特征	分组	数量	特征	分组	数量
性别	男	96(59.6%)	职业	教师	13(8.1%)
	女	65(40.4%)		医护人员	5(3.1%)
				从事竹艺、根雕等的技术人员	8(5.0%)
年龄	≤30	24(14.9%)		从事种植业的普通农民	74(45.9%)
	31～39	44(27.3%)		茶农	15(9.3%)
	40～49	41(25.5%)		企事业人员	10(6.2%)
	50～59	31(19.3%)		从事旅游商业、服务业的个体农民	27(16.8%)
	≥60	29(12.8%)		从事非农业、非旅游业的其他	5(3.1%)
				政府、公务员等国家机关人员	4(2.5%)
文化程度	≤小学	78(48.4%)			
	初中	38(23.6%)	年收入	≤10 000	13(8.1%)
	高中、中专	25(15.5%)		10 001～20 000	30(18.6%)
	≥大专	21(13.0%)		20 001～50 000	74(46.0%)
是否经营旅游项目	是	114(70.8%)		50 001～99 999	25(15.5%)
	否	47(29.2%)		≥100 000	19(11.8%)

有经营旅游项目的比例高达 7.8%，有经营旅游项目的仅占 29.2%；调查对象的家庭年收入主要集中在 20 001~50 000 元，占 46.0%，≤10 000 元者占 8.1%，10 001~20 001 元者占 8.6%，50 001~99 999 元者 15.5%，≥100 000 元者占 11.8%。本次调查的样本包括了不同年龄、不同文化程度、不同职业、不同收入以及与旅游业不同关系的社区群众，样本分布合理。

9.1.4.2　旅游活动对周边社区居民的经济影响

旅游活动对保护区社区居民的直接经济影响可以分为由旅游带来的经济总收入、就业机会以及经济收入在不同社会特征人群间的分配 3 个方面（王子新等，2005）。在旅游活动给社区居民带来的经济收入方面，有 25% 的被调查者称，风景区开展旅游之后其家庭总收入增加，说明旅游活动的确给当地的部分居民带来了一定的经济收益，但这部分收入并不高。总体来看，武夷山风景区周边社区居民参与生态旅游的程度很低，旅游带来的收益不明显。旅游活动带来的就业机会体现在社区居民现在所从事的旅游相关活动以及潜在活动两方面。潜在旅游相关活动是指除目前所从事的项目外，社区居民还有能力从事的其他旅游项目。调查结果显示（表 9-8），目前周边社区居民参与旅游的形式主要是出售农产品或旅游纪念品以及餐饮旅店服务等技术含量较低的工作。潜在旅游相关活动方面，选择在景区抬轿、做清洁工、景区售票及保安工作等技能要求低的工作的人数较多；而选择出租车服务、景区观光车司机及景区管理等技术类工作的被调查者人数偏低，以上调查结果反映出武夷山风景名胜区周边社区参与生态旅游仅仅停留在被雇佣和自主经营的层面上，没有广泛和深入社区参与生态旅游，属于一种被动参与。

表 9-8　生态旅游为相关从业者提供的就业机会

目前从事的活动类型	人数	潜在旅游相关活动类型	人数
出售农产品或旅游纪念品	88(54.7%)	导游行业	22(13.7%)
导游行业	14(8.7%)	经营家庭旅店	26(16.1%)
餐饮旅店服务	22(13.7%)	景区管理	10(6.2%)
个体客运出租	13(8.1%)	景区售票及保安工作	32(19.9%)
经营商店	12(7.5%)	景区抬轿、清洁工等服务人员	45(28.0%)
景区售票、抬轿等服务业	12(7.5%)	出租车服务	13(8.1%)
		景物观光车司机	13(8.1%)

旅游相关经济收入的分配方面则显示了极大的不公平性。有 79.5% 的被调查者认为由旅游带来的经济收入在当地各农户之间的分配不公平；85% 的被调查者认为经济收入在本地居民与外来从业人员之间的分配不公。住址位置、启动资金、参与旅游的机会是影响经济收入在当地农户间分配不公平的最主要原因，其中住址位置的影响尤为突出。由于进入武夷山风景名胜区的游客主要集中在距景

区较近的兰汤、三菇等地食宿和购物，这两地的居民在从事相关经营活动上具有明显优势，而距离景区远的居民，受距离的影响，参与旅游的机会较小。启动资金、技术及管理经验、经营旅游的项目是造成经济收入在本地居民与外来人员之间分配不公平的重要原因，其中启动资金和技术及管理经验是最主要的原因(图9-2)。

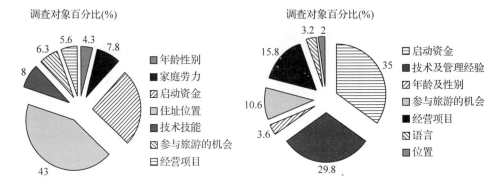

　　　(a)当地农户之间分配不均的原因　　　(b)本地居民与外来人员之间分配不均的原因

图9-2　生态旅游相关收入分配不公的原因

9.1.5　小结

　　PRA是20世纪80年代以来适应国际组织和发达国家政府援助发展中国家农村发展项目急需了解当地情况而兴起的一种调查方法，它吸取了经济学、社会学、人类学、测量绘图学、数学等方法，例如，关键信息人访谈、村民会议、分类分析、直接观察等，逐渐形成了一套相对规范的调查方法。PRA作为一种新的思维和新的方法在国际、国内近年来的发展项目中广泛应用。本节采用参与式农村评估(PRA)对武夷山风景名胜区周边地区的社区经济本底分析、村民对风景区的认知和态度、风景区开展生态旅游对社区的影响等进行了调查。

　　(1)社区经济本底分析

　　社区经济本底调查在黎源、前兰、星村、公馆、天心、高苏板、南源岭、仙店7个村庄进行，共发放问卷320份，收回有效问卷304份，有效率高达95%。调查结果显示，各村庄之间的经济水平和主要经济来源差异很大。其中，天心村和公馆村较富裕，星村和仙店属于中等水平，黎源和前兰两村较贫穷。此外，各村村民外出打工的比例普遍较高，多从事服务、建筑、普工等技术含量极低的工作，收入有限，打工的信息来源渠道狭窄。生活能源方面主要使用电和液化气，现有薪柴量基本能满足需求。村民生活中最普遍的困难是缺乏资金、信息和实用技术。在与当地人访谈时，村民们表示希望风景区管理局能够提供小额贷款、解决就业、提供就业信息和技术技能培训。此外，村内的困难户和孤寡老人数量较多，希望当地政府能提供帮助解决老人的生活问题。

（2）村民对风景名胜区的认知和态度

周边社区居民对武夷山风景名胜区的了解程度较高，但是世界遗产地保护意识普遍较低，保护世界遗产地的主动性和积极性不高。被调查者对风景名胜区功能的认知方面，认为建立风景名胜区管理局的功能在于保护世界遗产地资源与生态环境的村民最多，其次是支持帮助当地经济的发展以及规范社区的旅游活动。社区居民的遗产地保护意识及其对风景名胜区的现行政策的认知在一定程度上受到个人社会经济特征的影响，Logistic 回归模型的结果表明，性别是影响村民对于风景名胜区认知程度的一个极其重要的影响因素，男性在对于世界遗产地资源的认识、保护意识以及对风景区政策的认知方面要远远高于女性，家庭人口数与村民对风景区的认知影响不显著。

村民对风景区的态度直接影响了武夷山风景名胜区的保护和发展。本研究选取 1999 年武夷山加入世界遗产地为间隔点，分析加入世界遗产地前后村民对风景区态度的变化及其原因，总体来看，加入世界遗产地后，社区居民对风景区的态度向积极方向转变。多项多元 Logistic 回归分析的结果表明，武夷山加入世界遗产地之前，村民对武夷山风景名胜区的态度与被调查者的学历和收入相关，武夷山加入世界遗产地之后，影响村民对武夷山风景名胜区态度的因素依然是学历，性别、年龄、家庭人口数以及是否在风景区务工的影响不显著。

（3）风景名胜区开展生态旅游对社区的影响

在旅游活动给社区居民带来的经济收入方面，武夷山风景区周边社区居民参与生态旅游的程度很低，旅游带来的收益不明显；旅游活动带来的就业机会体现在社区居民现在所从事的旅游相关活动以及潜在活动两方面。调查结果显示武夷山风景名胜区周边社区居民的技术技能水平很低，旅游活动带来的就业机会有限；旅游相关经济收入的分配方面则显示了极大的不公平性。住址位置、启动资金、参与旅游的机会是影响经济收入在当地农户间分配不公平的最主要原因，其中住址位置的影响尤为突出；启动资金、技术及管理经验、经营旅游的项目是造成经济收入在本地居民与外来人员之间分配不公平的重要原因，其中启动资金和技术及管理经验是最主要的原因。

社区是进行一定的社会活动，具有某种互动关系的共同文化维系力的人类群体及其活动区域的系统综合体（唐顺铁等，1998）。本节所指的社区是地域型社区，即居住在武夷山风景名胜区周围，参与遗产资源保护、开发利用和管理，在武夷山风景名胜区保护和开发利用过程中有着共同利益的人群集合体。通过对武夷山周边社区的 PRA 调查，了解了武夷山风景名胜区周边社区的社会经济本底状况、社区居民对武夷山风景名胜区的认知和态度以及武夷山风景名胜区开展生态旅游对周边社区的经济影响等方面的情况，为下文进一步探讨武夷山风景名胜区与周边社区的博弈关系提供了案例基础，也分析为风景名胜区制订管理计划，

正确处理保护区的生态效益与经济效益之间的关系提供了依据。

9.2 武夷山风景名胜区遗产保护与周边社区发展的博弈分析

近年来，随着旅游的兴起，世界遗产地的经营管理成为人们关注的焦点。世界自然文化资源由于其产权关系的残缺以及公共物品特点，在使用中存在大量的外部不经济性，人们为了追求最大经济利益而过度使用环境资源，把本应自己支付的成本转嫁到别人（包括子孙后代）身上。过渡使用必然导致环境污染、破坏生物多样性减少，生态退化等一系列环境问题，从而导致了"公地悲剧"问题。

世界自然文化遗产的管理保护是一项复杂的系统工程，其中包含了许多与冲突、竞争、协作等行为有关的重要问题。这些问题如果得不到充分考虑和有效解决，就必然会导致政策失误和遗产保护管理工作的低效。本节试图从博弈论（Game Theory）的角度对武夷山风景名胜区遗产资源保护管理问题进行描述。并对遗产资源保护过程中的主要利益相关者的对策和行为进行博弈模型解释，分析各种博弈策略的实质，理清世界遗产地与社区居民的博弈关系，旨在为提出协调好这些关系的对策提供参考。

9.2.1 博弈论的研究方法

博弈（game），是个体或集体决策者面对一定的环境条件，在一定的规则下，按照一定次序，一次或多次从各自可行的策略或行为中选择并实施，最终获得相应结果的过程（吕一河等，2004）。博弈有3种类型：负和博弈、零和博弈和正和博弈。"负和博弈"是两败俱伤，由于相互的冲突和矛盾，不能达到统一，博弈双方都不让步，最后使双方活动都不能开展，结果双方都从中受损，两败俱伤。"零和博弈"是吃掉一方，从博弈双方来看，优势群体是占了便宜，他的所得正是劣势群体的所失。这对优势群体来说，是一时得利，但他这样的作为，从更深一层意义上看，所得也不一定比所失小。这个优势群体，会让劣势群体不敢信赖他，最终也会失去更多；"正和博弈"是互利互惠。"正和博弈"是指博弈双方的利益都有所增加，或者至少是一方的利益增加，而另一方的利益不受损害，因而整体的利益有所增加。"负和博弈"和"零和博弈"是对抗性博弈，或称为非合作博弈；而"正和博弈"是非对抗性博弈，或称为合作性博弈。合作博弈强调的是团体理性，即整体最优，当事人之间能达成一个具有约束力的协议。非合作博弈强调的是个人理性，个人决策最优，其结果可能是个人理性行为导致集体的非理性，即非整体最优。现在谈到的博弈论一般指的都是非合作博弈。

博弈论是研究理性的决策者主体之间发生冲突时的决策问题及均衡问题，也是研究理性主体的决策者之间冲突及合作的理论（张维迎，1996）。近些年来，博弈论在分析与解决社会、经济及生态环境问题中得到了广泛应用（叶民强等，2001）。博弈论关注的是相互依存，整个人群的状态受到群体内每个个体所作选择的影响，也就是说，一个经济主体的选择受到其他经济主体选择的影响，而且反过来影响到其他主体选择时的决策和均衡问题。传统微观经济学中的个人决策，是在给定的价格参数和收入的条件下，追求个体效用的最大化。而博弈论认为，个人效用函数不仅依赖于他自己的选择，而且依赖于他人的选择，个人的最优选择是其他人选择的参数。从这个意义上讲，博弈论研究的是存在相互外部经济条件下的个人选择问题（张维迎，1996）。一般来讲，博弈论分析包括 6 个基本要素：参与人（players）、行动（actions）、信息（information）、策略（strategies）、支付（payoffs）、结果（outcome）和均衡（equilibria）。一个完整的博弈则应当包括 5 个方面的内容：第一，博弈的参与者，即博弈过程中独立决策、独立承担后果的个人和组织；第二，博弈信息，即博弈者所掌握的对选择策略有帮助的情报资料；第三，博弈方可选择的全部行为或策略的集合；第四，博弈的次序，即博弈参加者作出策略选择的先后；第五，博弈方的收益，即各博弈方作出决策选择后的所得和所失。博弈论中有一个重要概念"纳什均衡"，它指的是在没有外在的强制力约束时，当事人按照制度安排而各自进行最优化决策所构成的战略组合结果。这样自动构成的集体选择结果就是纳什均衡，同时这个能构成纳什均衡的制度安排是有效力的。纳什均衡又分为：完全信息静态博弈、不完全信息静态博弈、完全信息动态博弈和不完全信息动态博弈 4 类。

9.2.1.1　博弈模型的基本要素及假设

为了便于分析，在正式将有关博弈理论应用于世界遗产管理与周边社区关系分析之前，需确定世界遗产资源管理博弈模型的基本要素，并进行一些假设：

（1）局中人及"理性经济人假设"

局中人是指博弈中独立决策、独立承担结果的个人或组织。世界遗产地管理中涉及的各类主体，包括中央政府、地方政府、风景区管理局以及周边社区等构成了世界遗产管理博弈问题的博弈方集合，记作：$P = \{P_1, P_2, \cdots, P_n\}$。本研究的局中人就是政府、风景区管理局和农民三方，他们是博弈的决策主体和策略的制定者。每一主体都代表一个团体，都是为了各自的目标和利益参加博弈的。尽管团体内部的各成员之间可能会有不同的意见和矛盾，但是为了研究的方便，假定其内部矛盾都已经消除。这里对局中人的假设同样也包含了"理性经济人"的假设，即每位局中人都清楚了解自己的目标和利益之所在，在博弈中总是采取最佳策略以实现其效用或收益最大化。

（2）策略集合

策略是局中人进行博弈的手段和工具，策略集合是指局中人可能采取的全部

策略的集合。每位局中人在进行决策时可以选择多种方法，每个策略集合至少应该有 2 种不同的策略。

（3）博弈的次序

博弈次序是指参与人的行动有先后顺序，且后行动者在自己行动之前能够观测到先行动者的行动。局中人行动顺序不一样，其均衡结果也不一样。本节研究中的博弈次序可以规定为由政府首先作出决策，其次林管部门作决策，最后由农民作出决策。

（4）支付函数

当所有的局中人采取的策略确定以后，他们各自就会得到相应的"收益"。对博弈结果的评判分析只能通过对数量大小的比较来进行。采用支付函数表示局中人从博弈中获得的收益或效用水平，它是所有局中人策略的函数。采用效用表示局中人的收益情况。博弈方的效用函数（utility function）集：

$$U = \{U_1, U_2, \cdots, U_n\} \tag{9-4}$$

式中，U_i 是定义在 X 上的实值函数。在 A 上求解 U 获得 $n \times m$ 阶支付矩阵。博弈方 P_i 的目标是在 A_i 上使 U_i 最大化，这样就对世界遗产地遗产保护博弈完成了总体描述。

9.2.1.2 博弈模型及求解

常见的博弈模型有：n 人合作博弈模型和 Nash – Harsanyi 谈判模型。

（1）n 人合作博弈模型

设 S 为 P 的非空子集，即 $S < P$，$S \neq \Phi$，S 称作联盟，P 为总体联盟；博弈的后果记作 $x = (x_1, x_2, \cdots, x_n)$，即各博弈方相应的最后赢得。联盟 S 的特征函数为 $v(S)$，是 S 成员相互合作所能达到的最大收益。

合作博弈的各种解概念归纳为两大类："占优"方法和"估值"方法。第一种方法以"占优"和"异议"为主要准则，体现了联盟的稳定性和联盟的信息。第二种方法是估值法，它通过规范道德要求的公理化体系，而赋予一种"合理"的分配值，并且这种估值是唯一的。

①占优方法　核仁（Nucleolus）及其相关解。

定义超出函数（excess function），$e(S, x) = v(S) - x(S)$。求解博弈的过程就是在理性约束下寻找能够保证 $e(S, x)$ 最大的 $v(P)$ 在各博弈方之间的分配通过反复迭代解下列线性规划模型就可以达到如下的分配方案：

$$Obj. \max \varepsilon \tag{9-5}$$
$$S. t. \ e(S, x) - \varepsilon \geq 0 \tag{9-6}$$
$$\sum_{i \in S} x_i - \varepsilon \geq v(S) \tag{9-7}$$
$$\sum_{i \in P} x_i = v(P) \tag{9-8}$$

②估值方法　Shapley 值及其求解。

Shapley 值构成 n 人合作博弈模型$(n \in P)$的有效解，具体计算方法如下：

$$x_i = \sum \frac{(s-1)!(p-s)!}{P!}[v(S) - v(S-i)] \qquad (9\text{-}9)$$

式中，s 和 p 分别是联盟 S 和 P 中博弈方的数目。

（2）Nash - Harsanyi 谈判模型

$$Obj. \max \prod_{i=1}^{n}(v_i - u_i) \qquad (9\text{-}10)$$

$$S.t. v_i \geqslant u_i, i \in N, i \leqslant n; v_i, u \in R \qquad (9\text{-}11)$$

式中，u_i 为博弈方 i 的现状效用值，v_i 为博弈方 i 谈判结果所赢得的效用值，$u = (u_i)_{n \times 1}$，R 为 u 的可行域。求解这个模型可以得到博弈问题的 Nash 均衡解。这个谈判模型要求各博弈方都合乎理性（岳超源，2003）。

Nash-Harsanyi 谈判模型存在两个问题。第一，n 人谈判中缺乏明确的决定谈判破裂时各博弈方收益的破裂点；第二，模型的最优解通常表现为备择集 A 上的概率分布。这就意味着如果博弈反复进行下去，结果将会是备选方案的加权平均。

根据武夷山风景名胜区的特征和现状，遗产资源保护中的博弈对象涉及政府、武夷山风景区管理局和农户 3 方。从博弈主体的得益来看，由于本研究在不同的策略组合下各博弈方的得益之和是不同的，属于"变和博弈"。由于政府、景区管理局和农户遗产资源保护中存在价值、利益矛盾和信息的不对称，因而导致了不同博弈行为的出现。本节假定在武夷山风景名胜区遗产资源保护中存在 4 种博弈：第一种是较为宏观的：政府与风景区管理局的博弈；第二种博弈是中观的：农户集体与政府的博弈；第三种博弈也是中观水平的：农户与风景名胜区管理局之间的博弈；第四种是微观的：当地农户之间的博弈。遗产地资源保护过程就是它们三方作为局中人在利益驱动下讨价还价、谈判和重复博弈的过程。

9.2.2　政府与风景名胜区管理委员会之间的博弈

从博弈论观点来看，中央政府与风景名胜区管理委员会之间是一种委托代理关系。在这一博弈过程中，中央政府注重的是遗产资源保护目标的实现，所以无论风景名胜区管理委员会是否采取积极态度，都得投入一定的资金，而风景名胜区管理委员会的目标则是将政府所分配的资金使用出去以及根据政府的政策采取相应的行动。这是一个不完全信息的动态博弈，即精炼贝叶斯均衡，也就是说，风景名胜区管理委员会是根据中央政府的政策信息来制定自己的行动策略。由分析可知，中央政府投入大量资金后，地方政府有 2 种策略可供选择，即积极执行遗产保护政策和消极执行遗产保护政策。

假定政府与武夷山风景名胜区管理委员会的支付矩阵见表 9-9，如果政府采取积极地投入政策，就必须从财政收入中划出大量资金专门用于遗产资源保护，

它就会因此损失 E。此时，风景名胜区管理委员会的最优决策为采取消极配合策略，因为在遗产保护的实施过程中，风景名胜区管理委员会需要承担的各级部门监督、检查和管理费及与中央政府相配套的其他资金投入等直接成本，即需额外支付一部分成本 ΔX，使得收益 E_2 大于 E_1。若政府采取消极的政策，投入少量或不投入资金，其损失为 e，显然 E 大于 e。而对于风景名胜区管理委员会来说，此时积极进行遗产资源保护需要花费更大的人力、财力、物力，显然 E_3 大于 E_4。因此，无论政府采取积极地投入政策还是消极的投入政策，风景名胜区管理委员会的最优决策都是消极怠慢实施或根本就不实施，这造成了整个社会福利的损失。

以上分析可以得出在缺乏政府监督的情况下，风景名胜区管理委员会在遗产保护问题上趋向于消极配合对策，而对于政府来说，无论风景名胜区管理委员会持积极态度，还是持消极态度，都得投入一定的资金。为了改变风景名胜区管理委员会消极执行遗产保护政策的对策，需要中央政府建立有效的惩戒机制，主要包括行政处罚、司法判决等，以增加风景名胜区管理委员会博弈的不合作成本，使其不合作的预期效用降为负值，从而改变风景名胜区管理委员会博弈的基本结构。下面进一步分析政府引入惩戒机制下的新博弈。假设风景名胜区管理委员会在积极配合遗产资源保护和消极配合方面所涉及的成本为 X；风景名胜区管理委员会积极执行遗产保护政策需要投入成本为 X_1；风景名胜区管理委员会消极执行资源保护政策被发现后，必须承担的处罚所涉及的成本为 X_2，若政府实行监督时，风景名胜区管理委员会不保护遗产行为被发现并受惩处的概率为 $P(0 \leqslant P \leqslant 1)$，罚金为 C，则 $X_2 = P \times C$，它反映了政府的监督效率与执法力度；另设政府的监督费用为 K，此时相应的收益矩阵见表 9-10。设中央政府实行监督的概率为 γ，地方政府选择积极配合遗产资源保护政策的概率为 θ。

表 9-9　政府与武夷山风景名胜区管理委员会的博弈支付矩阵

政府	武夷山风景名胜区管理委员会			
	积极配合		消极配合	
积极政策	$-E$	E_1	$-E$	E_2
消极政策	$-e$	E_3	$-e$	E_4

表 9-10　政府与武夷山风景名胜区管理委员会的博弈收益矩阵

政府	武夷山风景名胜区管理委员会			
	积极配合		消极配合	
监督	$X_1 - K$	$-X_1$	$P \cdot C - K$	$-P \cdot C$
不监督	X_1	$-X_1$	0	0

θ 一定的情况下，政府选择监督 $(r = 1)$ 和不监督 $(r = 0)$ 的期望收益分别为：

$$\prod_g (1, \theta) = (X_1 - K) \cdot \theta + (PC - K) \cdot (1 - \theta) = \theta \cdot X_1 + (1 - \theta) \cdot PC - K$$

$$(9\text{-}12)$$

$$\prod_g (0,\theta) = X_1 \cdot \theta + 0 \cdot (1-\theta) = \theta \cdot X_1 \qquad (9\text{-}13)$$

令 $\prod_g (1,\theta) = \prod_g (0,\theta)$，得出博弈均衡时风景名胜区管理委员会进行遗产保护的最优概率为：

$$\theta^* = 1 - \frac{K}{PC} \qquad (9\text{-}14)$$

即：当 $\theta \in (1-\frac{K}{PC},\ 1]$ 时，政府的最优选择是不监督；而当 $\theta \in [0,\ 1-\frac{K}{PC})$ 时，政府的最优选择是监督；当 $\theta = \theta^*$ 时，政府随机选择监督或不监督。

R 一定的情况下，风景名胜区管理委员会选择积极配合政府遗产保护政策（$\theta = 1$）和消极配合遗产保护政策（$\theta = 0$）的期望收益分别为：

$$\prod_g (\gamma,1) = -X_1 \cdot \gamma - (1-\gamma) \cdot X_1 = -X_1 \qquad (9\text{-}15)$$

$$\prod_g (\gamma,0) = -PC \cdot \gamma + 0 \cdot (1-\gamma) = -\gamma PC \qquad (9\text{-}16)$$

令 $\prod_g (\gamma,1) = \prod_g (\gamma,0)$，得出博弈均衡时政府进行监督的最优概率为：

$$\gamma^* = \frac{X_1}{PC} \qquad (9\text{-}17)$$

即：如果 $\gamma \in (\frac{X_1}{PC},\ 1]$ 时，风景名胜区管理委员会的最优选择是积极执行遗产保护资政策；而如果 $\gamma \in [0,\ \frac{X_1}{PC})$ 时，风景名胜区管理委员会的最优选择是消极执行遗产保护政策；如果 $\gamma = \gamma^*$ 时，风景名胜区管理委员会随机选择积极配合遗产保护或消极配合遗产保护。因此，该博弈的混合战略纳什均衡是 $\theta^* = 1 - \frac{K}{PC}$，$\gamma^* = \frac{X_1}{PC}$。在这个博弈中，其纳什均衡与风景名胜区管理委员会积极执行遗产保护政策的成本 X_1，风景名胜区管理委员会消极执行政策的处罚金 C，政府的监督成本 K 和政府的监督效率 P 有关。政府的监督效率越高，处罚金越大，风景名胜区管理委员会积极进行遗产保护的概率就越大；反之政府的监督成本越大，风景名胜区管理委员会积极进行遗产保护的概率就越小。为促使风景名胜区管理委员会能够自觉地执行遗产保护政策，政府的有关管理部门一方面要加大处罚力度，即要提高"C"；另一方面，要提高管理效率，管理效率的提高来自于其监督效率 P 的不断提高以及监督成本 K 的不断下降。上述分析表明，政府部门的处罚力度和管理效率，对调控风景名胜区管理委员会进行遗产保护行为有重要的作用，这是政府部门在遗产保护中应充分重视的关键。

9.2.3　农户与政府的博弈

政府和农户之间的博弈比较复杂，为方便分析，以政府征用农民土地并进行

补偿为例来进行阐述。生态补偿是对公共物品的一种补偿，由于产权的不明晰往往很难确定补偿的机制和价格，而退耕还林是对土地的补偿——尽管土地的所有权也是公有的，但土地的使用权是由农户来行使的，因此产权的明晰使得补偿的行为变得更加理性并且可以精确计量。

生态补偿实际上是为了防止外部经济性所引起的生态破坏而采用一些手段来消除这种外部性，通常情况下有 2 种解决办法：庇古理论和科斯定理。考虑到武夷山风景名胜区对遗产资源进行保护所产生的外部经济效应是为全国人民服务的，同时对于遗产资源的保护也不可能通过产权来调整，在这种情况下采用庇古手段更为合适，即通过政府干预的手段对于正外部效应（遗产保护者）进行补偿，对于负外部效应（遗产破坏者或者无形中对遗产产生破坏的企业和个人）处以罚款或税收。

在生态补偿过程中，武夷山风景名胜区周边社区的农民有"是否对武夷山风景名胜区的世界遗产资源进行保护"的选择权，假设在博弈过程中，影响农户决策的主要因素是政府对农民进行保护所做出的补偿程度。在国家财力有限的情况下，政府有"是否对武夷山风景名胜区的世界遗产资源进行保护"的决定权。因此，就形成了策略集合（Strategies）：

$$S = \begin{Bmatrix} S_{11} & S_{12} \\ S_{21} & S_{22} \end{Bmatrix} \qquad S_{ik}(i = 1, 2; k = 1, 2) \qquad (9\text{-}18)$$

式中，S_{ik} 表示第 i 个局中人所做出的第 k 个策略；S_{11} = 农民保护遗产；S_{12} = 农民不保护遗产；S_{21} = 政府补偿；S_{22} = 政府不补偿。

政府在制定补偿政策征用农民土地时，通常按照某种既定的标准制定补偿金额。为了分析简便，采用单位面积的补偿标准和产量计算。假设农田单位面积的补偿费用为 M 元/m^2，K 为退耕土地的面积（K 在这里是个变量，它取决于农民退耕的意愿），获得的生态效益价值用 E 来代替，相应地，森林单位面积的生态价值记为 e。另外，政府也可以选择不实施保护政策无需花费任何代价但可能需要支付由于生态环境恶化所引起的环境改造费用。从而，政府对武夷山风景名胜区农户集体的支付函数（Utility）可表示为：

$$U_2(S_{21}) = -MK + E; \quad U_2(S_{22}) = -E \qquad (9\text{-}19)$$

对于农民而言，退耕还林的一个直接效应是带来了劳动力的解放，农民退耕后是否能顺利找到其他工作也会影响到农民参与森林保护和退耕还林的意愿。假设在未退耕之前，农田单位面积的补偿费用为 N 元/m^2，退耕后进行外出务工或者从事畜牧业等其他非耕活动的平均收入为 I，I 的大小受当地社会经济环境的影响。获得外出务工收入的机会概率为 $p(0 \leqslant p \leqslant 1)$，农户的支付函数表示为：

$$U_1(S_{11}) = MK + PI; \quad U_1(S_{12}) = -NK \qquad (9\text{-}20)$$

（1）占优策略均衡

根据以上描述，其博弈矩阵见表9-11，对于政府而言，当农户选择策略 S_{11} 进行生态保护时，由于遗产的价值是相当巨大的，政府会选择策略 S_{21} 进行补偿，因为此时 $-MK+E > -E$；当农民选择策略 S_{12} 不进行生态保护时，政府选择 S_{21} 和 S_{22} 是无差异的，对政府而言，策略1优于策略2，因为政府总是具有愿意进行遗产保护的偏好。对农民而言，在选择之前就明确"政府总是具有进行遗产保护的偏好"，因此在政府选择 S_{21} 情况下，农民会反复比较 $MK+PI$ 与 $-NK$ 的大小以确定策略选择。此时的博弈实质是一个占优策略，实现衡 DSE 的条件在于：$MK+PI \geqslant NK$，即 $PI \geqslant NK-MK$，I 代表当地农民进行外出务工或从事畜牧养殖等非耕收入，p 则是获得这个机会成本的机会概率，$0 \leqslant p \leqslant 1$。因此，$I \geqslant NK-MK$，即农民每年外出务工净收入大于 $NK-MK$ 元时，愿意退耕。

表9-11　政府与农户之间的博弈支付矩阵

农户	政　府			
	补偿		不补偿	
保护	$MK+PI$	$-MK+E$	PI	$-E$
不保护	NK	$-E$	NK	$-E$

（2）纳什均衡

对于农民来说，土地兼具有社会保障的功能，离开土地之后能否按期获得补偿是至关重要的，而补偿政策的落实与当地政府的信用程度紧密相关，所以农民对政府是否信任也会影响决策。假设政府的决策与农民的决策一致时，会增加政府的政绩 C（由于公信力 C 是一政治因素，则认为它是衡大于0的常数，约束了政府行为）；两者的决策不一致时，政府的公信力会下降。把政府的公信力 C 加入博弈模型中，从而形成新的博弈支付矩阵（表9-12），加入公信力 C 这个微弱的"隐形价值"使补偿行为受到了约束，即若政府与农民的决策一致，农民会认为这是一项"民心"工程（S_{11}，S_{21}）；但若两者不一致，农民会认为政府不能满足农民的需要（S_{11}，S_{22}）或者政府在掠夺农民的土地（S_{12}，S_{22}）；或者政府什么都不做但并不伤害农民的既得利益（S_{12}，S_{22}），没有政绩（$C=0$）比政绩为负产生的社会效果好。

表9-12　政府与农户之间的博弈支付矩阵

农户	政　府			
	补偿		不补偿	
保护	$MK+PI$	$-MK+E+C$	PI	$-E-C$
不保护	NK	$-E-C$	NK	$-E$

对于政府而言，当农民选择保护生态时，政府会选择策略 S_{11} 补偿，因为生态价值是非常巨大的，所以 $-MK+E+C>-E-C$，而当农民选择不保护时，$-E-C<-E$，在农民不愿意的情况下推行该政策存在很大的难度，政府的最佳应对是策略 S_{12} 不补偿。

对于农民而言，当政府选择策略 S_{11} 补偿时，农民会比较 $MK+PI$ 与 NK 的大小；当政府选择策略 S_{12} 时，农民会比较 PI 与 NK 的大小。影响其决策的关键问题在于 PI 的取值，即农民获得其他收入的概率 p 和收入水平 I 的大小，此时可能出现以下 3 种情况：

①$PI \leqslant NK-MK$ 时对于农民而言，若退耕后无法获得外出务工的机会，或务工收入太少，造成退耕后收入下降，其最佳应对是不退耕；而政府了解由于当地第三产业发展为农民提供就业机会的概率非常小，农民可能会选择不退耕，此时政府的最佳应对策略是不补偿。博弈的结果（NK，$-E$），即农民守着现有的土地，遗产的生态价值不能实现。尽管此时达到纳什均衡，但这并不是最优的策略。

②$NK-MK \leqslant PI \leqslant NK$ 时部分思想开放、观念先进的农民会选择退耕，保护遗产资源，更多的农民会考虑外出务工的机会概率 P 以及补偿费能否顺利发放等问题，这种犹豫的心态和保守的思想使其选择做一个旁观者。

③$PI \geqslant NK$ 时对于农民而言，只要能在外出务工中获得高收入，再加上政府的补偿，退耕后的收入水平一定会有所提高，农民对政策的接受程度就大多了。此时退耕还林政策相当于给农民提供了更好的选择途径，农民更愿意参与退耕；而这样的结果政府也是可以预知的，博弈的结果是：（$MK+PI$，$-MK+E+C$）。

从以上分析可以看出，无论占优均衡还是纳什均衡，影响农民行为的关键因素是收入，具体表现农民获得外出务工的收入高低 I 以及获得这个收入的机会概率 P。

遗产保护的生态补偿机制能否顺利实施的关键不完全在于补偿金额的大小，即不完全在于对遗产保护者的补偿标准。因此，仅仅依靠增加生态补偿标准来解决生态补偿政策存在的问题是不够的。武夷山风景名胜区周边社区第三产业的发展水平及农民外出务工收入水平的高低直接影响遗产保护工程实施的效果。实施生态补偿的重要策略是促进农村劳动力的转移，当前最有效的对策是通过建立相应的配套措施鼓励、培训和组织农民外出务工，增加农民务工的机会，把农民从农业产业转移到非农产业上来。

9.2.4　农户之间的博弈

生态环境的改善作为一种外部性很强的公共产品，一旦被生产出来，没有人会被排除在享受它带来的利益之外，往往被群体加以消费（徐建英等，2005）。如果一方积极保护，其不仅要承担生态建设的成本，还要承担由于另一方不合作所带来的损失。基于"理性经济人"假设的农户存在投机心理，在追求自身利益最大化时，不会考虑其他农户利益。一些农户自己不愿意投入遗产保护，却想从其他农户遗产保护中获利，而其他农户也存在这种"免费搭车"的心理，这样便陷入了"囚徒式的困境"。具体博弈过程如下：假设风景区周边的甲、乙两个农户，他们对遗产保护的态度有 2 种：即积极保护和消极保护。

如果采取积极保护行动需花费一定成本，代价设为 L，两人同时参与保护，每人支付 $L/2$ 的成本，而两个人的收益为增加的总福利 W 的 $1/n$，即 W/n；如果两方都对遗产保护持无所谓的态度，每个人的得益都为 0，收益矩阵见表 9-13。

表 9-13 农户之间的博弈支付矩阵

农户甲	农户乙			
	积极态度		消极态度	
积极态度	$W/n-L/2$	$W/n-L/2$	$W/n-L$	W/n
消极态度	W/n	$W/n-L$	0	0

在此博弈中，如果居民甲采取积极保护遗产的态度，则居民乙的最优策略是不行动；如果居民甲采取消极保护遗产的态度，则居民乙的最优选择同样是不行动，因为 $W/n-L<0$。即不管居民甲采取哪种行动，居民乙的最优选择均为不参与遗产保护，这是一个占优策略；同理，无论居民乙如何选择，居民甲的最优策略是不干涉。在双方的博弈中，不管哪一方采取积极态度或是消极态度，另一方均会采取消极态度，这是因为生态环境的改善作为一种外部性很强的公共产品，一旦被生产出来，没有人会被排除在享受它带来的利益之外，往往被群体加以消费。如果甲方积极保护，其不仅要承担生态建设的成本，还要承担由于乙方不合作所带来的损失。因此，纳氏均衡为(0，0；消极，消极)，即双方均不会主动采取行动积极地参与世界遗产地保护的实施。此外，由于农户注重现实、狭隘自私的思维方式，假若有一人因为偷伐林木而获益，则会导致其他人蜂拥而至，这就陷入了哈丁的"公地悲剧"情况之中。

9.2.5 武夷山风景名胜区管理委员会与农户行为之间的博弈

在这一博弈中，假定政府对实施退耕还林工程的投资固定不变为 M，武夷山风景名胜区管理委员会有两种选择，即投入资金(I)积极监督农户实施遗产保护或者消极怠慢(i)任由农户自己所为。同理，农户也有两种选择，即积极配合风景名胜区管理委员会进行遗产保护或者置之不理仍旧重复以往的做法，甚至盗伐偷猎遗产资源。根据遗产保护过程中的具体情况，其支付矩阵为表 9-14。

表9-14　武夷山风景名胜区管理委员会与周边社区村民的博弈支付矩阵

武夷山风景名胜区管理委员会	周边社区居民			
	积极态度		消极态度	
积极政策	$M-I$	$M1$	$M-I$	$M2$
消极政策	$M-i$	$M3$	$M-i$	$M4$

如果武夷山风景名胜区管理委员会能够投入资金或者积极帮助农户寻找出路，使农民在不破坏遗产资源的情况下，有粮可吃、有事可做、有钱可花，则农民肯定积极拥护世界遗产地保护政策，采取上述最优组合$(M-I,M_1)$。如果林管部门对此持消极怠慢的态度，对限制利用世界遗产地资源农户的生活保障问题没有足够的关心，使得农民无粮可吃、无事可做、无钱可花，那么农民肯定不愿意配合国家的世界遗产地保护政策，采取上述组合$(M-i,M_4)$。

9.2.6　小结

武夷山风景名胜区管理委员会如果有足够的资金和人力、物力，它很可能会不遗余力地帮助周边社区的农民，但在对遗产地严格保护的背景下，武夷山风景名胜区财政收入的主要来源仅仅是有限的旅游收入，实施世界遗产地保护政策则直接导致武夷山风景名胜区管理委员会收入的减少，本身财政陷入困境，如果政府不予以支援，则武夷山风景名胜区管理委员会没有能力再投入资金去扶持农户。因此，博弈同样陷入了"囚徒困境"的地步，造成了整个社会生态效益的损失。

第 10 章　武夷山风景名胜区
生态安全评价

目前，有关生态安全的概念基本上有广义和狭义两种理解：前者以国际应用系统分析研究所（IASA）于1989年提出的为代表，包括自然生态安全、经济生态安全和社会生态安全；后者是指自然和半自然生态系统的安全。我国学者对生态安全的理解多集中在其狭义概念上，主要从生态系统或者生态环境方面对其进行阐述。生态安全的研究主要涉及5个方面：生态系统健康诊断、生态系统服务功能的可持续性、区域生态安全分析、生态安全预警、生态安全维护和管理等方面。

10.1　基于 P-S-R 模型的武夷山风景名胜区生态安全评价

生态安全的概念自提出以来，已经应用到区域土地、农业、湿地、自然保护区、城市等方面，研究的内容主要集中在生态安全的评述与生态安全的评价等方面（刘勇等，2004；杨京平，2002；徐海根等，2004）。本节以武夷山风景名胜区为研究对象，应用 P-S-R 指标体系模型对其生态安全进行了评价，旨在探索风景区生态安全评价的理论与方法，试图为武夷山风景名胜区解决旅游与环境的矛盾问题，恢复退化的旅游环境和合理利用现有的旅游资源提供一定的参考，为其开发生态旅游提供科学依据。

10.1.1　旅游地生态安全

生态安全评价是对生态系统完整性以及对各种风险下维持其健康的可持续能力的识别与判断研究。旅游地生态安全可以表征为旅游地可持续发展依赖的自然资源和生态环境处于一种不受威胁、没有风险的健康、平衡的状态和趋势，在这种状态和发展趋势下，旅游地生态系统能够持续存在并满足旅游业持续发展的需求。或者说，旅游业的发展不会造成旅游地生态系统不可逆的变化而导致其质量的降低，不存在退化和崩溃的危险。其包含两重涵义：一是旅游地生态系统自身是否安全，即其自身结构是否受到破坏，其生态功能是否受到损害。二是旅游地生态系统对人类的生产和生活是否安全，以及旅游地生态系统所提供的服务是否满足人类的生存需要。

10.1.2 评价指标体系的构建

10.1.2.1 评价指标选择的原则

为了客观、全面、科学的衡量旅游地生态安全状况，在研究和确定旅游地生态安全评价指标体系及其评价方法时，要遵循以下原则：

①科学性原则 即指标的选择、指标权重系数的确定，数据的选取、计算与合成要建立在科学的基础上。

②全面性和独立性原则 即指标具有较强的综合性，既能简化指标体系，又能全面集中地反映旅游地生态的各个方面特征和状况，同时，各指标之间又相互独立，相关性小；可行性和可操作性原则，即指标所涉及的数据比较容易得到和计算。

③可比性原则 评价指标应具有区域间、时间上的可比性。

10.1.2.2 评价指标的选取

20 世纪 80 年代末，在加拿大政府组织力量研究的基础上，经济合作与开发组织（OECD）与联合国环境规划署（UNEP）共同提出了环境指标的 P-S-R 概念模型，即压力（pressure）—状态（state）—响应（response）模型（Tong，2000）。在 P-S-R 框架内，某一类环境问题，可以由 3 个不同但又相互联系的指标类型来表达：压力指标反映人类活动给环境造成的负荷；状态指标表征环境质量、自然资源与生态系统的状况；响应指标表征人类面临环境问题所采取的对策与措施。P-S-R 概念模型从人类与环境系统的相互作用与影响出发，对环境指标进行组织分类，具有较强的系统性。

根据 P-S-R 概念模型，结合目前国内外有关生态安全评价的各种方法（徐海根等，2004；Tong，2000；左伟等，2002），拟构建 4 个层次的旅游地生态安全评价指标体系。

第 1 层次：目标层（object，O），即生态安全评价综合指数；

第 2 层次：项目层（item，A），包括旅游地生态环境状态（A_1）、旅游地生态环境压力（A_2）、旅游地生态环境响应（A_3）；

第 3 层次：因素层（factor，B），即每一个评价准则具体由哪些因素决定；

第 4 层次：指标层（indicator，C），即每一个评价因素由哪些具体指标来表达。

10.1.3 评价方法与步骤

10.1.3.1 指标权重的确定

采用特尔菲法与层次分析法相结合的方法来确定权重。专家小组对评价指标

的相对重要性进行了两两互判，经过征询，得到关于评价指标较为一致的相对重要性，构建判断矩阵，然后按照层次分析法的程序，计算出了各评价指标的权重，并通过了一致性检验。

10.1.3.2 指标阈值的选择

由于目前我国旅游环境标准体系不健全，本节所采用的标准基本都是从其他生态功能区借鉴来的，主要来源于以下几方面：

①国家、行业和地方规定的强制标准　如《大气环境质量标准》（GB 3095—1996）、《景观娱乐用水水质标准》（GB 12941—1991）等。

②背景或本底标准　即以旅游区所处的大区域的生态环境的背景值或旅游活动开发前旅游区所在地的生态环境本底值作为评价标准，如区域植被覆盖率等。

③类比标准　即以未受人类严重干扰的相似生态环境或以同类旅游区同等强度的旅游开发活动作为参考标准等，如类似生境的生物多样性等。

④国际或国内公认值　即以国际上或国内经过检验的、为学术界所公认的阈值为标准。

⑤科学研究已判定的生态效应。

⑥专家经验值　在没有任何标准可供参考的情况下，可以根据专家的研究结果或经验作为标准。

根据以上标准，考虑到旅游业发展的特殊要求，并结合福建省的区域特点，本节确定了旅游地生态安全评价的指标阈值（表 10-1）。

表 10-1　旅游地生态安全评价指标体系及其指标权重与阈值

目标层	项目层	因素层	指标层	权重	阈值	指标阈值来源
		人文压力 B_1	当地居民人口增长率（%）C_1	0.020 1	5.78	2002 年全省平均
			旅游从业人员增长率（%）C_2	0.037 5	8.8	1992 年第三产业平均
			客流量增长率（%）C_3	0.069 8	3.7	1995 年全国平均
			经济水平（%）C_4	0.037 5	43.46	2002 年全省平均
旅游地生态安全评价指标体系 A_1	旅游生态环境压力	土地压力 B_2	旅游用地需求增长率（%）C_5	0.016 2	5	2002 年全省平均
			生态用地增长率 C_6	0.048 5	−0.52	2002 年全省平均
		水资源压力 B_3	水质污染压力 C_7	0.048 5	1	作者自定
			水量供需平衡能力 C_8	0.016 2	1	作者自定
		旅游资源压力 B_4	旅游资源利用强度 C_9	0.070 9	1	作者自定
			旅游用地利用强度（%）C_{10}	0.035 4	16.54	2002 年市平均
		社会发展压力 B_5	区域开发指数（%）C_{11}	0.030 9	0.076	2002 年市平均
			人类干扰强度（%）C_{12}	0.061 7	16.44	2000 年市平均

（续）

目标层	项目层	因素层	指标层	权重	阈值	指标阈值来源
旅游地生态安全评价指标体系	旅游生态环境质量 A_2	旅游环境质量 B_6	空气质量 C_{13}	0.041 1	I	GB3095—1996
			水环境质量 C_{14}	0.041 1	I	GH261—1999
			气候灾害频度（干旱）C_{15}	0.058 1	47.17	建国后全国平均
			环境噪声（dB）C_{16}	0.025 9	<50	国家一级标准
			土壤孔隙状况（%）C_{17}	0.020 6	50	专家经验值
			土壤有机质含量（%）C_{18}	0.020 6	1	专家经验值
		旅游生态质量 B_7	森林覆盖率（%）C_{19}	0.022 6	70	森林法实施细则
			森林病害防治率（%）C_{20}	0.012 2	76.68	2002 年全国平均
			森林虫害防治率（%）C_{21}	0.012 2	66.43	2002 年全国平均
			生物物种多样性 C_{22}	0.006 5	良	作者自定
			生态系统质量 C_{23}	0.050 1	良	作者自定
	生态环境响应 A_3	投入能力 B_8	人均 GDP（元）C_{24}	0.016 0	8184	2002 年全国平均
			生态建设投入强度（%）C_{25}	0.029 1	0.93	1995 年全国平均
			环保建设投入强度（%）C_{26}	0.052 9	2.5	1995 年全国平均
		科技能力 B_9	污染物处理率（%）C_{27}	0.010 3	70	ISO 14000
			教育支出占 GDP 的比例（%）C_{28}	0.005 3	2.35	2000 年全国平均
			旅游从业人员素质（%）C_{29}	0.052 7	80	国家标准
			旅游者素质（%）C_{30}	0.029 6	20	2000 年全国平均

10.1.3.3　指标安全指数的计算

设 X_i（$i=1,2,3,\cdots,n$）为第 i 个指标的指标值，$P(C_i)$（C_i 为指标号）为第 i 个指标的安全指数，$0 \leqslant P(C_i) \leqslant 1$，$XS$ 为评价指标的指标阈值，则

（1）对于效益型指标，即越大越安全的指标

① 当 $X_i > 0$，$XS_i > 0$ 时，如 $X_i \geqslant XS_i$，则 $P(C_i) = 1$；如 $X_i < XS_i$，则 $P(C_i) = X_i / XS_i$；

② 当 $X_i < 0$，$XS_i < 0$ 时，如 $|X_i| > |XS_i|$，则 $P(Ci) = XS_i / X_i$；如 $|X_i| \leqslant |XS_i|$，则 $P(C_i) = 1$；

③ 当 $X_i > 0 > XS_i$ 时，$P(C_i) = 1$；

④ 当 $X_i < 0 < XS_i$ 时，$P(C_i) = 0$；

（2）对于成本型指标，即越小越安全的指标

① 当 $X_i > 0$，$XS_i > 0$ 时，如 $X_i \leqslant XS_i$，则 $P(C_i) = 1$；如 $X_i > XS_i$，则 $P(C_i) = XS_i / X_i$；

② 当 $X_i < 0$，$XS_i < 0$ 时，如 $|X_i| < |XS_i|$，则 $P(C_i) = XS_i / X_i$；如 $|X_i| \geqslant |XS_i|$，则 $P(C_i) = 1$；

③ 当 $X_i > 0 > XS_i$ 时，$P(C_i) = 0$；

④当 $X_i < 0 < XS_i$ 时，$P(C_i) = 1$。

10.1.3.4　旅游地生态安全度的计算

本节采用线性加权法对区域旅游地生态安全进行综合评分，计算方法为

$$P(O) = \sum_{i=1}^{30} W(C_i) \times P(C_i) \qquad (10\text{-}1)$$

式中，$P(O)$ 为旅游地生态安全度；C_i 为第 i 项指标；$W(C_i)$ 为指标 C_i 的权重；$P(C_i)$ 为第 i 个指标的安全指数。

10.1.3.5　旅游地生态安全度的划分

将上述生态安全度划分为 4 个级别（表 10-2）。

表 10-2　生态安全度的划分

生态安全度	很不安全	稍不安全	比较安全	很安全
生态安全指数[$P(O)$]	$0 \leqslant P(O) \leqslant 0.25$	$0.25 < P(O) \leqslant 0.50$	$0.50 < P(O) \leqslant 0.75$	$0.75 < P(O) \leqslant 1$

10.1.4　基于 P–S–R 的武夷山风景名胜区生态安全评价

根据上述方法，武夷山风景名胜区生态安全评价结果见表 10-3。从评价总体结果来看，武夷山风景名胜区的生态安全综合指数为 0.797 8，属于很安全状态，这说明武夷山风景名胜区在开发旅游业的同时，较好的保护了该地的旅游资源和生态环境质量。但是我们也应该注意到，在开发旅游业的过程中存在许多譬如旅游资源的低效率利用等不合理的现象。

表 10-3　武夷山风景名胜区生态安全评价结果

项　目	指标层						因素层	项目层	目标层
指标	C_1	C_2	C_3	C_4			B_3	A_1	O
安全指数	0.02	0.032 4	0.049 6	0.031			0.133 1		
指标	C_5	C_6					B_4		
安全指数	0.015	0.044 8					0.059 9		
指标	C_7	C_8					B_5		
安全指数	0.039	0.016 2					0.055	0.346 9	
指标	C_9	C_{10}					B_6		
安全指数	0.022	0.034 4					0.056 4		
指标	C_{11}	C_{12}					B_7		
安全指数	0.018	0.024 3					0.042 5		0.797 8
指标	C_{13}	C_{14}	C_{15}	C_{16}	C_{17}	C_{18}	B_1	A_2	
安全指数	0.037	0.032 9	0.058 1	0.021 1	0.019 6	0.012 5	0.181 2	0.275 6	

（续）

项　目	指标层					因素层	项目层	目标层
指标	C_{19}	C_{20}	C_{21}	C_{22}	C_{23}	B_2		
安全指数	0.023	0.012 2	0.008	0.006 5	0.045 1	0.094 4		
指标	C_{24}	C_{25}	C_{26}			B_8	A_3	
安全指数	0.016	0.029 1	0.042 1			0.087 2	0.175 3	
指标	C_{27}	C_{28}	C_{29}	C_{30}		B_9		
安全指数	0.008	0.003 8	0.047 1	0.029 7		0.088 1		

10.1.5　小结

根据 P-S-R 模型，从生态环境状态、生态环境压力、生态环境响应 3 个方面构建了一个 4 层次的武夷山风景名胜区生态安全评价的指标体系。并在此基础上，对其生态安全进行了定量评价，得出武夷山风景名胜区的生态安全综合指数为 0.794 2，属于很安全状态。其中，景区生态环境状态对于维持景区生态安全具有举足轻重的作用，贡献率为 51.99%，而生态环境响应的贡献率相对较低。因此，必须重视生态安全建设，改善在开发旅游业的过程中存在的不合理现象，促进武夷山风景区旅游业的健康、持续发展。

10.2　基于生态足迹分析的武夷山风景名胜区生态安全评价

随着经济的快速发展和人类消费需求的急剧增加，环境污染与生态破坏日益严重，已严重影响和威胁到人类生存和国家发展，生态环境问题也逐步上升到生态安全问题。有学者认为生态安全是过去提到的生态退化、生态破坏、生态威胁等概念的延伸，是在生态问题日益严重，且开始威胁到人类自身的生存与安全之后才提出的。从这个意义上来讲，生态安全指的就是人类生态安全（崔胜辉等，2005），因此，可以把生态安全理解为人与环境相互作用的过程中，生态承载力大于人类对它的影响（即生态足迹）时所处的一种状态，即人类赖以生存和发展的生态环境较少或未被破坏，处于健康和可持续发展状态。当一个国家或区域所处的自然生态环境状况能够维系其经济社会可持续发展时，它就是安全的；反之，就不安全。生态安全是整个生态—经济—社会系统和可持续发展的重要保障（张志强等，1999；徐中民等，2000），对一个区域或国家系统进行生态安全评价具有重要的现实和科学意义。生态足迹是由 Rees 和 Wackernagel 1996 年提出的一种定量评价区域可持续发展程度的方法（Wackernagel *et al.*，1999），生态足迹理论和方法比较简洁，对整个系统生态安全、各个子系统生态安全以及各子系统生态安全对整体的影响都可做出评价。近年来，许多学者运用生态足迹理论和方法对生态安全问题进行分析评价（肖玲等，2007；范晓秋等，2005；赵先贵等，

2007)。

本节运用生态足迹理论和方法对武夷山风景名胜区的生态安全进行评价，一方面探求生态安全评价有效的方法；另一方面促进风景名胜区建立健康和谐的生态消费观和稳定的生态系统，寻求和探讨风景名胜区可持续发展的途径。

10.2.1 生态足迹分析方法

生态足迹分析方法最早是由加拿大生态经济学家 William 等于 1992 年提出，并由其博士生 Wackernagel 逐步完善，主要涉及生态足迹定义、方法及模型的研究。生态足迹的定义于 1999 年引入我国，之后关于生态足迹的研究逐渐开始展开，它们分别从地理尺度和时间序列上进行生态足迹的研究及其应用。其定义是：任何已知人口（世界及国家、区域及城市、个人或各种活动）的生态足迹是生产这些人口所消费的所有资源和吸纳这些人口所产生的所有废弃物所需要的生态生产性土地的总面积和水资源量。将一个区域或国家的资源、能源消费同自己所拥有的生态能力进行比较，能判断一个国家或区域的发展是否处于生态承载力的范围内，是否具有安全性。当今在生态足迹分析方法领域，根据人口的所属范畴主要应用于以下 4 种：

（1）世界和国家的生态足迹

对于世界和国家账户的生态足迹目前研究结果比较充分。1997 年 Wackernagel 发表了"Ecological footprint of Nations"（52 个国家及区域）的研究成果，对 52 个国家和区域的总指标值进行加和，结果表明，占世界 80% 人口的 52 个国家和区域的生态足迹需求超过其生态承载力的 1/3 以上，Helmut Haberl 等用 3 种不同的方法对奥地利 1926—1995 年间的生态足迹进行了度量及比较；我国也对生态足迹十分关注，其中包括《中国 1999 年生态足迹计算与发展能力分析》等一系列文章的发表。

（2）区域和城市的生态足迹

当前，区域和城市生态足迹理论正处于迅速发展之中，目前世界上许多区域已经开展了区域生态足迹的测度工作。例如，对美国加利福尼亚州 Sonoma County 的测度。国内一些学者也对某些区域的生态足迹进行了测度，例如，甘肃省生态足迹和生态承载力发展趋势研究（岳东霞等，2004）；重庆市生态足迹与生态承载量研究（孙凡等，2005）；陕西省生态足迹和生态承载力动态研究（赵先贵等，2005）；广东省东莞市 1998—2003 年生态足迹计算与分析（唐金利等，2006）；鹤壁市生态足迹分析（李瑞霞，2006）；大庆市 2003 年生态足迹计算与分析（陈正言等，2005）；山西省 2002 年生态足迹的计算与分析（薛国珍等，2006）等。但是，由于区域之间存在的物质与能量的流动的统计数据不是很充分、详细，所以对区域生态足迹的计算只是粗略的计算，其结果的精确度也相对较低。区域或城市生态足迹计算应用成分法，按照不同土地类型和消费类型进行计算，土地类型如同综合法一样，分为 6 类：耕地、林地、草地、建筑用地、化石燃料用地以及水域；消费类型以人的衣食住行活动为出发点分为食物账户、住宅账户、商品账户、服务账户等，体现个人消费对生物物质资源的消耗。

（3）个人生态足迹的计算

个人生态足迹计算的研究也处于发展之中，当前，在 Internet 上已经有人开始进行测算个人生态足迹的简单程序，主要是以问卷调查的形式，回答一系列可供选择的问题，从而分析出每个人粗略的生态足迹。

（4）各种活动生态足迹的计算

主要是用成分法来计算各种活动生态足迹。目前应用于有交通工具、家用电器等生态足迹的计算。

生态足迹的计算基于 2 个基本认识：①人类可以测算自身消费的绝大多数资源及其所产生的废弃物的数量；②这些资源流和废弃物流能够转换成相应的生态生产性土地面积。

10.2.1.1　生态足迹计量

任何人口的生态足迹是这些人口消费的所有资源和吸纳这些人口产生的所有废弃物所必需的生态生产性土地面积和水域的总和。生态生产性土地，就是指具有生态生产能力的土地。生态足迹方法根据生态生产力的大小不同将生态生产性土地划分为 6 类：耕地、林地、建筑用地、草地、化石燃料土地和水域（表 10-4）。

表 10-4　生态足迹测度中的土地类型说明

土地类型	主要用途	均衡因子
耕地	提供绝大多数农作物	2.8
林地	提供林产品和木材	1.1
建筑用地	居民地及道路用地	2.8
草地	提供畜产品	0.5
化石燃料用地	吸收 CO_2	1.1
水域	提供水产品	0.2

生态足迹方法将区域人口对各种生物资源和能源的消费项目折算成这 6 种类型的生态生产性土地面积。由于这 6 类生态生产性土地面积的生态生产力（用单位面积产量表示）不同，计算出的各类土地的面积不能直接相加，因此，必须对每种生态生产性土地面积乘以均衡因子，以转化为统一、可比较的生物生产土地面积，均衡因子的选取来自世界各国生态足迹的报告。

生态足迹可用下式表示：

$$EF = N \cdot ef = N \cdot \sum_{i=1}^{n} (aa_i r_i) = N \cdot \sum_{i=1}^{n} (C_i / P_i \cdot r_i) \qquad (10\text{-}2)$$

式中，EF 为某一区域总的生态足迹；N 为区域总人口数；ef 为人均生态足

迹；i 为消费商品或生产生物的类型；a_i 为人均第 i 种消费商品折算的生物生产面积；r_i 为均衡因子；C_i 为第 i 种消费商品的年消费量；P_i 为第 i 种消费商品世界平均产量。

10.2.1.2 生态承载力计量

生态承载力指一个区域所能提供给人类的生态生产性土地的面积总和，即一个区域当前所能够提供的最大的生态足迹。在生态承载力计算中，由于同类生物生产土地面积的生产力在不同国家或区域之间是存在差异的，因而不同国家或区域的同类生态生产性土地的平均生产力与同类土地的世界平均生产力之间的比率也不相同。耕地和果园土地的产出因子分别依据某一区域每一年的粮食、水果平均产量与全球平均产量相比较，分别得出耕地和果园的产出因子。建筑用地大都来自产出率高的耕地，产出因子取值与耕地相同。其余土地类型的产出因子按文献中对中国生态足迹的计算取值，草地为 0.19，林地为 0.91，水域为 1。在生态承载力的计算时，将现有的各种物理空间的面积乘以相应的均衡因子和当地的产量因子，就可以得到该区域带有世界平均产量的世界平均生态承载力。由于《我们共同的未来》指出，生物圈并非人类所独有，人类应将生物生产土地面积的12% 用于生物多样性的保护，因此，在计算生态承载力时，应从总数中扣除这一部分，用公式表示为

$$EC = N \cdot ec = N \cdot a_j \cdot r_j \cdot y_j \tag{10-3}$$

式中，EC 为某一区域生态承载力供给；N 为区域总人口数；ec 为人均生态足迹供给；j 为消费商品或生产生物的类型；a_j 为人均生物生产面积；r_j 为均衡因子；y_j 为产量因子，表示某个国家或地区某类土地的平均生产力与世界同类土地的平均生产力的比值。

10.2.1.3 生态占用率计量

生态占用率计量即生态足迹/生态承载力 = 生态占用率，用来衡量生态足迹与生态承载力的相对关系。

实现了用生态生产性土地面积这一生物物理指标来指示和评价生态足迹和生态承载力，将一个区域的资源、能源消费同自己所拥有的生态能力进行比较，可判断一个区域的发展是否处于生态承载力范围之内，是否具有安全性。可以用生态赤字来表述：

生态赤字的计算公式为：生态赤字 = 生态足迹 - 生态承载力

①若生态足迹小于生态承载力，则生态赤字小于零，表示生态承载力供给大于需求，则出现生态盈余，表明人类对自然生态系统的压力处于本区域所提供的生态承载力范围内，生态系统处于安全状态。

②若生态足迹大于生态承载力，则生态赤字大于零，表示生态承载力供给小于需求，则出现生态赤字，表明该区域的人们对本区域的自然生态系统所提供的

产品和服务的需求超过了其供给，生态系统处于不安全状态。

10.2.2　基于生态足迹的风景区生态安全评价结果

根据武夷山风景名胜区的自然资源和消费特点，确定武夷山风景名胜区生态足迹主要由以下 2 个部分组成：①生物资源的消费；②能源的消费，由此可以看出各种生物资源和能源的净消费的足迹构成了整个武夷山风景名胜区的生态足迹。

10.2.2.1　生物资源消费的生态足迹

生物资源消费分为粮食、动物脂肪、水果和水产品等，生物资源生产面积折算的具体计算采用联合国粮农组织 2004 年计算的有关生物资源的世界平均生产量，其目的是可以和国家之间、区域之间进行对比分析。2004 年武夷山风景名胜区的表观消费的生物资源的生态足迹见表 10-5。

表 10-5　生物资源消费的生态足迹

种类	全球平均产量 （kg/hm^2）	人均消费量 （kg/人）	人均生物占用面积 （hm^2/人）	类型
粮食	2 744	243.39	0.088 7	
豆制品	1 856	1.12	0.000 6	
蔬菜	18 000	161.31	0.009 0	
瓜类	18 000	11.28	0.000 6	耕地
食糖	4 997	2.45	0.000 5	
茶叶	566	1.4	0.002 5	
酒	490	17.65	0.036 0	
肉类	33	24.66	0.747 3	
蛋类	400	9.63	0.024 1	草地
奶类	502	3.31	0.006 6	
动物脂肪	1 856	5.76	0.003 1	
水果	3 500	16.22	0.004 6	林地
坚果	1 856	3.15	0.001 7	
水产品	29	8.4	0.289 7	水域

10.2.2.2　能源消费的生态足迹

能源部分计算了柴油和电力的消费，计算时将能源的消费转化为化石能源生态生产性土地面积。采用世界单位化石燃料生产土地面积的平均发热量为标准，将武夷山风景名胜区的消费所能消的热量转化为一定的化石燃料型的生产面积，见表 10-6。

表 10-6　能源消费的生态足迹

能源类型	全球平均能源足迹（GJ/hm²）	人均消费量（t）	折算系数（GJ/t）	人均足迹（hm²/人）	类型
柴油	93	0.008 7	42.71	0.371 6	化石燃料用地
电力	1 000	0.025×10⁴	11.84	0.000 3	建筑用地

10.2.2.3　2004 年生态足迹

将以上对武夷山风景名胜区 2004 年的各种生物资源和能源的消费计算得到的各种生物生产面积类型进行汇总，并对各种生态生产性面积乘以相对应的均衡因子，就得到了按世界平均生态空间计算 2004 年武夷山风景名胜区的生态足迹，即要维持 2004 年的生活水平，武夷山风景名胜区人均生态足迹需求为 1.250 3 hm²，见表 10-7。

表 10-7　武夷山风景名胜区 2004 年的生态足迹

土地类型	人均面积（hm²/人）	均衡因子	均衡面积（hm²/人）
耕地	0.137 6	2.8	0.385 28
草地	0.781 1	0.5	0.390 55
林地	0.006 3	1.1	0.006 93
水域	0.289 7	0.2	0.057 94
化石燃料	0.371 6	1.1	0.408 76
建筑用地	0.000 3	2.8	0.000 84
总生态足迹		1.250 3	

10.2.2.4　2004 年生态承载力计算

武夷山风景名胜区 2004 年有耕地 8 977hm²，林地 1 373hm²，水域 456.6hm²，各类土地的人均拥有量，对人均面积乘以均衡因子和产量因子就得到了 2004 年武夷山风景区人均生态承载力，然后减去 12% 用于保护生物多样性的面积就得到了可以利用的人均生态承载力，见表 10-8。

表 10-8　武夷山风景名胜区 2004 年生态承载力

土地类型	人均面积（hm²/人）	均衡因子	产量因子	均衡面积（hm²/人）
耕地	0.961 5	2.8	1.66	4.469 1
草地	0.33	0.5	0.19	0.031 4
林地	0.147 1	1.1	0.91	0.147 2
建筑用地	0.003 2	2.8	1.66	0.014 9
水域	0.048 9	0.2	1.00	0.009 8
CO_2吸收	0	0	0	0

（续）

土地类型	人均面积 （hm²/人）	均衡因子	产量因子	均衡面积 （hm²/人）
总人均供给面积(hm²/人)		4.672 4		
生物多样性保护		0.560 7		
总人均生态承载力(hm²/人)		4.111 7		

10.2.2.5　2004 年生态盈余/生态赤字计算

武夷山风景名胜区生态足迹的计算结果表明：化石燃料用地的生态赤字最大，达 0.408 76 hm²/人（表 10-9）。这主要是当今世界各国或地区没有事先留出化石燃料用地，这说明，当前武夷山风景名胜区消费掉的化石燃料没有被绿色燃料所代替，所产生的废弃物也没有被回收利用，即当地人们在直接消费自然资源而不是其利润。

表 10-9　武夷山风景名胜区 2004 年生态盈余/生态赤字计算

土地类型	生态足迹 （hm²/人）	生态承载力 （hm²/人）	生态盈余/生态赤字 （hm²/人）
耕地	0.385 28	4.469 1	4.083 82
草地	0.390 55	0.031 4	− 0.359 15
林地	0.006 93	0.147 2	0.140 27
建筑用地	0.000 84	0.014 9	0.014 06
水域	0.057 94	0.009 8	− 0.048 14
化石燃料	0.408 76	0	− 0.408 76
生物多样性保护	0	0.560 7	0.560 7
总计	1.250 3	5.233 1	3.422 1

注：−表示生态赤字。

草地赤字高达 0.359 15hm²/人，仅少于化石燃料用地。因实际情况与计算结果难免有一定的误差，按照世界自然草地的标准，在实际中生产效率比较高的人工草场并不在其中的范围之内，因此计算结果往往偏大。但该计算结果仍说明武夷山风景名胜区草地资源较为匮乏。由于武夷山风景名胜区旅游经济的发展，使得武夷山风景名胜区内的居民饮食结构发生了改变，导致动物产品过度消费，超过了武夷山风景名胜区草地的生态承载力。随着人民生活水平的提高，水产品的消费量也有所增加，水域的生态足迹为 0.048 14hm²/人。

耕地、林地、建筑用地则存在一定的生态盈余，依次为 4.083 82hm²/人、0.140 27hm²/人、0.014 06hm²/人。这表明：武夷山风景名胜区并没有因为快速工业化和城市化，使得耕地资源造成短缺，实现了可持续发展；武夷山风景名胜区的木材消耗量并不大，林业发展还具有一定的潜力；而武夷山风景名胜区建筑

用地的盈余也可以反映出其城市基础设施与城市化建设水平相对来说较为缓慢。

通过上述对武夷山风景名胜区 2004 年生态足迹的计算和分析可以得出，武夷山风景名胜区生态足迹为 1.250 3hm²/人，生态承载力为 5.233 1hm²/人，从而可以得出，生态盈余为 3.422 1hm²/人，属于安全状态。

10.2.2.6　可持续发展评价

为进一步验证武夷山风景名胜区的生态安全状态，本节采用 0.618 法即"黄金分割优选法"来确定武夷山风景名胜区生态开发利用适度，通过计算武夷山风景名胜区生态占用率为 0.238 9，和相关典型代表国家的适用度进行比较，见表 10-10。由表 10-10 可以看出，武夷山风景名胜区的生态占用适用度属于特别适宜层次，这说明武夷山风景名胜区处在一个较为良好的生态安全状态。

表 10-10　生态占用适用度划分表

生态占用适用度	生态占用率水平	划分点	典型代表国家
特别适宜	<0.382	1~0.618	秘鲁、新西兰
比较适宜	0.382~0.618	(1~0.618)~(1~0.618)1/2	加拿大、澳大利亚
适宜	0.618~0.726	(1~0.618)1/2~(1~0.618)1/3	阿根廷、芬兰
尚适宜	0.726~1	(1~0.618)1/3~1	瑞典、委内瑞拉
不适宜	>1	—	香港、新加坡

10.2.3　小结

采用生态足迹方法对武夷山风景名胜区的生态安全进行评价结果表明：武夷山风景名胜区 2004 年人均生态足迹为 1.250 3 hm²/人，人均生态承载力为 5.233 1 hm²/人，生态承载力大于生态足迹，生态盈余为 3.422 1 hm²/人，由此可以说明武夷山风景名胜区的生态系统处于较为安全的。但是，草地的生态占用率为 12.437 9，水域的生态占用率为 5.91，两者的生态占用率均大于 1，说明草地和水域生态系统处于不安全的状态。武夷山风景名胜区作为一个开放的系统，它的生态安全涉及整个生态系统和整体环境空间的变化，不但跟其本身的生态完整性和自我恢复能力有关，而且还会受到人为因素或自然因素等干扰因子的影响。武夷山风景名胜区作为世界"双遗产地"，它的开发建设必须以保护景区内的各种资源为可持续发展的目标，因此，各种类型的用地的生态足迹都得在其容纳范围内，即各种类型的用地的生态占用率小于 1 才是安全的。武夷山风景名胜区的生态安全总体上较好，现状维护整体上也较好，但是局部区域需要重视。综上所述，武夷山风景名胜区总体上处在一个较为安全的状态，但局部区域如草地和水域尚处在不安全的状态。因此，在未来武夷山风景名胜区的开发建设过程中，一定要重视其生态环境的保护，采取相关的生态补偿措施，尽量减少人为干扰对景区生态安全的破坏，根据景区资源特点、环境容量、旅游活动特点，合理布局，对某些生态脆弱区域（如水域）和资源（如草地）可以采用分时开放、轮休以及相应的技术措施进行合理保护，从而确保武夷山风景名胜区的生态安全。

10.3　武夷山风景名胜区景观生态安全度时空分异规律分析

1989 年，国际应用系统分析研究所（IASA）在建立全球生态安全监测系统时首次提出了生态安全的概念，随后生态安全研究备受关注（Rogers，1997；Rapport et al.，1998）。景观既是自然社会资源又是人类开发利用的对象，人类经济开发活动主要也是在景观层次上进行，因而景观尺度被认为是研究人类活动对环境影响的适宜尺度（肖笃宁等，2002）。如土地利用生态安全、农业生态安全、水资源生态安全、自然保护区生态安全、旅游区生态安全等研究（Ye et al.，2009；Liu et al.，2009；李晓燕等，2005；许联劳等，2006；喻锋等，2006）着眼的正是生态系统、景观、区域、流域等景观生态学中关注的尺度。而且，景观生态学原理与方法能发挥景观结构组分特征易于保存信息的优势，同时由于景观与区域、流域在组织尺度上是连续的，它能使从景观尺度转换到区域尺度过程中的信息损失程度较小（王娟等，2008），有利于在尺度推绎上维持研究结果的准确性，因此，运用景观生态学的理论与方法能够更为科学的认识并解释大中尺度上生态安全的实质。

景观空间格局既是景观异质性的体现，又是多种生态过程作用的积累结果。景观格局及变化是自然与人为多种因素或生态过程相互作用在某尺度上的生态环境体系的综合反映（谢花林，2008b），特别是在人为活动占主导的景观内，不同景观类型的利用方式和强度产生的生态过程影响具有区域性和累积性的特征，并且直观地反映在生态系统的结构和组成上，从而影响生态安全。目前生态安全分异研究主要从景观角度和系统评价角度两方面构建指数。系统评价角度研究时生态安全时空分异较为复杂且对数据要求高，而从景观角度的研究因其简单明了、数据易获取，广受采用（王娟等，2008；谢花林，2008a）。

武夷山风景名胜区作为武夷山世界文化和自然遗产地中受自然和人类等生态过程作用最为强烈和频繁的区域。一定时期内景区发展规划方案、游客旅游活动、区内居民生产生活方式都对景观生态安全格局产生作用。研究武夷山风景名胜区景观生态安全时空分异特征能更好地理解景区内各生态学过程与作用机制以及人类活动对景区内景观结构和功能的累积性结果，发现武夷山风景名胜区内景观类型的生态状况及时空演变特征，在揭示景观生态安全格局和过程作用规律方面具有重要意义。

10.3.1 景观生态安全度构建

10.3.1.1 景观干扰度指数

景观格局的特征可以通过格局指数进行定量描述。以景观的破碎度、分离度和优势度为基础构建景观干扰度指数，计算公式为

$$E_i = aC_i + bS_i + cD_i \tag{10-4}$$

式中，E_i 为景观干扰指数；C_i 为类型斑块破碎度；S_i 为类型斑块分离度；D_i 为类型斑块优势度；a、b、c 分别为破碎度、分离度和优势度的权重。

干扰度指数各分指标构成如下：

①类型斑块破碎度（C_i）　景观破碎化程度的度量，计算公式为

$$C_i = N_i/A \tag{10-5}$$

②类型斑块分离度（S_i）　指某景观类型中斑块间的分离程度，计算公式为

$$S_i = \sqrt{C_i}/2P_i \tag{10-6}$$

③类型斑块优势度（D_i）　为度量某斑块在景观中重要程度的指标，其值大小直接反映了斑块对景观格局形成和变化的影响程度，计算公式为

$$D_i = (Q_i + M_i + P_i)/3 \tag{10-7}$$

以上各式中，C_i 为景观类型 i 的破碎度；N_i 为景观类型 i 的斑块数；A 为景观的总面积；S_i 为某一景观的分离度；P_i 为某一景观的面积占区域景观面积的比例。频度 Q_i = 斑块 i 出现的样方数/总样方数；密度 M_i = 斑块 i 的数目/斑块的总数目；面积比例 P_i = 斑块 i 的面积/样方的总面积。最后，依据景观指数的重要性对破碎度、分离度和优势度分别赋以权重为 0.5、0.3 和 0.2（谢花林，2008b），对量纲不同的指数进行归一化处理。

10.3.1.2 景观脆弱度指数

不同的景观类型抵抗外界干扰能力及对外界敏感程度存在差别。景观的这种抵御干扰的属性越弱，该景观类型就越脆弱，越易受损；反之亦然。景观类型的脆弱程度与景观自然演替过程所处阶段，景观类型结构与功能的完整性，外界干扰的性质、强度特性等多方面均存在密切关系，要准确确定某类景观类型的脆弱程度存在困难，因此，武夷山风景名胜区景观类型脆弱度（F_i）的赋值更多的是强调景区内不同景观类型之间相对的脆弱程度。参考前人研究基础（李月臣，2008a；郭泺等，2008）并结合景区景观类型特点，对各景观类型脆弱度进行赋值如下：裸地为 9、农田为 8、河流为 7、灌草为 6、杉木为 5、马尾松为 4、阔叶林为 3、竹林为 3、经济林为 2、茶园为 2、建设用地为 1。其中，建设用地最稳定，裸地最为敏感；阔叶林与竹林在景区内均为人类不易到达的天然林分，研究中认为它们脆弱度相近，均赋值为 3；茶园和经济林均同属人工种植经营的景观类

型，研究中认为它们脆弱度相近，均赋值为 2。并对赋值进行归一化处理。

10.3.1.3 景观生态安全度构建

根据何东进等人研究结果（何东进等，2004a，2004b，2004c）：200 m 的粒度能较为真实合理的表征武夷山风景名胜区景观格局变化特征。故以 200 m × 200 m 尺度的等间距采样法对景观格局进行空间网格化，并计算每一个网格样点的复合生态安全度。公式（李月臣，2008a）如下：

$$ES_k = \sum_{i=1}^{m} \frac{A_{ki}}{A_k}(1 - 10 \times E_i \times F_i) \tag{10-8}$$

式中，ES_k 为第 k 网格景观生态安全度指数；m 为区域景观总样方数；A_{ki} 为网格内景观类型 i 面积；A_k 为评价单元 k 区的面积；E_i 和 F_i 含义同上。ES_k 越大景观生态安全程度越高，反之生态安全程度越低。

10.3.2 空间统计学方法

10.3.2.1 空间自相关分析方法

地理与生态现象常常表现出空间相关效应。空间自相关（spatial autocorrelation）分析方法为解释事物属性或现象的空间依赖关系提供了途径。空间自相关性的指标可分为全局指标和局部指标两种：全局指标用于验证整个研究区域某一要素的空间相关关系，而局部指标则用于反映整个大区域中的一个局部小区域单元上的某种地理现象或某一属性与相邻局部小区域单元上同一现象或属性的相关程度（谢花林，2008a；2008b）。本研究中运用全局空间自相关指标 Morans's I 和局部空间自相关指标 LISA（local indicators of spatial association，LISA）来分析武夷山风景名胜区景观生态安全度的空间特征。Morans's I 和 LISA 指标的计算公式如下（Anselin，1995；Getis and Ord，1996；吴玉鸣等，2009）：

$$\text{Moran's } I = \frac{\sum_{i=1}^{n}\sum_{j=1}^{m} W_{ij}(x_i - \bar{x})(x_j - \bar{x})}{S^2 \sum_{i=1}^{n}\sum_{j=1}^{m} W_{ij}} \tag{10-9}$$

式中，$S^2 = \frac{1}{n}\sum_{i=1}^{n}(x_i - \bar{x})^2$；$\bar{x} = \frac{1}{n}\sum_{i=1}^{n}x_i$；$x_i$ 为第 i 地区的观测值；n 为栅格数；W_{ij} 为二进制的邻接空间权值矩阵，表示空间对象的相互邻接关系。$i = 1$，2，…，n；$j = 1$，2，…，m；当区域 i 和区域 j 相邻时，$w_{ij} = 1$；当区域 i 和区域 j 不相邻时，$w_{ij} = 0$。Moran's I 值介于 -1 到 1 之间，大于 0 为正相关，小于 0 为负相关，且绝对值越大表示空间分布的关联性越大，即空间上有强聚集性或强相异性。反之，绝对值越小表示空间分布关联性小，当值趋于 0 时，即代表此时空间分布呈随机性。

局部空间自相关 Local Moran's I (Anselin 将其称为 LISA) (郭晋平等, 2007) 是将 Moran's I 分解到各个空间单元。对于某一个空间单元 i, LISA 计算公式为:

$$Moran's I_i = \left(\frac{x_i - \bar{x}}{m} \right) \sum_{j=1}^{n} W_{ij}(x_i - \bar{x}) \tag{10-10}$$

式中, $m = (\sum_{j=1,j \neq i}^{n} x_j^2)/(n-1) - \bar{x}^2$, 正的 I_i 值表示该区域单元周围相似值(高值或低值)的空间集群, 负的 I_i 值则表示非相似值之间的空间集群。再根据下式计算出 LISA 的检验统计量, 对有意义的局域空间关联进行显著性检验。

$$Z(Moran's I_i) = \frac{Moran's I_i - E(Moran's I_i)}{\sqrt{var(Moran's I_i)}} \tag{10-11}$$

10.3.2.2　地统计学分析方法

地统计学分析(geostatistic)不仅可以解释属性或现象的空间相关, 而且通过半变异函数可以模拟和估计空间上的未知变量(王娟等, 2008)。景观生态安全度作为一种典型的区域属性, 它在空间上的异质性规律, 可以用半方差函数来分析。公式如下:

$$\gamma(h) = \frac{1}{2n(h)} \sum_{i=1}^{n(h)} \left[Z(x_i) - Z(x_i + h) \right]^2 \tag{10-12}$$

式中, $\gamma(h)$ 为半变异函数, 揭示了整个尺度上的空间变异格局; $Z(x_i)$ 和 $Z(x_i + h)$ 分别为空间位置 x_i 和 $x_i + h$ 上的观测值; h 为两样本点的空间分隔距离; $n(h)$ 为分隔距离为 h 时的像元对总数。

10.3.3　景观生态安全度时空演变总体分析

1986—2009 年期间, 武夷山风景名胜区景观生态安全度均在 0.84 以上, 平均水平从 0.902 6 上升至 0.923 2(表 10-11)。1997 年和 2009 年平均生态安全度比 1986 年高, 且它们的变异系数比 1986 年大, 这可能是由于后两个时期的景观类型受到的人为作用明显加大, 使空间上的生态安全度异质性增加。从图 10-1 及彩图 10-1 可以看出, 1986 年基质景观马尾松所在区域生态安全度从较高的浅绿色变为了 1997 年和 2009 年的黄色, 表明马尾松生态安全度有所降低; 景区东部的溪东旅游服务区从较多红色变为成片蓝色, 表明此区域生态安全度有所提高, 东北部生态安全度也有较大提高; 而且这两种变化都在 1986—1997 年期间特别突出。总体上, 1986—1997 年期间景区生态安全度格局变化比 1997—2009 年期间明显, 可见 1986—1997 年期间是景区格局变化关键时段。生态安全度空间趋势面分析显示(图 10-2): 在南北方向上, 3 个时期均呈凸型曲线, 1986 年的南北趋势线较平缓; 在东西方向上, 则发生趋势线分异, 1986 年东西方向上趋势线为缓凸型, 而 1987 年和 2009 年却呈凹型曲线。这主要是因为 1986—1997

年间，武夷山市政府鼓励支持茶产业发展，同时景区按照规划进行溪东旅游服务区的开发建设，部分马尾松林转化为茶园和建设用地。茶园和建设用地景观从较无序状态到较有序状态方向演变，系统内自稳定性和生态安全度因而提高；而作为基质景观的马尾松林面积减少，破碎度增加，生态安全度下降。

表 10-11　武夷山风景名胜区不同时期的景观生态安全度

时期	最小值	最大值	平均值	方差	变异系数	Moran's I
1986	0.852 0	0.978 6	0.902 6	0.015 4	0.017 0	0.534 2
1997	0.843 7	0.990 7	0.921 0	0.024 3	0.026 4	0.673 2
2009	0.857 0	0.991 0	0.923 2	0.023 1	0.025 0	0.653 7

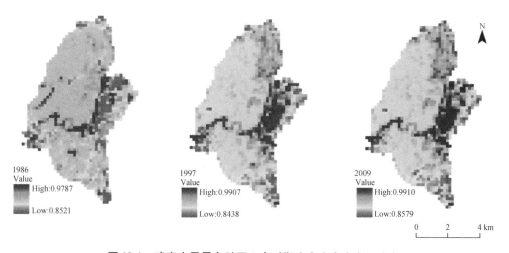

图 10-1　武夷山风景名胜区 3 个时期生态安全度空间分布

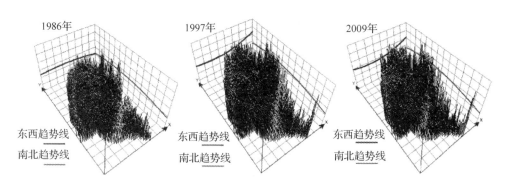

图 10-2　武夷山风景名胜区 3 个时期生态安全度趋势面

10.3.4 景观生态安全度空间相关性分析

10.3.4.1 景观生态安全度全局自相关分析及其尺度响应

借助 1986 年、1997 年和 2009 年景观生态安全度空间分布数据与空间自相关模型，以及空间领域矩阵计算得到 1986 年、1997 年和 2009 年武夷山风景名胜区景观生态安全度的全局 Moran's I 值（表 10-11）。结果表明，Moran's I 从 1986 年的 0.534 2 上升至 1997 年的 0.673 2，接着又略微下降至 2009 年的 0.653 7，景区景观生态安全度在整体空间上存在渐增的正相关关系，景观生态安全度的空间分布并不是随机的，存在一定的内在联系，即景观生态安全度在空间上存在趋于集群的现象。总体格局上，景观生态安全度高的区域倾向于与其他景观生态安全度高的区域相毗邻，而景观生态安全度较低的区域倾向于与其他景观生态安全度较低的区域相毗邻。这 20 多年来，景区景观生态安全度的全局空间自相关度的整体趋势上逐渐增强，并且 1986—1997 年间特别明显。

全局空间自相关性存在明显的尺度效应（图 10-3）。景区 3 个时期的全局空间自相关指标 Moran's I 随着尺度的增大呈现急剧减小的趋势，但均表现出正的全局自相关；在距离小于 1 000 m 时，Moran's I 下降速度较快，1 000 m 之后下降速度减缓。1986 年的 Moran's I 系数整体上低于 1997 年和 2009 年，1997 年和 2009 年的 Moran's I 系数在各尺度上很接近，只是 2009 年在 2 600 m 处出现差异，这表明 2009 年比 1997 年的全局自相关区域有所减少。

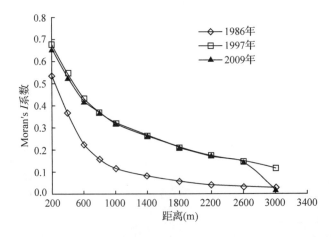

图 10-3　武夷山风景名胜区景观生态安全度空间自相关性的尺度响应

10.3.4.2 景观生态安全度局部空间自相关分析

全域空间自相关指标可以检验整个区域某一要素的空间分布模式，但全局 Moran's I 不能用来测度相邻区域之间要素或属性的空间关联模式，也没有反映出景观生态安全局域显著性水平的具体数值(谢花林,2008a),因此,有必要通过局域指标来反映在整个区域中某一地理要素或属性与相邻局部小区域单元上同一要素或属性的相关程度,进而深入探讨和研究要素或属性的空间格局及其可能成因。为此,对景区景观生态安全进行了空间自相关空间关联局域指标分析,并侧重考察显著性水平较高的局部空间集群指标,用于反映 1986—2009 年景区景观生态安全度在局部空间上的集群格局。

武夷山风景名胜区 1986 年、1997 年和 2009 年 3 个时期景观生态安全度的局部空间自相关 LISA 分析结果如图 10-4 和图 10-5 所示。景区 1997 年和 2009 年景观生态安全度局域自相关格局较为一致,与 1986 年相比则有较大的格局变化。1986 年高值—高值区(HH)主要分布在景区中部,同时有较大面积成片的低值—高值区(LH)分布于景区的中部和西北部。1986—1997 年间景区景观生态安全度集群结构发生了明显变化,高值—高值区(HH)向景区东部的溪东旅游服务区、西南部的星村镇区以及部分溪南景区扩散,而低值—高值区(LH)分布面积急剧萎缩,逐渐被低值—低值区(LL)所代替;景区南部大部分面积从随机分布格局转变为集群分布格局。2009 年的分布格局与 1997 年的相近,变化程度小。

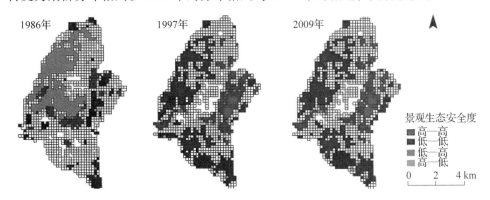

图 10-4　武夷山风景名胜区 3 个时期生态安全度局域空间自相关 LISA 集群

从局域空间自相关显著水平上看。1986 年景观生态安全低值—高值区(LH)分布区域绝大部分达到了 0.01 显著水平,景区南部和东部多数区域均不显著。1997 年和 2009 年景观生态安全低值—高值区(HH)不仅分布面积缩小,而且显著水平下降,景区中部地区显著性消失较多。同时,景观生态安全度高值—高值区(HH)分布面积增加,显著水平提高,一般达到 0.01 显著水平,有些地区达到 0.001 显著水平。1997 年和 2009 年达到显著水平的面积明显大于 1986 年的面积,这种差异主要发生在景区的东部、南部和西南部。可见,近 20 多年来武夷山风景名胜区景观生态安全度格局不仅在空间分布上发生了明显变化,而且空间集群分布的显著水平也发生了明显的改变。

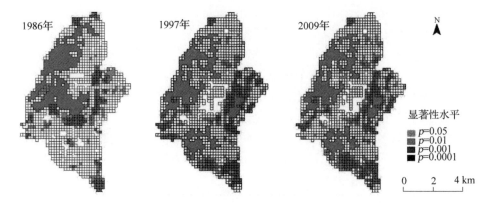

图 10-5　武夷山风景名胜区 3 个时期生态安全度局域空间自相关 LISA 显著性水平

10.3.5　景观生态安全度空间分异分析

运用地统计学方法对武夷山风景名胜区景观生态安全度格局进行空间分异研究，各模型拟合结果见表 10-12。1986 年景观生态安全度指数模型拟合效果最好，复相关系数 R^2 为 0.796，而 1997 年和 2009 年均为球形模型拟合效果最佳，复相关系数分别为 0.924 和 0.913，1986 年相关系数比其他两个时期低，空间随机性程度高，这与全局与局域自相关研究结果吻合。

表 10-12　武夷山风景名胜区景观生态安全度理论变异函数

时期	模型	C_0	$C_0 + C$	A_0	$C_0/(C_0+C)$	R^2	RSS
1986	球形 Sphere	0.000 019	0.000 258	750.00	0.074	0.754	2.872 E − 09
	指数 Exponent	0.000 037	0.000 260	1 020.00	0.142	0.796	2.311 E − 09
	线性 Linear	0.000 234	0.000 266	6 474.83	0.880	0.119	9.951 E − 09
	高斯 Gauss	0.000 046	0.000 257	588.90	0.179	0.756	2.777 E − 09
1997	球形 Sphere	0.000 262	0.000 675	4 870.00	0.388	0.924	1.985 E − 08
	指数 Exponent	0.000 189	0.000 696	5 460.00	0.272	0.901	2.591 E − 08
	线性 Linear	0.000 367	0.000 747	6 474.83	0.491	0.731	7.038 E − 08
	高斯 Gauss	0.000 315	0.000 675	4 070.32	0.467	0.901	2.588 E − 08
2009	球形 Sphere	0.000 251	0.000 627	4 400.00	0.400	0.913	1.833 E − 08
	指数 Exponent	0.000 170	0.000 637	4 500.00	0.267	0.894	2.228 E − 08
	线性 Linear	0.000 368	0.000 692	6 474.83	0.532	0.659	7.161 E − 08
	高斯 Gauss	0.000 298	0.000 625	3 602.67	0.477	0.892	2.279 E − 08

注：C_0 为块金值；C 为偏基台值；$C_0 + C$ 为基台值；A_0 为变程度；R^2 为复相关系数；RSS 为残差。

空间异质性主要由随机性和自相关性两部分组成。块金值反映的是随机部分的空间异质性，若块金值较大表明此时较小尺度上的某种过程不可忽视。$C_0/(C+C_0)$ 的大小反映了自相关部分和随机部分对地理要素空间分异的影响程度，该比值越小，非结构性因素影响越大。这里结构性因素（内因）包括气候、地形、地质地貌、土壤类型、植被类型等主导区域景观生态安全度的空间分布的因素；而非结构因素或称随机因素（外因）包括各种自然灾害以及人为活动导致景观变化的因素。变程值大小反映了研究区某一特征空间自相关的尺度状况，当取样尺度小于该值时各要素的空间分布存在自相关，说明此时研究区主要的生态学过程、格局及功能都与该尺度有关，而当取样尺度大于该值时则要素呈随机性。

1986—2009 年景区景观生态安全度的块金效应整体上增强，从 1986 年的 0.000 37 增加到 2009 年 0.000 251，但 1997 年的块金值最大，为 0.000 262，表明研究区非结构因素作用渐强，不可忽视。$C_0/(C + C_0)$ 在 1986 年、1997 年和 2009 年分别为 14.2%、38.8% 和 40.0%，$C_0/(C + C_0)$ 值逐渐增大充分表明非结构性因素对景区景观生态安全空间分布影响效应在增强，这与景区近几十年来旅游开发、人为活动频繁而强烈的实际情况相符。1986 年、1997 年和 2009 年研究区景观生态安全度空间分异的变程在 1 020 ~ 4 870 m 之间，其中 1986 年变程最小（1 020 m），这表明 1986—2009 年间景区景观生态安全度的相关性范围在扩张。总之，景区景观生态安全度具有较强的空间相关性是结构性因素和非结构性因素综合作用的结果，其中地形地貌、土壤类型等结构因素对景区景观生态安全度的空间分布起决定性作用，而旅游开发建设、历史早期毁林种茶、弃农种茶等非结构因素（武夷岩茶是中国十大名茶之一，也是受原产地域产品保护制度保护的名茶，在国内外享有极高的知名度和名誉度，市场竞争力强。在岩茶产业的经济驱动下，景区发展历史上存在农民放弃种田改种茶叶，特别是 20 世纪 90 年代还存在林地被开垦为茶园的情况）对其演变产生重要影响。

10.3.6　小结

采用景观干扰度指数和景观脆弱度指数构建景观生态安全度对武夷山风景名胜区景观生态安全度时空分异特征进行分析，能够较好地反映研究区的景观生态安全时空状况，结果表明：1986—2009 年间景区景观生态安全度整体呈逐渐增加的趋势。景区景观生态安全度呈正的全局空间自相关，且总体相关程度增强，尤其 1986—1997 年间特别明显；景区全局空间自相关性存在明显的尺度效应。景观生态安全度的集群结构在 1986—1997 年间发生了明显变化：高值—高值区向东部的溪东旅游服务区、西南部的星村镇区及溪南景区扩散，而低值—高值区分布面积急剧萎缩，逐渐被低值—低值区所代替；南部大部分面积从随机分布格局转变为集群分布格局。景观生态安全度格局分布及集群分布的显著水平均发生了明显改变。地形地貌、土壤类型等结构因素对景区景观生态安全度的空间分布起着决定性作用，而非结构因素（旅游开发建设、毁林种茶、弃农种茶等人为活动）对生态安全度的演变产生重要影响。

景观中普遍存在着非线性动力学过程，是一种耗散结构系统。当生态系统从外环境中不断吸取能量与物质时，外界环境连续不断的负熵流使系统的总熵减小、有序性增大，最终形成远离平衡态的稳定结构（郭晋平等，2007）。研究区1986—2009年间因景区规划和旅游发展的需要，规划范围内建设用地不断成片开发，人类环境不断向建设用地输入负熵流使得建设用地具有高的景观生态安全度。1986—1997年间在武夷山市政府大力扶持茶产业发展的促进下，茶园面积增加，系统外不断输入的负熵维持了茶园的稳定性，提高了茶园的生态安全度。然而，建设用地、茶园生态安全度得以提高的同时，导致被它们占用的景观类型破碎度增加，尤其是基质景观马尾松林面积的大量减少，马尾松林的生态安全度下降。这表明生态安全度反映了景观类型或空间粒度上自身的安全性和稳定性。某景观类型或空间网格的生态安全度可能受区域内与其生态过程密切的其他景观类型的制约，一种景观类型的生态安全度的提高可能导致其他景观类型生态安全度的降低。

景观生态安全度可以从空间上直观反映出区域内空间上的生态安全状况（王娟等，2008），但对研究区生态安全有重要作用的某些关键生态过程往往解释不足。通过干扰度、优势度、分离度、脆弱度等构建的生态安全度对生态安全的解释能力有待探讨。另外，受研究者经验和知识水平等主观因素限制，景观生态安全度中脆弱度的赋值更多是反映研究区内景观类型间的相对脆弱程度，景观生态分类上的差异也导致脆弱度赋值的普遍适用性低。因此，如何提高脆弱度指数赋值的准确性或构建新的脆弱度指标，采用更加科学的研究方法研究景观生态安全度等有待进一步完善。

10.4 武夷山风景名胜区复合生态安全干扰模拟

采用景观干扰度指数和景观脆弱度指数构建景观生态安全度能够较好地反映研究区的景观生态安全时空状况（游巍斌等，2011b）。然而，基于经验和知识水平的脆弱度的确定更多是基于物理结构或土地利用角度对研究区内景观类型间的相对脆弱程度（或稳定程度）做赋值，这导致这类景观生态安全度量指标偏重景观结构及其稳定性，而容易忽视生态过程及其功能在景观中的累积作用。比如，从物理结构或土地利用来说，建设用地应最为稳定，脆弱度最小，它的景观生态安全指标值就比较高。然而，对风景名胜区而言，并不是建设用地越多越好，许多著名风景名胜区（如九寨沟、张家界、哈达斯等）早期发展中存在过大量的违规建筑，严重影响和破坏了景区的生态景观，最终均被拆除或责令整改，可见，此种建设用地的"最稳定"，并非生态最稳定。前一节构建的景观生态安全度指数可能出现弱化某些关键景观存在的生态过程风险的作用。例如，武夷山风景名胜区近几十年茶园的迅速蔓延对景区生态安全显然存在一定的威胁。因此，为了更为真实地揭示景区生态安全状况，构建能够表达生态安全健康（结构和功能）和风险两方面内容的新的生态安全度量指标很有必要，这也为更合理的开展生态安全模拟与仿真研究奠定基础。

10.4.1　复合生态安全指数构建

生态风险和生态健康共同构成了生态安全的两方面，利用生态风险或生态健康的任一方面均可以表征生态系统的安全性，但二者又相互区别。生态风险强调生态系统或某一环境的外界影响和潜在的胁迫程度，生态健康则反映了系统内的结构和功能的完整程度及其所具有的活力与恢复力状态。健康的生态系统并不一定就是安全的生态系统，需要与生态系统所处的风险状态相联系才能更好地做出科学解释。生态系统服务价值是生态系统服务功能的经济度量，体现了生态系统的功能状态。本节在前文研究基础上，从结构、功能、风险出发，结合景观生态安全度、生态系统服务价值、森林火险和虫害风险等，构建新的生态安全度量指标——复合生态安全指数（composite ecological security index）。为保证指标一致性，以式（10-1）对生态系统服务价值进行归一化处理；基于风险是安全的反函数，以式（10-2）、式（10-3）表示森林火灾、马尾松毛虫害的安全程度。同时，为保证空间网格的一致。生态系统服务价值、森林火险和马尾松毛虫害风险数据均以 200 m × 200 m 进行栅格重采样，为避免采样引起的边界破碎的问题，将所有图层进行一致的裁边处理。森林火灾风险指数图层中的非森林区域、马尾松虫害风险指数图层中的非马尾松区域，均经过掩膜处理，避免无关区域对指数计算准确度的影响。各指标计算公式如下：

$$EV_k = (X_i - X_{\min})/(X_{\max} - X_{\min}) \tag{10-13}$$

式中，EV_k 为第 k 网格生态系统服务价值归一化指数；X_i 为第 k 网格生态系统服务价值的实际值；$X_{\max}$ 和 $X_{\min}$ 分别为生态系统服务的最大值和最小值；EV_k 越大，生态系统服务价值越高，反之越小。

$$EF_k = 1 - RF_k \tag{10-14}$$

$$EP_k = 1 - RP_k \tag{10-15}$$

式中，EF_k 为第 k 网格森林火灾安全指数；RF_k 为第 k 网格森林火灾风险指数；EP_k 为第 k 网格马尾松安全指数；RP_k 为第 k 网格松毛虫害风险指数。EF_k 和 EP_k 越大，景区内发生森林火灾和松毛虫害的可能性越小；反之，可能性越大。

$$EE_k = aES_k + bEV_k + cEF_k + dEP_k \tag{10-16}$$

式中，EE_k 为第 k 网格复合生态安全指数；ES_k 为第 k 网格景观生态安全度指数；EV_k、EF_k、EP_k 含义同上；a、b、c、d 为相应指标权重值，这里分别取 0.3、0.3、0.2、0.2。EE_k 越大，景区复合生态安全程度越高，景区越安全；反之，复

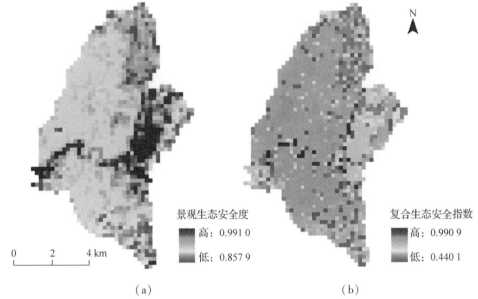

景观生态安全度
高: 0.991 0
低: 0.857 9

0 2 4 km

复合生态安全指数
高: 0.990 9
低: 0.440 1

（a）   （b）

图 10-6　武夷山风景名胜区景观生态安全度（a）与复合生态安全指数（b）比较

合生态安全程度越低，景区越不安全。

10.4.2　复合生态安全格局分析

　　武夷山风景名胜区复合生态安全指数范围 0.440 1～0.990 9，景观生态安全度范围为 0.857 9～0.991 0（图 10-6 及彩图 10-6）。2009 年景区复合生态安全总体趋势分布呈现中部区域高，向外围区域减少的分布趋势（图 10-7）。复合生态安全指数比景观生态安全度更能反映景区中潜在的风险，体现出较多的中、低生态安全区域。基质景观马尾松的复合生态安全指数比景观生态安全度计算出的安全值高，建设用地复合生态安全指数比景观生态安全度低了许多，河流依然是高生态安全区域。低风险区域（红色部分）在溪南景区的低海拔区域聚集分布，森林景观中也零星有高风险区域分布其中，这也说明加强景区森林景观资源管理，防范生态风险尤为重要。茶园景观复合生态安全指数处于中

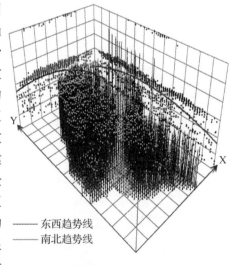

—— 东西趋势线
—— 南北趋势线

**图 10-7　武夷山风景名胜区复合
生态安全指数趋势面**

等安全水平，说明茶园景观的继续扩展与蔓延将会降低景区整体生态安全水平，对茶园种植进行控制、管理，退茶还林还田将是解决此类问题的有效途径。这与《讨论稿》提出需要对茶园予以"退、控、改"的措施一致。可见，构建的复合生态安全指数更能很好地揭示景区生态安全格局规律。

10.4.3　复合生态安全局空间自相关分析

10.4.3.1　复合生态安全指数与景观生态安全度的比较

复合生态安全指数全局 Moran'I（0.305 2）低于景观生态安全度（0.653 7）（图 10-8）。局域空间自相关高—高值区、低—低值区部分反转，显著水平也相应改变（图 10-9），即景观生态安全度格局的高—高值区、低—低值区有部分为复合生态安全格局的低—低值区、高—高值区。复合生态安全格局中低—低值区面积明显少于景观生态安全度格局。此外，复合生态安全格局中高—低值区域较景观生态安全度格局明显增加，零星分布于景区内。部分茶园与建设用地为主要的低—低值区域，森林景观成为最主要的高—高值区域，这也进一步支持了景区需要退茶还林，控制茶园无序种植和建设用地随意扩张的观点。

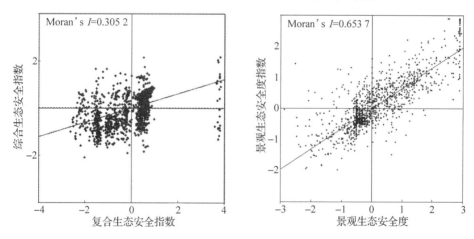

图 10-8　武夷山风景名胜区复合生态安全指数和景观生态安全度 Moran'I 散点图

10.4.3.2　复合生态安全指数尺度变异

在各项同性条件下，通过地统计变异函数拟合发现指数模型拟合效果最好（图 10-10），复相关系数为 0.956。块金值 $C_0/(C_0 + C)$ 达 49.9%，表明非结构性因素对景区生态安全的影响很大，这说明景区的生态安全同时受到结构和非结构因素的共同作用。其中结构因素如海拔、坡度、土壤类型等因素，而人为干扰等非结构因素对景区安全格局变化影响的解释能力高于景观生态安全度的解释能力（40%）。在 1 520m 的范围内生态安全值存在空间自相关，大于 1 520m 的距离，生态安全值不

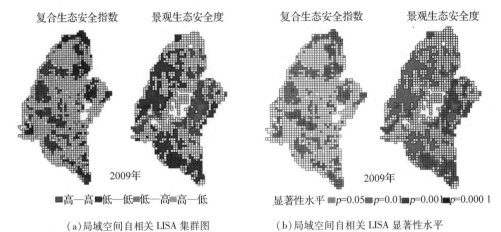

（a）局域空间自相关 LISA 集群图　　　　　（b）局域空间自相关 LISA 显著性水平

图 10-9　武夷山风景名胜区复合生态安全指数和景观生态安全指数局域空间自相关

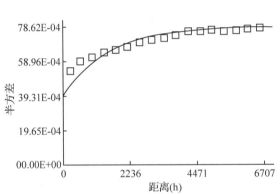

Exponential model(C_0=0.003 95;C_0+C=0.007 91;A_0=1520.00;r^2=0.956;
RSS=1.672E-06)

图 10-10　武夷山风景名胜区复合生态安全值半变异函数

具空间相关性。这个变程比相应年份景观生态安全度的空间变程（4 400m）小了许多，这也表明复合生态安全比景观生态安全的空间自相关更为集中。

10.4.4　复合生态安全神经网络模型模拟

10.4.4.1　驱动因子选择

以本书 4.4 节筛选出的 2009 年武夷山风景名胜区定量驱动因子作为神经网络模拟的输入变量。除坡向外，其余 6 个驱动因子均使用连续值。驱动因子重采样至 200m×200m 栅格与复合生态安全指数图层栅格一致。

10.4.4.2　神经网络模型架构和网络参数的设置

为探讨驱动因子与生态安全之间的关系，输入层为 7 个驱动因子，输出层为复合生态安全指数。隐含层节点数的确定关系到网络的运算时间和收敛速度问题，根据经验本节隐含层的节点数取 5。构建 7-5-1 的网络结构，并设置相应参数（表 10-13）进行仿真。仿真过程由 Matlab 7.0 编程实现。

表 10-13　神经网络训练参数设置

参数名称	最小训练速率	冲量因子	允许误差	最大迭代次数	激发函数
参数值	0.3	0.9	0.000 01	10 000	Sigmoid
参数说明	训练速率越大，权值变化越大，收敛越快，但训练速率过大会引起系统的振荡。训练速率在不导致振荡的前提下，越大越好。一般有经验确定	冲量因子的选择也是由经验确定	当两次迭代误差小于该值，系统结束迭代运算	神经网络并不能保证迭代结果一定收敛，当迭代结果不收敛，但达到最大迭代次数时，系统结束运算	—

10.4.4.3　模拟结果

为防止模型过拟合，以 1 168 个样本栅格的 70%（约 817 个）作为训练样本，剩余 30% 作为验证样本。多次测试后，冲量因子 α 取 0.9，学习率 β 取 0.3，允许误差 0.000 01，并设置若模型不收敛在继续运行 1 000 次中止模型模拟。经过 10 781 次的学习，达到允许最小误差，网络中断学习过程。此时训练精度为 91.64%，将另外 30% 的样本输入训练得到的网络结构中，进而验证网络模型效果，验证精度达 92.04%。这表明通过 BP 神经网络模型建立的网络结构较为理想，预测效果好。

利用网络权重与阈值关系最终获得驱动因子对复合生态安全指数的影响程度（表 10-14），结果表明：到河流最近距离是景区生态安全的主要驱动因子，影响权重为 0.371；其次为到道路最近距离（0.176）、海拔（0.162）、到居民点最近距离（0.162）、到停车场最近距离、坡度和坡向影响较小。河流历来被农耕文明视

表 10-14　驱动因子对复合生态安全指数的影响程度

驱动因素	到河流最近距离	到道路最近距离	海拔	居民点最近距离	到停车场最近距离	坡度	坡向
权重	0.371	0.176	0.162	0.118	0.075	0.054	0.044

为母亲河，人类定居于河流周围并逐渐向外活动。武夷山景区内农田、茶园、建设用地等大都分布于河流周边，这是人们为方便生产、生活的需要而自觉形成所致，不仅如此，九曲溪及其沿线经过作为景区重要旅游资源，为开发其巨大的旅游价值，沿岸一些区域极易因发展旅游的需要受到人类的景观改造，从而影响了其沿岸及周边区域的生态安全状况。到道路最近距离和海拔的驱动作用主要体现在区域可达性及其带来的人为干扰难易程度上，到居民点最近距离和到停车场最

近距离则是人为干扰向外扩散的源。综上所述，本节构建的神经网络模型不仅精度高、效果好，而且对解释驱动因子与生态安全的作用规律较为科学合理，符合现实情况。

10.4.5　小结

驱动因子导致景观格局变化，景观格局的变化进一步对生态安全造成影响。现实中，这种作用关系极为复杂，是一种非线性关系，而神经网络方法是拟合这种非线性关系较好选择。结合景观结构、功能、风险等方面，构建的复合生态安全指数不仅简单可行，而且与景区实际情况高度一致，很好的揭示了景区生态安全格局特点。在该指数的基础上，构建的神经网络模型模拟精度达92.04%，不仅精度高、效果好，而且较为合理地解释驱动因子与生态安全作用机理。但是，神经网络模型模拟也有其不足之处，其中最明显的就是网络模型是一个黑匣子，核心过程不易被认知。以武夷山风景名胜区作为研究案例，通过建立驱动因子和生态安全间的关系模型对于了解研究区域在某干扰因子驱动下可能导致的生态安全变化，进而为决策服务，具有很好的指导意义。例如，可探讨景区内道路修建对景区生态安全格局造成的影响。另外，该方法应用在更大尺度上（区域或大洲尺度），即可为研究诸如河道改道、人工大坝或运河修建等大型人类工程实施对区域生态安全格局的影响，进而开展生态评估工作方面，提供新的研究思路。

第 11 章　世界遗产地生态安全预警体系构建及其应用

世界遗产既是国家特殊荣誉，又是发展遗产旅游的最大金字招牌。在利益的驱动下，过度的旅游开发和不合理的资源利用导致遗产地出现了诸如旅客超载接待、遗产地资源受损、生态环境恶化、景观质量下降、游客体验劣化、服务质量下降等一系列问题已然成为遗产地生态安全状态恶化的信号。遗产地生态系统的结构与功能的退化，使得作为遗产价值衡量标尺与保护关键的真实性和完整性遭受着不同程度的威胁与破坏（张成渝，2004，2010）。然而，目前对于什么是世界遗产地生态安全，这种安全有哪些特征，如何监测与保护这种生态安全，从而加以管理等方面的关注十分有限。

生态安全预警研究多集中在区域生态安全领域，针对农业、土壤、土地、水文等方面研究较多，对世界遗产地生态安全的预警研究还未见报道。进行生态安全预警时采用较多的方法有：专家打分法（德尔菲法）、层析分析法、模糊综合评价方法、系统动力学、神经网络学习法等（Jin *et al.*，2009；Li *et al.*，2010；Bai *et al.*，2010；吴开亚，2003；董东林等，2006；张志勇等，2009；彭张兴，2010；覃德华，2010；李红霞等，2011；宫继萍等，2012）。德尔菲法、层次分析法、模糊综合评价方法是一种定性与定量相结合的决策分析方法，采用它们可对遗产评价中的历史、文化、艺术等因素予以量化评价。通过邀请遗产保护、生态学、旅游学、地理学、历史学、艺术美学、经济学等专家对指标进行打分来确定指标权重，是较可行方法之一，在其他领域也应用较多；其缺点是：这类方法在判断矩阵构建中难免受主观因素影响，更缺乏对未来发展趋势的预测能力。系统动力学、神经网络等智能方法在预测虽然优势明显，但对样本数据量要求高。就遗产地而言，因诸多客观原因使遗产地在监测指标的获取较为困难（表现为：指标统计口径不一、监测时间较短且可用数据少），一定程度上限制了此类方法的使用。

因此，如何在有限的数据样本下，评价世界遗产地生态安全状态并加以预测是遗产生态安全预警研究的突破口。本节试图提出一套符合世界遗产地保护要求的生态安全概念、预警框架及指标体系，在此基础上，引入物元模型理论对遗产地生态安全进行预警。并提出基于遗产损失度的优先位排序方法，以期为世界遗产保护及管理工作的实施提供借鉴。

11.1　可拓学理论基础

可拓学是由中国学者蔡文于 1983 年提出的一门原创性横断学科，它以形式化的模型，探讨事物拓展的可能性以及开拓创新的规律与方法，并用于解决矛盾问题(Cai，1995，1999；蔡文，1994，1997，1999)，它具有形式化、逻辑化和数学化的特点。所谓矛盾问题，是指在现有条件下无法实现人们要达到的目标的问题。可拓学作为数学、哲学与工程学交叉的一门新兴学科，它与控制论、信息论、系统论一样，是一门涉及范围广泛的横断学科。如同有数量关系与空间形式的地方，就有数学的存在一样，有矛盾问题存在的地方，就有可拓学的用武之地。它在各门学科和工程技术领域中应用的成效，不在于发现新的实验事实，而在于提供一种新的思想和方法。为了解决具体的矛盾问题，必须研究能处理一般矛盾问题和领域中矛盾问题所需要的形式化模型、定性和定量相结合的可操作工具、推理的规则和特有的方法。可拓学研究的科学意义主要有：①可拓学的数学基础和逻辑基础将使数学和逻辑产生较大的变革；②可拓学构建了连接自然科学和社会科学的桥梁；③构建解决矛盾问题的方法论体系。由于可拓学是中国原创的新学科，正在逐步由中国走向世界(蔡文，1999)。因此，目前国际可拓学的研究水平，中国仍处于领先地位，代表着国际最新的进展。如果在可拓学研究方面加强研究力度，有可能取得走在世界前列的突破性技术成果。

11.1.1　可拓数学与经典数学、模糊数学的区别与联系

数理逻辑研究经典数学中推理的规律，模糊逻辑研究模糊数学中推理的规律，可拓逻辑研究可拓学中变换与推理的规律。由于经典数学研究的是确定性的问题，模糊数学研究的是模糊性的问题，可拓学研究的是矛盾问题。因此，相应的逻辑所研究的内容随研究对象的不同而不同(表 11-1)。在经典逻辑中，事物是否具有某种性质，只取"是"或"非"；命题是否正确，只取"真"或"假"，即特征函数值只取 0 或 1。在模糊逻辑中，隶属函数值取值(0，1]中的实数。在可拓逻辑中，用取自(－∞，＋∞)的实数来描述"是"或"非""真"或"假"的程度。这种程度可正可负，正值表示"是"或"真"的程度，负值表示"非"或"假"的程度。从而，把"类内为同，类间为异"发展为"类内也有异"，即类内也有程度的区别。

在经典逻辑和模糊逻辑中，事物是否具有某种性质，命题为"真"或为"假"是相对固定的。但在可拓逻辑中，由于引入了变换(包括时空的改变)，事物具有某种性质的程度和命题"真假"的程度随变换而改变。可以说，经典逻辑和模糊逻辑从"静态"的角度研究事物的性质和命题的真假；可拓逻辑则从"变换"的角度讨论事物具有某种性质的程度和命题真假的变化。

表 11-1　可拓数学与经典数学、模糊数学的区别与联系

形式模型	集合基础	性质函数	取值范围	距离概念	逻辑思维	处理的问题
数学模型	康托集	特征函数	$\{0,1\}$	距离	形式逻辑	确定性问题
模糊数学模型	模糊集	隶属函数	$[0,1]$	距离	模糊逻辑	模糊性问题
可拓模型	可拓集	关联函数	$(-\infty,+\infty)$	距、侧距	可拓逻辑	矛盾问题

11.1.2　可拓学的理论框架

目前已经初步确定了可拓论的核心是基元理论、可拓集理论和可拓逻辑，建立了以它们为支柱的可拓学理论框架。在可拓学中，建立了物元、事元和关系元（统称为基元）等作为可拓学的逻辑细胞，基元概念把质与量、动作与关系的相应特征分别统一在一个三元组中，可以形式化描述物、事和关系；利用它们描述万事万物和问题，描述信息、知识和策略；研究了基元的可拓性和变换以及运算的规律；建立了把数学模型拓广的可拓模型，去表示矛盾问题及其解决过程，从而作为处理矛盾问题的形式化工具。到目前为止，基元理论和可拓模型的研究已比较全面。

11.2　生态安全预警的可拓分析模型

可拓综合分析方法主要理论包括物元模型、可拓集合和关联函数。物元是事物、事物特征、事物的特征值组成的三元有序组。设事物的名称为 N，其关于特征 C 的量值为 v，则将三元有序组称为事物的基本元，简称为物元，记为：$R=(N,C,v)$。其中 N，C，v 称为物元 R 的三要素。根据可拓理论和方法，可以应用物元模型对安全等级预警对象进行形式化描述，采用可拓集合和关联函数确立预警标准和安全关联度，建立表征安全状态的多指标综合预警模型。通过对单预警指标的关联函数的计算得到单要素安全水平，利用模型集成得到多指标的综合安全水平，定量表示生态安全程度；以关联度大小对预警对象发展变化趋势进行判断，表征复杂系统的动态变化过程，实现动态安全预警形式化的多元参数模型表示和定量的安全水平及趋势判断（杨春燕等，2007；张强等，2010）。

11.2.1　生态安全的经典域、节域和预警对象

设有 m 个生态安全等级 N_1，N_2，$\cdots$，N_m，建立相应的物元：

$$R_j = (N_j, c_i, v_{ji}) = \begin{bmatrix} N_j & c_1 & v_{j1} \\ & c_2 & v_{j2} \\ & \vdots & \vdots \\ & c_n & v_{jn} \end{bmatrix} = \begin{bmatrix} N_j & c_1 & \langle a_{j2}b_{j1} \rangle \\ & c_2 & \langle a_{j2}b_{j2} \rangle \\ & \vdots & \vdots \\ & c_n & \langle a_{jn}b_{jn} \rangle \end{bmatrix} \tag{11-1}$$

式中，R_j 为生态安全的经典域；N_j 表示所划分的 $j(j=1,2,\cdots,m)$ 个生态安全等级，$c_i(i=1,2,\cdots,n)$ 是安全等级 N_j 的特征，v_{ji} 为 N_j 关于 c_i 所规定的量值范围，即各生态安全等级对应特征所取的数值范围。对于经典域，构造其节域 R_p，且 $R_p \supset R_j$，

$$R_p = (N_p, c_i, v_{ip}) = \begin{bmatrix} N_p & c_1 & v_{1p} \\ & c_2 & v_{2p} \\ & \vdots & \vdots \\ & c_n & v_{np} \end{bmatrix} = \begin{bmatrix} P_j & c_1 & \langle a_{1p}b_{1p} \rangle \\ & c_2 & \langle a_{2p}b_{2p} \rangle \\ & \vdots & \vdots \\ & c_n & \langle a_{np}b_{np} \rangle \end{bmatrix} \quad (11\text{-}2)$$

式中，N_p 为生态安全等级的全体；v_{ip} 为 N_p 关于 c_i 所取的量值范围。

对于待预警对象，将预警指标信息用物元表示为

$$R_o = (P_o, c_i, v_i) = \begin{bmatrix} P_o & c_1 & v_1 \\ & c_2 & v_2 \\ & \vdots & \vdots \\ & c_n & v_n \end{bmatrix} \quad (11\text{-}3)$$

式中，P_o 表示预警对象的名称；v_i 为 P_o 关于 c_i 的量值。

11.2.2　关联度计算及距的确定

对于待预警对象关于各安全等级的关联度用关联函数计算，第 $i(i=1,2,\cdots,n)$ 个指标数值域属于第 $j(j=1,2,\cdots,m)$ 个安全等级的关联函数为

$$K_j(v_i) = \begin{cases} \dfrac{\rho(v_i V_{ij})}{\rho(v_i V_{ip}) - \rho(v_i V_{ij})} & (\rho(v_i V_{ip}) - \rho(v_i V_{ij}) \neq 0) \\ -\rho(v_i V_{ij}) - 1 & (\rho(v_i V_{ij}) - \rho(v_i V_{ij}) = 0) \end{cases} \quad (11\text{-}4)$$

式中，$K_j(v_i)$ 为各安全因子（指标）关于安全级别的关联度；$\rho(v_i, V_{ij})$ 为点 v_i 与有限区间 $V_{ij} = (a_{ij}, b_{ij})$ 的距；$\rho(V_i, V_{ip})$ 为点 v_i 与有限区间 $V_{ij} = (a_{ip}, b_{ip})$ 的距。v_i 为因子（指标）的实际值，$V_{ij} = (a_{ij}, b_{ij})$ 为经典域，$V_{ij} = (a_{ip}, b_{ip})$ 为节域。其中：$\rho(x, \langle a, b \rangle) = \left| x - \dfrac{a+b}{2} \right| - \dfrac{b-a}{2} \rho(x, \langle a, b \rangle) = \left| x - \dfrac{a+b}{2} \right| - \dfrac{b-a}{2}$。

关联度 $K_j(v_i)$ 表征待预警对象各预警指标关于评价等级 j 的归属程度，相当于模糊数学中描述模糊集合的隶属度，不同的是：模糊数学隶属度为闭区间 $[0,1]$，关联度的取值范围则为整个实数轴。若 $K_j(v_i) = \max K_j(v_i) j \in (1,2,\cdots,m)$，则预警指标 v_i 属于等级 j。

11.2.3　安全等级的评定

关联函数 $K(x)$ 的数值表示预警对象符合生态安全级别的隶属程度。预警对象 R_o 关于安全等级 j 的关联度为

$$K_j(R_0) = \sum_{i=1}^{n} w_i K_j(v_i) \tag{11-5}$$

若 $K_{j0} = \max\limits_{j \in \{1,2,\cdots,m\}} K_j(R_0)$，则评定 R_0 属于安全等级 j_0。当 $K_j(R_0) > 0$ 时，表示待预警对象符合某安全等级标准的要求，其值越大，符合程度越好；当 $-1 \leqslant K_j(R_0) \leqslant 0$ 时，表示待预警对象不符合某安全等级标准的要求，但具备转化为该级标准的条件，其值越大，转化越容易；当 $K_j(R_0) \leqslant -1$ 时，表示待预警对象不符合某安全等级标准的要求，且不具备转化为该安全等级的条件，其值越小，表明与某安全等级标准的差距越大。

11.3　双遗产地的生态安全概念

世界自然遗产和文化遗产是世界遗产中最核心的部分。自然遗产是展现地球演化史的主要阶段的杰出范例，包括生命的记录、地形的发展中正在进行的重大地质过程、地形地貌和濒危动植物物种生境区等。文化遗产是人类在历史长河中沉淀下来的人文价值的见证，主要包括历史纪念物、考古遗址、建筑群等。世界双遗产地是自然和人文生态系统的综合体。自然遗产的形成源于自然生态系统的演化和发展。文化遗产的产生以在自然生态系统物质资源环境为基础，并受到人类长期生产、生活过程中的历史、风俗、文化等影响因素的累积作用形成。双遗产地是多自然生态系统或多人类系统协同作用的最终产物。双遗产地的生态安全的研究就应该考虑遗产地内的自然系统、人类行为、社会组织、文化传承等生态、环境，社会、经济和文化等各方面问题。笔者认为，不论是双遗产、文化景观，还是其他遗产形式，其内涵均以自然遗产和文化遗产的 10 个评价标准为基础，进而再依据各遗产特点加以变化、修改和完善。因此，对世界文化和自然双遗产的研究则是世界遗产研究的基础和关键。在中国，世界文化与自然遗产地兼具风景名胜区和自然保护区的特点，双遗产地的生态安全无论从内涵还是标准来说均要比一般的风景名胜区与自然保护区丰富、严格（晁华山，2007）。

作者认为世界文化和自然遗产的生态安全可总结为：双遗产地内富有美感的典型自然景观，具有突出历史文化价值的人文景观不受威胁和破坏；自然和文化景观所赖以生存的生态环境系统的结构与功能完好或处于可自我恢复范围；生物多样性和景观多样性得以维持和保护；生态环境、科学教育、历史文化、旅游欣赏等价值得以延续或传承，并最终能够满足人们物质和精神层面需求的一种可持续状态。它包括自然资源安全和文化资源安全 2 个方面。

11.3.1　自然资源安全

若把生态系统健康诊断认为是对所研究的特定生态系统质量和活力的客观分

析，那么生态安全研究则是从人类对自然资源的利用与人类生存环境意识辨识的角度来分析与评价自然和半自然的生态系统(肖笃宁等，2002)。遗产地的自然资源安全与景观质量及生态系统健康息息相关，它既是自然生态系统的支撑，又是旅游资源的物质基础。当遗产地自然资源的安全受到威胁时，极有可能导致景区生态系统健康退化、景观美感降低、生态环境质量下降。

11.3.2　文化资源安全

文化遗产不仅是文化和精神财富的载体，体现着民族的文化色彩、审美情趣和价值观，具有巨大的科普教育意义；更是民族生存、发展、强大的根基与动力。每个有远见卓识的民族、领袖或管理者都应非常关注民族文化遗产的安全问题。文化遗产安全可概括为两方面：文化遗产价值生命力和文化遗产环境系统的安全(申华敏等，2006)。

文化遗产价值生命力是指遗产地所承载的历史文化、艺术美学等经长期历史沉淀而积累的价值不被曲解、被淡忘甚至消亡，此种生命力是耕植于当代人，并能代代相传。文化遗产环境系统安全指与文化遗产密切相关的人文社会环境和自然生态环境的变化不对文化价值的存在、维系、发展构成威胁的状态。文化遗产环境系统是诸多因素相互影响、相互作用组成的有机整体；无论是以建筑、石窟、摩崖石刻、名人遗址、山水等物化形式的文化遗产和自然遗产，还是非物质遗产，都与其周围的自然环境和人类社会经济环境发生密切联系。文化遗产环境系统的破坏通常因过度开发利用自然和文化资源、破坏环境，导致支撑文化遗产的环境系统发生退化，进而威胁文化遗产安全。可见，文化遗产环境系统和自然资源安全之间相互渗透、相互补充。

11.4　双遗产地生态安全预警框架模型

11.4.1　生态安全预警框架的构建

对全人类而言，世界遗产是无可估价且无法替代的财产，一旦遭受任何破坏或消失，都是一场人类共有财富的浩劫。缔约国申报遗产的项目是否列入《世界遗产名录》，不但需要满足《公约》提出的自然或文化遗产的标准，并且还必须符合对申报地完整性与原真性的评估和考察。可以说，突出的普遍价值是赖以列入《世界遗产名录》的必要非充分条件。

《操作指南》指出当前遗产所受压力因素，包括：①开发压力(如侵占、改建、农业和采矿)；②环境压力(如污染、环境变化、沙化)；③自然灾害和防灾情况(如地震、洪水、火灾等)；④旅游压力；⑤遗产及缓冲区内的居民数量等。

这些因素或对自然遗产形成威胁，或对文化遗产造成损害，抑或同时作用于二者。由于双遗产地自然和文化生态系统是耦合存在于现实世界中，并非一种非此即彼的关系。压力胁迫综合对双遗产地生态安全产生作用。当压力胁迫导致双遗产地系统状态改变，进而使世界遗产的真实性和完整性受到威胁，遗产将可能被列入《濒危世界遗产名录》；当遗产地散失最初满足世界遗产标准的突出的普遍价值时，即从《世界遗产名录》中除名。

借鉴已被广泛承认和使用的、由联合国经济合作开发署建立的"压力—状态—响应（Pressure-State-Response，P-S-R）"框架模型，结合自然和文化遗产特点，参考大量研究资料（Driml and Common，1996；Beeho，1997；Marsh，2000；Shafer *et al.*，2000；Chown *et al.*，2001；Harrison and Hitchcock，2004；Leask and Fyall，2006；Gratuit，2009；左伟等，2002，2003；申华敏等，2006；晁华山，2007；李前光，2008；张成渝，2010），构建双遗产地生态安全预警框架"压力 – 状态 – 调控（Pressure-State-Control，P-S-C）"框架模型（表 11-2）。压力指引起遗产地生态安全问题的原因；状态指遗产地各子系统在自然和人类干扰下表现出的状态；调控指人类为克服生态安全危机，保障生态安全的能力和措施。双遗产地受到压力、状态和调控 3 个项目层组成了其生态安全预警总目标。其中，双遗产地压力可以分为经济社会发展、灾害隐患、旅游开发、生态环境污染 4 个因素层；双遗产地现状可以分为遗产完整性、遗产真实性、遗产影响力、生态质量状况和环境质量状况 5 个因素层；双遗产地调控可以分为遗产传承、相关人员素质、法律法规、经营管理水平和资金技术投入 5 个因素层。

表 11-2　世界双遗产地的生态安全预警框架

目标层	项目层	因素层
双遗产地 生态安全 预警体系	双遗产地压力	经济社会发展
		灾害隐患
		旅游开发
		生态环境污染
	双遗产地现状	遗产原真性
		遗产影响力
		生态质量状况
		环境质量状况
	双遗产地调控	遗产传承
		相关人员素质
		法律法规
		经营管理水平
		资金技术投入

11.4.2　生态安全预警指标选择与划分标准

指标层是由诸多可直接度量因素层的指标组成，是双遗产地生态安全预警体系的最基底层。再遵循指标选择的科学性、综合性、简明性、可获取性、针对性、实用性等原则的基础上，参考旅游学、环保学、生态学、遗产地保护学等学科，根据评价框架准则层的特征与意义，结合双遗产地在自然和文化方面的独特性，筛选出双遗产地生态安全预警指标。

生态安全预警标准的选择，主要反映生态安全的范围和程度，尽可能定量化；能反映区域生态安全的优劣，资料易于获取，可操作性强。本研究单个预警指标分级标准主要参考了国家与行业标准、区域背景与本底值、类比标准及其目前相关的研究成果。武夷山风景名胜区生态安全预警评价体系及其指标等级划分见表 11-3。

11.4.2.1　压力层指标

（1）经济社会发展指标

经济社会发展指标是研究区经济水平和社会发展程度的度量。可考虑的指标有：当地居民人口增长率、人口密度、耕地面积、垦殖率、所在县市人口总量、人均淡水资源量、人均能耗、案件受理率、建设用地指数、公路网密度、关键景观面积指数等。

（2）灾害隐患指标

灾害隐患指标用于度量灾害的致灾程度。根据灾害发生的来源不同，可分为自然灾害隐患指标和人为灾害隐患指标。其中，自然灾害隐患如地震、海啸、风蚀、海侵、火灾、台风、干旱、暴雨、雷电、冷冻害、崩塌等；人为灾害隐患如战争、人为引起火灾、人为工程等。

（3）旅游开发指标

旅游开发指标表征旅游地受人为开发的程度，它包括游客增长率，年游客总数、旅游资源利用强度、建设密度、基础设施建设、违章建筑、影响景观协调性的工程等。

（4）生态环境污染指标

生态环境污染指标是表征人类活动对生态系统要素质量造成损害的结果。包括水污染、地下水污染、大气污染、噪声污染、光污染以及生物入侵等。

11.4.2.2　现状层指标

（1）遗产原真性

表征遗产完整性和真实性维持原样的程度，包括遗产完整度和遗产真实度两个指标。遗产原真性指标通过设置问卷并整理计算获得。具体计算过程如下：把申报文件上列出的所有遗产景点作为备选项目，每个景点分别对应完整度与真实度两列评价指标(评价分值范围0~5分,0分表示完全散失原真性,5分表示完全保留原真性)。问卷调查对象游客(T表示游客)与专家(E表示专家),分别就其所旅游或所考察的景点进行打分,不了解或未涉及的景点不做评分(不评分的不进行汇总计算),再分别加权计算评分遗产完整度和真实度总值与相应满分值的比值;其中,游客权重取0.3、专家权重取0.7。公式如下:

$$I = 0.3 \times \frac{V_{ti}}{H_{ti}} + 0.7 \times \frac{V_{ei}}{H_{ei}} \tag{11-6}$$

$$A = 0.3 \times \frac{V_{ta}}{H_{ta}} + 0.7 \times \frac{V_{ea}}{H_{ea}} \tag{11-7}$$

式中,I为遗产完整度;A遗产真实度;V_{ti}游客完整度评分总值;H_{ti}游客完整度满分值;V_{ea}专家完整度评分总值;H_{ea}专家完整度满分值。

(2)遗产影响力

表征遗产影响力大小,包括文化多样性、知名度、美誉度、认可度、影响传播范围、罕见程度、濒危程度等指标。

(3)生态质量状况

是遗产地生态状况的综合反映,包括生态系统质量、初级生产力、生物多样性、珍稀动植物保存率、森林病虫害防治率、森林覆盖率、人均绿地率等指标。

(4)环境质量状况

反映遗产地环境质量优劣,包括水、大气、声、土壤质量、固体废弃物负荷、光影响、酸雨、沙尘频度等指标。

11.4.2.3 调控层指标

①遗产在代际间的传递尤为重要,非物质形式的遗产尤是如此。遗产传承水平包括遗产研究状况、遗产的记录和存储、遗产传承者存续状况、遗产传承内容的变异度、遗产保护技术、资金投入等。

②相关人员素质包括社区居民素质、游客教育水平、管理者教育水平、旅游从业人员素质等。

③法律法规包括法律法规健全程度、法律法规执行力度、税法保护、生态补偿措施等指标。

④经营管理水平包括遗产经营模式、筹资方式、传承激励制度、公众宣传教育普及率、公众对遗产保护的参与程度等。

⑤资金技术投入包括专业人才培训数量、生态环保建设投入、教育支出占GDP比率、各种污染处理率等。

具体案例研究中,可根据遗产地特性及安全特征,兼顾数据的可获取性,在上述生态安全预警体系框架中,筛选相应指标,进而有针对性地对双遗产地进行生态安全预警。

11.4.3　生态安全预警等级划分

按照生态安全的程度，将预警等级划分为：无警（安全）、预警（较安全）、中警（较不安全）、轻警（不安全）、重警（很不安全），并配以绿、蓝、黄、橙、红等不同颜色的信号灯以显示警级（表 11-3）。

表 11-3　世界双遗产地生态安全预警等级状态表征

等级	安全等级	预警等级（警级显示）	系统特征
I 级	安全（理想状态）	无警（绿色）	自然或文化景观服务功能基本完好，遗产环境支撑系统结构完整，功能完好、突出的普遍价值未受损害，遗产价值延续很好，系统恢复再生能力强，遗产旅游体验得以很好满足，自然和人为灾害很少
II 级	较安全（良好状态）	预警（蓝色）	自然或文化景观服务功能较为完善，遗产环境支撑系统结构尚完整，功能尚好，突出的普遍价值未受损害，遗产价值延续尚好，一般干扰下可恢复，遗产旅游体验得以较好满足，自然和人为灾害较少
III 级	较不安全（一般状态）	轻警（黄色）	自然或文化景观服务功能已有退化，遗产环境支撑系统结构完整，功能有变化，但尚可维持基本功能，突出的普遍价值稍受损害，遗产价值延续一般，受干扰后易恶化，遗产旅游体验得以一般满足，自然和人为灾害时有发生
IV 级	不安全（较差状态）	中警（橙色）	自然或文化景观服务功能严重退化，遗产环境支撑系统结构破坏较大，功能退化且不全，突出的普遍价值损害较重，遗产价值延续较少，受外界干扰后恢复困难，遗产旅游体验得以较少满足，自然和人为灾害较多
V 级	很不安全（恶劣状态）	重警（红色）	自然或文化景观服务功能几近崩溃，遗产环境支撑系统结构残缺不全，功能丧失，难以逆转，突出的普遍价值损害严重，遗产价值延续近乎消失，恢复与重建很困难，遗产旅游体验无法满足，自然和人为灾难极为频繁

11.5　遗产损失度及其优先位筛选

11.5.1　遗产损失度概念的提出

当前，列入《世界遗产名录》的遗产数量逐年增加，各缔约国仍有大量极具价值的项目的待申报。据统计，截至 2017 年 7 月的第 41 届世界遗产年会，《公约》中 190 个缔约国，有 23 个国家至今还未有遗产上榜，遗产数目 4 个及以下（包括 4 个）的缔约国就有 135 个（3 个及以下的有 123 个）。世界遗产组成与分布

不平衡问题一直是世界遗产委员会（WHC）不得不面临的现实问题（晁华山，2007；李前光，2008）。2000 年《凯恩斯决议》曾决定以"一刀切"的方式来解决世界遗产的"不平衡"问题：即限制每年申报总数，已有景观入选的缔约国每年只能推荐 1 个提名地，而没有景观入选的国家可以推荐 3 个。随后又修改为：已有景观入选的缔约国每年可推荐 2 个提名地，并明确鼓励自然遗产、自然与文化双遗产的申报。不难看出，此举措表明了世界遗产委员会将遗产申报重心从"世遗富国"向"世遗穷国"转移的意图。

遗产申报与已有遗产保护都是一国世界遗产工作的重要内容，它们应该同步发展。世界遗产并非"终身制"，若当某缔约国对遗产保护不佳，受损害严重等原因有可能被列入《濒危世界遗产名录》，更甚是被《世界遗产名录》除名。那么，这不仅是遗产所属缔约国的损失，更是全人类的遗憾。因此，我们不仅要重点关注和保护那些已列入《濒危世界遗产名录》的遗产项目，还要关注和保护《世界遗产名录》的遗产项目，对存在不安全隐患或者处于预警敏感等级的遗产要给予足够重视，通过一系列的遗产保护和恢复工作阻止或避免其遭到进一步破坏，防范于未然，保护人类的共同财富。

必须明确的是，《世界遗产公约》不是旨在保护所有具有重大意义或价值的遗产，而只是保护那些从国际观点看具有最突出的普遍价值的遗产。缔约国呈递给委员会的提名应该表明该缔约国在其力所能及的范围内将全力以赴保存该项遗产。这种承诺应该体现在采纳和提出合适的政策、法律、科学、技术、管理和财政措施，保护该项遗产以及遗产的突出的普遍价值。可是，当前对缔约国内以及世界范围而言，遗产保护工作一直处于"供小于求"的矛盾状态，具体表现为世界范围缔约国日益增长的遗产保护需求同遗产保护资源有限的矛盾。世界遗产基金最主要的作用就是用于各种方式的援助、技术合作，开展专家研究，确定或消除恶化的原因，提出规划保护措施，就地培训保护、修复技术方面的专业人员，提供各种保护修复设备等（李前光，2008）。当面临各缔约国迫切的遗产保护需求时，如何高效、科学、合理地把有限的世界遗产基金及其他诸如人力、技术等形式的遗产保护资源使用到最需要之处，将是世界遗产委员会遗产保护工作迫切需要解决的问题。

笔者认为，对于缔约国而言，遗产的损失程度具有边际效应，即对于遗产数量很少的缔约国而言，其遗产每减少 1 项的边际损失大于遗产数量多的缔约国。为此，提出遗产损失度（Degree of Loss，DL）的概念，它表示缔约国某项遗产若被《世界遗产名录》除名时对本国造成的损失程度，公式如下：

$$DL = \frac{N_{\max} - N}{N_{\max}} \tag{11-8}$$

式中，DL 表示遗产损失度；$N_{\max}$ 表示评估当年内拥有遗产数量最多的缔约国遗产数；N 为某缔约国已有的遗产数；$DL \in [0, 1]$，DL 值越大，表明该遗产对该国的重要性越大，若被除名损失越大；反之，则越小。区间极值有特殊含义：$DL = 0$ 表明该缔约国遗产数居世界第一，某项遗产被除名对该国在《世界遗产名录》中的地位影响最弱，损失最小；$DL = 1$ 表明该缔约国还没有 1 项遗产列入《世界遗产名录》，需要鼓励该缔约国积极申报，并给予尽可能的帮助与支持。

11.5.2　遗产损失度等级划分

目前，各缔约国列入《世界遗产名录》遗产数量大多分布中低频度区间（图 11-1）。为便于直观反映与比较缔约国间遗产损失度所处水平，在考虑遗产损失度存在经济学中边际效应递减规律的基础上，采用递减等差数列方法对遗产损失度进行等级划分（表 11-4）。

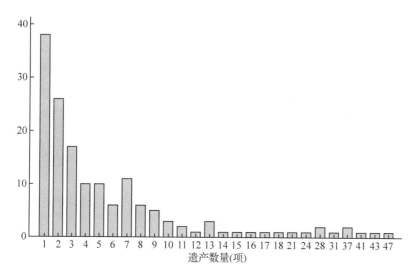

图 11-1　世界遗产频度统计图（2011 年）

表 11-4　遗产损失度等级的划分

等级	Ⅰ级（弱重要级） $0 \leqslant DL < 0.42$	Ⅱ级（中重要级） $0.42 \leqslant DL < 0.72$	Ⅲ级（强重要级） $0.72 \leqslant DL < 0.91$	Ⅳ级（极强重要级） $0.91 \leqslant DL \leqslant 1$
2017 年 $N_{max} = 53$	31 ~ 53	15 ~ 30	5 ~ 14	1 ~ 4

11.5.3　基于遗产损失度的优先位排序原则

结合遗产预警等级与损失度等级即可较简便的对处于不同预警等级状态的遗产保护迫切程度的优先位进行排序（图 11-2）。排序原则如下：①当某遗产安全

状况处于Ⅱ级及以下等级时，即进入排序阶段。②对进入排序过程的遗产，进行 DL 等级判定，DL 等级越高，排序靠前；反之，排序越靠后。③处于同 DL 等级的则进一步比较预警等级，预警等级越高，排序越靠前；反之，排序越靠后。④排序轴投影点位序越靠前的缔约国的遗产优先得到援助。基于遗产损失度的遗产预警优先位排序流程如图 11-2 所示。

例如，2011 年德国（共 37 项，其中有 1 项于 2009 被除名）$DL_1 = 0.30$、属于Ⅰ级；阿曼（共 5 项，其中有 1 项于 2007 年被除名）$DL_2 = 0.91$、属于Ⅳ级；阿曼在排序轴的位置比德国靠前。若中国面临遗产被除名风险时，中国 $DL_3 = 0.02$，与德国一样同处于Ⅰ级；当面临需在中国与德国之间做出优先位选择时，则进一步比较两国的预警级别，预警级别高的缔约国优先受到世界遗产委员会援助。这里需要指出

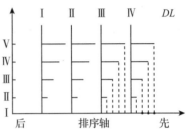

图 11-2　遗产损失度和
预警等级排序图

以上提出的是：通过建立遗产优先位中，排序轴越靠前的缔约国保护需求比排序轴靠后的缔约国迫切，世界遗产委员会应优先给予其援助，而排序轴上靠后缔约国遗产并不是说就越不需要对其加以保护，而是在有限资源条件下某时间段内可以暂时延缓保护或投入较少力度，是一种权宜选择。在条件许可时，必须立即着手对其正常的保护工作。通过简单的排序轴直观反映出各缔约国某项处于不安全状态下的遗产需要保护的迫切程度，并且根据不同的级别调整救援方案和具体措施，把有限的资金、人力和技术用在最需要的世界遗产上，可为世界遗产委员会缓解遗产保护工作的供需平衡问题提供参考思路。

11.6　武夷山风景名胜区生态安全总体预警分析

再经过指标一致性和无量纲化处理后，利用式(11-1)和式(11-2)计算武夷山风景名胜区 1997 年与 2009 年预警指标对于不同预警级别的安全关联度，利用式(11-3)和表 11-8 的权重系数计算各年的对于不同安全等级的综合安全关联度 $K_j(R_0)$ 并取最大值为各指标所属安全等级（图 11-3）。1997 年和 2009 年景区生态安全等级均处于Ⅰ级安全水平（无警状态）（表 11-5）。1997 年Ⅰ级安全值(0.294 0) > 2009 年Ⅰ级安全值(0.130 6)；1997 年Ⅱ级安全值(-0.302 7) < 2009 年Ⅱ级安全值(-0.158 7)，表明 2009 年景区从Ⅰ级转化为Ⅱ级的趋势强于 1997 年，即虽然景区目前仍然处于Ⅰ级状态，但其生态安全水平比 1997 年更加趋于向Ⅱ级转变，风险增加。

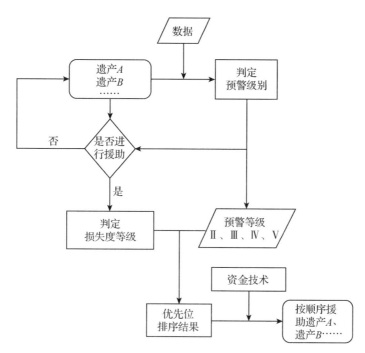

图 11-3　考虑遗产损失度的世界遗产保护流程图

表 11-5　武夷山风景名胜区安全等级

年份	Ⅰ级（无警）	Ⅱ级（预警）	Ⅲ级（轻警）	Ⅳ级（中警）	Ⅴ级（重警）
1997	0.294 0	−0.302 7	−0.397 7	−0.445 6	−0.472 4
2009	0.130 6	−0.158 7	−0.229 9	−0.404 1	−0.450 1

11.7　武夷山风景名胜区生态安全单项指标预警分析

把安全等级处于Ⅲ级及以下等级（轻警、中警、重警）认为是需要特别关注的预警敏感等级，处于这些等级中的指标称为"警源"。分别统计 1997 年与 2009 年中压力层、状态层、调控层中属于敏感等级的警源指标数（表 11-6）。1997 年景区受到的压力较强且响应不足；2009 年虽压力层警源指标增加了 3.1%，但调控程度明显改善，提高了 9.4%，这表明 2009 年时景区安全水平的响应能力比 1997 年有较大提高，景区安全状态层水平有所改善，但依旧面临增长地压力层因素的影响。将 1997 年的预警等级及其发展趋势与 2009 年的预警等级现状值比较（表 11-7）：2009 年有 18 个指标等级与 1997 年预警发展趋势结果一致，9 个指标保持原预警状态，5 个指标预警趋势与 2009 年的实际等级值不一致。一致、保持、不一致的预警指标占指标总数的百分比分别为 56%、28% 和 16%。这里把

表 11-6　预警体系中处于敏感等级的警源指标比率　　　　%

因素层	1997 年	2009 年	变化
压力层	15.6	18.8	3.1
状态层	6.3	3.1	−3.1
调控层	21.9	12.5	−9.4

指标一致和保持的预警结果认为是准确的预测，不一致的结果认为是不准确的预测。那么，通过可拓分析建立生态安全预警指标体系所得的预警准确率达 84%。

单个预警指标警源结果见表 11-7 和表 11-8。

在压力层中，1997 年处于预警敏感等级的指标有人口自然增长率、茶园面积指数、酸雨频度、旅游经济密度、九曲溪内粪大肠菌群；2009 年处于预警敏感等级的指标有人口密度、人口自然增长率、茶园面积指数、人均耕地面积、酸雨频度、一年内干旱程度。人口自然增长率、茶园面积指数、酸雨频度一直是景区面临的最主要压力因素，人口自然增长率、茶园面积预警等级分别从中警发展为重警，茶园面积预警等级从轻警变为中警，酸雨频度维持中警状态，但向重警发展的趋势增加。同时，1997—2009 年人口密度，一年内干旱程度也趋于恶化，预警等级增加；旅游经济密度、九曲溪内粪大肠菌群趋于好转。

在状态层中，1997 年时景区还未加入世界遗产，景区认誉度、知名度较低，均处于轻警状态。遗产完整程度、遗产真实程度、土壤质量虽然处于安全（无警状态）或较安全等级（预警状态），但其预警程度增加，并在 2009 年均达到预测趋势的等级。2009 年遗产完整程度、遗产真实程度安全水平比 1997 年有所降低。1997 年和 2009 年，病虫害防治率、森林覆盖率、年均降水量、环境因子达标率均处于安全水平，但它们从无警状态向预警状态的转化的可能性增加，说明武夷山风景名胜区生态环境近十几年来保持优越，但面临的风险也增加。

在调控层中，处于预警敏感等级指标有 10 年内遗产研究水平、遗产存续度、社区居民教育水平、经营管理模式、公众参与积极性、生态环保建设投入、农民人均纯收入。特别是 1997 年遗产研究水平严重不足，处重警状态，2009 上升至轻警，安全水平提高，趋向预警状态发展，这表明武夷山遗产地的科研和文化研究工作越来越受关注。遗产存续度处于轻警等级，并有向中警发展的趋势，说明景区的遗产存续情况一般，需要重视。1997 年生态环保建设投入严重不足，处于重警水平，且呈向轻警发展的趋势；1997—2009 年生态环保建设投入水平虽仍有所提高，但安全等级仍然较低（中警），因此，需要继续加强景区的生态环保建设投入。此外，1997—2009 年间，农民人均纯存收入有了很大提高，从中警发展无警；旅游者素质、政策法规完善程度、经营管理模式、公众参与积极性在这期间也都有所改善。

表 11-7　武夷山风景名胜区生态安全预警指标评价等级标准

项目层 A	因素层 B	指标层 C	指标层 D		权重 (AHP)	无警 (安全) I 级	预警 (较安全) II 级	轻警 (较不安全) III 级	中警 (不安全) IV 级	重警 (很不安全) V 级	1997 年	2009 年
生态安全预警评价指标体系 A	遗产地胁迫 B₁	经济社会发展 C₁	人口密度（人/km²）	D11	0.019 7	<100	100~200	200~350	350~500	>500	160.34	388.13
			人口自然增长率（%）	D12	0.024	<2	2~4	4~6	6~8	>8	6.31	9.10
			茶园面积指数（%）	D13	0.030 8	<5	5~10	10~15	15~20	>20	10.24	15.37
			人均耕地面积（亩/人）	D14	0.012 5	>1.2	1~1.2	0.8~1	0.6~0.8	0~0.6	1.20	0.32
		灾害隐患 C₂	森林火灾发生频度	D21	0.041 1	0	1	2	3	>3	0	0
			酸雨频度	D22	0.033 6	<15	15~30	30~50	50~70	>70	52.58	67.10
			近十年内暴雨天数（d）	D23	0.017 6	<100	100~200	200~300	300~500	>500	73	95
			一年内干旱程度（d）	D24	0.019 4	<40	40~60	60~80	80~100	>100	0	89
		旅游开发 C₃	游客总人数（万人次/a）	D31	0.054 1	<100	100~200	200~500	300~500	>500	35.62	106.43
			开发指数（%）	D32	0.066 1	<20	20~30	30~40	40~50	>50	6.18	8.39
			旅游经济密度（万元/km²）	D33	0.016 3	>400	300~400	100~300	10~100	0~10	47.20	402.36
		生态环境污染 C₄	九曲溪内粪大肠菌群（个/L）	D41	0.025 9	<200	200~2 000	2 000~10 000	10 000~20 000	>20 000	2 363.96	739.20
			九曲溪内总磷（mg/L）	D42	0.038 6	≤0.02	0.02~0.1	0.1~0.2	0.2~0.3	>0.3	0.005	0.024
	遗产地现状 B₂	遗产原真性 C₅	遗产完整性程度（%）	D51	0.054 9	≥90	90~80	80~70	70~60	<60	94.47	85.12
			遗产真实程度（%）	D52	0.054 9	>90	90~80	80~70	70~60	<60	93.15	89.25
		遗产影响力 C₆	认誉度（%）	D61	0.021 9	>40	40~30	30~15	15~5	<5	20.00	35.25
			知名度（%）	D62	0.014 7	>40	40~30	30~15	15~5	<5	28.21	39.22
		生态质量状况 C₇	病虫害防治率（%）	D71	0.013 9	>85	85~75	75~65	65~55	<55	90.00	89.00
			森林覆盖率（%）	D72	0.025 4	30	20~30	15~20	10~15	<10	66.30	63.20
			年均降水量（mm）	D73	0.007 6	>1 250	1 000~1 250	800~1 000	600~800	<600	1 772	1 514
		环境质量状况 C₈	环境因子达标率（%）	D81	0.031 5	90	80~90	70~80	80~60	60	95.20	96.70
			土壤质量（%）	D82	0.025 8	80	(60,80]	(40,60]	(20,40]	≤20	81.20	75.32

（续）

项目层 A	因素层 B	指标层 C	指标层 D	权重(AHP)	无警(安全) I级	预警(较安全) II级	轻警(较不安全) III级	中警(不安全) IV级	重警(很不安全) V级	1997年	2009年
生态安全预警评价指标体系 A	遗产地修复 B3	遗产传承 C9	近十年内遗产研究水平(%) D91	0.029	>200	200~100	100~50	50~25	<25	3.00	157.00
			遗产存续度(%) D92	0.043 3	>80	(60,80]	(40,60]	(20,40]	≤20	68.25	65.33
		人员素质 C10	社区居民教育水平(%) D101	0.033 9	>50	50~30	30~20	20~10	<10	19.00	28.50
			旅游者素质(%) D102	0.041 4	>70	50~70	50~30	30~10	<10	62.00	73.00
		法律法规 C11	政策法规完普程度(%) D111	0.035 3	>80	(60,80]	(40,60]	(20,40]	≤20	55.36	83.52
			执法力度(件) D112	0.043 1	0~5	5~10	10~15	15~20	>25	4	6
		经营管理水平 C12	经营管理水平(%) D121	0.039 3	>80	(60,80]	(40,60]	(20,40]	≤20	58.78	72.58
			公众参与积极性(%) D122	0.017 6	>80	(60,80]	(40,60]	(20,40]	≤20	45.02	86.72
		资金技术投入 C13	生态环保建设投入(%) D131	0.04	>3	2.5~3	2~2.5	1.5~2	<1.5	1.00	1.60
			农民人均纯存收入(元) D32	0.026 8	>5 000	3 500~5 000	2 500~3 500	1 500~2 500	<1 500	1 559.04	6 028.00

表11-8 1997年与2009年武夷山风景名胜区生态安全预警评价结果

预警指标	1997年 I级无警	II级预警	III级轻警	IV级中警	V级重警	预警信号	发展趋势	变化方向	2009年 I级无警	II级预警	III级轻警	IV级中警	V级重警	预警信号	发展趋势	变化方向	1997预测趋势	2009实际警级	一致性
人口密度	-0.273	0.397	-0.198	-0.542	-0.679	B	Y	-	-0.480	-0.376	-0.109	0.254	-0.264	O	Y	+	Y	O	YES
人口自然增长率	-0.539	0.385	-0.078	0.155	-0.314	O	Y	+	-0.888	-0.850	-0.775	0.550	0.450	R	O	+	Y	R	NO
茶园面积指数	-0.339	-0.023	0.048	-0.317	-0.488	Y	B	+	-0.519	-0.358	-0.037	0.074	-0.325	O	Y	+	B	O	NO
人均耕地面积	-0.248	0.009	-0.003	-0.251	-0.400	B	Y	-	-1.349	-1.466	-1.699	-2.398	2.315	R	R	-	Y	R	YES
森林火发生频度	0.000	-1.000	-1.000	-1.000	-1.000	G	B	-	0.000	-1.000	-1.000	-1.000	-1.000	G	B	-	B	G	HOLD
酸雨频度	-0.501	-0.376	-0.065	0.129	-0.318	O	Y	+	-0.695	-0.618	-0.428	0.145	-0.112	O	R	-	Y	O	HOLD
近十年内暴雨天数	0.270	-0.270	-0.635	-0.757	-0.818	G	B	-	0.050	-0.050	-0.525	-0.683	-0.763	G	B	-	B	G	HOLD
一年内干旱程度	0.000	-1.000	-1.000	-1.000	-1.000	G	B	-	-0.613	-0.483	-0.225	0.450	-0.262	O	Y	+	B	O	YES
游客总人数	0.356	-0.644	-0.822	-0.881	-0.929	G	B	-	-0.057	0.064	-0.468	-0.645	-0.787	B	G	+	B	B	YES

（续）

预警指标	1997年 I级无警	1997年 II级预警	1997年 III级轻警	1997年 IV级中警	1997年 V级重警	1997年 预警信号	1997年 发展趋势	1997年 变化方向	2009年 I级无警	2009年 II级预警	2009年 III级轻警	2009年 IV级中警	2009年 V级重警	2009年 预警信号	2009年 发展趋势	2009年 变化方向	1997 预测趋势	2009 实际趋势	实际一致性警级
开发指数	0.309	-0.691	-0.794	-0.846	-0.876	G	B	-	0.420	-0.581	-0.720	-0.790	-0.832	G	B	-	B	G	HOLD
旅游经济密度	-0.924	-0.905	-0.872	-0.587	0.413	R	O	+	0.024	-0.021	-0.487	-0.737	-1.395	G	B	-	O	G	NO
九曲溪内粪大肠菌群	-0.478	-0.133	0.045	-0.764	-0.882	Y	B	+	-0.422	0.300	-0.630	-0.926	-0.963	B	G	+	B	B	YES
九曲溪内总磷	0.250	-0.750	-0.950	-0.975	-0.983	G	B	-	-0.143	0.050	-0.760	-0.880	-0.920	B	G	+	B	B	YES
遗产完整程度	0.500	-0.120	-0.300	-0.417	-0.753	G	B	-	-0.169	0.488	-0.163	-0.376	-0.523	B	Y	-	B	B	YES
遗产真实程度	0.315	-0.087	-0.284	-0.411	-0.750	G	B	-	-0.025	0.075	-0.240	-0.397	-0.589	B	G	+	B	B	YES
誉誉度	-0.571	-0.400	0.333	-0.250	-0.193	Y	O	-	-0.136	0.475	-0.148	-0.401	-0.682	B	G	+	O	B	NO
知名度	-0.337	-0.072	0.119	-0.363	-0.521	Y	B	+	-0.022	0.078	-0.212	-0.414	-0.640	B	G	+	B	B	YES
病虫害防治率	0.333	-0.125	-0.300	-0.417	-0.534	G	B	-	0.267	-0.105	-0.292	-0.414	-0.530	G	B	-	B	G	HOLD
森林覆盖率	0.481	-0.454	-0.514	-0.540	-0.578	G	B	-	0.474	-0.415	-0.480	-0.507	-0.522	G	B	-	B	G	HOLD
年均降水量	0.456	-0.247	-0.483	-0.540	-0.612	G	B	-	0.028	-0.015	-0.360	-0.439	-0.611	G	B	-	B	G	HOLD
环境因子达标率	0.480	-0.129	-0.302	-0.417	-0.555	G	B	-	0.330	-0.154	-0.313	-0.421	-0.581	G	B	-	B	G	HOLD
土壤质量	0.060	-0.030	-0.353	-0.515	-0.726	B	Y	-	-0.095	0.234	-0.255	-0.442	-0.612	B	Y	-	Y	Y	YES
10年内遗产研究水平	-0.997	-0.995	-0.990	-0.979	0.021	R	O	+	-0.497	-0.229	0.430	-0.282	-0.425	Y	B	+	O	Y	YES
遗产存续度	-0.196	0.413	-0.146	-0.369	-0.557	Y	O	-	-0.245	0.267	-0.105	-0.358	-0.506	Y	O	-	O	Y	HOLD
社区居民教育水平	-0.775	-0.550	-0.100	0.100	-0.354	O	Y	+	-0.538	-0.075	0.150	-0.315	-0.852	Y	B	+	Y	Y	YES
旅游者素质	-0.200	0.240	-0.442	-0.400	-0.467	B	G	-	0.460	-0.383	-0.538	-0.589	-0.687	G	B	-	G	G	YES
政策法规完善程度	-0.411	-0.116	0.232	-0.303	-0.558	Y	B	+	0.176	-0.088	-0.392	-0.544	-0.721	G	B	-	B	G	YES
执法力度	0.200	-0.200	-0.600	-0.733	-0.800	G	B	-	-0.143	0.200	-0.400	-0.600	-0.700	B	G	+	B	B	YES
经营管理模式	-0.354	-0.031	0.061	-0.326	-0.515	Y	B	+	-0.135	0.371	-0.210	-0.407	-0.502	B	Y	-	B	B	YES
公众参与积极性	-0.583	-0.375	0.251	-0.167	-0.687	Y	O	-	0.336	-0.168	-0.445	-0.584	-0.779	G	B	-	B	B	YES
生态环保建设投入	-0.833	-0.800	-0.750	-0.667	0.333	R	O	+	-0.560	-0.450	-0.267	0.267	-0.289	O	Y	+	O	O	NO
农民人均纯收入	-0.983	-0.970	-0.941	0.059	-1.002	Y	B	-	0.315	-0.343	-0.562	-0.641	-0.776	G	Y	+	Y	Y	YES

注:G:绿色;B:蓝色;Y:黄色;O:橙色;R:红色;"-":往越安全状态方向变化;"+":往越不安全状态方向变化;—:预测趋势与实际警级情况不一致;YES:预测趋势与实际警级情况一致;NO:预测趋势与实际警级情况不一致;HOLD:预测趋势维持原警级情况。

基于短板效应思想，把处于敏感等级警源指标的中警和重警等级作为景区生态安全的限制因子，视为"重警源"指标。1997年时，人口自然增长率、酸雨频度、旅游经济密度、10年内遗产研究水平、社区居民教育水平、生态环保建设投入、农民人均纯存收入均属于"重警源"指标，是景区生态安全水平主要限制因子。2009年时，人口密度、人口自然增长率、茶园面积指数、人均耕地面积、一年内干旱程度、生态环保建设投入成为是此时限制景区生态安全水平的重警源指标。1997—2009年间，人口密度、一年内干旱程度增加为新的压力限制因子，而旅游经济密度不再为限制因子，表明人为干扰带来的压力依然在增加且受自然气候因素(干旱)的影响。农民人均纯收入、经营管理模式、公众参与积极性均不再是响应层中限制因子，表明景区加入世遗后在经营管理、社区参与及经济带动方面均有积极作用。总之，虽然景区生态安全状态总体较好，处于无警水平，但就个别预警指标而言，依然存在一些风险。在未来的生态的环境保护工作中，需要针对这些重警源指标采取积极有效的预防和控制措施，才能继续保持景区生态安全的优良状态。

11.8　小结

本节以武夷山风景名胜区为例，建立世界遗产地生态安全预警指标体系，并应用可拓分析法对景区生态安全进行预警和评价；同时，提出基于遗产损失度概念的遗产保护和资助的决策流程。结果表明：通过可拓分析建立预警指标体系所得的预警准确率达84%。1997年和2009年景区生态安全等级均处于Ⅰ级安全水平(无警状态)，但2009年生态安全水平比1997年更加趋于向Ⅱ级转变，系统风险增加，1997年和2009年时期处于敏感预警等级的指标存在差异。2009年安全等级方面的响应能力有所加强，但依旧面临增长的压力层因素。

基于可拓分析的生态安全预警模型具有可扩充性和灵活性，既可以对单个生态安全要素进行有针对性的预警分析，又可以把多目标评价归结为单目标决策，从而对整个区域对象的生态安全状况予以分析。该模型和方法克服了多角度多因素预警中容易出现的主观片面性，可拓集合中既是又非的临界概念，摆脱了经典数学非此即彼的二值限制，实现了生态环境即此亦彼的动态安全预警，为环境管理部门有效防范和控制环境风险提供科学依据(张强等，2010)。然而，还没有普遍使用的预警体系和方法，世界遗产委员会也未开展预警等级的判定工作，各遗产地预警指标的差异性，统一广泛使用的预警指标有待确定与验证都是世界遗产预警研究需要不断探索的问题。2011年正式成立的"联合国教科文组织国际文化与自然遗产空间技术研究中心"是联合国教科文组织批准设立的第一个用于世界遗产研究的空间技术机构，其主要宗旨是利用空间技术快速、准确地观测的特点，开展文化与自然遗产、生态保护、自然灾害等领域的监测工作，支持可持续发展教育。这将为遗产地预警数据的获取提供有力支持。

参考文献

Aaviksoo K. 1995. Simulating vegetation dynamics and land use in a mire landscape using a Markov model[J]. Landscape & Urban Planning, 31(1-3): 129-142.

Abdullah S A, Nakagoshi N. 2006. Changes in landscape spatial pattern in the highly developing state of Selangor, peninsular Malaysia[J]. Landscape and Urban Planning, 77(3): 263-275.

Acevedo M F, Urban D L, Ablan M, et al. 1995. Transition and gap models of forest dynamic[J]. Ecological Applications, 5(4): 1040-1055.

Agee J K, Skinner C N. 2005. Basic principles of forest fuel reduction treatments[J]. Forest Ecology & Management, 211(1-2): 83-96.

Ahmed S J, Bramley G, Verburg, P H. 2014. Key Driving Factors Influencing Urban Growth: Spatial-Statistical Modeling with CLUE-S. Dhaka Megacity[J]. Springer Netherlands, 123-145.

Amraoui M, Pereira M G, DaCamara C C. et al. 2015. Atmospheric conditions associated with extreme fire activity in the Western Mediterranean region[J]. Science of the Total Environment, 524, 32-39.

Anselin L. 1995. Local Indicators of Spatial Association-LISA[J]. Geographical Analysis, 27(2): 93-115.

Arita H T, Rodriguez P. 2002. Geographic range, turnover rate and the scaling of species diversity [J]. Ecography, 25(5): 541-550.

Bai X R, Tang J C. 2010. Ecological Security Assessment of Tianjin by PSR Model[J]. Procedia Environmental Sciences, 2(6): 881-887.

Barredo J I, Kasanko M, McCormick N, et al. 2003. Modelling dynamic spatial processes: simulation of urban future scenarios through cellular automata[J]. Landscape and Urban Planning, 64 (3): 145-160.

Baskent E Z, Jorden G A. 1995. Characterizing spatial structure of forest landscape[J]. Canadian Journal of Forestry Research, 25(11): 1830-1849.

Bastian O, Grunewald K, Khoroshev A V. 2015. The significance of geosystem and landscape concepts for the assessment of ecosystem services: exemplified in a case study in Russia[J]. Landscape Ecology, 30(7): 1-20.

Beeho A J. 1997. Conceptualizing the experiences of heritage tourists: A case study of New Lanark World Heritage Village[J]. Tourism Management, 18(2): 75-87.

Bennett E M, Peterson G D, Gordon L J, et al. 2009. Understanding relationships among multiple ecosystem services[J]. Ecology Letters, 12(12): 1394-1404.

Bertollo P. 2001. Assessing landscape health: A case study from northeastern Italy[J]. Environment Management, 27(3): 349-365.

Beynon M. 1997. DS/AHP method: A mathematical analysis, including an understanding of uncertainty[J]. European Journal of Operational Research, 96(2): 351-362.

Bian L, Butler R. 1999. Comparing effects of aggregation methods on statistical and spatial properties of simulated spatial data[J]. Photogrammetric Engineering and Remote Sensing, 65(1): 73-84.

Bednar-Friedl B, Behrens D A, Getzner M. 2012. Optimal Dynamic Control of Visitors and Endangered Species in a National Park[J]. Environmental resourceeconomics, 52(1): 1-22.

Bradshaw G A, Spies T A. 1992. Characterizing canopy gap structure in forests using wavelet analysis [J]. Journal of Ecology, 80(2): 205 –215.

Bürgi M, Straub A, Gimmi U, et al. 2010. The recent landscape history of Limpach valley, Switzerland: considering three empirical hypotheses on driving forces of landscape change[J]. Landscape Ecology, 25(2): 287 –297.

Burrough P A. 1981. Fractal dimensions of landscapes and other environmentaldata[J]. Nature, 294 (5838): 240 –242.

Cai W. 1995. Extension Management Engineering and Applications[J]. International Journal of Operations and Quantitative Management, 5(1): 59 –72.

Cai W. 1999. Extension Theory and Its Application[J]. Chinese Science Bulletin, 44(17): 1538 – 1548.

Carranza M L, Acosta A T, Stanisci A, et al. 2008. Ecosystem classification for EU habitat distribution assessment in sandy coastal environments: An application in central Italy[J]. Environmental Monitoring & Assessment, 140(1 –3): 99.

Carson R T. 1998. Valuation of tropical rainforests: philosophical and practical issues in the use of contingent valuation[J]. Ecoloical Economics, 24(1): 15 –29.

Caswell H. 1976. Community structure: A neural model analysis[J]. Ecological Monographs, 46 (3): 327 –354.

Charles A F, Robert M. 1993. Seams Greenways Washington[M]. Washington DC: IslandPress.

Chown S L, Rodrigues A S L, Gremmen N J M, et al. 2001. World heritage status and conservation of southern ocean islands[J]. Conservation Biology, 15(3): 550 –557.

Coffin D P, Lauenroth W K. 1989. Disturbances and gap dynamics in a semiarid grassland: A landscape-level approach[J]. Landscape Ecology, 3(1): 19 –27.

Coops N C, Wulder M A, Iwanicka D, et al. 2009. An environmental domain classification of Canada using earth observation data for biodiversity assessment[J]. Ecological Informatics, 4(1): 8 – 22.

Costanza R, D'Arge R, Groot R D, et al. 1998. The value of the world's ecosystem services and natural capital[J]. Nature, 25(1): 3 –15.

Costanza R, Fisher B, Mulder K, et al. 2007. Biodiversity and ecosystem services: A multi-scale empirical study of the relationship between species richness and net primary production[J]. Ecological Economics, 61(2 –3): 478 –491.

Coward S N, Markham B, Dye D G, et al. 1991. Normalized difference vegetation index measurements from the Advanced Very High Resolution Radiometer[J]. Remote Sensing of Environment, 35(2 –3): 257 –277.

Cowling R M, Egoh B, Knight A T, et al. 2008. An operational model for mainstreaming ecosystem services for implementation[J]. PNAS, 105(28): 9483 –9488.

Daily G C, Söderqvist T, Aniyar S, et al. 2000. Ecology: The value of nature and the nature of value[J]. Science, 289(5478): 395 –396.

Daily G C. 1997. Nature's services: Societal dependence on natural ecosystems[M]. Washington

DC: Island Press.

392

Dale M R T. 1999. Spatial Pattern Analysis in Plant Ecology[M]. Cambridge: Cambridge University Press.

Driml S, Common M. 1996. Ecological economics criteria for sustainable tourism: Application to the Great Barrier Reef and Wet Tropics World Heritage Areas, Australia[J]. Journal of Sustainable Tourism, 4(1): 3 – 16.

Ehrlich G, Chin B H. 1981. Formation of silicon nitride structures by direct electron beam writing [J]. Applied Physics Letters, 38(4): 253 – 255.

Elton C. 1958. The Ecology of Invasion by Plant and Animal[M]. London: Methuen.

Falconer K J. 1989. Fractal Geometry[M]. New York: John Wily and Sons, 89 – 159.

Farina A. 1998. Principles and Method in Landscape Ecology[M]. London: Chapman and Hall.

Fiedler A K, Landis D A, Wratten S D, et al. 2008. Maximizing ecosystem services from conservation biological control: The role of habitat management [J]. Biological Control, 45 (2): 254 – 271.

Flombaum P, Sala O E. 2008. Higher effect of plant species diversity on productivity in natural than artificial eco systems[J]. PNAS, 105(16): 6087 – 6090.

Forman R T T, Godron M. 1986. Landscape Ecology[M]. New York: Wiley and Sons.

Forman R T T. 2000. Estimate of the Area Affected Ecologically by the Road System in the United States [J]. Conservation Biology, 14(1): 31 – 35.

Forman R T T. 1995. Landscape Mosaics: The Ecology of Landscape and Regions[M]. Cambridge: Cambridge University Press.

Frank A U. 1988. Requirement for a database management for A GIS[J]. Photogrammetric Engineering and Remote Sensing, 54(11): 1557 – 1564.

Gao W, Li B L. 1993. Walvelet analysis of coherent structures at the atmosphere-forest interface[J]. Journal of Applied Meteorology, 32(11): 1717 – 1725.

Gardner R H, Milne B T, Turner M G, et al. 1987. Neutral models for the analysis of broad-scale landscape pattern[J]. Landscape Ecology, 1(1): 19 – 28.

Gardner R H, O'Neill R V. 1991. Pattern, process, and pridictablity: The use of neutral models for landscape analysis. In: Turner M G, Gardner R H ed. Quantitative Methods in Landscape Ecology[J]. New York: Springer-Verlag, 82(1): 289 – 307.

Gilbert F S. 1980. The equilibrium theory of island biogeography: fact or fiction[J]. Journal of Biogeography, 7(3): 209 – 235.

Gill A J. 2007. Approaches to measuring the effects of human disturbance on birds[J]. IBIS, 149 (1): 9 – 14.

Goodchild M F. 1995. Future direction for geographic information science[J]. Geographic Information System, 1(1): 1 – 7.

Goodchild M F. 1986. Spatial Autocorrelation[M]. Norwich: Geo Books.

Graham A J, Danson F M, Giraudoux P, et al. 2004. Ecological epidemiology: landscape metrics and human alveolar echinococossis[J]. Acta Tropica, 91(3): 267 – 278.

Gratuit. 2009. World Heritage Cultural Landscapes: A Handbook for Conservation and Management [M]. Paris: UNESCO.

Griffith D A. 1988. Advanced Spatial Statistics: Special Topics in the Exploration of Quantitative Spatial Data Series[M]. Dordrecht: Kluwer Acedemic Publishers.

Gurung D B, Scholz R W. 2008. Community-based ecotourism in Bhutan: Expert evaluation of stakeholder-based scenarios. International Journal of Sustainable Development and World Ecology, 15 (5): 397 –411.

Haining R. 1990. Spatial Data Analysis in the Social and Environmental Sciences[M]. Cambridge: Cambridge University Press.

Harrison D, Hitchcock M. 2004. The politics of world heritage: negotiating tourism andconservation [M]. London: The Cromwell Press.

Herold M, Couclelis H, Clarke K C, et al. 2005. The role of spatial metrics in the analysis and modeling of urban land use change [J]. Computers, Environment and Urban Systems, 29 (4): 369 –399.

Hobbs R J, Atkins L. 1988. The effect of disturbance and nutrient addition on native and introduced annuals in western Australian wheatbelt[J]. Australian Journal of Ecology, 13(2): 171 –179.

Hobbs R J. 1994. Dyanmics of vegetation mosaics: Can we predict responses to global change? [J]. Ecoscience, 1(4): 346 –356.

Hocking P M, Mitchell M A, Bernard R, et al. 1998. Interaction of age, strain, sex and food restriction on plasma creatine kinase activity in turkeys[J]. British Poultry Science, 39(3): 360 – 364.

Houston M, DeAngelis D, Post W, et al. 1988. New computer models unify ecological theory[J]. BioScience, 38(10): 682 –691.

Iverson L R, Graham R L, Cook E A, et al. 1989. Application of satellite remote sensing to forest ecosystems[J]. Landscape Ecology, 3(2): 131 –143.

Jin W, Xu L Y, Yang Z F, et al. 2009. Modeling a policy making framework for urban sustainability: Incorporating system dynamics into the Ecological Footprint [J]. Ecological Economics, 68 (12): 2938 –2949.

Joanna H F, Douglasj L, Jeromea H, et al. 2005. Habitat corridors function as both drift fences and movement conduits for dispersing flies[J]. Oecologia, 143(4): 645.

Johnson L B. 1990. Analyzing spatial and temporal phenomena using geographical information systems [J]. Landscape Ecology, 4(1): 31 –43.

Justice C O, Townshend J R G, Kalb V L, et al. 1991. Representationf of vegetation by continental data sets derived from NOAA-AVHRR data[J]. International Journal of Remote Sensing, 12(5): 999 –1021.

Karr J R. 1993. Defining and assessing ecological integrity: Beyond water quality[J]. Environmental Toxicology, 12(9): 1521 –1531.

Kitahara M, Achenbach J D, Guo Q C, et al. 1992. Neural Network for Crack-Depth Determination from Ultrasonic Backscattering Data[M]. Review of Progress in Quantitative Nondestructive Evalua-

tion. Springer US, 701 – 708.

Knaapen J P, Scheffer M, Harms B, et al. 1992. Estimating habitat isolation in landscape planning [J]. Landscape & Urban Planning, 23(1): 1 – 16.

Kolasa J, Pickett STA. 1991. Ecological Heterogeneity[M]. New York: Springer-Verlag.

Koning G H J, Verburg P H, Veldkamp A, et al. 1999. Multi-scale modelling of land use change dynamics in Ecuador[J]. Agricultural Systems, 61(2): 77 – 93.

Kristrom B. 1997. Spike models in contingent valuation[J]. AmericanJournal of Agricultural Economics, 79(4): 1013 – 1023.

Krummel J R, Gardner R H, Sugihara G, et al. 1987. Landscape patterns in a disturbed environment[J]. Oikos, 48(3): 321 – 324.

Larsen D R, Bliss L C. 1998. An analysis of structure of tree seedling populations on a Lahar[J]. Landscape Ecology, 13(5): 307 – 322.

Leask A, Fyall A. 2006. Managing World Heritage Sites[M]. London: Elsevier/Butterworth-Heinemann.

Legendre P, Fortin M. 1989. Spatial pattern and ecological analysis [J]. Vegetatio, 80 (2): 107 – 138.

Lepš J, Šmilauer P. 2003. Multivariate Analysis of Ecological Data Using CANOCO [M]. Cambridge, England: Cambridge University Press, 100 – 112.

Lett C, Silber C, Dube P, et al. 1999. Forest dynamic: A spatial gap model simulated on a cellular automata network[J]. Canadian Journal of Remote Sensing, 25(4): 403 – 411.

Levin S A. 1992. The problem of scale in ecology[J]. Ecology, 73(6): 1743 – 1767.

Levins R. 1970. Extinction. In: Gerstenhaber M ed. Some mathematical problems in biology [J]. American Mathematical Society. Rhode Island, USA: Providence, 15(2): 77 – 107.

Li C Z, Mattsson L. 1995. Discrete choice under preference uncertainty: an improved structural model for contingent valuation [J]. Journal of Environmental Economics andManagement, 28 (2): 256 – 269.

Li H B, Reynolds J F. 1994. A simulation experiment to quality spatial heterogeneity in categorical maps[J]. Ecology, 75(8): 1446 – 2455.

Liu S L, Cui B S, Dong S K, et al. 2008. Evaluating the Influence of Road Networks on Landscape and Regional Ecological Risk-A Case Study in Lancang River Valley of Southwest China[J]. Ecological Engineering, 34(2): 91 – 99.

Liu X L, Yang Z P, Chen X G, et al. 2009. Evaluation on tourism ecological security in nature heritage sites-case of Kanas nature reserve of Xinjiang, China[J]. Chinese Geographical Science, 19 (3): 265 – 273.

Ludwig J A, Wiens J A, Tongway D J, et al. 2000. A scaling rule for landscape patches and how it applies to conserving soil resources in savannas[J]. Ecosystems, 3(1): 84 – 97.

Macal C M, North M J. 2010. Tutorial on agent-based modelling and simulation[J]. Journal of Simulation, 4(1): 151 – 162.

Magurran. 1998. Ecological Diversity and its Measurement[M]. New Jersey: Princeton University

Press.

Mandelbrot B B. 1982. The Fractal Geometry of Nature[M]. New York: Freeman, 55 – 58.

Marsh H. 2000. Evaluating management initiatives aimed at reducing the mortality of dugongs in gill and mesh nets in the great barrier reef world heritage area[J]. Marine Mammal Science, 16(3): 684 – 694.

McClaugherty C A, Pastor J, Aber J D, et al. 1985. Forest litter decomposition in relation to soil nitrogen dynamics and litter quality[J]. Ecology, 66(1): 266 – 275.

McIntyre N E, Wiens J A. 2000. A novel use of the lacunarity index to discern landscape function [J]. Landscape Ecology, 15(4): 313 – 321 .

Millennium-Ecosystems-Assessment. 2005. Ecosystems and Human Well being Synthesis [M]. Washington DC: Island Press.

Mitchell D C, Carson R T. 1989. Using Surveys to value public goods, the continent valuation method [M]. Washington D C: Resoures for the future, 85 – 102.

Mladenoff D J, White M A, Pastor J, et al. 1993. Comparing spatial pattern in unaltered old-growth and disturbed forest landscape[J]. Ecological applications, 3(2): 294 – 306.

Naveh Z, Lieberman A S. 1994. Landscape Ecology: Theory and Application[M]. (2nd) New York: Springer-Verlag.

Nikora V I, Pearson C P. 1999. Scaling properties in landscape patterns: New Zealand experience [J]. Landscape Ecology, 14(1): 17 – 33.

O'Neill, Hunsaker C T. 1996. Scale problems in reporting landscape pattern at the regional scale[J]. Landscape Ecology, 11(3): 169 – 180.

O'Neill, Krummel J R, Gardner R H, et al. 1988. Indices of landscape pattern[J]. Landscape Ecology, 1(3): 294 – 306.

Paoletti E, Schaub M, Matyssek R, et al. 2010. Advances of air pollution science: From forest decline to multiple-stress effects on forest ecosystem services[J]. Environmental Pollution, 158(6): 1986 – 1989.

Parisien M A, Moritz M A. 2009. Environmental controls on the distribution of wildfire at multiple spatial scales[J]. Ecological Monographs, 79(1): 127 – 154.

Peterson R W. 1992. Indicators of the causes of ecological impacts or what's causing the global environmental crisis? [M] // McKenzie D H, Hyatt D E, McDonalds V J, et al. Ecological indicators[M]. London and New York: Elsevier Applied Science.

Pielou E C. 1975. Ecological Diversity[M]. New York: Wiley-Interscience.

Plotnick R E, Gardner R H, O'Neill RV, et al. 1993. Lacunarity indices as measures of landscape texture[J]. Landscape Ecology, 8(3): 331 – 334.

Plotnick R E. 1996. The ecological play and the geological theater[J]. Palaios, 11(3): 207 – 208.

Pourtaghi Z S, Pourghasemi H R, Aretano R, et al. 2016. Investigation of general indicators influencing on forest fire and its susceptibility modeling using different data mining techniques[J]. Ecological Indicators, 64, 72 – 84.

Preston R D, Wardrop A B, Nicolai E, et al. 1948. Fine Structure of Cell Walls in Fresh Plant Tis-

sues[J]. Nature, 162(4129): 957 –959.

Rapport D J, Costanza R, McMichael A J, *et al.* 1998. Assessing ecosystem health[J]. Trends in Ecology and Evolution, 13(10): 397 –402.

Rapport D J, Whitford W G. 1989. How ecosystem respond to stress: Common properties of arid and aquatic system[J]. BioScience, 49(3): 193 –203.

Richmond A, Kaufmann R K, Myneni R B, *et al.* 2007. Valuing ecosystem services: A shadow price for net primary production[J]. Ecological Economics, 64(2): 454 –462.

Rieu M, Sposito G. 1991. Fractal fragmentation, soil porosity and soil water properties: II. Application[J]. Soil Sci Soc Amer J, 55(5): 1239 –1244.

Rinnan R, Michelsen A, Onasson S, *et al.* 2008. Effects of litter addition and warming on soil carbon, nutrient pools and microbial communities in a subarctic heath ecosystem[J]. Applied Soil Ecology, 39(3): 271 –281.

Ripple W J, Bradshaw G A, Spies T A, *et al.* 1991. Measuring forest landscape patterns in the Cascade Range of Oregon[J]. USA, Biological Conservation, 57(1): 73 –88.

Risser P G, Karr J R, Forman R T T, *et al.* 1984. Landscape ecology: Directions and Approaches [M]. Illinois: Illinois Natural History Survey Special Publication No. 2.

Rodriguez J P, Beard T D, Bennett E M, *et al.* 2006. Trade-offs across space, time, and ecosystem services[J]. Ecology and Society, 11(1): 28 –41.

Rogers K S. 1997. Ecological security and multinational corporations[J]. Environmental change and security project report, 3: 29 –36.

Rollins M G, Morgan P, Swetnam T. 2002. Landscape scale controls over 20th century fire occurrence in two large Rocky Mountain (USA) wilderness areas [J]. Landscape Ecology, 17(6): 539 –557.

Romme W R. 1982. Fire and landscape diversity in subalpine forest of Yellowstone National Park[J]. Ecological Monograph, 52(2): 194 –211.

Rossi P H. 1992. Fixes for Homelessness in Your Community[J]. Contemporary Psychology, 37.

Rossi R E, Mulla D J, Journel A G, *et al.* 1992. Geostatistical tools for modeling and interpreting ecological spatial dependence[J]. Ecological Monographs, 62(2): 277 –314.

Jitpakdee R, Thapa G B. 2012. Sustainability Analysis of Ecotourism on Yao Noi Island, Thailand [J]. Asia Pacific Journal of Tourism Research, 17(3): 301 –325.

Saura S, Martinez-Millan J. 2000. Landscape patterns simulation with a modified random clusters method[J]. Landscape Ecology, 15(7): 661 –678.

Schaeffer D J, Henrick E E, Kerster H W, *et al.* 1998. Ecosystem health I. Measuring ecosystem [J]. Environmental Management, 12(4): 445 –455.

Schrder B, Seppelt R. 2006. Analysis of pattern-process interactions based on landscape models: Overview, general concepts, and method logical issues [J]. Ecological Modelling, 199(4): 505 –516.

Schröter C. 1902. Carl Eduard Cramer[J]. Plant Biology, 20(11): 28 –43.

Shafer C S, Inglis G J. 2000. Influence of Social, Biophysical, and managerial conditions on tourism experiences within the Great Barrier Reef World Heritage Area[J]. Environmental Management, 26 (1): 73 – 87.

Slobodkin L B. 1987. How to be objective in community studies. In: Nitedki MH, Hoffman A eds. Neutral Models in Biology[M]. Oxford: Oxford University Press, 93 – 108.

Smith T M, Urban D L. 1988. Scale and resolution of forest structural pattern [J]. Vegetatio, 74(2 – 3): 143 – 150.

Stenseke M. 2009. Local participation in cultural landscape maintenance: Lessons from Sweden[J]. Land Use Policy, 26(2): 214 – 223.

Styers D M, Chappelka A H, Marzen L J, et al. 2010. Developing a land-cover classification to select indicators of forest ecosystem health in a rapidly urbanizing landscape[J]. Landscape and Urban Planning, 94(3 – 4): 158 – 165.

Swift M J, Heal O W, Anderson J M, et al. 1979. Decomposition in terrestrial ecosystems[M]. Berkley: University of California Press.

Syphard A D, Clarke K C, Franklin J, et al. 2005. Using a cellular automaton model to forecast the effects of urban growth on habitat pattern in southern California[J]. Ecological Complexity, 2(2): 185 – 203.

Ter Braak C J F, Šmilauer P. 2002. CANOCO Reference Manual and CanoDraw for Windows User's Guide-software for Canonical Community Ordination[M]. New York, USA: Microcomputer Power, Ithaca, 36 – 42.

Tilman D, Downing J A. 1994. Biodiversity and stability in grasslands[J]. Nature, 367(6461): 363 – 365.

Townshend J R G, Justice C O. 1990. The spatial variation of vegetation changes at very coarse scales [J]. International Journal of Remote Sensing, 11(1): 149 – 157.

Trainer V L, Bates S S, Lundholm N, et al. 2012. Pseudo-nitzschia physiological ecology, phylogeny, toxicity, monitoring and impacts on ecosystem health [J]. Harmful Algae, 14 (1): 271 – 300.

Turcotte D L. 1986. Fractal fragmentation[J]. Geography Res, 91(12): 1921 – 1926.

Turner M G, Dale V H. 1991. Modeling landscape disturbance. In: MG Turner and RH Gardner. Quantitative Methods in Landscape Ecology[M]. New York: Springer-Verlag, 323 – 351.

Turner M G, Gardner R H, O' Neill R V, et al. 2001. Landscape Ecology: Theory and Practice [M]. New York: Springer-Verlag, 25 – 40.

Turner M G, Gardner R H. 1991. Quantitative methods in landscape ecology[M]. New York: Springer-Verlag.

Turner M G, Romme W H. 1994. Landscape dynamics in crown fire ecosystems[J]. Landscape Ecology, 9(1): 59 – 77.

Turner M G. 1989. Landscape Ecology: The effect of pattern on process[J]. Annual Review of Ecology Systematics, 20(20): 171 – 197.

Turner M G. 1987. Spatial simulation of landscape changes in Georgia: comparison of 3 transition model[J]. Landscape Ecology, 1(1): 29 – 36.

Turner R K, Paavola J, Cooper P, *et al*. 2003. Valuing nature: Lessons learned and future research directions[J]. Ecological Economics, 46(3): 493 – 510.

Urban D L, O'Neill R V, Shugart H H, *et al*. 1987. Landscape Ecology-A hierarchical perspective can help scientists under stand spatial patterns[J]. BioScience, 37(2): 119 – 127.

Veldpaus F E, Van de molengraft M J G, Op den camp O M G C. 1996. Modeling and optimal estimation of mixtures: a simulation study[J]. Inverse Problems in Science & Engineering, 2(4): 273 – 287.

Verburg P H, Chen Y, Veldkamp T. 2000. Spatial explorations of land use change and grain production in China[J]. Agriculture Ecosystems & Environment, 82(1): 333 – 354.

Verburg P H, Koning G H J D, Kok K, *et al*. 1999. A spatial explicit allocation procedure for modelling the pattern of land use change based upon actual land use[J]. Ecological Modelling, 116 (1): 45 – 61.

Verburg P H, Soepboer W, Veldkamp A, *et al*. 2002. Modeling the spatial dynamics of regional land use: the CLUE-S model[J]. Environmental Management, 30(3): 391 – 405.

Vergara P M. 2011. Matrix dependent corridor effectiveness and the abundance of forest birds in fragmented landscapes[J]. Landscape Ecology, 26(8): 1085 – 1096.

Voinov A, Fitz C, Boumans R, *et al*. 2004. Modular ecosystem modeling[J]. Environmental Modeling & Software, 19(3): 285 – 304.

Whittaker R H, Niering W A. 1975. Vegetation of the Santa Catalina Mountains, Arizona. V. Biomass, Production, and Diversity along the Elevation Gradient[J]. Ecology, 56(4): 771 – 790.

Wike L D, Martin F D, Paller M H, *et al*. 2010. Impact of forest seral stage on use of ant communities for rapid assessment of terrestrial ecosystem health[J]. Journal of Insect Science, 10(77): 1 – 16.

Williams C B. 1964. Patterns in the Balance of Nature and Related Problems in Quantitative Ecology [M]. New York: Academic Press.

With K A, King A W. 1999. Dispersal success on fractal landscapes[J]. Landscape Ecology, 14 (1): 73 – 82.

Wu J, Levin S A. 1997. A patch-based spatial modeling approach: Conceptual framework and simulation scheme[J]. Ecological Modelling, 101(2): 325 – 346.

Wu J, Levin S A. 1994. A spatial patch dynamic modeling approach to pattern and process in an annual grassland[J]. Ecological Monographs, 64(4): 447 – 464.

Wu J, Loucks O L. 1995. From balance of nature to hierarchical patch dynamics: Aparadigm shift in ecology[J]. Quarterly Review of Biology, 70(4): 439 – 466.

Wu J G, Marceau D. 2002. Modeling complex ecological systems: an introduction[J]. Ecological Modelling, 153(1 – 2): 1 – 6.

Wu J G, Jelinski D, Luck M, *et al*. 2000. Multiscale analysis of landscape heterogeneity: Scale variance and pattern metrics[J]. Annals of GIS, 6(1): 6 – 19.

Wu J G, Li H B. 2006. Concepts of scale and Scaling[M]//Wu JG, Jones KB, Li HB, *et al*. Scaling and Uncertainty Analysis in Ecology: Methods and Applications[M]. Dordrecht: Springer, 3 – 16.

Wu J G. 2004. Effects of changing scale on landscape pattern analysis：Scaling relations［J］. Landscape Ecology, 19(2)：125 – 138.

Wu Z W, He H S, Yang J, et al. 2015. Defining fire environment zones in the boreal forests of northeastern China［J］. Science of the Total Environment, 518：106 – 116.

Wulf M, Sommer M, Schmidt R, et al. 2010. Forest cover changes in the Prignitz region(NE Germany) between 1790 and 1960 in relation to soils and other driving forces［J］. Landscape Ecology, 25(2)：299 – 323.

Zarkin A G, Cates S C, Bala M V, et al. 2000. Estimating the willingness to pay fordrug abuse treatment-a pilot study［J］. Journal of Substance Abuse Treatment, 18(2)：149 – 159.

Zhang L, Fu B, Lü Y, et al. 2015. Balancing multiple ecosystem services in conservation priority setting［J］. Landscape Ecology, 30(3)，535 – 546.

Zonneveld I S and Forman R T T. 1990. Changing Landscapes：An Ecological Perspective［M］. New York：Springer-Verlag, 261 – 277.

Zonneveld I S. 1995. Landscape ecology：An introduction to landscape ecology as a base for land evaluation, land management and conservation［M］. SPB Academic Publishing, Amsterdam. 1 – 18.

摆万奇, 张镱锂. 2002. 青藏高原土地利用变化中的传统文化因素分析［J］. 资源科学, 24(4)：11 – 15.

摆万奇, 张永民, 阎建忠, 等. 2005. 大渡河上游地区土地利用动态模拟分析［J］. 地理研究, 24(2)：206 – 212.

保继刚, 楚义芳. 1999. 旅游地理学［M］. 北京：高等教育出版社.

鲍雅静, 李政海, 刘钟龄. 1997. 火因子对羊草群落物种多样性影响的初步研究［J］. 内蒙古大学学报(自然科学版), 28(4)：516 – 520.

贝波再. 2004. 老挝古都琅勃拉邦城的遗产保护与发展［J］. 城市规划, 28(8)：69 – 71.

毕温凯, 袁兴中, 唐清华, 等. 2012. 基于支持向量机的湖泊生态系统健康评价研究［J］. 环境科学学报, 32(8)：1984 – 1990.

蔡婵静, 周志翔, 陈芳, 等. 2006. 武汉市绿色廊道景观格局［J］. 生态学报, 26(9)：2996 – 3004.

蔡文, 杨春燕, 林伟初. 1997. 可拓工程方法［M］. 北京：科学出版社.

蔡文. 1994. 物元模型及其应用［M］. 北京：科学技术文献出版社.

蔡文. 1999. 可拓论及其应用［J］. 科学通报, 44(7)：673 – 682.

曹广侠, 林璋德. 1991. 云冷杉林建群种的种群优势度增长动态研究［J］. 植物生态学报, 15(3)：207 – 215.

曹祺文, 卫晓梅, 吴健生. 2016. 生态系统服务权衡与协同研究进展［J］. 生态学杂志, 35(11)：3102 – 3111.

晁华山. 2007. 世界遗产［M］. 北京：北京大学出版社.

陈崇成, 李建微, 唐丽玉, 等. 2005. 林火蔓延的计算机模拟与可视化研究进展［J］. 林业科学, 41(5)：155 – 162.

陈端吕, 李际平. 2008. 西洞庭湖区森林景观格局的环境响应［J］. 林业科学, 44(7)：

29 - 35.

陈芳清, 卢斌, 王祥荣. 2001. 樟村坪磷矿废弃地植物群落的形成与演替[J]. 生态学报, 21
  (8): 1347 - 1353.

陈峰云, 范玉仙, 朱文晶, 等. 2007. 世界文化遗产旅游开发与保护研究——以平遥古城为
  例[J]. 华中师范大学学报(自然科学版), 47(1): 157 - 160.

陈国达. 1993. 武陵源峰林地貌的成因及其开发与保护[J]. 地理学与国土研究, 9(3):
  1 - 6.

陈浩, 周金星, 陆中臣, 等. 2003. 荒漠化地区生态安全评价——以首都圈怀来县为例[J].
  水土保持学报, 17(1): 58 - 62.

陈吉泉. 1995. 景观生态学的基本原理及其在生态系统经营中的应用[M]. 北京: 科学出
  版社.

陈家玉. 2001. 武夷山风景名胜区夏季鸟类群落结构初步研究[J]. 福建林业科技, 28(3):
  74 - 77.

陈金华, 秦耀辰, 孟华. 2007. 国外遗产保护与利用研究进展与启示[J]. 河南大学学报(哲
  学社会科学版), 47(6): 104 - 108.

陈利顶, 傅伯杰. 1996. 黄河三角洲地区人类活动对景观结构的影响分析[J]. 生态学报, 16
  (4): 337 - 344.

陈利顶, 傅伯杰. 2000. 干扰的类型、特征及其生态学意义[J]. 生态学报, 20(4):
  581 - 586.

陈利顶, 吕一河, 傅伯杰, 等. 2006. 基于模式识别的景观格局分析与尺度转换研究框架
  [J]. 生态学报, 26(3): 663 - 670.

陈利顶, 吕一河, 田慧颖, 等. 2007. 重大工程建设中生态安全格局构建基本原则和方法
  [J]. 应用生态学报, 18(3): 674 - 680.

陈利顶, 王计平, 姜昌亮, 等. 2010. 廊道式工程建设对沿线地区景观格局的影响定量研究
  [J]. 地理科学, 30(2): 161 - 167.

陈灵芝. 1997. 中国森林生态系统养分循环[M]. 北京: 气象出版社.

陈钦, 刘伟平. 2006. 福建省人工用材林收益与风险分析[J]. 林业科学, 42(2): 93 - 97.

陈世品, 马祥庆, 林开敏. 2004. 武夷山风景名胜区主要植被类型群落结构特征的研究[J].
  江西农业大学学报, 26(1): 37 - 41.

陈顺立, 林庆源, 黄金聪. 2004. 南方主要树种害虫综合管理[M]. 厦门: 厦门大学出版社.

陈文波, 肖笃宁, 李秀珍. 2002. 景观指数分类、应用及构建研究[J]. 应用生态学报, 13
  (1): 121 - 125.

陈小勇, 林鹏. 2000. 我国红树植物分布的空间自相关分析[J]. 华东师范大学学报(自然科
  学版)(3): 104 - 109.

陈星, 周成虎. 2005. 生态安全: 国内外研究综述[J]. 地理科学进展, 24(6): 8 - 20.

陈耀华, 刘强. 2012. 中国自然文化遗产的价值体系及保护利用[J]. 地理研究, 31(6):
  1111 - 1120.

陈耀华, 赵星烁. 2003. 中国世界遗产保护与利用研究[J]. 北京大学学报(自然科学版), 39
  (4): 572 - 578.

陈佑启，Verburg P H. 2000a. 基于 GIS 的中国土地利用变化及其影响模型[J]. 生态科学，19 (3)：1 - 7.

陈佑启，Verburg P H. 2000b. 中国土地利用土地覆盖的多尺度空间分布特征分析[J]. 地理科学，20(3)：197 - 202.

陈正言，宫明达. 2005. 大庆市 2003 年生态足迹计算与分析[J]. 黑龙江八一农垦大学学报，17(6)：88 - 92.

陈仲新，张新时. 2000. 中国生态系统效益的价值[J]. 科学通报，45(1)：17 - 22.

谌小勇，潘维俦. 1989. 杉木人工林生态系统中氮素的动态特征[J]. 生态学报，9(3)：201 - 206.

程煜. 2006. 中亚热带木荷马尾松林恢复过程的群落及凋落物特征研究[D]. 福建：福建农林大学.

程占红，张金屯，上官铁梁. 2003. 芦芽山自然保护区旅游开发与植被环境关系——旅游影响系数及指标分析[J]. 生态学报，23(4)：703 - 711.

崔胜辉，洪华生，黄云凤，等. 2005. 生态安全研究进展[J]. 生态学报，25(4)：861 - 868.

崔胜辉，杨志峰，张珞平，等. 2006. 一种海岸带生态安全管理方法及其应用[J]. 海洋环境科学，25(2)：84 - 87.

戴尔阜，王晓莉，朱建佳，等. 2015. 生态系统服务权衡/协同研究进展与趋势展望[J]. 地球科学进展，30(11)：1250 - 1259.

戴学军，林岚，许志晖，等. 2006. 基于分形方法的旅游景区(点)系统等级结构研究——以南京市旅游景区(点)系统为例[J]. 地理科学，26(2)：242 - 250.

丁圣彦，宋永昌. 1999. 浙江天童国家森林公园常绿阔叶林演替前期的群落生态学特征[J]. 植物生态学报，23(2)：97 - 107.

丁晓静. 2011. 基于系统动力学的城市生态安全预警研究——以辽宁省为例[D]. 大连：辽宁师范大学.

董东林，武强，钱增江，等. 2006. 榆神府矿区水环境评价模型[J]. 煤炭学报，31(6)：776 - 780.

杜国祯，赵松岭. 1995. 甘南亚高山草甸群落的物候谱研究——兼论群落种多样性维持的机制[J]. 西北植物学报，15(5)：126 - 133.

杜秀敏，黄义雄，叶功富. 2010. 厦门市景观格局的尺度效应分析[J]. 测绘科学，35(4)：71 - 73.

杜亚平. 1996. 改善东湖水质的经济分析[J]. 生态经济，11(6)：15 - 20.

段增强，Verburg P H，张凤荣，等. 2004. 土地利用动态模拟模型的构建及其应用——以北京市海淀区为例[J]. 地理学报，70(6)：1037 - 1047.

樊后保. 1996. 福建三明格氏栲群落的结构特征[J]. 福建林学院学报(1)：14 - 19.

范常忠，姚奕生. 1995. Fuzzy 综合多级评价模型在城市生态环境质量评价中的应用[J]. 城市环境与城市生态，8(2)：37 - 44.

范弢，杨世瑜. 2007. 云南丽江盆地地下水脆弱性评价[J]. 吉林大学学报(地球科学版)，37 (3)：551 - 556.

范晓秋，姜翠玲，章亦兵. 2005. 江苏省可持续发展和生态安全的生态足迹评价[J]. 河海大

学学报(自然科学版), 33(3): 255-259.

范正章, 陈顺立. 2008. 武夷山风景区马尾松毛虫发生趋势与环境因子的相关性[J]. 华东昆虫学报, 17(2): 110-114.

冯先德. 2007. 旅游区公路选线及景观设计[D]. 长沙: 中南大学.

冯宗炜, 王效科, 吴刚. 1999. 中国森林生态系统的生物量和生产力[M]. 北京: 科学出版社.

傅伯杰, 陈利顶, 马克明, 等. 2011. 景观生态学原理及应用[M]. 2版. 北京: 科学出版社.

傅伯杰, 吕一河, 陈利顶, 等. 2008. 国际景观生态学研究新进展[J]. 生态学报, 28(2): 798-804.

傅伯杰, 徐延达, 吕一河. 2010. 景观格局与水土流失的尺度特征与耦合方法[J]. 地球科学进展, 25(7): 673-681.

傅伯杰. 1993. 区域生态环境预警的理论及其应用[J]. 应用生态学报, 4(4): 436-439.

傅伯杰. 1995. 黄土区农业景观空间格局分析[J]. 生态学报, 15(2): 113-120.

高江波, 蔡运龙. 2010. 区域景观破碎化的多尺度空间变异研究——以贵州省乌江流域为例[J]. 地理科学, 30(5): 742-747.

高江波, 黄姣, 李双成, 等. 2010. 中国自然地理区划研究的新进展与发展趋势[J]. 地理科学进展, 29(11): 1400-1407.

高贤明, 马克平, 黄建辉, 等. 1998. 北京东灵山地区植物群落多样性的研究Ⅺ. 山地草甸β多样性[J]. 生态学报, 18(1): 24-32.

葛京凤, 梁彦庆, 冯忠江, 等. 2011. 山区生态安全评价预警与调控研究——以河北山区为例[M]. 北京: 科学出版社.

宫继萍, 石培基, 魏伟. 2012. 基于BP人工神经网络的区域生态安全预警——以甘肃省为例[J]. 干旱地区农业研究, 30(1): 211-216.

关辉. 1999. 武夷山风景名胜区总体规划中环境容量估算与旅游规模预测[J]. 福建建筑(1): 2-4.

桂华, 钟林生, 明庆忠. 2000. 生态旅游[M]. 北京: 高等教育出版社.

郭剑芬, 杨玉盛, 陈光水, 等. 2006. 森林凋落物分解研究进展[J]. 林业科学, 42(4): 93-100.

郭进辉. 2008. 基于社区的武夷山自然保护区森林生态旅游研究[D]. 北京: 北京林业大学.

郭晋平, 周志翔. 2007. 景观生态学[M]. 北京: 中国林业出版社.

郭晋平. 2001. 森林景观生态研究[M]. 北京: 北京大学出版社.

郭柯, 董学军, 刘志茂. 2000. 毛乌素沙地沙丘土壤含水量特点——兼论老固定沙地上油蒿衰退原因[J]. 植物生态学报, 24(3): 275-279.

郭泺, 夏北成, 刘蔚秋. 2006. 地形因子对森林景观格局多尺度效应分析[J]. 生态学杂志, 25(8): 900-904.

郭泺, 夏北成, 余世孝, 等. 2006. 人为干扰对泰山景观格局时空变化的影响[J]. 中国生态农业学报, 14(4): 235-239.

郭泺, 夏北成. 2006. 山岳风景区景观格局时空变化的比较分析[J]. 国土与自然资源研究, 28(1): 65-67.

郭泺，余世孝，薛达元. 2008. 泰山景观格局及其生态安全的研究[M]. 北京：中国环境科学出版社.

郭泺. 2006. 人为干扰对泰山景观格局时空变化的影响[J]. 中国生态农业学报，14(4)：235 - 239.

郭永奇. 2014. 基于惩罚型变权的农地生态安全预警评价——以新疆生产建设兵团为例[J]. 地域研究与开发，33(5)：149 - 154.

韩荡. 2003. 城市景观生态分类——以深圳市为例[J]. 城市环境与城市生态，16(2)：50 - 52.

郝敬锋，刘红玉，胡俊纳，等. 2010. 南京东郊城市湿地水质多尺度空间分异[J]. 应用生态学报，21(7)：1799 - 1804.

郝占庆，陶大立，赵士洞. 1994. 长白山北坡阔叶红松林及其次生白桦林高等植物物种多样性比较[J]. 应用生态学报，5(1)：16 - 23.

何池全，崔保山，赵志春. 2001. 吉林省典型湿地生态评价[J]. 应用生态学报，12(5)：754 - 756.

何东进，郭忠玲，欧阳勋志，等. 2013. 景观生态学[M]. 北京：中国林业出版社.

何东进，洪滔，胡海清，等. 2007. 武夷山风景名胜区不同森林景观物种多样性特征研究[J]. 中国生态农业学报，15(2)：9 - 13.

何东进，洪伟，胡海清，等. 2004a. 武夷山风景名胜区景观类型空间关系及其尺度效应初探[J]. 中国生态农业学报，12(3)：19 - 23.

何东进，洪伟，胡海清，等. 2004b. 武夷山景区主要景观类型斑块大小分布规律及其等级尺度效应分析[J]. 应用生态学报，15(1)：21 - 25.

何东进. 2004c. 武夷山风景名胜区景观格局动态及其环境分析[D]. 哈尔滨：东北林业大学.

何浩，陈阜，张海林. 2009. 生态系统服务研究进展[J]. 中国农业大学学报，14(6)：41 - 45.

何念鹏，周道玮，吴泠，等. 2001. 人为干扰强度对村级景观破碎度的影响[J]. 应用生态学报，12(6)：897 - 899.

贺金生，陈伟烈，江明喜，等. 1998. 长江三峡地区退化生态系统植物群落物种多样性特征[J]. 生态学报，18(4)：65 - 73.

贺金生，陈伟烈，李凌浩. 1998. 中国中亚热带东部常绿阔叶林主要类型的群落多样性特征[J]. 植物生态学报，22(4)：16 - 24.

贺金生，陈伟烈. 1997. 陆地植物群落物种多样性的梯度变化特征[J]. 生态学报，17(1)：93 - 101.

贺金生，刘峰，陈伟烈，等. 1999. 神农架地区米心水青冈林和锐齿槲栎林群落干扰历史及更新策略[J]. 植物学报，41(8)：887 - 892.

洪伟，何东进. 1997a. 人工神经网络在杉木产区划分中的应用研究[J]. 福建林学院学报，17(3)：193 - 125.

洪伟，吴承祯，何东进. 1998. 基于人工神经网络的森林资源管理模型研究[J]. 自然资源学报，13(1)：69 - 72.

洪伟，吴承祯. 1997b. 闽东南土壤流失人工神经网络预报研究[J]. 土壤侵蚀与水土保持学

报，3(3)：52－57.

洪玉松. 2013. 生态旅游理念对丽江旅游业新发展的启示[J]. 云南民族大学学报(哲学社会科学版)，30(1)：114－118.

侯继华，马克平. 2002. 植物群落物种共存机制的研究进展[J]. 植物生态学报，26(S1)：1－8.

侯元兆，王琦. 1995. 中国森林资源核算研究[J]. 世界林业研究(3)：51－56.

胡海胜. 2008. 庐山石刻景观的格局分析[J]. 中南林业科技大学学报(社会科学版)，2(4)：51－54.

黄大明，赵松龄. 1992. 矮嵩草草甸能量动态的分室模型研究[J]. 生态学报，12(2)：119－124.

黄建辉，韩兴国. 1995. 生物多样性和生态系统稳定性[J]. 生物多样性，3(1)：31－37.

黄建辉. 1994. 物种多样性的空间格局及其形成机制初探[J]. 生物多样性，2(2)：103－107.

黄敬峰. 1993. 谱分析法在草地植被研究中的应用[J]. 应用生态学报，4(3)：338－341.

黄文娟，康祖杰，杨道德，等. 2005. 参与式乡村评估在壶瓶山自然保护区的初步应用[J]. 中南林学院学报，25(3)：73－78.

贾宝全，慈龙骏，杨晓晖，等. 2001. 石河子莫索湾垦区绿洲景观格局变化分析[J]. 生态学报，21(1)：34－40.

靳芳，鲁绍伟，余新晓，等. 2005. 中国森林生态系统服务功能及其价值评价[J]. 应用生态学报，16(8)：1531－1536.

靳瑰丽，安沙舟，孟林. 2004. 景观生态分类在草地资源分类中的运用[J]. 中国草地，26(5)：65－68.

兰思仁. 2003. 武夷山国家自然保护区植物物种多样性研究[J]. 林业科学，39(1)：36－43.

黎夏，刘小平，李少英. 2009. 智能式 GIS 与空间优化[M]. 北京：科学出版社.

李博，陈家宽，沃金森. 1998. 植物竞争研究进展[J]. 植物学通报，15(4)：20－31.

李哈滨，伍业纲. 1992. 景观生态学的数量研究方法[A]∥刘建国，当代生态学博论[M]. 北京：中国科学技术出版社，209－234.

李红霞，李霖，赵忠君. 2011. 基于模拟退火算法的投影寻踪模型在土地生态安全评价中的应用研究[J]. 国土与自然资源研究，32(1)：62－64.

李华，蔡永立. 2010. 基于 SD 的生态安全指标阈值的确定及应用——以上海崇明岛为例[J]. 生态学报，30(13)：3654－3664.

李华. 2011. 基于系统仿真和情景模拟的崇明生态安全评估[D]. 上海：华东师范大学.

李晖，范宇，李志英，等. 2011. 基于生态足迹的香格里拉县生态安全趋势预测[J]. 长江流域资源与环境，20(Z1)：144－148.

李家兵，张江山. 2003. 武夷山国家级风景名胜区的游憩价值评估[J]. 福建环境(3)：46－48.

李景刚，何春阳，李晓兵. 2008. 快速城市化地区自然/半自然景观空间生态风险评价研究——以北京为例[J]. 自然资源学报，23(1)：33－46.

李前光. 2008. 世界遗产[M]. 北京：中国旅游出版社.

李秋华, 韩博平. 2007. 基于 CCA 的典型调水水库浮游植物群落动态特征分析[J]. 生态学报, 27(6): 2355 - 2364.

李瑞霞. 2006. 鹤壁市生态足迹分析[J]. 云南地理环境研究, 18(2): 104 - 106.

李淑娟, 孟芬芬. 2011. 山东省湿地生态系统健康评价及旅游开发策略[J]. 资源科学, 33 (7): 1390 - 1397.

李双成, 张才玉, 刘金龙, 等. 2013. 生态系统服务权衡与协同研究进展及地理学研究议题 [J]. 地理研究, 32(8): 379 - 1390.

李天生, 周国法. 1994. 空间自相关与分布型指数研究[J]. 生态学报, 14(3): 327 - 331.

李卫锋, 王仰麟, 彭建, 等. 2004. 深圳市景观格局演变及其驱动因素分析[J]. 应用生态学报, 15(8): 1403 - 1410.

李文华, 欧阳志石, 赵景柱. 2002. 生态系统服务功能研究[M]. 北京: 气象出版社.

李文杰, 张时煌. 2010. GIS 和遥感技术在生态安全评价与生物多样性保护中的应用[J]. 生态学报, 30(23): 6674 - 6681.

李晓文, 胡远满, 肖笃宁. 1999. 景观生态学与生物多样性保护[J]. 生态学报, 19(3): 399 - 403.

李晓秀. 2000. 北京山区生态系统稳定性评价模型初步研究[J]. 农村生态环境, 16(1): 21 - 25.

李晓燕, 张树文. 2005. 基于景观结构的吉林西部生态安全动态分析[J]. 干旱区研究, 22 (1): 57 - 62.

李新琪. 2008. 新疆艾比湖流域平原区景观生态安全研究[D]. 上海: 华东师范大学.

李意德. 1994. 海南岛尖峰岭热带山地雨林主要种群生态位特征研究[J]. 林业科学研究, 7 (1): 78 - 85.

李玉凤, 刘红玉, 郑囡, 等. 2011. 基于功能分类的城市湿地公园景观格局——以西溪湿地公园为例[J]. 生态学报, 31(4): 1021 - 1028.

李月臣, 何春阳. 2008a. 中国北方土地利用/覆盖变化的情景模拟与预测[J]. 科学通报, 53 (6): 713 - 723.

李月臣. 2008b. 基于遥感与 BPNN-CA 模型的草场保护区模拟——以锡林浩特温带典型草原为例[J]. 资源科学, 30(4): 634 - 641.

李月辉, 冯秀, 周锐, 等. 2006. 基于道路廊道的辽宁省旅游景区(点)空间格局分析[J]. 生态学杂志, 25(8): 963 - 968.

李振基, 刘初钿, 杨志伟, 等. 2000. 武夷山自然保护区郁闭稳定甜槠林与人为干扰甜槠林物种多样性比较[J]. 植物生态学报, 24(1): 64 - 68.

李振鹏, 刘黎明, 张虹波, 等. 2004. 景观生态分类的研究现状及其发展趋势[J]. 生态学杂志, 23(4): 150 - 156.

李正玲, 陈明勇, 吴兆录. 2009. 生物保护廊道研究进展[J]. 生态学杂志, 28(3): 523 - 528.

李志安, 邹碧, 丁永祯, 等. 2004. 森林凋落物分解重要影响因子及其研究进展[J]. 生态学杂志, 23(6): 77 - 83.

梁佳, 王金叶. 2013. 2006—2012 年国内外生态旅游研究回顾与反思[J]. 西北林学院学报,

406

28(6)：217－224.

梁留科，曹新向. 2003. 景观生态学和自然保护区旅游开发和管理[J]. 热带地理，23(3)：289－293.

梁士楚，董鸣，王伯荪，等. 2003. 英罗港红树林土壤粒径分布的分形特征[J]. 应用生态学报，14(1)：11－14.

梁友嘉，徐中民，钟方雷. 2011. 基于 SD 和 CLUE-S 模型的张掖市甘州区土地利用情景分析[J]. 地理研究，30(3)：564－576.

林鹏. 1998. 武夷山研究——森林生态系统(I)[M]. 厦门：厦门大学出版社.

林伟强，贾小容，陈北光，等. 2006. 广州帽峰山次生林主要种群生态位宽度与重叠研究[J]. 华南农业大学学报，27(1)：84－87.

林彰平，刘湘南. 2002. 东北农牧交错带土地利用生态安全模式案例研究[J]. 生态学杂志，21(6)：15－19.

蔺卿，罗格平，陈曦，等. 2005. Lucc 驱动力模型研究综述[J]. 地理科学进展，24(5)：79－87.

刘灿然，陈灵芝. 1999. 北京地区植被景观中斑块形状的分布特征[J]. 植物学报，41(2)：199－205.

刘国斌，党美丽. 2011. 低碳经济时代吉林省县域经济生态旅游发展研究[J]. 东北亚论坛，20(1)：114－120.

刘吉平，吕宪国，杨青，等. 2009. 三江平原东北部湿地生态安全格局设计[J]. 生态学报，29(3)：1083－1090.

刘继生，陈彦光. 1998. 城镇系统等级结构的分形维数及其测算方法[J]. 地理研究，17(1)：82－89.

刘丽丹，谢应忠，邱开阳，等. 2013. 宁夏盐池沙地 3 种植物群落土壤表层养分的空间异质性[J]. 中国沙漠，33(3)：782－787.

刘淼，胡远满，常禹，等. 2009. 土地利用模型时间尺度预测能力分析——以 CLUE-S 模型为例[J]. 生态学报，29(11)：6110－6119.

刘明，王克林. 2008. 洞庭湖流域中上游地区景观格局变化及其驱动力[J]. 应用生态学报，19(6)：1317－1324.

刘庆凤，刘吉平，宋开山，等. 2010. 基于 CLUE-S 模型的别拉洪河流域土地利用变化模拟[J]. 东北林业大学学报，38(1)：64－67.

刘庆余，王乃昂，张立明，等. 2005. 中国遗产资源的保护与发展——兼论遗产旅游业的可持续发展[J]. 中国软科学(6)：31－36.

刘世梁，富伟，崔保山，等. 2009. 基于 RV 指数的道路网络干扰效应空间分异研究——以云南省纵向岭谷区为例[J]. 地理与地理信息学，25(2)：50－54.

刘世梁，温敏霞，崔保山，等. 2008. 基于网络特征的道路生态干扰——以澜沧江流域为例[J]. 生态学报，28(4)：1672－1680.

刘薇. 2013. 生态文明建设的基本理论及国内外研究现状述评[J]. 生态经济(学术版)(2)：34－37.

刘霞，姚孝友，张光灿，等. 2011. 沂蒙山林区不同植物群落下土壤颗粒分形与孔隙结构特征[J].林业科学,47(8):31-37.

刘兴元,梁天刚,郭正刚,等.2008.北疆牧区雪灾预警与风险评估方法[J].应用生态学报,19(1):133-138.

刘旭华,王劲峰,刘纪远,等.2005.国家尺度耕地变化驱动力的定量分析方法[J].农业工程学报,21(4):56-60.

刘亚萍,潘晓芳,钟秋平,等.2006.生态旅游区自然环境的游憩价值-运用条件价值评价法和旅行费用法对武陵源风景区进行实证分析[J].生态学报,26(11):3765-3774.

刘洋,蒙吉军,朱利凯.2010.区域生态安全格局研究进展[J].生态学报,30(24):6980-6989.

刘引鸽,傅志军.2011.区域经济发展的土地利用及生态安全管理——以宝鸡地区为例[J].干旱区资源与环境,25(11):39-43.

刘颖,韩士杰,林鹿.2009.长白山四种森林类型凋落物动态特征[J].生态学杂志,28(1):400-404.

刘勇,刘友兆,徐萍.2004.区域土地资源生态安全评价——以浙江嘉兴市为例[J].资源科学,26(3):69-75.

刘勇.2004.区域土地资源可持续利用的生态安全评价研究[D].南京:南京农业大学.

刘月文,杨宏业,王硕,等.2009.一种基于CA的林火蔓延模型的设计与实现——以内蒙古地区为例[J].灾害学,24(3):98-102.

刘振国,李镇清,董鸣.2005.植物群落动态的模型分析[J].生物多样性,13(3):269-277.

刘志华,杨健,贺红士,等.2011.黑龙江大兴安岭呼中林区火烧点格局分析及影响因素[J].生态学报,31(6):1669-1677.

龙开元,谢炳庚,谢光辉.2001.景观生态破坏评价指标体系的建立方法及应用[J].山地学报,19(1):64-68.

卢松,张捷,苏勤.2009.旅游地居民对旅游影响感知与态度的历时性分析——以世界文化遗产西递景区为例[J].地理研究,28(2):536-548.

卢云亭,王建军.2001.生态旅游学[M].北京:旅游教育出版社.

陆林,宣国富,章锦河,等.2002.海滨型与山岳型旅游地客流季节性比较——以三亚、北海、普陀山、黄山、九华山为例[J].地理学报,57(6):731-740

吕秀枝.2010.五台山冰缘地貌的植被生态研究[D].太原:山西大学.

吕一河,陈利顶,傅伯杰,等.2004.自然保护区管理的博弈分析[J].生物多样性,12(5):546-552.

吕一河,傅伯杰.2001.生态学中的尺度及尺度转换方法[J].生态学报,21(12):2096-2105.

骆培聪.1997.武夷山风景名胜区旅游环境容量探讨[J].福建师范大学学报(自然科学版),13(1):94-99.

骆有庆.2008.对南方雨雪冰冻灾区次生性林木病虫害防控的几点思考[J].林业科学,44(4):4-5.

马骏.2016.基于生态环境阈限与旅游承载力背景下生物多样性保护策略研究——以世界自

然遗产武陵源核心景区为例[J]. 经济地理, 36(4): 195-202.

马克明, 傅伯杰. 2000. 北京东灵山区景观类型空间邻接与分布规律[J]. 生态学报, 20(5): 748-752.

马克平, 黄建辉, 于顺利, 等. 1995. 北京东灵山地区植物群落多样性的研究Ⅱ. 丰富度、均匀度和物种多样性指数[J]. 生态学报, 15(3): 268-277.

马克平, 叶万辉, 于顺利, 等. 1997. 北京东灵山地区植物群落多样性研究Ⅷ. 群落组成随海拔梯度的变化[J]. 生态学报, 17(6): 31-38.

马明国, 曹宇, 程国栋. 2002. 干旱区绿洲廊道景观研究——以金塔绿洲为例[J]. 应用生态学报, 13(12): 1624-1628.

马明国, 王雪梅, 角媛梅, 等. 2003. 基于 RS 与 GIS 的干旱区绿洲景观格局变化研究——以金塔绿洲为例[J]. 中国沙漠, 23(1): 53-58.

毛学刚, 范文义, 李明泽, 等. 2008. 基于 GIS 模型的林火蔓延计算机仿真[J]. 东北林业大学学报, 36(9): 38-41.

牛莉芹, 程占红. 2008. 芦芽山从事旅游业者对旅游影响认知水平的典范对应分析[J]. 山地学报, 26(S1): 51-54.

欧阳志云, 李文华. 2002. 生态系统服务功能内涵与研究进展[M]. 北京: 气象出版社.

欧阳志云, 王如松, 赵景柱. 1999. 生态系统服务功能及其生态经济价值评价[J]. 应用生态学报, 10(5): 635-640.

潘文斌, 蔡庆华. 2000. 保安湖—湖湾大型水生植物群落格局的研究[J]. 水生生物学报, 24(5): 412-417.

潘影, 刘云慧, 王静, 等. 2011. 基于 CLUE-S 模型的密云县面源污染控制景观安全格局分析[J]. 生态学报, 31(2): 529-537.

裴雪姣, 牛翠娟, 高欣, 等. 2010. 应用鱼类完整性评价体系评价辽河流域健康[J]. 生态学报, 30(21): 5736-5746.

彭建, 王仰麟, 刘松, 等. 2003. 海岸带土地持续利用景观生态评价[J]. 地理学报, 58(3): 363-371.

彭建, 王仰麟, 张源, 等. 2006. 土地利用分类对景观格局指数的影响[J]. 地理学报, 61(2): 157-168.

彭少麟. 1996. 南亚热带森林群落动态学[M]. 北京: 辞海出版社.

彭张兴. 2010. 基于 GA-BP 的湖泊生态安全非点源污染数量化研究[D]. 北京: 北京林业大学.

戚仁海. 2008. 生境破碎化对城市化地区生物多样性影响的研究——以苏州为例[D]. 上海: 华东师范大学.

邱彭华, 俞鸣同. 2004. 旅游地景观生态分类方法探讨——以福州市青云山风景区为例[J]. 热带地理, 24(3): 221-225.

邱扬, 傅伯杰, 王军, 等. 2002. 黄土丘陵小流域土壤物理性质的空间变异[J]. 地理学报, 57(5): 587-594.

邱扬, 张金屯. 1997. 自然保护区学研究与景观生态学基本理论[J]. 农村生态环境, 13(1): 46-49.

全华. 2003. 武陵源风景名胜区旅游生态环境演变趋势与阈值分析[J]. 生态学报, 23(5): 938 – 945.

任海, 彭少麟. 1999. 鼎湖山森林生态系统演替过程中的能量生态特征[J]. 生态学报, 19(6): 817 – 822.

任娟娟. 2013. 喀纳斯生态旅游发展研究[D]. 新疆: 新疆师范大学.

阮仪三, 肖建莉. 2003. 寻求遗产保护和旅游发展的"双赢"之路[J]. 城市规划, 27(6): 86 – 89.

上官龙辉. 2015. 基于生态文明视角下的泰顺县生态旅游发展研究[D]. 长春: 吉林大学.

申华敏, 王世宏, 王小鹏, 等. 2006. 文化遗产的环境系统特征承载力及保护原则[J]. 环境科学与技术, 29(6): 58 – 60.

沈泽昊, 林洁, 陈伟烈, 等. 1999. 四川卧龙地区珙桐群落的结构与更新研究[J]. 植物生态学报, 23(6): 562 – 567.

沈泽昊. 2002. 山地森林样带植被—环境关系的多尺度研究[J]. 生态学报, 22(4): 461 – 470.

石培礼, 李文华. 2000. 长白山林线交错带形状与木本植物向苔原侵展和林线动态的关系[J]. 生态学报, 20(4): 573 – 580.

舒伯阳, 张立明. 2001. 生态旅游区的景观生态化设计[J]. 湖北大学学报, 23(1): 93 – 94.

舒小林, 黄明刚. 2013. 生态文明视角下欠发达地区生态旅游发展模式及驱动机制研究——以贵州省为例[J]. 生态经济, 26(11): 99 – 105.

苏智先, 黄焰平, 牟德俊. 1993. 慈竹无性系种群能值特点及其影响能值计测因素的研究[J]. 植物生态学与地植物学学报, 17(3): 83 – 89.

孙丹峰. 2003. IKPNOS 影像景观格局特征尺度的小波与半方差分析[J]. 生态学报, 23(3): 405 – 413.

孙凡, 李天云, 黄轲, 等. 2005. 重庆市生态安全评价与监测预警研究——理论与指标体系[J]. 西南大学学报(自然科学版), 27(6): 757 – 762.

孙荣, 袁兴中, 刘红, 等. 2011. 三峡水库消落带植物群落组成及物种多样性[J]. 生态学杂志, 30(2): 208 – 214.

孙翔, 朱晓东, 李杨帆. 2008. 港湾快速城市化地区景观生态安全评价——以厦门市为例[J]. 生态学报, 28(8): 3563 – 3573.

覃德华. 2010. 闽东土地利用/覆盖变化的时空分异规律及其区域生态安全综合评价[D]. 福州: 福建农林大学.

唐鸿, 麻学锋. 2016. 世界自然遗产地旅游产业生成的宏观机制分析——以湖南张家界为例[J]. 中央民族大学学报(哲学社会科学版), 43(3): 71 – 78.

唐金利, 匡耀求, 黄宁生. 2006. 广东省东莞市 1998—2003 年生态足迹计算与分析[J]. 热带地理, 26(2): 102 – 107 + 128.

唐礼俊. 1998. 佘山风景区景观空间格局分析及其规划初探[J]. 地理学报, 53(5): 429 – 437.

唐丽华. 2006. 区域森林主要灾害与空间结构关系的适应性评价方法研究[D]. 北京: 北京林业大学.

唐启义. 2010. DPS 数据处理系统——实验设计、统计分析及数据挖掘[M]. 2 版. 北京：科学出版社.

唐顺铁，郭来喜. 1998. 旅游流体系研究[J]. 旅游学刊，13(3)：38 – 41.

唐晓燕，孟宪宇，葛宏立，等. 2003. 基于栅格结构的林火蔓延模拟研究及其实现[J]. 北京林业大学学报，25(1)：53 – 57.

陶伟. 2001. 中国"世界遗产"的可持续旅游发展研究[M]. 北京：中国旅游出版社.

田艳. 2010. 黄山风景区生态风险分析与评价研究[D]. 芜湖：安徽师范大学.

汪殿蓓，暨淑仪，陈飞鹏. 2001. 植物群落物种多样性研究综述[J]. 生态学杂志，20(4)：55 – 60.

汪明林，陈睿智. 2005. 基于景观生态学理论下的生态旅游线路规划设计——以峨眉山为例[J]. 北京第二外国语学院学报(3)：91 – 95.

王兵，马向前，郭浩，等. 2009. 中国杉木林的生态系统服务价值评估[J]. 林业科学，45(4)：124 – 130.

王伯荪，彭少麟. 1987. 鼎湖山森林优势种群数量动态[J]. 生态学报，7(3)：214 – 221.

王伯荪. 1987. 植物群落学[M]. 北京：高等教育出版社.

王翠红，张金屯，上官铁梁. 2004. 山西省种子植物多样性分布格局与环境关系的研究[J]. 植物研究，24(2)：248 – 253.

王冬明. 2006. 旅游公路景观规划与设计研究[M]. 哈尔滨：东北林业大学.

王刚，赵松岭，张鹏云，等. 1984. 关于生态位定义的探讨及生态位重叠计测公式改进的研究[J]. 生态学报，4(2)：119 – 127.

王根绪，程国栋，钱鞠. 2003. 生态安全评价研究中的若干问题[J]. 应用生态学报，14(9)：1551 – 1556.

王耕，吴伟. 2007. 基于 GIS 的辽河流域水安全预警系统设计[J]. 大连理工大学学报，47(2)：175 – 179.

王耕，吴伟. 2008. 区域生态安全预警指数——以辽河流域为例[J]. 生态学报，28(8)：3535 – 3542.

王洪翠，吴承祯，洪伟，等. 2006. P-S-R 指标体系模型在武夷山风景区生态安全评价中的应用[J]. 安全与环境学报，6(3)：12 – 126.

王继夏，孙虎，李俊霖，等. 2008. 秦岭中山区山地景观格局变化及驱动力分析——以宁陕县长安河流域为例[J]. 山地学报，26(5)：546 – 552.

王嘉学. 2005. 三江并流世界自然遗产保护中的旅游地质问题研究[D]. 昆明：昆明理工大学.

王娟，崔保山，姚华荣，等. 2008. 纵向岭谷区澜沧江流域景观生态安全时空分异特征[J]. 生态学报，28(4)：1681 – 1690.

王莉，陆林. 2005. 国外旅游地居民对旅游影响的感知与态度研究综述及启示[J]. 旅游学刊，20(3)：87 – 93.

王萌. 2013. 连山壮族瑶族自治县生态旅游发展探析[D]. 广州：广东技术师范学院.

王朋薇. 2013. 生态旅游概念的界定[J]. 生态环境保护(10)：194 – 195.

王伟伟，吴成安. 2005. 谈世界遗产"原真性"的开发与保护[J]. 商业时代(36)：63 – 64.

王兮之，Bruelheide H，Runge M，等. 2002. 基于遥感数据的塔南策勒荒漠——绿洲景观格局分析[J]. 生态学报，22(9)：1491-1499.

王宪礼，肖笃宁，布仁仓，等. 1997. 辽河三角洲湿地景观格局分析[J]. 生态学报，17(3)：315-323.

王仰麟. 1996. 景观生态分类的理论与方法[J]. 应用生态学报，7(增)：121-126.

王英姿，何东进，洪伟，等. 2006. 武夷山风景名胜区森林生态系统公共服务功能评估[J]. 江西农业大学学报，28(3)：409-414.

王峥峰，安树青，杨小波，等. 1999. 海南岛吊罗山山地雨林物种多样性[J]. 生态学报，19(1)：61-67.

王峥峰，王伯荪，李鸣光，等. 2000. 南亚热带森林优势种群荷木和锥栗在演替系列群落中的分子生态研究(英文)[J]. 植物学报，42(10)：1082-1088.

王政权. 1999. 地统计学及其在生态学中的应用[M]. 北京：科学出版社.

王志芳，孙鹏. 2001. 遗产廊道——一种较新的遗产保护方法[J]. 中国园林，17(5)：182-184.

王子新，王玉成，邢慧斌. 2005. 旅游影响研究进展[J]. 旅游学刊，20(2)：90-95.

魏乐，宋乃平，方楷. 2014. 宁夏荒漠草原植物群落的空间异质性[J]. 草业科学，31(5)：826-832.

温远光，元昌安，李信贤，等. 1998. 大明山中山植被恢复过程植物物种多样性的变化[J]. 植物生态学报，22(1)：34-41.

邬建国，任海. 2000a. 生态系统管理的概念及其要素[J]. 应用生态学报，11(3)：455-458.

邬建国. 2000b. 景观生态学——概念与理论[J]. 生态学杂志，19(1)：42-52.

邬建国. 2007. 景观生态学——格局、过程、尺度与等级[M]. 2版. 北京：高等教育出版社.

吴邦才. 2000. 世界遗产武夷山[M]. 福州：福建人民出版社.

吴承祯，洪伟，闫淑君，等. 2004. 珍稀濒危植物长苞铁杉群落物种多度分布模型研究[J]. 中国生态农业学报，12(4)：173-175.

吴钢，肖寒，赵景柱，等. 2001. 长白山森林生态系统服务功能[J]. 中国科学，31(5)：471-480.

吴桂平，曾永年，冯学智，等. 2010. CLUE-S模型的改进与土地利用变化动态模拟——以张家界市永定区为例[J]. 地理研究，29(3)：460-470.

吴桂平，曾永年，邹滨，等. 2008. AutoLogistic方法在土地利用格局模拟中的应用——以张家界市永定区为例[J]. 地理学报，63(2)：156-164.

吴开亚. 2003. 区域生态安全的综合评价研究[D]. 合肥：中国科学技术大学.

吴敏金. 1994. 分形信息学导论[M]. 上海：上海科学技术文献出版社.

吴玉鸣，李建霞. 2009. 省域经济增长与电力消费的局域空间计量经济分析[J]. 地理科学，29(1)：30-35.

伍业钢，韩进轩. 1988. 阔叶红松林红松种群动态的谱分析[J]. 生态学杂志，7(1)：19-23.

伍业钢，李哈滨. 1992. 景观生态学的理论发展[M]. 北京：中国科学技术出版社.

武建勇，薛达元，王爱华，等. 2016. 生物多样性重要区域识别——国外案例、国内研究进展[J]. 生态学报，36(10)：3108-3114.

奚为民. 1997. 雾灵山国家自然保护区森林群落物种多样性研究[J]. 生物多样性，5(2)：42-46.

肖慈英，阮宏华，屠六邦. 2002. 宁镇山区不同森林土壤生物学特性的研究[J]. 应用生态学报，13(9)：1077-1080.

肖笃宁，布仁仓，李秀珍. 1997. 生态空间理论与景观异质性[J]. 生态学报，17(5)：453-461.

肖笃宁，陈文波，郭福良. 2002. 论生态安全的基本概念和研究内容[J]. 应用生态学报，13(3)：354-358.

肖笃宁，李秀珍. 1997. 当代景观生态学进展与展望[J]. 地理科学，17(4)：356-364.

肖笃宁，赵羿，孙中伟，等. 1990. 沈阳西郊景观结构变化的研究[J]. 应用生态学报，1(1)：75-84.

肖笃宁，钟林生. 1998. 景观分类与评价的生态原则[J]. 应用生态学报，9(2)：217-221.

肖笃宁. 1991. 景观生态学：理论，方法和应用[M]. 北京：中国林业出版社.

肖风劲，欧阳华，傅伯杰，等. 2003. 森林生态系统健康评价指标及其在中国的应用[J]. 地理学报，58(6)：803-809.

肖寒，欧阳志云，赵景柱，等. 2000. 森林生态系统服务功能及其生态经济价值评估初探——以海南岛尖峰岭热带森林为例[J]. 应用生态学报，11(4)：481-484.

肖寒，欧阳志云，赵景柱，等. 2001. 海南岛景观空间结构分析[J]. 生态学报，21(1)：20-27.

肖玲，赵先贵，杨冰灿. 2007. 渭南市生态足迹与生态安全动态研究[J]. 中国生态农业学报，15(6)：139-142.

肖荣波，欧阳志云，韩艺师，等. 2004. 海南岛生态安全评价[J]. 自然资源学报(6)：769-775.

肖杨，毛显强. 2006. 区域景观生态风险空间分析[J]. 中国环境科学，26(5)：623-626.

谢高地，鲁春霞，冷允法，等. 2003. 青藏高原生态资产的价值评估[J]. 自然资源学报，18(2)：189-196.

谢花林，张新时. 2004. 城市生态安全水平的物元评判模型研究[J]. 地理与地理信息科学，20(2)：87-90.

谢花林. 2008a. 基于景观结构和空间统计学的区域生态风险分析[J]. 生态学报，28(10)：5020-5026.

谢花林. 2008b. 农牧交错区土地利用安全格局与农业产业结构优化[M]. 北京：中国环境科学出版社.

谢晋阳，陈灵芝. 1994. 暖温带落叶阔叶林的物种多样性特征[J]. 生态学报，14(4)：337-341.

谢晋阳，陈灵芝. 1997. 中国暖温带若干灌丛群落多样性问题的研究[J]. 植物生态学报，21(3)：197-207.

谢凝高. 2003. 国家重点风景名胜区若干问题探讨[J]. 规划师，19(2)：21-26.

谢正生,古炎坤,陈北光,等. 1998. 南岭国家级自然保护区森林群落物种多样性分析[J]. 华南农业大学学报,19(3):64-69.

谢宗强,申国珍,周友兵,等. 2017. 神农架世界自然遗产地的全球突出普遍价值及其保护[J]. 生物多样性,25(5):490-497.

辛小娟,杨莹博,王刚,等. 2011. 鼢鼠土丘植物群落演替生态位动态及草地质量指数[J]. 生态学杂志,30(4):700-706.

辛晓平,徐斌,王秀山,等. 2001. 碱化草地群落恢复演替空间格局动态分析[J]. 生态学报,21(6):877-882.

徐春燕,俞秋佳,徐凤洁,等. 2012. 淀山湖浮游植物优势种生态位[J]. 应用生态学报,23(9):2550-2558.

徐海根,王连龙,包浩生. 2003. 我国丹顶鹤自然保护区网络设计[J]. 农村生态环境,19(4):5-9.

徐化成. 1996. 景观生态学[M]. 北京:中国林业出版社.

徐建英,陈利顶,吕一河,等. 2005. 保护区与社区关系协调:方法和实践经验[J]. 生态学杂志,24(1):102-107.

徐中民,张志强,程国栋. 2000. 当代生态经济的综合研究综述[J]. 地球科学进展,15(6):688-694.

许纪泉,钟全林. 2006. 武夷山自然保护区森林生态服务功能价值评估[J]. 杭州师范学院学报(自然科学版),31(6):58-61.

许丽忠,吴春山,王菲凤,等. 2007. 条件价值法评估旅游资源非使用价值的可靠性检验[J]. 生态学报,27(10):4301-4309.

许丽忠,张江山,王菲凤,等. 2007. 熵权多目的地 TCM 模型及其在游憩资源旅游价值评估中的应用——以武夷山景区为例[J]. 自然资源学报,22(1):28-36.

许联劳,王克林,刘新平,等. 2006. 洞庭湖区农业生态安全评价[J]. 水土保护学报,20(2):183-187.

薛达元. 2000. 长白山自然保护区生物多样性非使用价值评估[J]. 中国环境科学,20(2):141-145.

薛国珍,潘俊刚,王尚义,等. 2006. 太原市 2003 年生态足迹的计算与分析[J]. 地域研究与开发,25(2):115-119.

阎传海. 1998. 山东省东部地区景观生态的分类与评价[J]. 农村生态环境,14(2):15-19.

颜磊,许学工,章小平. 2009. 九寨沟世界遗产地旅游流时间特征分析[J]. 北京大学学报(自然科学版),45(1):171-177.

阳含熙,卢泽愚. 1981. 植物生态学数量分类方法[M]. 北京:科学出版社.

杨春燕,蔡文. 2007. 可拓工程[M]. 北京:科学出版社.

杨金龙,吕光辉,刘新春,等. 2005. 新疆绿洲生态安全及其维护[J]. 干旱区资源与环境,19(1):29-32.

杨京平. 2002. 生态安全的系统分析[M]. 北京:化学工业出版社.

杨久春,张树文. 2009. 景观生态分类概念释义及研究进展[J]. 生态学杂志,28(11):2387-2392.

杨俊，李雪铭，张云，等. 2008. 基于因果网络模型的城市生态安全空间分异——以大连市为例[J]. 生态学报，28(6)：2775-2783.

杨利民，周广胜，李建东. 2002. 松嫩平原草地群落物种多样性与生产力关系的研究[J]. 植物生态学报，26(5)：589-593.

杨喜鹏. 2014. 关于生态旅游经济可持续发展问题的研究[J]. 生态经济，30(1)：148-149.

杨小农，朱磊，郝光，等. 2012. 瓦屋山2种山雀的生态位分化和共存[J]. 动物学杂志，47(4)：11-18.

杨亚玲. 2007. 泰山登天景区风景林资源分类及景观评价初步研究[D]. 泰安：山东农业大学.

杨允菲，杨利民，张宝田，等. 2001. 东北草原羊草种群种子生产与气候波动的关系[J]. 植物生态学报，25(3)：337-343.

姚晶晶，张洪江，张友焱，等. 2014. 晋西黄土丘陵区不同植物群落的土壤分形特征[J]. 中国水土保持科学，12(5)：23-29.

叶红，潘玲阳，陈峰，等. 2010. 城市家庭能耗直接碳排放影响因素——以厦门岛区为例[J]. 生态学报，30(14)：3802-3811.

叶民强，林峰. 2001. 区域人口、资源与环境公平性问题的博弈分析[J]. 上海财经大学学报，3(5)：10-15.

叶万辉，关文彬. 1994. 关于群落物种多样性测度的时空尺度问题[C]//首届全国生物多样性保护与持续利用研讨会. 北京：中国科学院生物多样性委员会.

叶万辉. 2000. 物种多样性与植物群落的维持机制[J]. 生物多样性，8(1)：17-24.

游巍斌，何东进，巫丽芸，等. 2011b. 武夷山风景名胜区景观生态安全度时空分异规律[J]. 生态学报，31(21)：6317-6327.

游巍斌，何东进，詹仕华，等. 2011c. 武夷山风景名胜区旅游影响及植被景观特征与地理因子的相关分析[J]. 四川农业大学学报，29(1)：35-39.

游巍斌，林巧香，何东进，等. 2011a. 天宝岩自然保护区森林景观格局与环境关系的尺度效应分析[J]. 应用与环境生物学报，17(5)：638-644.

余青，吴必虎，刘志敏，等. 2007. 风景道研究与规划实践综述[J]. 地理研究，26(6)：1274-1284.

余世孝. 1994. 物种多维生态位宽度测度[J]. 生态学报，14(1)：32-39.

俞孔坚，李博，李迪华. 2008. 自然与文化遗产区域保护的生态基础设施途径——以福建武夷山为例[J]. 城市规划，250(10)：88-91.

俞孔坚，奚雪松. 2010. 发生学视角下的大运河遗产廊道构成[J]. 地理科学进展，29(08)：975-986.

俞孔坚. 1987. 论景观概念及其研究的发展[J]. 北京林业大学学报，9(4)：433-439.

喻锋，李晓兵，王宏，等. 2006. 皇甫川流域土地利用变化与生态安全评价[J]. 地理学报，61(6)：645-653.

袁菲，张星耀，梁军. 2013. 基于干扰的汪清林区森林生态系统健康评价[J]. 生态学报，33(12)：3722-3731.

岳超源. 2003. 决策理论与方法[M]. 北京：科学出版社.

岳东霞，李文龙，李自珍. 2004. 甘南高寒湿地草地放牧系统管理的 AHP 决策分析及生态恢复对策[J]. 西北植物学报，24(2)：248 - 253.

岳明. 1998. 秦岭及陕北黄土区辽东栎林群落物种多样性特征[J]. 西北植物学报，18(1)：127 - 134.

曾辉，郭庆华，喻红. 1999. 东莞市风岗镇景观人工改造活动的空间分析[J]. 生态学报，19(3)：298 - 303.

张斌，张金屯，苏日古嘎，等. 2009. 协惯量分析与典范对应分析在植物群落排序中的应用比较[J]. 植物生态学报，33(5)：842 - 851.

张成渝，谢凝高. 2003. "真实性和完整性"原则与世界遗产保护[J]. 北京大学学报(哲学社会科学版)，40(2)：62 - 68.

张成渝. 2004.《世界遗产公约》中两个重要概念的解析与引申——论世界遗产的"真实性"和"完整性"[J]. 北京大学学报(自然科学版)，40(1)：129 - 138.

张成渝. 2010. 国内外世界遗产原真性与完整性研究综述[J]. 东南文化(4)：30 - 37.

张菲菲. 2013. 基于 SWOT 分析的福建省生态旅游发展策略研究[J]. 江西农业学报，25(5)：149 - 151.

张光明，谢寿昌. 1997. 生态位概念演变与展望[J]. 生态学杂志，16(6)：47 - 52.

张济忠. 1995. 分形[M]. 北京：清华大学出版社.

张捷，都金康，周寅康，等. 1999. 自然观光旅游地客源市场的空间结构研究[J]. 地理学报，54(4)：357 - 363.

张金屯. 植被数量生态学方法[M]. 北京：科学出版社.

张雷，刘慧. 1995. 中国国家资源环境安全问题初探[J]. 中国人口·资源与环境，12(1)：43 - 48.

张明军，孙美平，姚晓军，等. 2007. 不确定性影响下的平均支付意愿参数估计[J]. 生态学报，27(9)：3852 - 3859.

张娜. 2006. 生态学中的尺度问题：内涵与分析方法[J]. 生态学报，26(7)：2340 - 2355.

张强，薛惠锋，张明军，等. 2010. 基于可拓分析的区域生态安全预警模型及应用——以陕西省为例[J]. 生态学报，30(16)：4277 - 4286.

张秋菊，傅伯杰，陈利顶. 2003. 关于景观格局演变研究的几个问题[J]. 地理科学，23(3)：264 - 270.

张少斌，梁开明，郭靖，等. 2016. 基于生态位角度的农作物间套作增产机制研究进展[J]. 福建农业学报，31(9)：1005 - 1010.

张生瑞，钟林生，周睿，等. 2017. 云南红河哈尼梯田世界遗产区生态旅游监测研究[J]. 地理研究，36(5)：887 - 898.

张仕超，尚慧，修维宁，等. 2010. 农村田间道路工程对局地土地利用景观格局的影响[J]. 西南大学学报(自然科学版)，32(11)：89 - 97.

张涛，李惠敏，韦东，等. 2002. 城市化过程中余杭市森林景观空间格局的研究[J]. 复旦学报(自然科学版)，41(1)：83 - 88.

张维迎. 1996. 博弈论与信息经济学[M]. 上海：上海人民出版社.

张永民，赵士洞，Verburg P H. 2003. CLUE-S 模型及其在奈曼旗土地利用时空动态变化模拟

416

中的应用[J]. 自然资源学报, 18(3): 310-318.

张知彬. 2001. 埋藏和环境因子对辽东栎种子更新的影响[J]. 生态学报(英文版), 21(3): 374-384.

张志强, 孙成权, 王学定, 等. 1999. 陇中黄土高原丘陵区生态建设与可持续发展[J]. 水土保持通报, 19(5): 54-58.

张志强, 徐中民, 程国栋, 等. 2002. 黑河流域张掖地区生态系统服务恢复的条件价值评估[J]. 生态学报, 22(6): 885-892.

张志勇, 刘希玉. 2009. 基于SVM的区域土地资源生态安全评价研究[J]. 计算机工程与应用, 45(10): 245-248.

张志勇, 陶德定, 李德铢. 2003. 五针白皮松在群落演替过程中的种间联结性分析[J]. 生物多样性, 11(2): 125-131.

赵红红. 1983. 苏州旅游环境承载力的问题初探[J]. 城市规划, 5(3): 46-53.

赵宏波, 马延吉. 2014. 基于变权-物元分析模型的老工业基地区域生态安全动态预警研究——以吉林省为例[J]. 生态学报, 34(16): 4720-4733.

赵焕臣. 1988. 一种简便易行的决策方法——层次分析法[M]. 北京: 科学出版社.

赵立民. 2013. 基于博弈论理论的生态旅游可持续发展模式研究[J]. 开发研究(2): 63-67.

赵铁珍, 柯水发, 高岚, 等. 2004. 森林灾害对我国林业经济增长的影响分析[J]. 北京林业大学学报(社会科学版), 3(2): 37-40.

赵同谦, 欧阳志云, 贾良清, 等. 2004. 中国草地生态系统服务功能间接价值评价[J]. 生态学报, 24(6): 1101-1110.

赵先贵, 韦良焕, 马彩虹, 等. 2007. 西安市生态足迹与生态安全的动态研究[J]. 干旱区资源与环境, 21(1): 1-5.

赵先贵, 肖玲, 兰叶霞, 等. 2005. 陕西省生态足迹和生态承载力动态研究[J]. 中国农业科学, 38(4): 746-753.

赵占轻, 黄玲玲, 张旭东, 等. 2010. 张家界女儿寨小流域植被变化驱动力[J]. 生态学报, 30(5): 1238-1246.

甄霖, 闵庆文, 李文华, 等. 2006. 海南省自然保护区生态补偿机制初探[J]. 资源科学, 28(6): 10-19.

郑华, 李屹峰, 欧阳志云, 等. 2013. 生态系统服务功能管理研究进展[J]. 生态学报, 33(3): 702-710.

郑易生. 2002. 自然文化遗产的价值与利益[J]. 经济社会体制比较, 18(2): 26-28.

《中国生物多样性国情研究报告》编写组. 1998. 中国生物多样性国情研究报告[M]. 北京: 中国环境科学出版社.

周晓峰, 蒋敏元. 1999. 黑龙江省森林效益的计量、评价及补偿[J]. 林业科学, 35(3): 99-104.

朱丽, 马克平. 2010. 洲际入侵植物生态位稳定性研究进展[J]. 生物多样性, 36(6): 547-558.

朱平安. 2008a. 武夷山摩崖石刻的基本特征及其解读方法[J]. 黄山学院学报, 10(6): 41-46.

朱平安. 2008b. 从武夷山的摩崖石刻看朱熹的生态世界观[J]. 合肥学院学报(社会科学版),
　　25(4): 51 - 56.

朱志芳,龚固堂,陈俊华,等. 2011. 基于水源涵养的流域适宜森林覆盖率研究——以平通
　　河流域(平武段)为例[J]. 生态学报,31(6): 1662 - 1668.

宗雪,崔国发,袁婧. 2008. 基于条件价值法的大熊猫存在价值评估[J]. 生态学报,28(5):
　　2090 - 2098.

宗跃光,周尚意,彭萍,等. 2003. 道路生态学研究进展[J]. 生态学报,23(11):
　　2396 - 2405.

祖元刚,赵则海,丛沛桐,等. 1999. 兴安落叶松林林窗分布规律的小波分析研究[J]. 生态
　　学报,19(6): 927 - 931.

左伟,王桥,王文杰,等. 2002. 区域生态安全评价指标与标准研究[J]. 地理学与国土研
　　究,18(1): 67 - 71.

左伟,周慧珍,王桥. 2003. 区域生态安全评价指标体系选取的概念框架研究[J]. 土壤,35
　　(1): 2 - 7.